U0772022

高等职业教育
电子信息类专业
新形态教材

现代电子装联技术

宋朝晖　李君　主编

常州市高等职业教育园区管理委员会　组编
快克智能装备股份有限公司

戚国强　主审

陈　霞　胡　蓉　冯　霏　参编
刘　丽　查忠平　胡锦锋

中国教育出版传媒集团

高等教育出版社·北京

内容提要

本书是围绕电子装联企业的岗位需求，以电子装联生产工艺顺序为主线设计典型工作任务，并结合电子信息制造业最新发展成果而编写的理实一体化新形态教材。全书共包含装联准备、手工焊接与返修、表面贴装元器件自动装联、通孔元器件自动装联、基板装联、先进装联技术六个模块。

本书配套提供丰富的数字化教学资源，包括教学课件、操作视频、拓展阅读、图片等，并在书中相应位置放置了二维码资源标记，读者可以通过手机等移动终端扫码学习。教师如需本书授课用教学课件等配套资源，请登录"高等教育出版社产品信息检索系统"（https://xuanshu.hep.com.cn）免费下载。

本书注重实际，强调理论与实践相结合，可作为高等职业院校电子信息工程技术、应用电子技术、电气自动化技术、机电一体化技术、工业机器人技术等相关专业的教材，也可作为电子信息产品制造领域相关企业工程技术人员的培训教材和工具书。

图书在版编目（CIP）数据

现代电子装联技术 / 宋朝晖，李君主编；常州市高等职业教育园区管理委员会，快克智能装备股份有限公司组编. -- 北京：高等教育出版社，2025.8. -- ISBN 978-7-04-064496-8

Ⅰ. TN305.93

中国国家版本馆CIP数据核字第202535WW43号

现代电子装联技术

XIANDAI DIANZI ZHUANGLIAN JISHU

| 策划编辑 | 郑期彤 | 责任编辑 | 郑期彤 | 封面设计 | 贺雅馨 | 版式设计 | 杨 树 |
| 责任绘图 | 杨伟露 | 责任校对 | 刘娟娟 | 责任印制 | 张益豪 | | |

出版发行	高等教育出版社	网　　址	http://www.hep.edu.cn
社　　址	北京市西城区德外大街4号		http://www.hep.com.cn
邮政编码	100120	网上订购	http://www.hepmall.com.cn
印　　刷	北京利丰雅高长城印刷有限公司		http://www.hepmall.com
开　　本	787mm×1092mm　1/16		http://www.hepmall.cn
印　　张	19.5		
字　　数	440 千字	版　　次	2025年8月第1版
购书热线	010-58581118	印　　次	2025年8月第1次印刷
咨询电话	400-810-0598	定　　价	49.80元

"智慧职教"服务指南

　　"智慧职教"（www.icve.com.cn）是由高等教育出版社建设和运营的职业教育数字教学资源共建共享平台和在线课程教学服务平台，与教材配套课程相关的部分包括资源库平台、职教云平台和App等。用户通过平台注册，登录即可使用该平台。

- **资源库平台：为学习者提供本教材配套课程及资源的浏览服务。**

　　登录"智慧职教"平台，在首页搜索框中搜索"现代电子装联技术"，找到对应作者主持的课程，加入课程参加学习，即可浏览课程资源。

- **职教云平台：帮助任课教师对本教材配套课程进行引用、修改，再发布为个性化课程（SPOC）。**

　　1. 登录职教云平台，在首页单击"新增课程"按钮，根据提示设置要构建的个性化课程的基本信息。

　　2. 进入课程编辑页面后，在"教学任务"的"课程设计"中"导入"教材配套课程，可根据教学需要进行修改，再发布为个性化课程。

- **App：帮助任课教师和学生基于新构建的个性化课程开展线上线下混合式、智能化教与学。**

　　1. 在应用市场搜索"智慧职教+"App，下载安装。

　　2. 登录App，任课教师指导学生加入个性化课程，并利用App提供的各类功能，开展课前、课中、课后的教学互动，构建智慧课堂。

　　"智慧职教"使用帮助及常见问题解答请访问help.icve.com.cn。

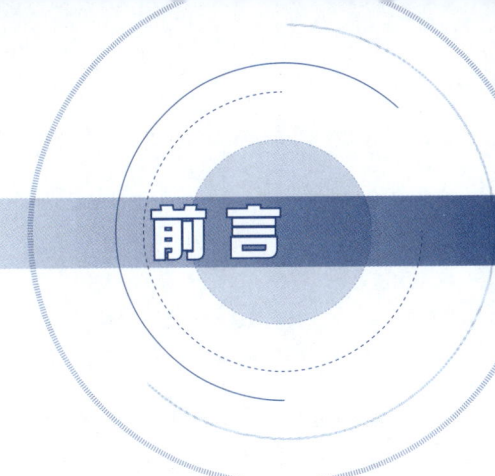

前言

党的二十大报告提出："坚持把发展经济的着力点放在实体经济上，推进新型工业化，加快建设制造强国、质量强国""推动制造业高端化、智能化、绿色化发展""推动战略性新兴产业融合集群发展，构建新一代信息技术、人工智能、生物技术、新能源、新材料、高端装备、绿色环保等一批新的增长引擎"。作为新一代信息技术核心组成部分的电子信息制造业具有战略性、基础性和先导性等特点。新一代信息技术、人工智能、高端装备等新技术的应用将促使电子信息制造业创新发展，并在生产过程中使用更多新技术、新工艺、新材料和新设备。

电子装联是电子信息制造业的关键生产工艺，其水平直接影响电子信息产品的功能和可靠性，决定产品的质量。提高电子装联工作者整体工艺技术水平，是提高我国电子信息产品竞争力的关键因素之一。无论是优化生产制造流程还是把控生产工艺质量，都离不开高技能人才的参与。为此，常州市高等职业教育园区管理委员会经过统筹规划，在对原有实训基地进行改造、升级的基础上，组织常州科教城现代工业中心、电子装联设备制造企业——快克智能装备股份有限公司与园区高职院校进行深度合作，联合编写了本书。

本书依据现代电子装联企业生产活动过程，全面分析电子装联职业岗位的知识、能力和素养需求，注重理论与实践相结合，以"做中学、学中做"的理念设计典型工作任务，将电子装联工艺理论融入电子装联的生产实践过程中。书中包含装联准备、手工焊接与返修、表面贴装元器件自动装联、通孔元器件自动装联、基板装联、先进装联技术六个模块，每个模块包含若干个项目及工作任务，以"任务驱动"的方式培养学生的电子装联实践能力。

本书由常州工业职业技术学院宋朝晖、李君担任主编，常州信息职业技术学院陈霞、胡蓉，常州工程职业技术学院冯霏，常州工业职业技术学院刘丽，快克智能装备股份有限公司查忠平、胡锦锋共同编写。具体编写分工如下：模块一由刘丽、李君编写，引言、模块二、模块五由宋朝晖编写，模块三由胡蓉、陈霞编写，模块四由李君编写，模块六由冯霏、宋朝晖编写；查忠平、胡锦锋提供技术支持；整体内容策划及统稿工作由宋朝晖完成。全书由快克智能装备股份有限公司总经理戚国强担任主审。在编写过程中，参阅了相关的教材及技术文献，在此对各位专家、工程师和文献作者一并表示衷心的感谢。

本书配套有丰富的数字化教学资源，包括教学课件、操作视频、拓展阅读、图片等，并在书中相应位置放置了二维码资源标记，读者可以通过手机等移动终端扫码学习。

由于编者水平有限，书中难免存在不足之处，恳请广大读者批评指正。

编　者
2025 年 5 月

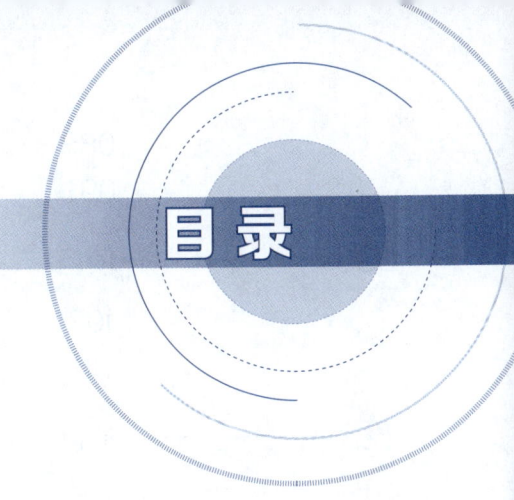

目录

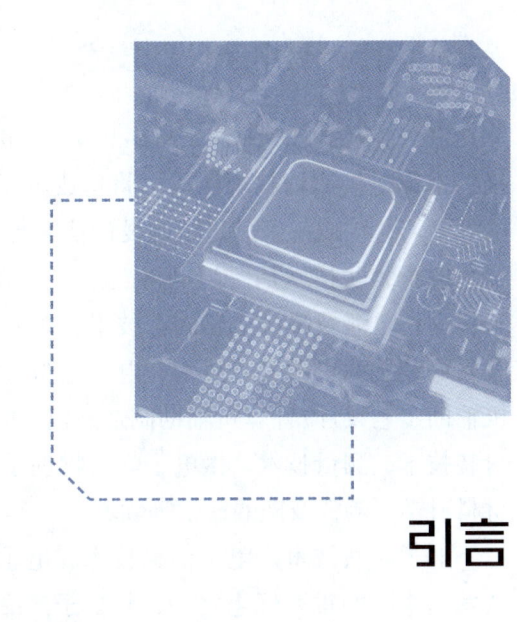

引言

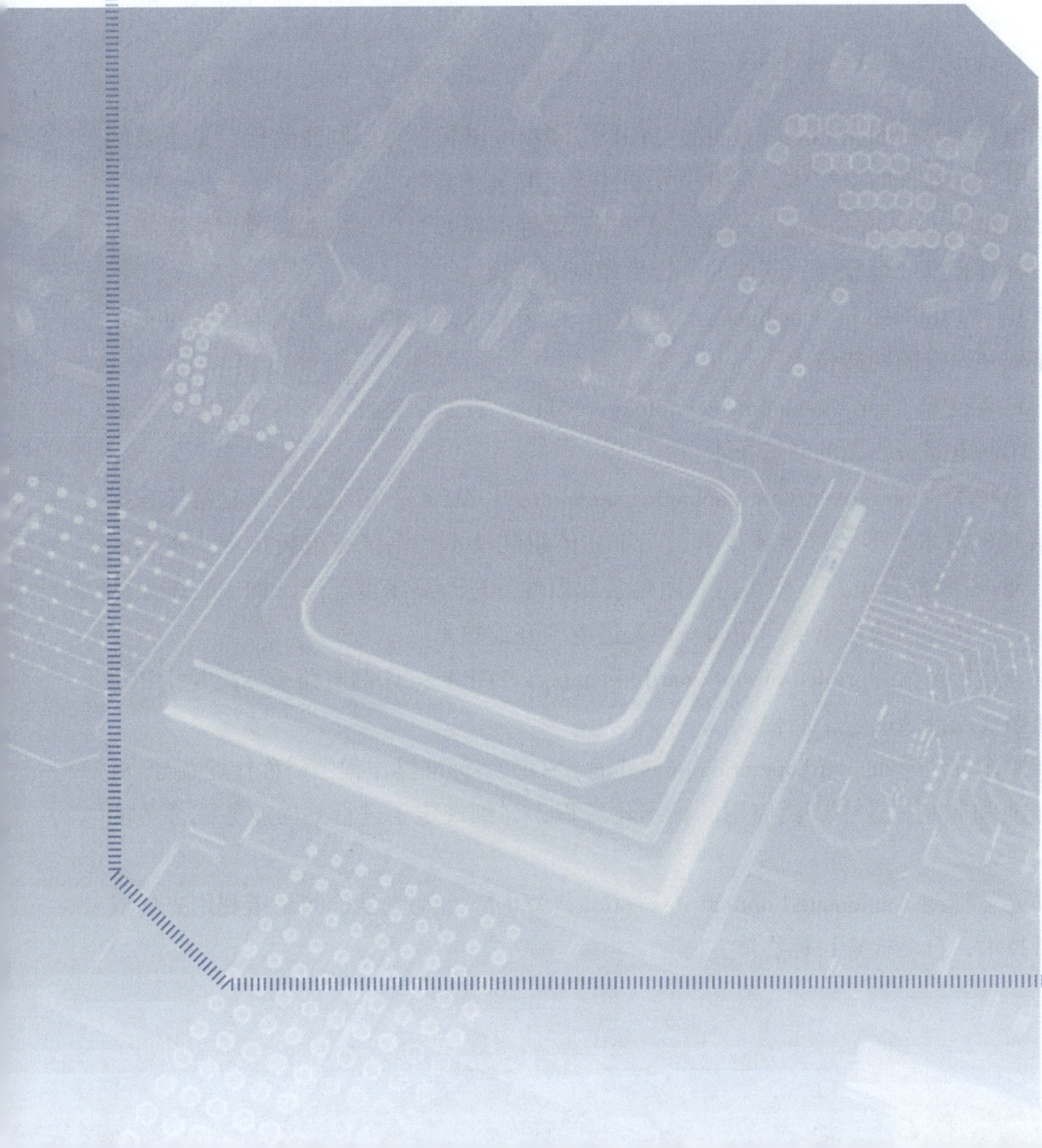

一、什么是电子装联技术

电子装联（electronics assembly）是按照电子装备总体设计的技术要求，通过一定的连接技术和连接用辅料等手段，将构成电子装备的各种光、电元器件、部件和组件等，通过电气互连，构成一个满足预期设计技术要求的设备体系的所有工序的集合。

电子装联技术是一门电路、工艺、结构组件、元器件、材料紧密结合的多学科交叉的工程学科，涉及集成电路固态技术、厚薄膜混合微电子技术、印制电路板技术、插装技术、表面贴装技术、微组装技术、电子电路技术、CAD/CAPP/CAM/CAT（计算机辅助设计/计算机辅助工艺设计/计算机辅助制造/计算机辅助测试）技术、互连与连接技术、热控制技术、封装技术、测量技术、微电子学、物理学、化学、金属学、电子学、机械学、计算机科学、材料科学、陶瓷及硅酸盐学等领域。

电子装联技术是电子信息技术和电子行业的支撑技术，是衡量一个国家综合实力和科技发展水平的重要标志之一，是电子产品实现小型化、轻量化、多功能化、智能化和高可靠性的关键技术。

二、电子装联常用名词术语

（1）印制电路板（printed circuit board，PCB）。印制电路板又称印制线路板，是重要的电子部件，是电子元器件的支撑体，是电子元器件电气互连的载体。

（2）柔性电路板（flexible printed circuit，FPC）。柔性电路板是以聚酰亚胺或聚酯薄膜为基材制成的一种具有高度可靠性、绝佳的可挠性印制电路板。

（3）插装技术（through hole technology，THT）。插装技术是一种将电子元器件通过孔穴插入印制电路板并焊接的制造技术。

（4）表面贴装技术（surface mount technology，SMT）。表面贴装技术是一种将电子元器件直接安装在印制电路板表面的制造技术。

（5）微组装技术（microelectronic packaging technology，MPT）。微组装技术是指综合运用高密度多层基板技术、多芯片组装技术、三维立体组装技术和系统级组装技术，将集成电路裸芯片、薄/厚膜混合电路、微小型表面贴装元器件等进行高密度互连，构成三维立体结构的高密度、多功能模块化电子产品的一种先进电气互连技术。

（6）印制电路板装配（printed circuit board assembly，PCBA）。印制电路板装配是指PCB空板经过表面贴装或插装的整个制程。

（7）标准操作程序（standard operating procedure，SOP）。标准操作程序俗称作业指导书，是一种在制造业和非制造业中广泛应用的标准化流程，详细规定了进行某项业务或任务的标准步骤和操作方法。

（8）自动光学检测（automated optical inspection，AOI）。自动光学检测是指利用光学成像和图像分析技术，自动检查目标物体。

（9）锡膏检测（solder paste inspection，SPI）。锡膏检测是指利用光学原理检测和分析锡膏印刷的质量。

（10）工艺过程统计控制（statistical process control，SPC）。工艺过程统计控制是采用统计技术来记录、分析某一制造过程的操作，并用分析结果来指导和控制在线制程及其生产的产品，以确保制造的质量和防止出现误差的一种方法。

（11）球栅阵列（ball grid array，BGA）。球栅阵列是集成电路的一种封装形式，其输入/输出端子是在元器件底面上按栅格方式排列的球状焊端。

（12）在线测试仪（in circuit tester，ICT）。在线测试仪是一种在线式的电路板静态测试设备，主要测试电路板的开短路、电阻、电容、电感、二极管、三极管、电晶体、集成电路等元器件。

（13）选择顺应性装配机器人手臂（selective compliance assembly robot arm，SCARA）。选择顺应性装配机器人手臂是一种应用于装配作业的机器人手臂。它有3个旋转关节，最适用于平面定位。

（14）感光耦合组件（charge-coupled device，CCD）。感光耦合组件又称电荷耦合器件，是一种集成电路，其上有许多排列整齐的电容，能感应光线，并能将视频转变成数字信号。

三、现代电子装联工艺流程

电子装联的工艺基础包括5S管理、静电防护、元器件识别、手工焊接等内容，而现代电子装联工艺主要是指表面贴装和插装生产线的工艺流程，通过半自动或全自动的生产设备实现电路板装联的完整流程。

1. 表面贴装生产线（SMT line）

表面贴装是将无引脚或短引线表面贴装元器件安装在PCB的表面或其他基板表面的一种装联工艺，主要有激光打标、印刷、贴片、再流焊接、AOI等工序，如图0-1所示。

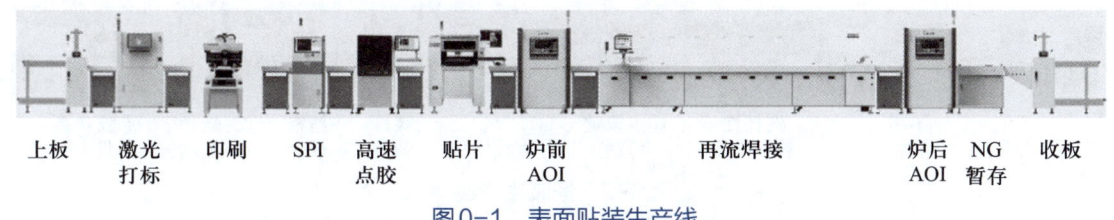

| 上板 | 激光
打标 | 印刷 | SPI | 高速
点胶 | 贴片 | 炉前
AOI | 再流焊接 | 炉后
AOI | NG
暂存 | 收板 |

图0-1　表面贴装生产线

（1）上板。上板位于SMT生产线开始端，主要用于自动放置PCB。

（2）激光打标。激光打标也称为激光标码，用于PCB一维码、二维码、文字等信息标记。打标完成后自检，并回传信息，生产过程中无须人工操作，可配合SMT/THT生产线在线运作或配合自动上下板机组成离线式工作站，实现单面或双面的打标。

（3）印刷。印刷就是将锡膏或贴片胶准确地漏印到对应的PCB焊盘上，为后续贴装做准备。其工作原理主要是通过刮刀刮动锡膏，使得锡膏在钢网上滚动，再通过网孔填充到与钢网紧贴的PCB焊盘上。通常SMT制造生产70%的不良都与印刷品质相关联。

（4）SPI。SPI用于锡膏印刷后检测锡膏的高度、体积、面积、形状及偏移量等。SPI常运用摩尔光栅法测量锡膏形状，利用摩尔干涉条纹测量锡膏外形轮廓。

（5）高速点胶。高速点胶是指把贴片胶涂抹到基板阻焊适当位置，使之能牢固粘接放置其上的元器件，直至基板完成贴片焊接。高速点胶可增强元器件与焊盘间的粘接度。

（6）贴片。贴片指利用贴片机将贴片元器件自动贴装到涂敷有锡膏的PCB焊盘上，从而替代人手工摆放元器件。贴片操作主要有三个步骤：取件、识别、贴放。

（7）炉前AOI。炉前AOI用于检测贴片后元器件是否存在错件、漏件、反向、偏移等不良现象。

（8）再流焊接。再流焊接指贴装完成后进入再流焊炉进行再流焊接，以实现元器件和PCB焊盘之间可靠的机械与电气连接。其原理是先熔融预先印刷的焊料，使焊料润湿扩散；随着温度升高，焊盘与焊料之间形成金属化合物，最终焊接完成。

（9）炉后AOI。炉后AOI指焊接完成后进行AOI，检测焊接完成电路板上的元器件是否存在偏移、反向、缺件、少锡、多锡、虚焊等不良现象。其基本原理是通过相机拍摄照片，并与标准图像做对比，最终输出对比结果。

（10）NG暂存。NG暂存是指在SPI/AOI工序之后，根据SMT生产线检测设备给出的NG（不合格）、OK（合格）信号，将NG的PCB缓存起来，等待返修，将OK的PCB输送到下一工序。

（11）收板。收板工序位于SMT生产线末端，是指把焊接检测后的PCB通过料框储存起来，一般可自动收板。

2. 插装生产线（THT line）

插装是对PCB上的通孔元器件进行安装的装联工艺，主要包括自动插件、选择性波峰焊接、焊点视觉检测、螺钉锁付、点胶涂覆等工序，如图0-2所示。

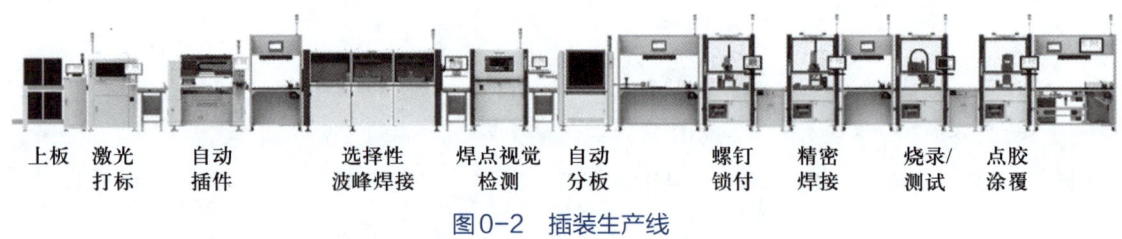

| 上板 | 激光
打标 | 自动
插件 | 选择性
波峰焊接 | 焊点视觉
检测 | 自动
分板 | 螺钉
锁付 | 精密
焊接 | 烧录/
测试 | 点胶
涂覆 |

图0-2 插装生产线

（1）上板。上板位于THT生产线开始端，主要用于自动放置PCB。

（2）激光打标。与SMT生产线中激光打标的功能一样，PCB上打印的标记代表着每一个产品独一无二的代码身份，可实现对产品的管控。

（3）自动插件。自动插件是指把编带电子元器件按照程序自动安装在PCB上。传统的电子装配行业主要靠工人手工把电子元器件插在电路板上，自从使用机器开始大规模生产，手工插件速度慢、工艺差的缺陷就暴露出来，用自动插件机把电子元器件自动安装在电路板上，可以节省人工成本，提高插件工艺水平。

（4）选择性波峰焊接。选择性波峰焊接的主要功能为采用在线式焊接模式，实现PCB经过SMT后通孔插件的选择性焊接；搭载喷涂模块、预热模块、焊接模块；采用CCD定位、实时焊接监控、计算机在线编程。

（5）焊点视觉检测。焊点视觉检测用于对焊接完成的电路板进行检测，主要检测元器件是否存在偏移、反向、缺件、少锡、多锡、虚焊等不良现象。其基本原理也是通过相机拍摄照片，并与标准图像做对比，最终输出对比结果。相关检测设备主要由相机、远心镜头、同轴光源、RGB光源、电气控制系统、软件系统等构成。

（6）自动分板。自动分板是在大批量电子装联生产工序上的一步重要工序。为了提高印制电路板制造的产量和表面安装速度，印制电路板通常被设计成一块大的PCB拼板（也称为连板），目前以V槽拼板、邮票孔拼板、桥点连接拼板为主，后续再通过自动分板将其分成许多更小的单个PCB小板。在不同的产品生产工艺中，分板可能在表面贴装之后进行，也可能在在线测试之后进行，还可能在通孔焊接之后进行，或是在最后产品组装之前进行。

（7）螺钉锁付。螺钉锁付是指将PCB与液晶、插件、连接器、屏蔽罩、外壳等用螺钉连接，其采用SCARA作为运动本体，通过CCD进行视觉定位，由智能电批实现锁付，供料系统为气吸滚筒供料机，搭载扭力测试仪进行扭力点检和校准。

（8）精密焊接。精密焊接用于将液晶、插件、连接器等元器件焊接在PCB上，其也采用SCARA作为运动本体，通过CCD进行视觉定位，为智能焊接系统，搭载自动校温装置与焊嘴自动校准装置。在PCBA的通孔插件焊接中用精密焊接替代人工手工焊接，可减小手工焊接疲劳导致焊接质量下降的风险，且其操作灵活便捷，焊接工艺可控，稳定性较高。

（9）烧录/测试。采用工业机器人，并通过系统嵌入式设计，将测试系统嵌入自动化流水线，使得生产和测试相结合，可实现单件流，提升生产效率，降低在制品库存。机器人系统、视觉系统、嵌入式系统与上位机系统的高度集成，可使整体系统稳定、可靠。智能测试系统能够自动识别产品，自动调用对应程序，实现自动测试，并将测试结果上传至MES（制造执行系统），为后续质量的分析和追溯提供完整及准确的数据基础。

（10）点胶涂覆。在PCBA工艺制程中，点胶涂覆主要是对大型元器件的补强工艺，一般应对没有支撑、需要抬高安装在PCB上的包封或灌封变压器、电感、线圈等焊接后需要点胶的元器件进行补强。六轴机械手多关节、多角度的点胶机器人具备极强的灵活性，可有效地解决点胶角度的难题，替代人工点胶，减少胶水对人体的危害。

模块一
装联准备

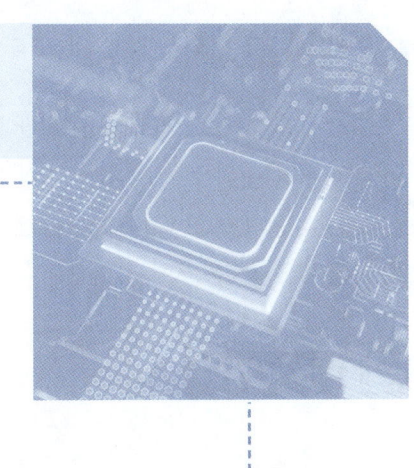

项目一
车间环境改善

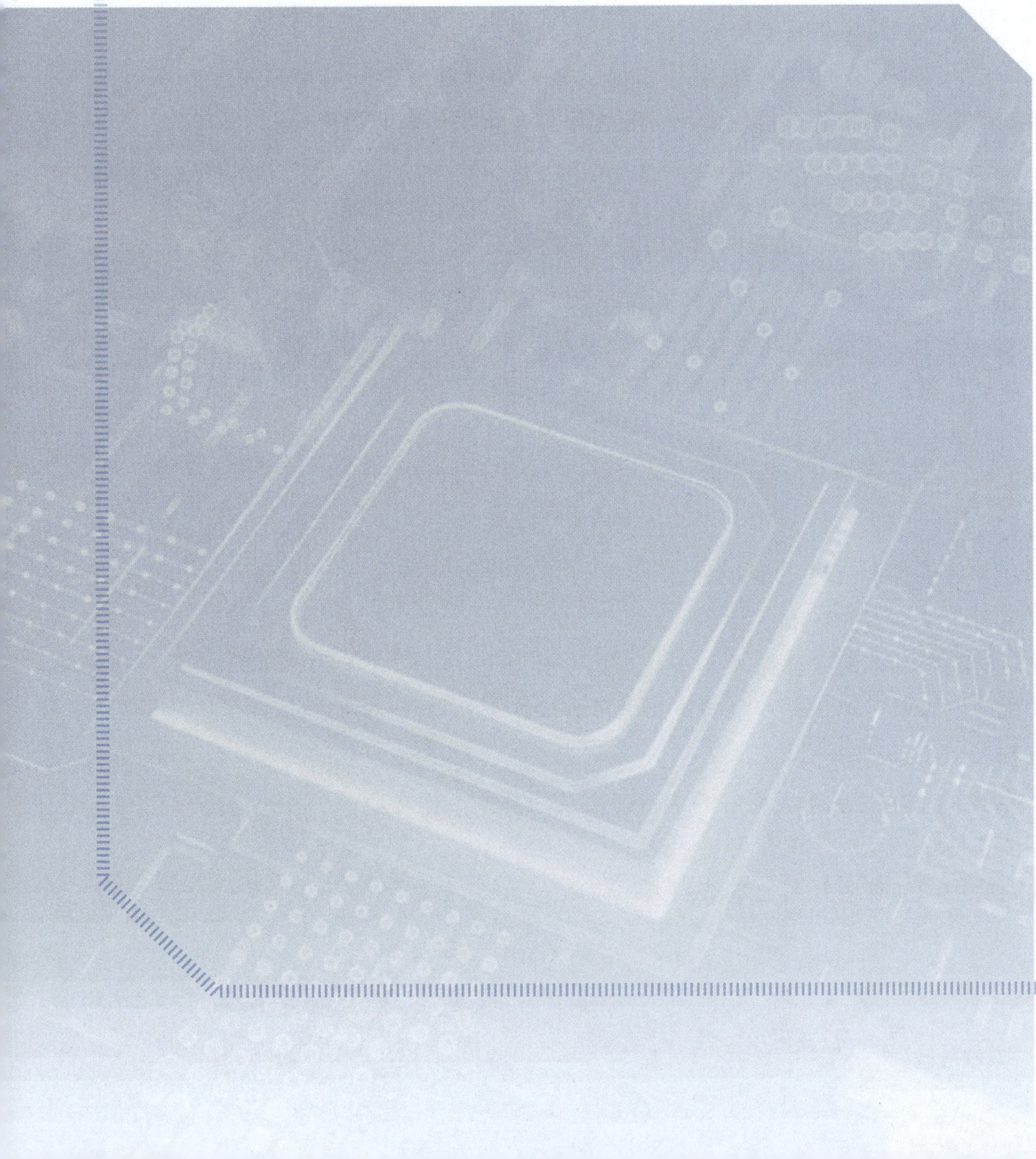

项目引入

车间环境改善是开启电子装联工作的第一个环节，是安全、高效地进行电子装联作业的保障和基础。车间环境改善主要是指对车间现场作业环境的5S管理、环境参数、安全标志张贴、静电防护等内容进行检查，并对检查出的问题及时整改，以保证后续的装联作业能顺利实施。

项目描述

（1）5S管理检查：对车间贴装与插装等生产线体，检测返修操作台等作业区，物料、工具放置等区域进行5S管理规范的检查。

（2）环境参数检查：对车间的电源、气源、气压、温度、湿度、光照度、噪声等车间环境参数进行测量与检查。

（3）安全标志检查：对车间的安全标志张贴位置是否符合规范、不同区域的划分是否合理、不同颜色油漆的使用是否符合标准等内容进行检查。

（4）静电测量与防护：测量实训设备、工具、物料的静电电压，测量实训台、方凳的表面阻抗，检查设备、仪器的静电接地情况，检查操作人员的静电防护情况。

项目目标

➤ 知识目标

1. 掌握5S管理的基本内容。

2. 了解车间的环境参数。

3. 了解车间安全标志的含义。

4. 了解静电放电的危害，掌握静电防护的方法。

➤ 能力目标

1. 会根据任务书检查车间的5S管理规范。

2. 会使用仪器测量车间的环境参数。

3. 会正确认识并张贴车间安全标志。

4. 能采取正确的静电防护措施，以防止静电危害的产生。

➤ 素养目标

1. 根据5S管理的基本要求养成良好的工作习惯及认真的工作态度。

2. 通过环境点检培养规则意识和安全意识。

3. 通过静电防护的训练培养一丝不苟的工作作风。

在了解车间环境检查要求的基础上，在实际工作中践行5S管理规范，提高自身的工作素养；认识到工作环境的重要性，并能积极改善工作环境；通过对安全标志的理解，培养规范操作的意识，把车间安全牢记于心；通过对静电危害的认识，知道静电防护的重要性，并能采取合理的方法进行静电消除。

知识链接

一、5S管理

5S管理起源于日本，是指在生产现场对人员、机器、工具、材料等生产要素进行有效管理的一种方法，主要包括整理（seiri）、整顿（seiton）、清扫（seiso）、清洁（seiketsu）、素养（shitsuke）5个方面，"S"是这5个日语单词罗马拼音的首字母。5S所代表的含义与目标如表1-1所示。

表1-1　5S所代表的含义与目标

5S	含义	目标
整理（seiri）	区分要与不要的物品，工作场所除要用的物品以外，其他都不放置	腾出空间，使空间得以充分利用；防止误用无关的物品；创造清爽的工作环境
整顿（seiton）	需要的物品依规定位置摆放整齐，明确标示，标示是提高效率的基础	不浪费时间找东西，创造整齐的工作环境
清扫（seiso）	清除工作场所内的脏污，并防止污染的发生	消除脏污，保持场地干净，创造清洁的环境；清扫不是扫除，而是检查，检查出每一处存在的问题
清洁（seiketsu）	将上面3S实施的做法制度化、规范化，维持其成果	通过制度化来维持成果
素养（shitsuke）	人人依据规定行事，养成良好的习惯	提升人的品质，使其成为对任何工作都持认真态度的人

二、安全标志

1. 认识安全标志

车间安全标志对于车间的管理具有很重要的辅助作用。如可利用不同的颜色区分不同的提醒功能，形成警告、禁止、指令和提示等特定的安全

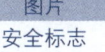

图片
安全标志

标志。一般用黄色代表"警告"，红色代表"禁止"，蓝色代表"指令"，绿色代表"提示"。

2. 安全标志张贴

车间安全标志张贴的高度应尽量与人眼的视线高度相一致。安全标志应张贴在与安全有关的醒目地方，工作人员看见后，应有足够的时间来注意它所表示的内容。

对车间安全标志的其他要求如下：

（1）所有标志的矩形外框加黑色勾边，当多个标志张贴在一起时，应按照警告、禁止、指令、提示的顺序，从左到右、从上到下依次排列，标志之间不留间隙。

（2）标志排列需要另起一行时，行与行之间也不留间隙，紧密排列。

（3）中文字体统一采用黑体，英文字体统一采用Calibri字体，加粗，单倍行距，填满文字框。

（4）除警告标志的文字颜色为黑色外，禁止、指令、提示标志的文字颜色均为白色。

三、车间标识线识读

车间标识线的颜色含义如表1-2所示。

拓展阅读
车间地面通道线、区域划分线的线型标准及定位线的标识标准

表1-2　车间标识线的颜色含义

标识线颜色	含义
红色	不良品、废品、闲置设备；消防器材、紧急掣、配电箱、化学危险品；限高线，需加限高说明；不可回收物品
黄色	行车道、人行过道、物料运输通道；工作台、车辆停放区、设备定位；门开闭线；工作区域、检验区域
蓝色	原材料、生产物料放置区域；工作台面物品定位（除不良品、废品）；半成品放置区、物品暂存区
绿色	急救用品、医药箱；可回收物品；合格品、成品放置区
黄黑相间	危险区域、静电防护区、危险操作提示

四、环境参数

电子装联车间的环境参数主要包括温度、湿度等物理环境参数，电源、气源等动力源参数，排风参数等。车间环境对电子产品生产过程至关重要，直接影响电子装联产品的品质。

（一）物理环境参数

电子装联生产设备是高精度的光、机、电、气一体化设备，对于工作环境的温度、湿度、洁净度等都有严格的要求。为了保障设备的正常运行和装联质量，必须对车间内的温度、湿度、洁净度、光照度和噪声等环境参数进行严格控制，创设一种清洁、明亮、安静、安全和有序的工作环境，确保电子装联设备安全运转。

1. 温度、湿度

电子装联车间的温度是基于人体感觉最舒适的温度设定的。通常人体感觉最舒适的温度符合黄金分割原理，即为人体正常体温的 0.618 倍（$37 \times 0.618 \, ℃ \approx 23 \, ℃$）。综合考虑节能等因素，根据IPC/JEDEC J-STD-001和《洁净厂房设计规范》（GB 50073—2013），车间温度应设定为 23 ℃ ±5 ℃。在这个温度范围内，操作者通常不会出汗。人的手汗中含有多种无机盐和有机酸成分，很容易与金属的镀层发生腐蚀反应，从而降低镀层的可焊性。

电子装联车间的相对湿度设定应兼顾人体感受，霉菌、细菌的繁殖条件和元器件对湿度的敏感性。元器件对湿度较敏感，环境湿度的降低可以防止焊接中因吸潮导致的"爆米花"现象，但湿度低的干燥环境中又易发生静电损坏，较高的环境湿度则有利于减少静电影响。这种完全相反的要求，在工业生产中只能采取折中的方法处理。结合IPC/JEDEC J-STD-001和《洁净厂房设计规范》（GB 50073—2013），车间的相对湿度通常应设定为50%RH ± 20%RH。

为保证车间生产环境具有稳定的温度、湿度，每天应定时检测车间温度、湿度。

2. 洁净度

电子装联车间尘埃过多，会对微小元器件及细间距（0.3 mm）元器件的贴装和焊接产生质量影响，同时加大设备磨损率，导致出现设备故障。所以车间要保持清洁卫生，无尘土、无腐蚀性、无异味气体，保证设备的正常运转、产品的焊接质量及人体健康。按照美国联邦标准FED-STD-209E要求，电子装联车间空气洁净度的最低标准为10万级，二氧化碳含量应控制在1 000 ppm以下，一氧化碳含量应控制在10 ppm以下。

3. 光照度

电子装联车间的照明光线应柔和、不刺眼，光照度不低于1 077 lx（勒克斯）。对维修、后焊、补焊等焊接类工作站，不需要使用眼睛目视作业的，光照度要求为600 lx以上；对目检、手贴等目检类工作站，需要使用眼睛目视作业的，光照度要求为800 lx以上。光照度较低时，在检验、返修、测量等工作区域可安装局部照明，增大光照度，适应生产要求。

4. 噪声

电子装联车间的噪声水平应控制在60 dB以下。

5. 电磁环境

电子装联车间应避免有大功率辐射源的电磁场、强静电、强磁场或放射源。

6. 气压

电子装联车间内的气压通常比外部气压略高，且不应受外部大气压变化的影响，最好采用封闭式的厂房，或用两道房门将工作区域与外界隔开，两道门之间至少应有直线距离为25 m的空气静止不流通的空间。

（二）动力源参数

SMT生产现场配备的动力源包括电源和气源，动力源对电源和气源的配合要求较为严格，所以供给应是充裕而安全的。

1. 电源

电子装联设备一般都是大用电量设备，要充分考虑它们的启动、关机对其他用电设备所造成的冲击。电力配置系统采用三相五线制最为安全。一般要求：单相 AC 220 × (1 ± 10%) V，频率为 50/60 Hz，三相 AC 380 V，频率为 50/60 Hz，并有良好接地。有些地区电压非常不稳定，会对设备产生影响，所以特别需要配置交流稳压电源，其功率至少应为设备额定功率的 2 倍，否则设备或电气元器件容易因电源的波动而损坏。另外，如果设备额定电压与安装使用环境的电压不符，也需要另外配置稳压器。例如贴片机的额定功率为 5 kW，则应配置 10 kW 以上的稳压电源。

2. 气源

电子装联生产设备要求使用清洁而干燥的压缩空气作为气源动力。对气源的要求是，能提供足够强的气源压力，气源干燥、纯净无杂质。目前气源供给方式有一体式和分体式两种。一体式即将压缩机（提供气源压力）、过滤器（洁净空气）、干燥机（干燥空气）集合成一体，如图 1-1（a）所示，其占地面积小，气量小，适合 SMT 生产线少的车间使用。拥有多条 SMT 生产线的车间，需要的气源量大，通常配置专用的空压机房，采用分体式空压机，如图 1-1（b）所示。一般一条 SMT 生产线要求气源压力为 0.7 ~ 0.8 MPa。供气管道通常采用不锈钢管或耐压塑料管，应避免使用铁管，防止生锈，因锈渣进入管道和阀门易产生堵塞，造成气路不畅，影响机器正常运行。

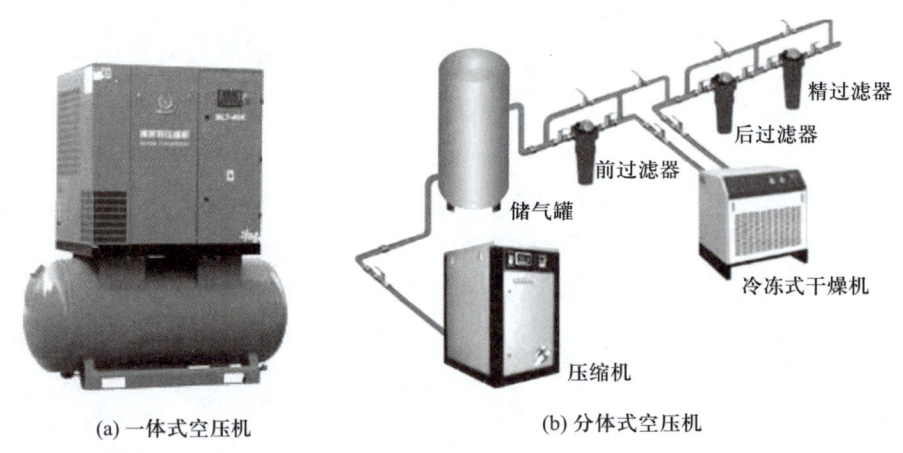

(a) 一体式空压机　　　　(b) 分体式空压机

图 1-1　一体式与分体式空压机

（三）排风参数

再流焊接和波峰焊接等设备都有排风要求，应根据设备要求配置排风机。对于热风再流焊炉，一般要求排气压力为 0.8 MPa，排风管道的最低流量为 14.15 m³/min。通常在再流焊炉、波峰焊炉排风口处，通过软管连接排风电动机，吸取炉膛内挥发出的助焊剂气体。电子装联车间内外排风装置如图 1-2 所示。

对于手工焊接工位，通常在工位上方安装烟雾净化过滤系统，如图 1-3 所示。该系统采用了双工位设计和三层过滤装置，包括初效过滤器、中效过滤器和主过滤器。该系统能有效地吸收并过滤在焊接、激光标码、激光雕刻等加工过程中产生的烟雾和粉尘，同时对其中有毒有害的气体和粉尘，如碳氢化合物和氰化合物等起到吸附和过滤的效果，防止环境污染。

(a) 车间内排风装置

排风电动机
排风弯管
(b) 车间外排风装置

图1-2　电子装联车间内外排风装置

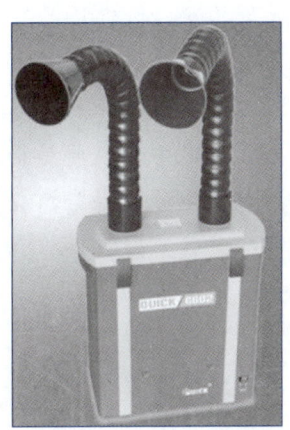
图1-3　烟雾净化过滤系统

五、静电防护

（一）静电的产生与放电危害

静电是电荷的产生与释放过程中产生的电现象的总称，其特点有：① 高电压；② 低电量、小电流；③ 作用时间短，重现性差。

1. 静电的来源

（1）人体在车间操作、移步都会产生静电。

（2）人体接触仪器设备产生静电。

（3）仪器本身存在静电。

（4）元器件在搬运、安装与检查过程中产生静电。

2. 静电的产生方式

（1）摩擦带电：两物体相互摩擦时产生静电。

（2）剥离带电：进行剥离动作时，原先接触的两物体分开（剥离）时产生静电。

（3）感应带电：因带电物体接近或离开其他物体而带电，没有相互接触却产生静电。

3. 静电放电

静电放电（electrical static discharge，ESD），是指具有不同静电电位的物体，由于直接接触或静电感应，引起物体间静电电荷转移的现象。静电电能与静电敏感器件（static sensitive device，SSD）接触或接近时所产生的

图片
电子元器件静电破坏示例

图片
ESD敏感和ESD防护警告标志

放电会对元器件造成损伤。静电放电被认为是电子产品质量的最大潜在杀手，所以静电防护已经成为电子产品质量控制的重要内容。根据相关要求，在工作场地醒目位置应张贴或悬挂有ESD敏感和ESD防护警告标志。

（二）静电防护

为了保证电子产品的生产安全，作业车间的静电防护十分重要，一般采取静电中和和静电接地两种静电防护策略。

1. 静电中和

静电中和主要是指通过离子风机来消除静电。离子风机是通过向对象物体吹送带有正电荷及负电荷的离子风来中和其带电状态的一种装置，如图1-4所示。

2. 静电接地

1）软接地

软接地是指不使用接地线的接地，使物体通过一个足够高的阻抗接往大地，以便在发生触电事故时把电流限制在人身安全电流之下。

图1-4　离子风机

（1）人体静电接地防护。人体静电接地防护的主要措施有穿戴防静电帽、防静电服、防静电鞋和防静电腕带，如图1-5所示。

图1-5　防静电帽、防静电服、防静电鞋和防静电腕带

防静电帽、防静电服与防静电鞋由防静电织物编织而成，可防止头发、衣服、鞋的静电积聚，适用于对静电敏感的场所；防静电腕带用于静电释放，内部接1 MΩ电阻与人体串联，使通过人体的电流小于5 mA，降低电压，保护元器件及人体。

此外，车间操作桌面及地面也需要进行人体静电接地防护。操作桌面所铺设的防静电桌垫的电阻率为 $10^7 \sim 10^9$ Ω/m²，可缓慢释放静电；接地线一端连接防静电桌垫，另一端连接大地，静电通过接地线泄放到大地。防静电地面的系统电阻为 $5.0 \times 10^4 \sim 10^9$ Ω，表面电阻为 $10^5 \sim 10^{10}$ Ω（测量电极间距为 $900 \sim 1\ 000$ mm）。

（2）元器件静电接地防护。防静电区域使用的物料也需要进行软接地防护，为静电释放提供一个安全的通道。例如，用于物料周转的防静电箱［图1-6（a）］，箱体的材料中添加了防静电材料，可以导静电，静电电压衰减，元器件就不会被静电损坏或损伤；用于元器件包装的防静电袋［图1-6（b）］，其静电衰减时间小于2 s，根据国家军用标准，其内层表面电阻率为

$10^5 \sim 10^{12}$ Ω/m²，外层表面电阻率小于 10^{12} Ω/m²；用于运输物料的运输推车 [图1-6（c）]，其由高导电性材料制作，推车固定时要求硬接地。

2）硬接地

硬接地是指金属硬接地，使用接地线对导体材料进行接地，对地电阻应小于4 Ω。设备接地标识如图1-7所示。

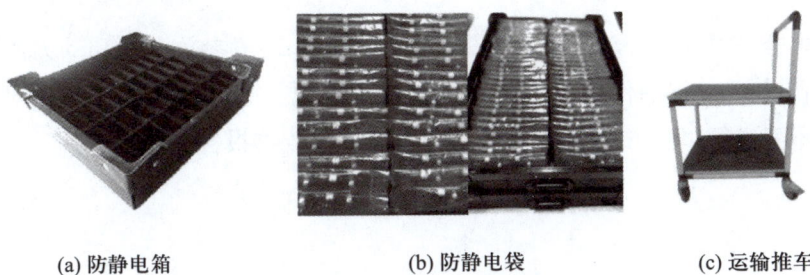

(a) 防静电箱　　　　　　　　(b) 防静电袋　　　　　　　(c) 运输推车

图1-6　元器件静电接地防护

接地

图1-7　设备接地标识

SMT设备、单板装联设备、模块/整机组装及调测设备，以及配置有防静电接地点的设备工具，如烙铁，应采用独立防静电接地线接地。防静电接地线应采用铜条或黄绿色多股铜线。防静电接地线与防静电地极之间的阻值小于4 Ω。防静电接地线间的连接应采用螺钉紧固或焊接等固定连接方式。现场除防静电腕带、移动设备工具外，其他固定连接的工具、设备、接地线间的连接禁止采用鳄鱼夹。各工具、设备防静电接地点接入防静电接地线采用并联方式，优先采用防静电公共接地排进行并联汇接，禁止采用串联方式，即在设备工具金属接地部件引出独立的接地线固定连接到防静电接地线上，以保障接地可靠。防静电接地连接图如图1-8所示。

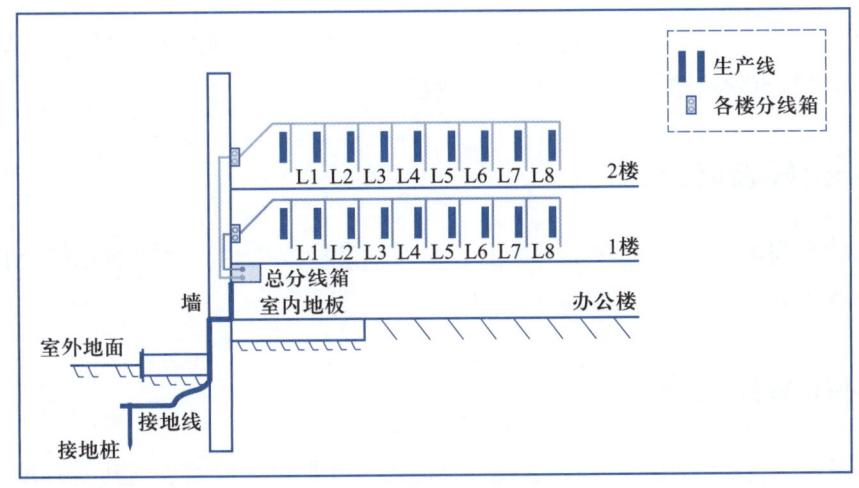

图1-8　防静电接地连接图

任务一
车间环境点检

任务描述

　　电子装联实训车间环境点检主要包含5S点检、安全标志点检、环境参数点检和动力源操作。车间环境对电子产品生产过程的作用至关重要，直接影响电子装联产品的品质。对所处的电子装联实训车间环境进行以上方面的点检，并形成完整的改善报告。

任务分析

　　现场作业环境5S点检主要从整理、整顿、清扫、清洁、素养5个方面进行，这是对操作人员的现场环境提出的基本要求；安全标志点检要求能够正确识读车间的安全标志，并能够根据车间内容进行安全标志的张贴；现场环境参数点检的目的是确保生产环境相对稳定，环境参数包括温度、湿度、噪声及气压等；动力源操作要求能正确操作设备电源、气源及排风系统，保证设备正常工作。

任务实施

一、5S点检

　　针对所处的实训室或车间环境，依据5S作业标准，分别从整理、整顿、清扫、清洁、素养5个方面进行点检记录，并完成5S环境改善。

二、安全标志点检

　　找出所处车间内张贴的所有安全标志，整理记录在报告中，并对各个安全标志的张贴是否正确做出评价，如若不正确则进行改进。

三、环境参数点检

　　根据车间环境要求，测量温度、湿度、洁净度、光照度、噪声、气压等环境参数。

四、动力源操作

　　了解设备的电源、气源及排风系统的正确操作方法。

任务评价

按照表1-3所示的评价内容完成任务评价。

表1-3　车间环境点检任务评价表

序号	评价内容	分值	评价情况		
			自我评价	小组评价	教师评价
1	掌握5S规范并能正确实施	20			
2	能正确识别安全标志及标识线	10			
3	能正确测量车间环境参数	20			
4	能正确操作设备的电源及气源	10			
5	遵守车间工作纪律，安全规范操作	20			
6	团队协作，保质保量完成工作	10			
7	任务实施态度端正，具有敬业精神	10			

任务二
静电测量与防护

任务描述

了解静电的产生与放电危害，能正确测量静电量与防静电工作台的表面阻抗。检测防静电工作区域是否正确粘贴防静电标志。根据防静电工作台的性能参数及检测要求定期对防静电工作台进行检测，发现问题及时更正。

任务分析

本任务需要了解防静电的基本知识，并采取正确的措施消除静电对电子产品的危害；能正确测量车间静电环境、防静电工作台的性能参数，能根据要求定期对静电工作台进行检测。

任务实施

一、静电测量

1. 认识静电测试仪

QUICK 431静电测试仪是专用于检测静电的仪器，兼有离子平衡度

视频
静电测量

测试功能。该测试仪采用了新型的非接触式表面电位传感器，能有效地检测到物体所携带的静电量，如塑料、化纤、皮毛及人体所携带的静电等。QUICK 431静电测试仪外形及部件说明如图1-9所示。其中，"POWER"键为电源键，"ZERO"键为校零键，"STATIC/IB"键为静电测试/离子平衡度测试切换键，"HOLD/MAX"键为保持/最大值测试切换键。

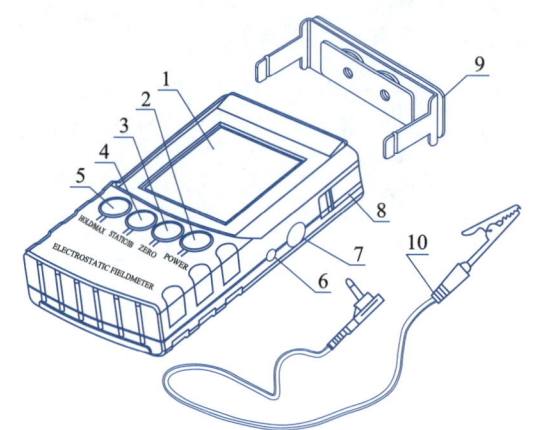

序号	说明
1	LCD显示屏
2	"POWER"键
3	"ZERO"键
4	"STATIC/IB"键
5	"HOLD/MAX"键
6	校准孔
7	测试仪接地插孔
8	离子平衡度测试板插槽
9	离子平衡度测试板
10	接地线

图1-9　QUICK 431静电测试仪外形及部件说明

LCD显示屏显示信息说明如图1-10所示。

2. 开机及模式选择

长按"POWER"键约3 s，仪器开机并进入工作模式2，如图1-11所示。按"POWER"键的时间不同，会进入不同的工作模式，各种工作模式的选择方式及对应的工作状态如表1-4所示，静电测试时通常选择工作模式2。

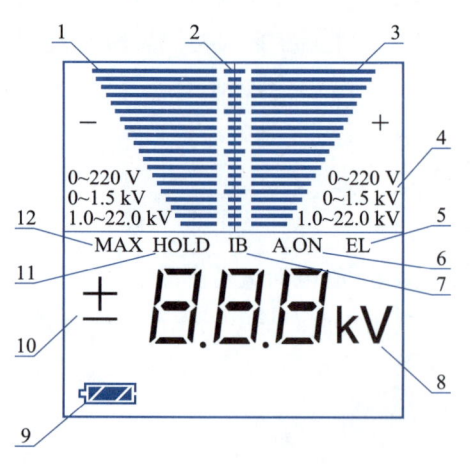

序号	说明
1	负阶条
2	坐标
3	正阶条
4	量程显示
5	LCD背光亮
6	连续工作状态
7	测试离子平衡度
8	单位
9	电池电量
10	测试数据
11	保持功能
12	最大值功能

图1-10　LCD显示屏显示信息说明

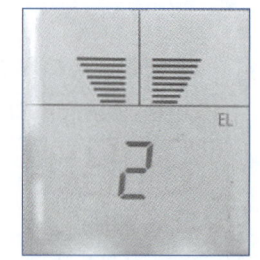

图1-11　静电测试仪工作模式2显示界面

表 1-4　静电测试仪工作模式选择方式及对应的工作状态

工作模式	1	2	3	4
按"POWER"键时间/s	1 ~ 2.5	2.5 ~ 3.5	3.5 ~ 4.5	4.5 ~ 5
LCD显示屏显示信息	"1"	"2" "EL"	"3" "A.ON"	"4" "EL" "A.ON"
声音	嘀	嘀	嘀嘀嘀	嘀嘀嘀
模式状态	工作5 min后自动关机		连续工作,不自动关机(A.ON)	
LCD背光	不亮	亮(EL)	不亮	亮(EL)

3. 仪器校零

进行静电测试前需要对静电测试仪校零,校零方法有以下3种:

(1)测试仪接地,对已知为地的物体进行测试,按住"ZERO"键大约2 s,松开后听到"嘀"声,显示0值,则校零成功。

(2)测试仪接地,前端面避开带电物体,按住"ZERO"键大约2 s,松开后听到"嘀"声,显示0值,则校零成功。

(3)将导体与测试仪地连接,对导体进行测试,按住"ZERO"键大约2 s,松开后听到"嘀"声,显示0值,则校零成功。

4. 静电测量

手持静电测试仪,使顶部的探头对准被测物体,当被测物体上显示清晰的红色"+"符号时,表示静电测试仪与被测物体的当前距离适中(约为2.5 mm)。测量状态如图1-12所示,静电测试仪的LCD显示屏上将显示出测试到的静电值,带有正负属性,单位为千伏(kV)。

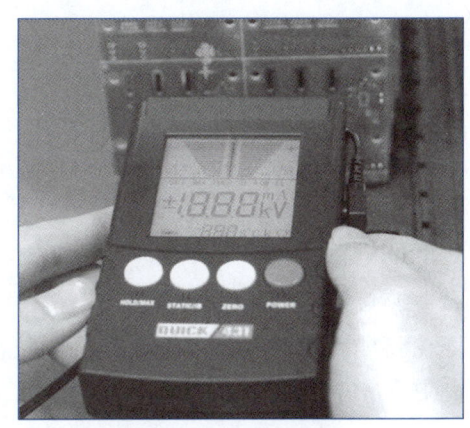

图1-12　静电测量

5. HOLD/MAX 设置

当需要对读取到的静电示数进行保持操作,以便读取或记录数值时,可按"HOLD/MAX"键(小于1.5 s)进入HOLD功能,此时LCD显示屏会显示"HOLD",示数读取结束后,再次按"HOLD/MAX"键,则退出HOLD功能。当需要对读取到的静电示数进行最大值显示时,可按住"HOLD/MAX"键,直到LCD显示屏上显示"MAX",则进入MAX功能,静电测试仪将显示捕捉到的最大值并锁定该值,直到捕捉到更大值时再更新,再次按"HOLD/MAX"键,则退出MAX功能。

二、表面阻抗测量

1. 认识表面阻抗测试仪

QUICK 499D 表面阻抗测试仪主要用于测量物体的表面阻抗系数和接地电阻，可以对防静电材料、绝缘材料等进行测量。表面阻抗测试仪的外观如图 1-13 所示，其正面由上至下分别是测量数据、"TEST"（测试）键及接地插孔，背面为两个平行的测试电极。

视频
表面阻抗测量

(a) 正面

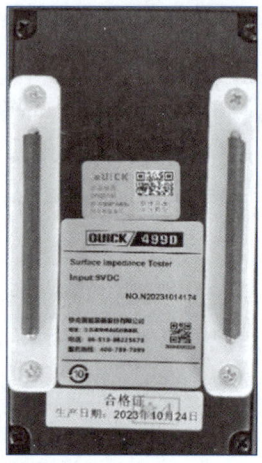

(b) 背面

图 1-13　表面阻抗测试仪的外观

2. 进行表面阻抗测量

将表面阻抗测试仪放置在被测物体上，比如一防静电工作台表面，按下"TEST"键，屏幕上将显示测得的表面阻抗数据。若屏幕上显示"1.4E10"，则代表当前所测物体的表面阻抗为 1.4×10^{10} Ω/□。单位"Ω/□"表示方块电阻，是指正方形的薄膜导电材料任意对边之间的电阻。

3. 接地电阻测量

将测试导线的一端插入表面阻抗测试仪的接地插孔内（这样测试仪右侧的内部电极被断开），另外一端夹在可靠的连接地上，然后将测试仪置于被测物体表面，按下"TEST"键，这时测得的数据为被测物体的接地电阻而非其表面阻抗。

三、静电防护

正确穿戴防静电服、防静电帽、防静电鞋及防静电腕带。

📝任务评价

按照表 1-5 所示的评价内容完成任务评价。

表 1-5　静电测量与防护任务评价表

序号	评价内容	分值	评价情况		
			自我评价	小组评价	教师评价
1	能正确测量物体的静电量	20			
2	能正确测量防静电工作台的表面阻抗	20			
3	能正确穿戴防静电服、帽、鞋及腕带	20			
4	遵守车间工作纪律，安全规范操作	20			
5	团队协作，保质保量完成工作	10			
6	任务实施态度端正，具有敬业精神	10			

项目小结

　　通过本项目的学习，读者可以了解电子装联车间在进行装联作业之前，需要准备的场地、环境及防静电要求，并能正确测量各种环境参数，掌握静电防护知识，能正确实施防静电操作，最终形成良好的电子装联生产环境，并能不断优化。

思考题

　　1.何为车间5S作业标准？每个"S"的含义与目的是什么？

　　2.车间张贴安全标志的目的是什么？

　　3.车间诸多环境参数中，需要关注哪些方面参数的测量与控制？

　　4.静电的产生来源是什么？如何进行检测？

　　5.静电防护安全标志有哪些？

　　6.静电防护的手段有哪些？防护工作的操作标准是什么？

　　7.如何测量防静电工作台的性能参数？

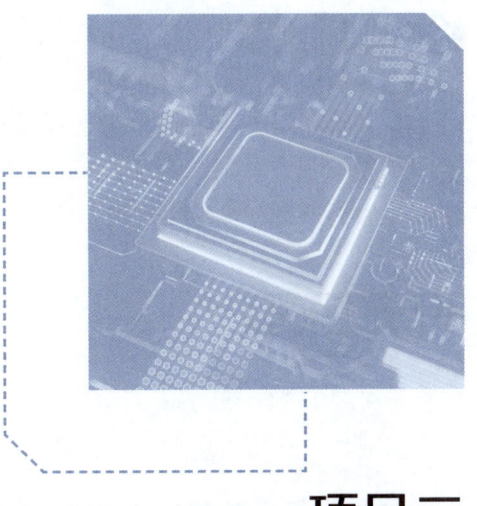

项目二
基板标码

项目引入

在电子制造领域，使用激光标码技术可以制作出高精度、高分辨率的二维码、一维码、条形码等标识，广泛应用于电路板、芯片、传感器等元器件的标识制作。通过激光标码技术制作的标识，可以实现快速、准确的追溯和管理，从而提高生产效率和产品质量。

项目描述

针对图1-14所示基板，按照客户要求，识读标码作业指导书，操作S450CF型激光标码机在基板指定区域内实施标码作业。

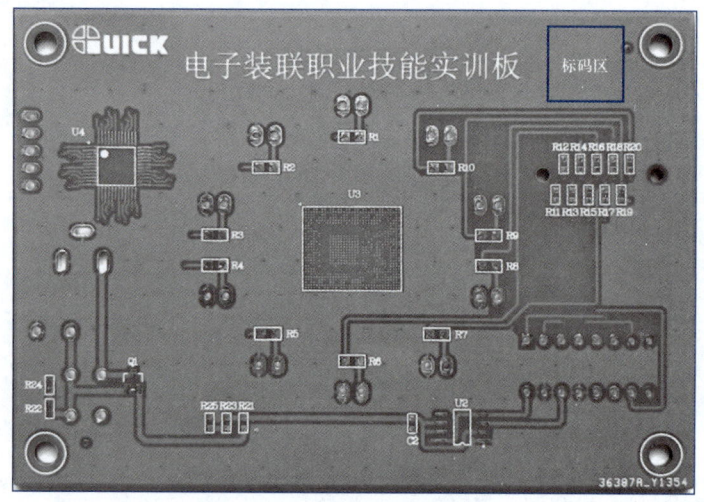

图1-14 激光标码示意图

项目目标

➤ 知识目标

1. 了解作业指导书的功能和基本结构。

2. 了解激光标码的基本原理和工艺流程。

3. 掌握激光标码机的操作方法。

➤ 能力目标

1. 会设计、编制作业指导书。

2. 会操作激光标码机完成标码任务。

➤ 素养目标

1. 具有安全生产、规范操作意识。

2. 具有创新意识，提高分析问题和解决问题的能力。

3. 培养职业规范和职业素养。

根据项目描述，本项目可以分为标码作业指导书识读和基板激光标码两个任务。

（1）标码作业指导书识读分析：重点识读作业工艺参数，理解重点和难点问题及其管控方法。

（2）基板激光标码分析：依据客户标码要求，设置二维码参数，针对基板特征，结合激光标码机结构和功能，编制标码程序，在待标码基板的指定区域内实施标码作业，查验及改善标码缺陷。

🔗 知识链接

一、作业指导书

作业指导书（standard operation procedure，SOP）以标准文件的形式描述作业人员在生产作业过程中的操作步骤和应遵守的事项，是作业人员的指导书，是检验人员用于指导工作的依据。

作业指导书在学习、生产和管理等过程中具有指导与规范、培训与教育、质量控制与保证、促进自我反思与提升及支持持续改进与创新等多种功能。它是保证工作质量和效率的重要工具之一。

1. 作业指导书基本结构

标准作业指导书主要包含适用范围、材料部件、设备工装、作业步骤、作业条件、异常处理、图示、变更履历、工艺要求和其他10个部分。作业指导书基本结构如图1-15所示，其内容如表1-6所示。

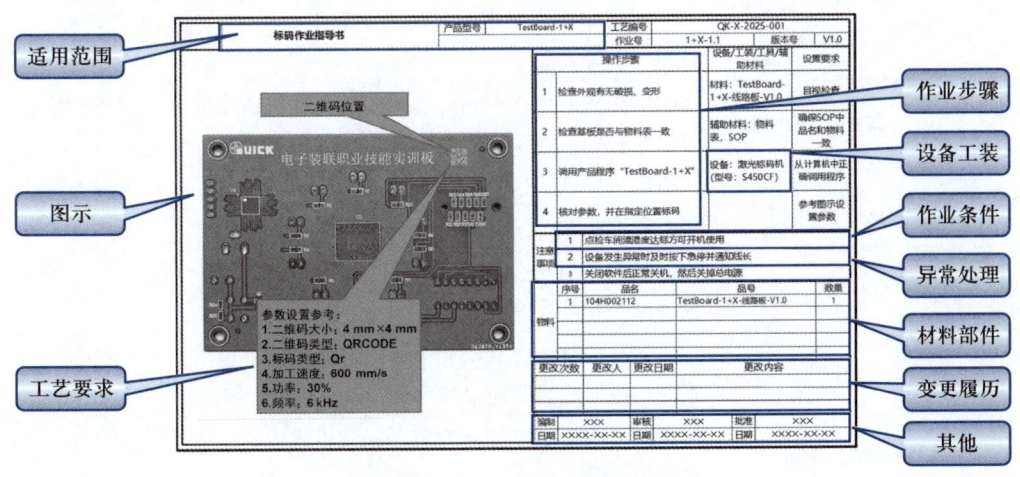

图1-15 作业指导书基本结构

表 1-6 作业指导书内容

序号	主要部分	内容要求
1	适用范围	说明生产机型及工艺
2	材料部件	说明完成当前作业需要使用的材料及部件
3	设备工装	说明完成当前作业需要使用的设备、工装治具
4	作业步骤	说明当前工位每个步骤的具体作业次序与名称，包含检查项目和质量要求，即作业完成时产品应当达到的质量标准
5	作业条件	说明作业的前置条件，包括温度、湿度、光照度等
6	异常处理	说明作业中发生的不良、事故处理方法等
7	图示	说明作业生产中的操作图示、要点图示
8	变更履历	说明文件更改内容、时间等
9	工艺要求	说明工序的要求参数或质量
10	其他	包括编制者、审核/批准日期等

2. 作业指导书编制

通过阅读作业指导书，作业人员要能够完整、正确地理解将要执行的工作内容。因此，作业指导书主要包含以下6个要素：

（1）需要执行的任务；

（2）执行此任务所需要的详细步骤；

图片
作业指导书样例

（3）步骤执行顺序、步骤完成时间及下一步骤实施条件；

（4）执行人员及所涉及的其他人员；

（5）使用的仪器、设备及所在位置；

（6）进行此步骤和任务的原因。

作业指导书编制流程如表1-7所示。

表 1-7 作业指导书编制流程

步骤	流程	内容
1	确定生产需求	在编写作业指导书前，需要明确生产需求，包括生产任务、数量、时间要求等方面
2	收集信息	收集相关的生产资料，包括工艺流程、技术要求、设备清单等，并组织好相关信息
3	制订编写计划	根据收集到的信息，制订作业指导书的编写计划，明确编写的时间节点和责任人
4	编写草稿	根据收集到的信息，编写作业指导书的草稿，包括各个环节的步骤、操作要点等
5	审核和修改	将编写的草稿提交给相关部门进行审核，包括工艺工程师、生产主管等。根据他们的建议和意见，对草稿进行修改和完善
6	编写正式版	在经过反复审核和修改后，完成正式版的作业指导书编写，确保内容准确无误

二、激光标码设备

激光标码是通过激光束对PCB表面进行加工的方法。激光束由激光器产生，经过透镜聚焦成为高能量的光束，然后通过控制系统将激光束精准地照射到PCB表面，通过热效应将表面的涂层或氧化层蒸发或加热，从而完成对PCB表面的标码、雕刻、切割等处理。

不同厂家生产的激光标码机的操作方式基本相同。图1-16所示为S450CF型激光标码机，该设备最大刻印图形尺寸为50 mm×50 mm，配有CCD在线条码检测系统，支持中英文大小写，可刻印条形码、二维码和图片数据，采用自动烟雾净化系统，设备使用更环保。

S450CF型激光标码机的主要制程参数如表1-8所示。

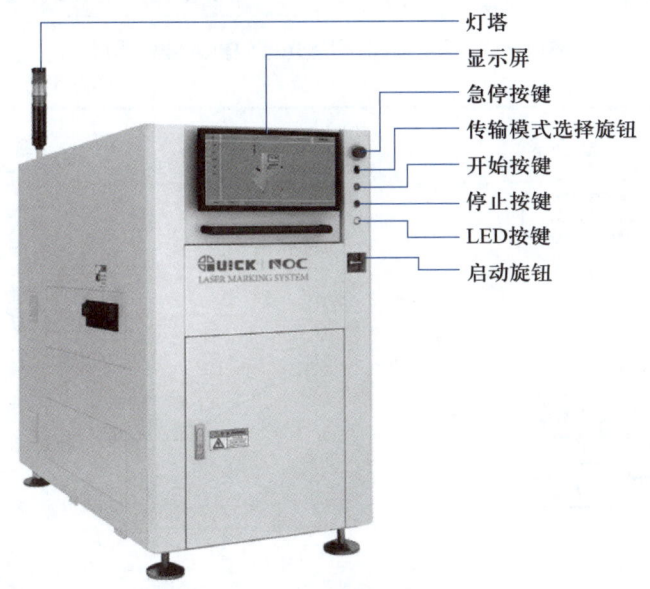

图1-16　S450CF型激光标码机

表1-8　S450CF型激光标码机的主要制程参数

设备尺寸	950 mm×1 450 mm×1 600 mm
基板尺寸	50 mm×50 mm ～ 450 mm×400 mm
基板厚度	0.5 ～ 5 mm
重复定位精度	±0.02 mm
最小雕刻尺寸	2.5 mm×2.5 mm
激光点径	0.15 mm

S450CF型激光标码机的编程界面如图1-17所示，其中，功能列表部分会根据不同模式显示不同功能。

S450CF型激光标码机的二维码模板编辑界面如图1-18所示。

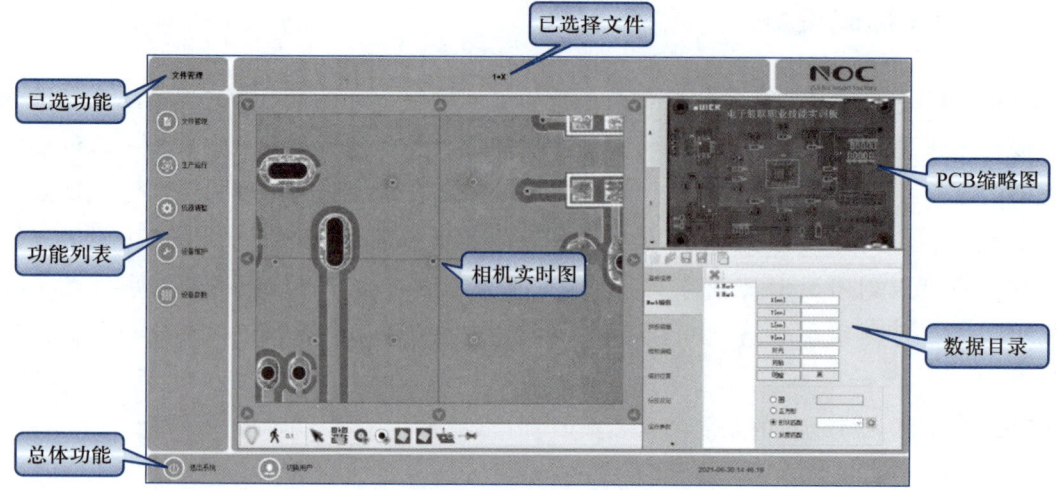

图1-17 S450CF型激光标码机的编程界面

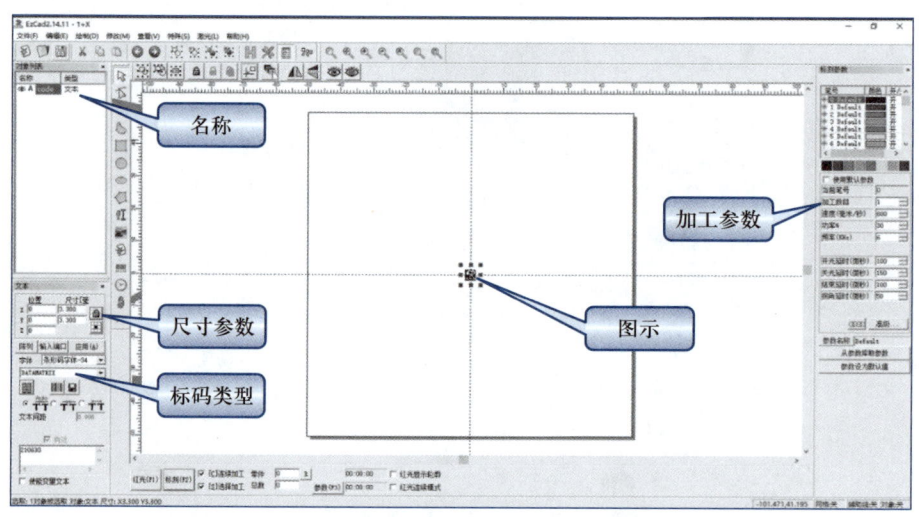

图1-18 S450CF型激光标码机的二维码模板编辑界面

任务一
标码作业指导书识读

任务描述

作业指导书旨在提供电子装联作业的详细指导，确保作业人员在进行电子装配工作时，能够准确无误地完成任务。本任务中的标码作业指导书包含了激光标码作业的整体指导流程和操作细节，旨在帮助读者提高实际操作技能和理论知识的应用能力。

任务分析

识读标码作业指导书是确保标码作业质量与安全的重要环节。通过仔细阅读，应理解标码作业指导书的内容，分析标码作业流程，识别关键控制点并制定相应的应对措施，确保标码作业的顺利进行并达到预期的效果。同时，应加强培养作业人员的安全意识和责任意识，提高作业人员素质，确保作业质量与安全。

任务实施

通过识读图 1-19 所示标码作业指导书，明确基板激光标码任务将要执行的工作内容，如表 1-9 所示。

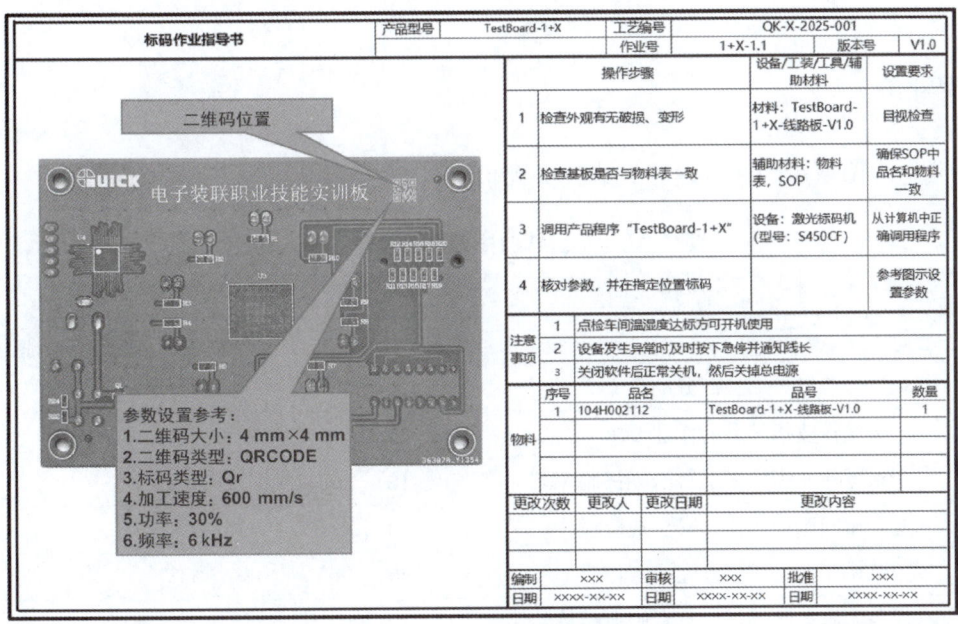

图 1-19　标码作业指导书

表 1-9　标码作业工作内容

序号	主要部分	具体内容
1	适用范围	产品型号：TestBoard-1+X
2	材料部件	TestBoard-1+X-线路板-V1.0
3	设备工装	S450CF 型激光标码机
4	作业步骤	（1）检查外观有无破损、变形； （2）检查基板是否与物料表一致； （3）调试产品程序"TestBoard-1+X"； （4）核对参数，并在指定位置标码

序号	主要部分	具体内容
5	作业条件	点检车间温湿度达标方可开机使用
6	异常处理	设备发生异常时及时按下急停并通知线长
7	图示	显示待标码基板，并标出二维码位置
8	变更履历	无
9	工艺要求	（1）二维码大小：4 mm×4 mm； （2）二维码类型：QRCODE； （3）标码类型：Qr； （4）加工速度：600 mm/s； （5）功率：30%； （6）频率：6 kHz

✏️ **任务评价**

按照表1–10所示的评价内容完成任务评价。

表 1–10　标码作业指导书识读任务评价表

序号	评价内容	分值	评价情况		
			自我评价	小组评价	教师评价
1	理解作业指导书各部分的含义	20			
2	能读懂作业指导书的作业要求	20			
3	能根据作业指导书了解激光标码工艺	10			
4	遵守车间工作纪律，安全规范操作	20			
5	团队协作，保质保量完成工作	20			
6	任务实施态度端正，具有敬业精神	10			

任务二

基板激光标码

📋 **任务描述**

　　激光标码是利用高能量密度的激光对工件进行局部照射，使表层材料气化或发生颜色变化的化学反应，从而留下永久性标记的一种标码方法。激光标码机可以在电路板上标刻条形码、二维码和字符、图形等可追溯的信息，实现自动化、智能化的管理要求，满足精致生产、品质管控、工艺提升的需求，提高生产效率，减少管理成本。

任务分析

将材料准备好后，开始对基板进行激光标码。激光标码机的操作流程如图1-20所示，主要包括创建生产程序、编辑Mark点、制作二维码模板、添加镭射（激光）位置、设置标签和设置参数等步骤。

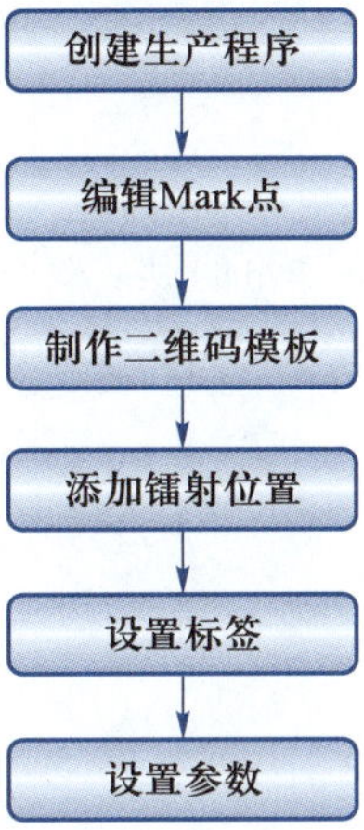

创建生产程序 → 编辑Mark点 → 制作二维码模板 → 添加镭射位置 → 设置标签 → 设置参数

视频
激光标码软件
操作

任务实施

图1-20 激光标码机的操作流程

本任务以S450CF型激光标码机为例学习激光标码方法。激光标码操作步骤如表1-11所示。

表1-11 激光标码操作步骤

步骤	操作	图示
1. 设备开机	顺时针旋转启动旋钮，完成开机	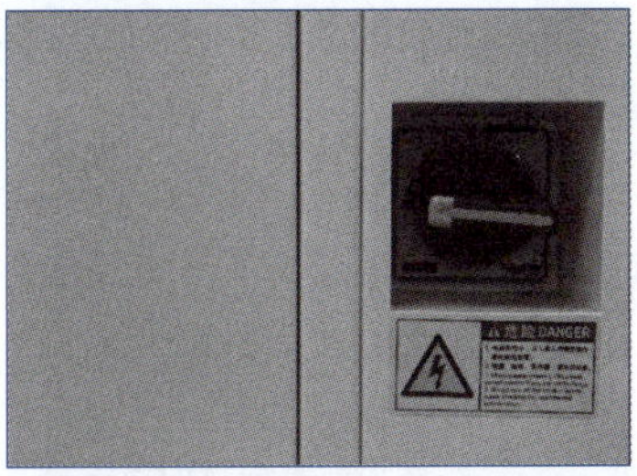
2. 创建生产程序	将PCB准备好，作业人员做好防护后，开启激光标码机，并进入Windows系统，运行计算机系统桌面上的"LASERMARK"软件	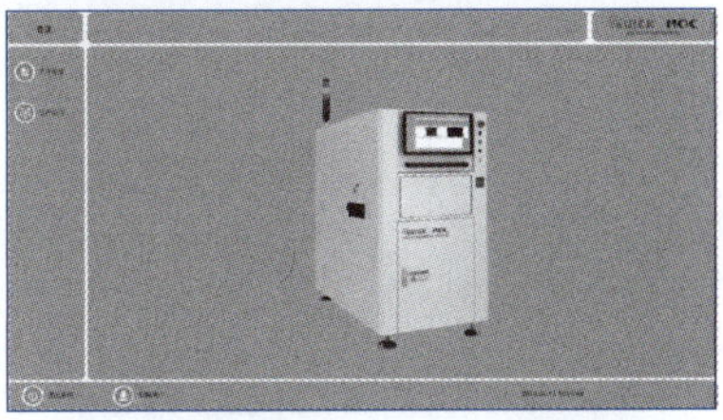
	单击"登录"按钮，在弹出的"选择用户"对话框中单击"管理员"按钮	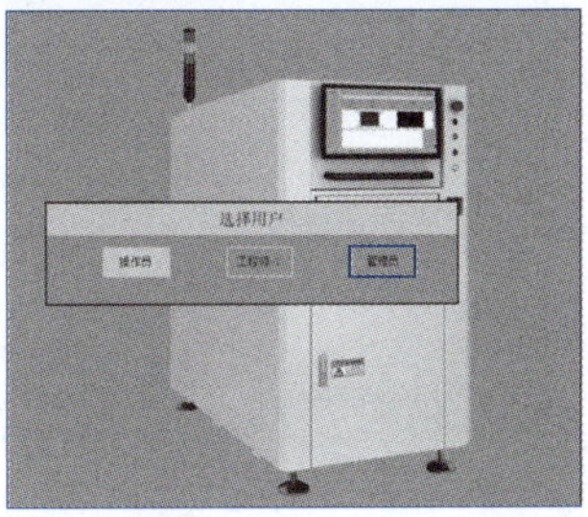

步骤	操作	图示
2. 创建生产程序	在弹出的对话框中输入管理员密码，单击"√"键	
	进入"文件管理"界面	
	单击"文件管理"界面中的"新建"按钮	
	在"程序名称"栏输入名称"DZZL"，在"轨道宽"栏输入PCB宽度"71"（稍微放宽一点，确保流板顺畅），单击"轨道调宽"按钮，轨道会自动调整宽度	
	在入板口放入PCB，单击"Pcb传入"按钮，待基板停到位	

步骤	操作	图示
2. 创建生产程序	单击"Stop位置"按钮，使相机移至基板右下角	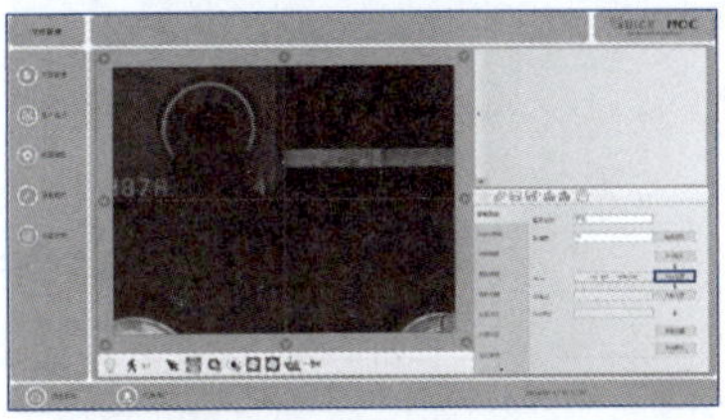
	将相机移至基板左上角，单击"当前位置"按钮	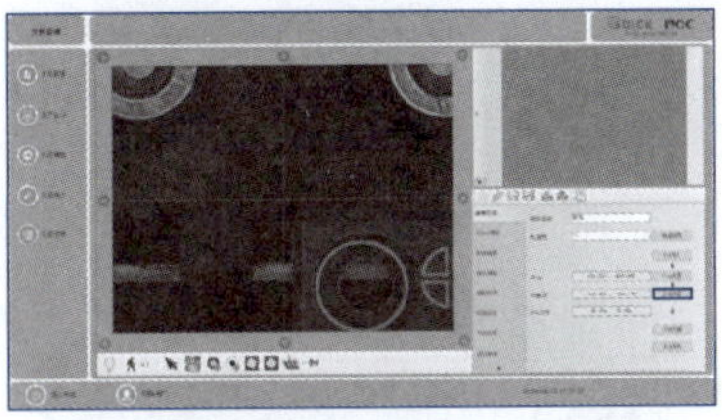
	单击"开始扫描"按钮，设备自动扫描整块PCB，PCB整体图渐渐出现，扫描完毕后单击"确定"按钮	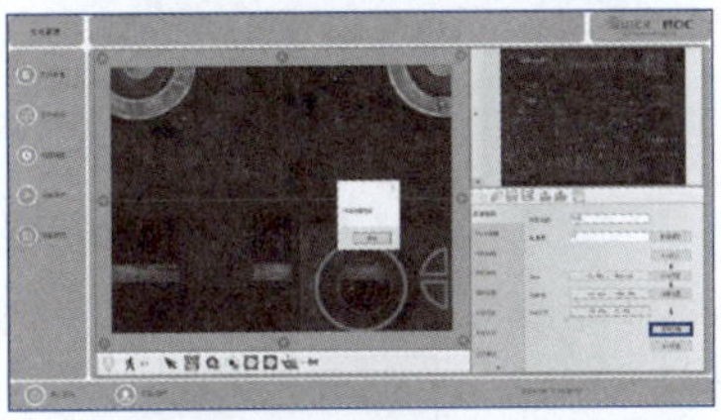
3. 编辑Mark点	单击"Mark编辑"，进入"Mark编辑"界面。将相机移至第一个Mark点位置	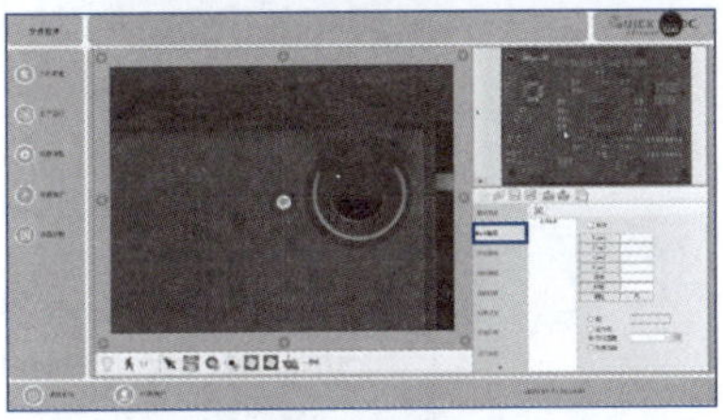
	单击"灯光亮度"按钮，在弹出的对话框中拖动进度条来调节光亮度	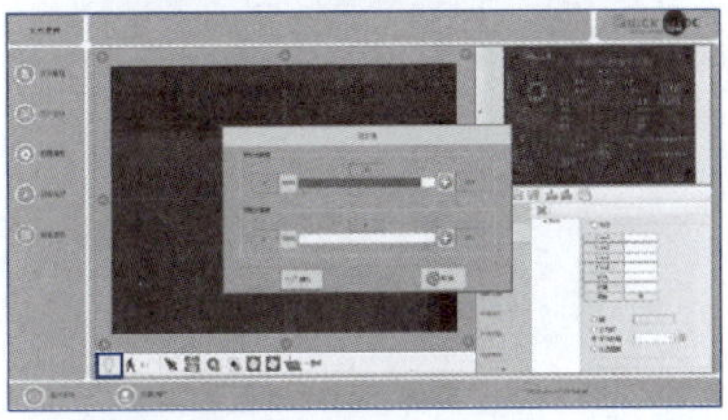
	单击"添加Mark点"按钮	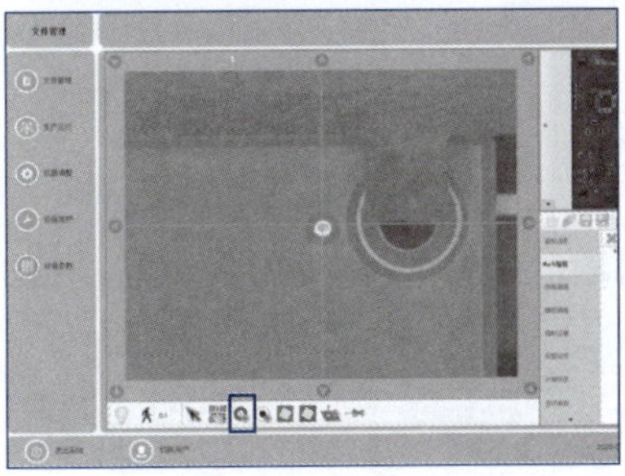

步骤	操作	图示
3. 编辑 Mark 点	在相机实时图中框选 Mark 点，系统自动抓拍。在弹出的对话框中单击"是"按钮，确认添加 Mark 点	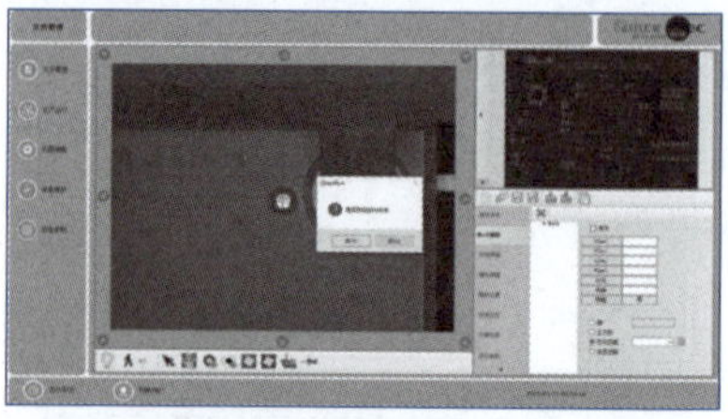
	将相机移至第二个 Mark 点位置	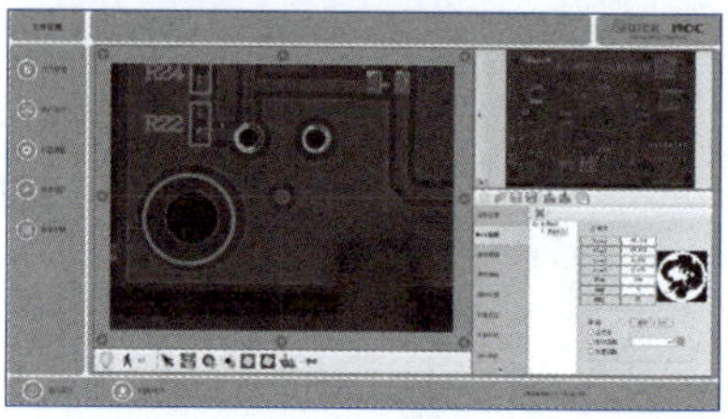
	单击"灯光亮度"按钮，在弹出的对话框中拖动进度条来调节光亮度	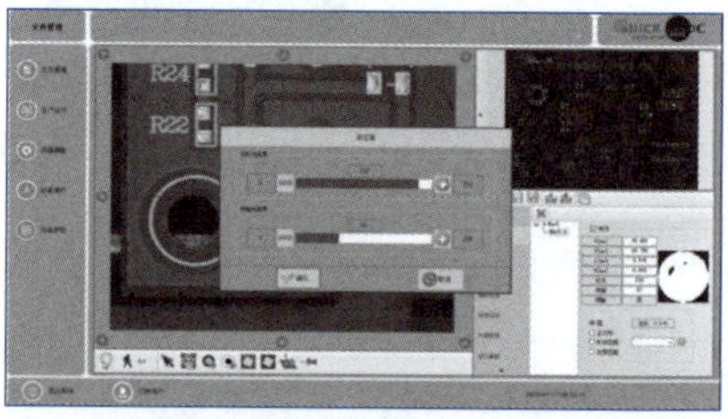
	单击"添加 Mark 点"按钮。在相机实时图中框选 Mark 点，系统自动抓拍。在弹出的对话框中单击"是"按钮，确认添加 Mark 点	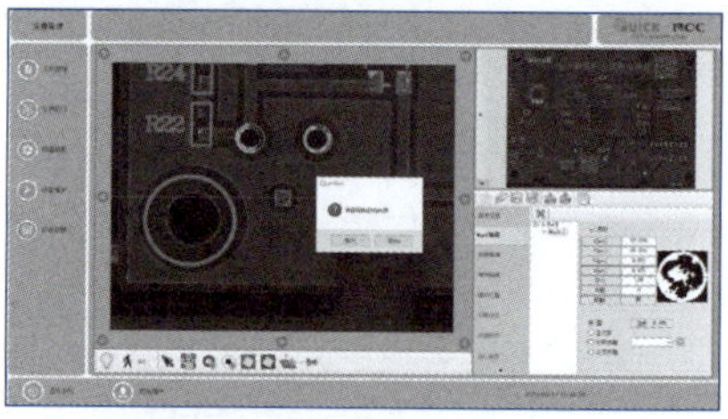
	选择 Mark 形状。本任务的 Mark 形状选择"圆"。 以此类推，如果需要多个 Mark 点，进行多次操作即可	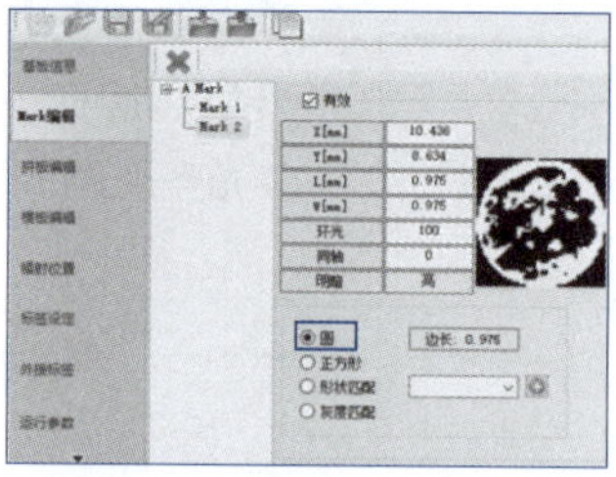
4. 制作二维码模板	单击"模板编辑"，进入"模板编辑"界面	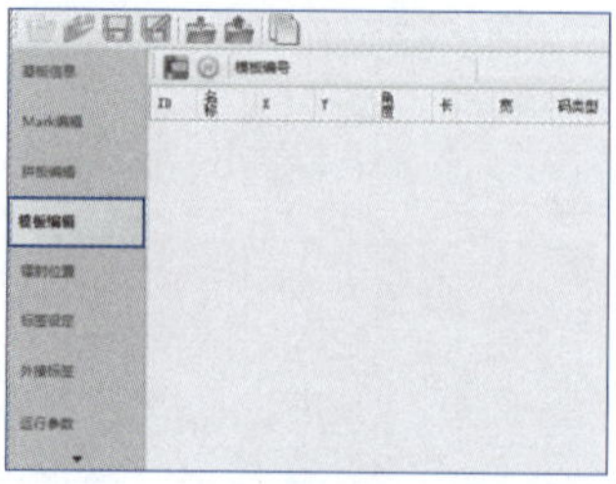

步骤	操作	图示
4.制作二维码模板	单击"模板制作"按钮，进入模板软件	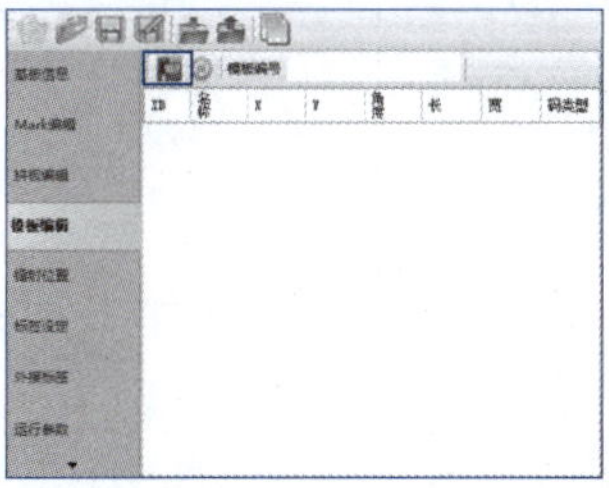
	单击"绘制条码"按钮，在空白处单击，生成一个空白的码	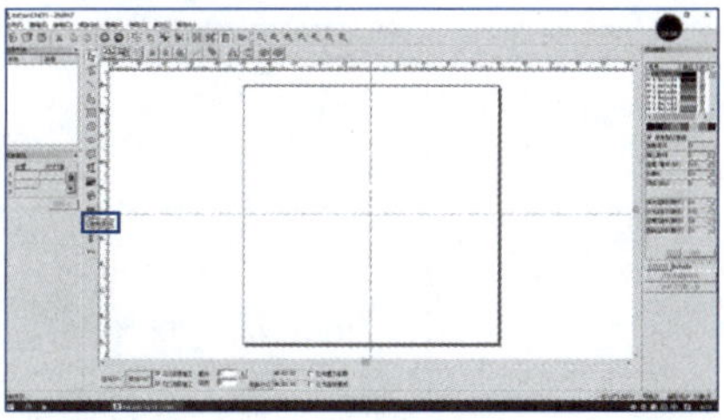
	选择标码类型"QRCODE"	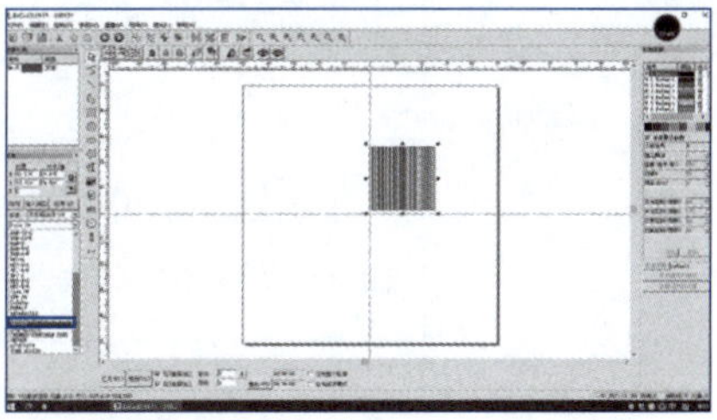
	单击"填充"按钮，设定填充模式。在弹出的"填充"对话框中调整参数，完成后单击"确定"按钮，再单击主界面中的"应用"按钮	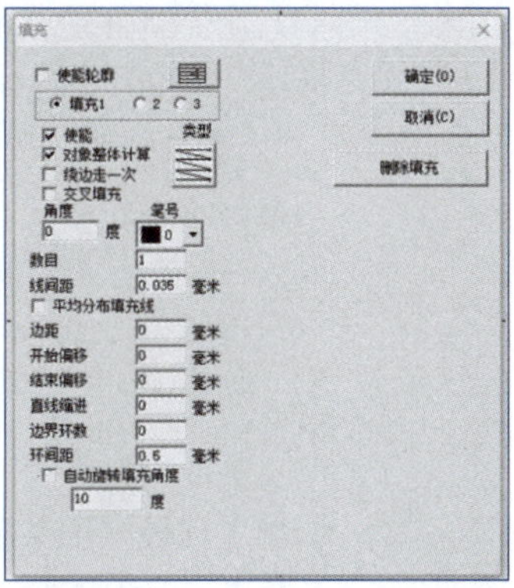
	单击，弹出"条形码"对话框，在"文本"输入框内输入打印的内容，勾选"固定尺寸"，调整二维码大小，设置"X"为4 mm，"Y"为4 mm，完成后单击"确定"按钮	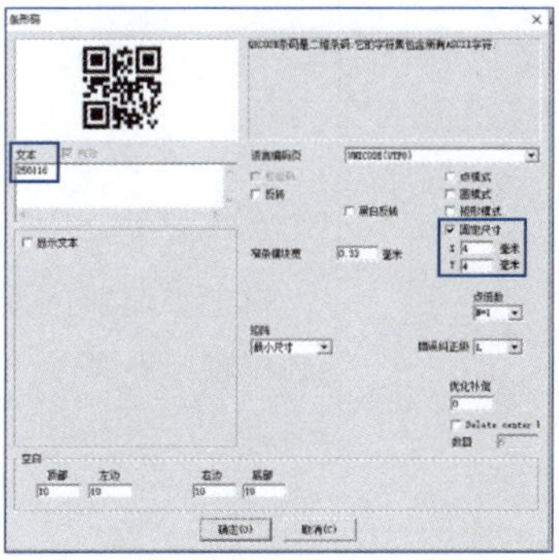

步骤	操作	图示
4.制作二维码模板	设置标码参数	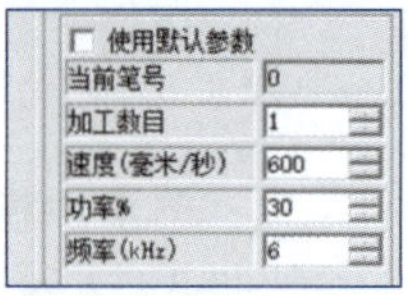
	单击"原点"按钮，将二维码置于原点	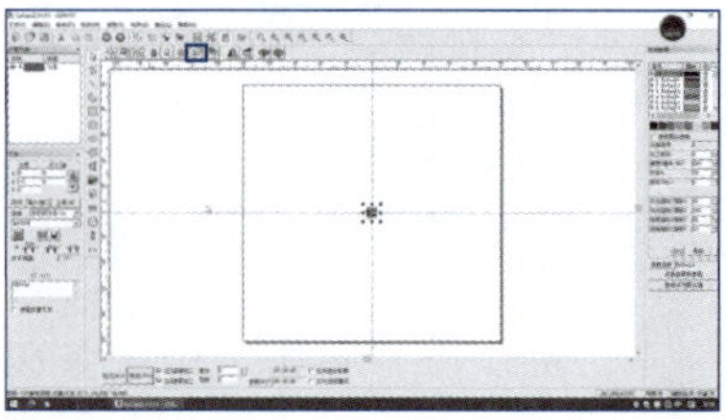
	单击标注区域，在弹出的对话框中输入文件名"code"，单击"确定"按钮	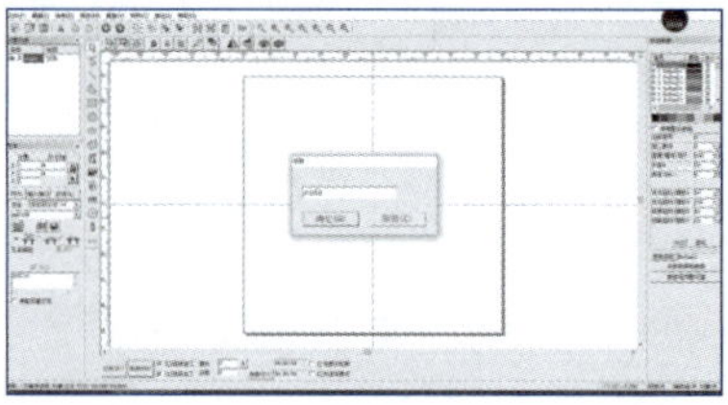
	单击工具栏中的"保存"按钮，并退出软件	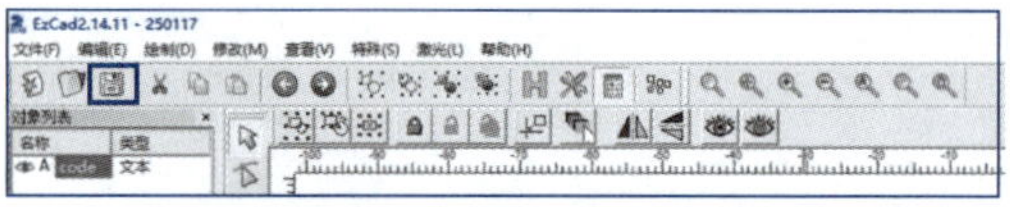
	在"LASERMARK"软件主界面，单击"模板编辑"，再单击"同步激光器"按钮，导入二维码模板文件	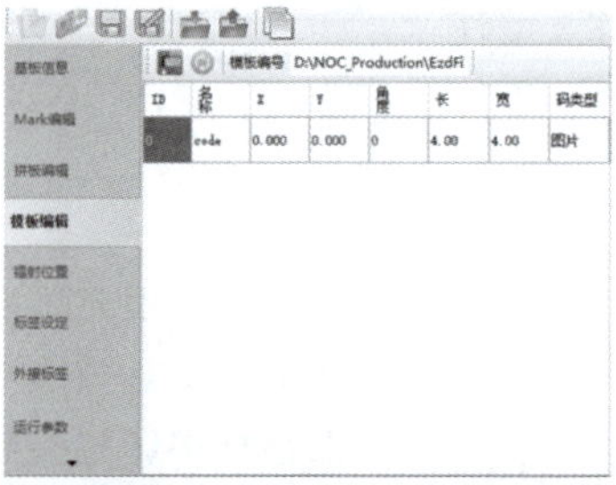
	单击"图片"，在弹出的对话框中选择"码类型"为"Qr"，单击"确认"按钮	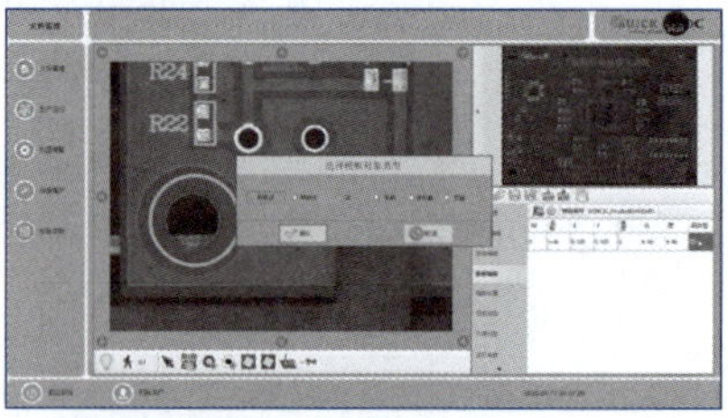
5.添加镭射位置	单击"镭射位置"，进入"镭射位置"界面	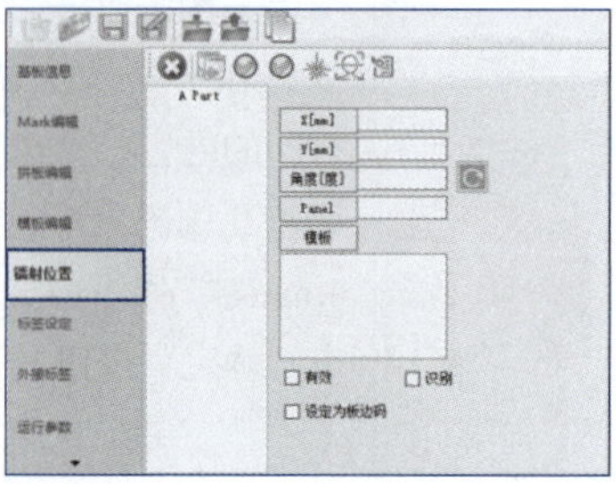

步骤	操作	图示
	在缩略图中将相机移至镭射位置	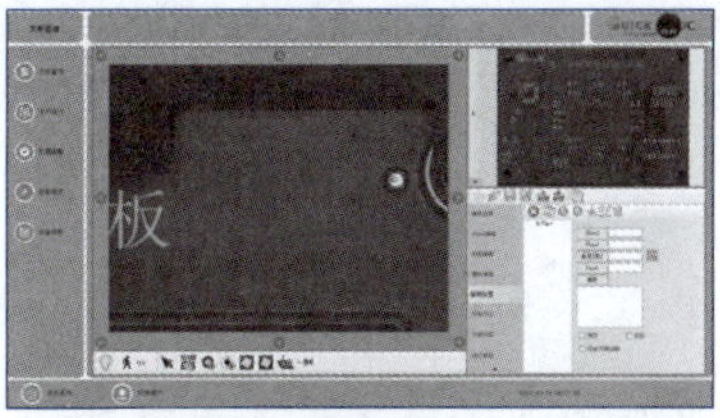
5. 添加镭射位置	单击"添加镭射点"按钮，在相机实时图中框选需要镭射的位置，在弹出的对话框中单击"是"按钮	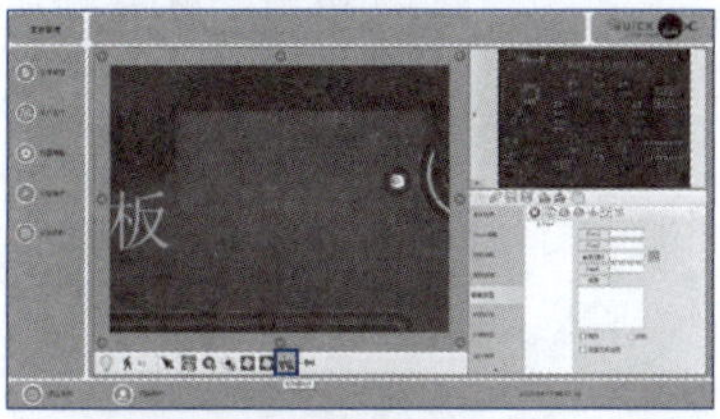 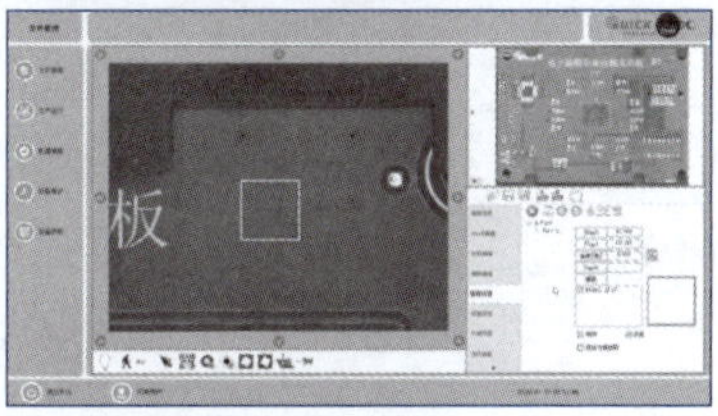
	"Model ID：0"表示镭射点镭射的ID号。勾选"有效"表示正常雕刻，勾选"识别"表示镭射完成后进行条形码识别	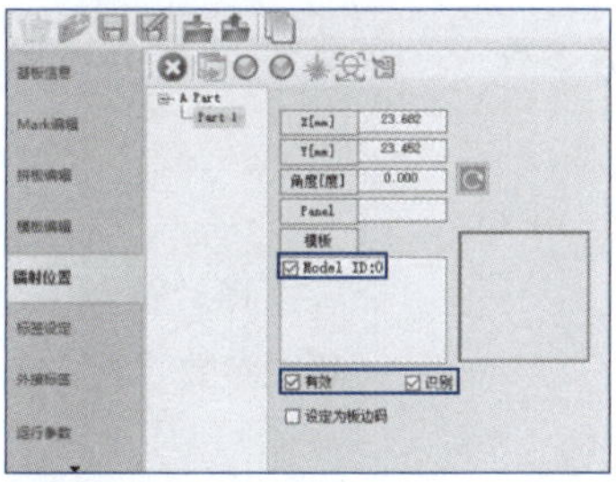
6. 设置标签	单击"标签设定"，进入"标签设定"界面，单击"新增标签"按钮	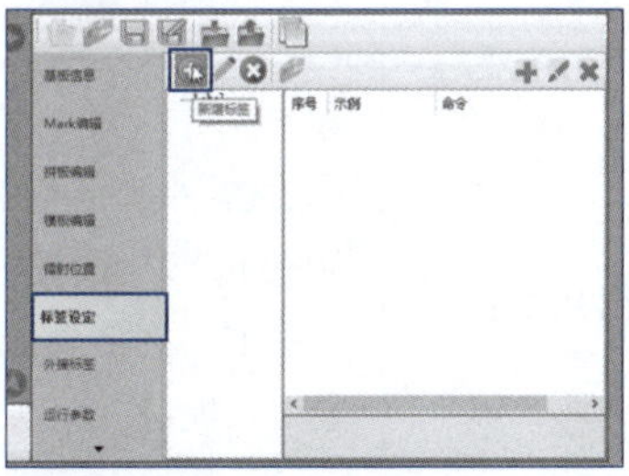
	在"选择对应的模板"对话框中勾选"Model ID：0"，单击"确认"按钮	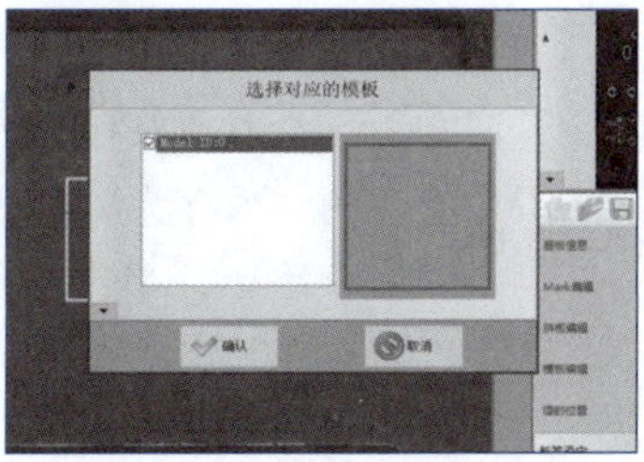

步骤	操作	图示
6. 设置标签	单击"+"按钮，在弹出的"标签格式设定"对话框中，选择"流水号"选项卡，输入图示参数，勾选"补位字符"和"每日重置"	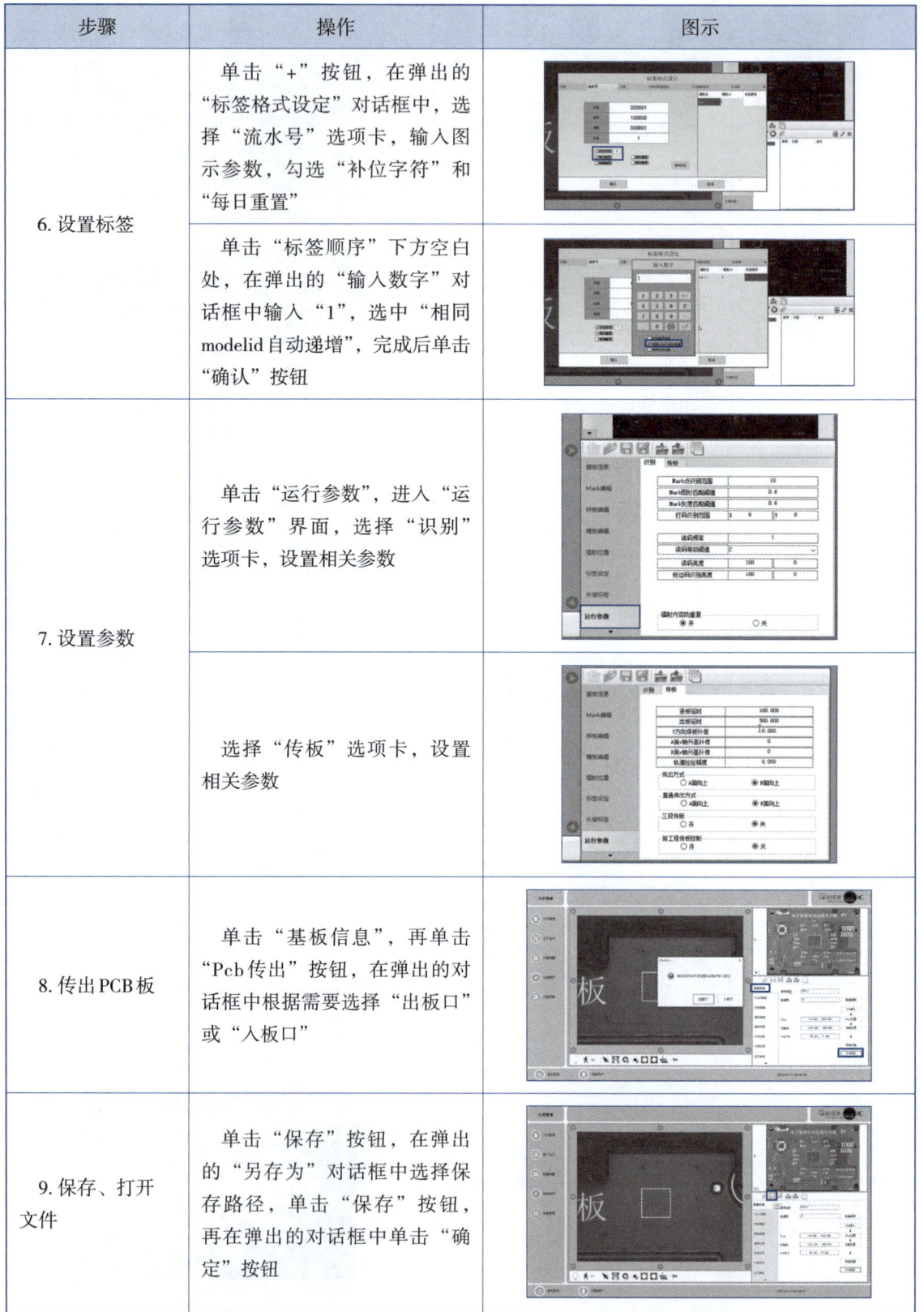
	单击"标签顺序"下方空白处，在弹出的"输入数字"对话框中输入"1"，选中"相同modelid自动递增"，完成后单击"确认"按钮	
7. 设置参数	单击"运行参数"，进入"运行参数"界面，选择"识别"选项卡，设置相关参数	
	选择"传板"选项卡，设置相关参数	
8. 传出PCB板	单击"基板信息"，再单击"Pcb传出"按钮，在弹出的对话框中根据需要选择"出板口"或"入板口"	
9. 保存、打开文件	单击"保存"按钮，在弹出的"另存为"对话框中选择保存路径，单击"保存"按钮，再在弹出的对话框中单击"确定"按钮	

步骤	操作	图示
9. 保存、打开文件	单击"文件打开"按钮✐，根据需要选择所需的程序名称后单击"打开"按钮，完成程序调用	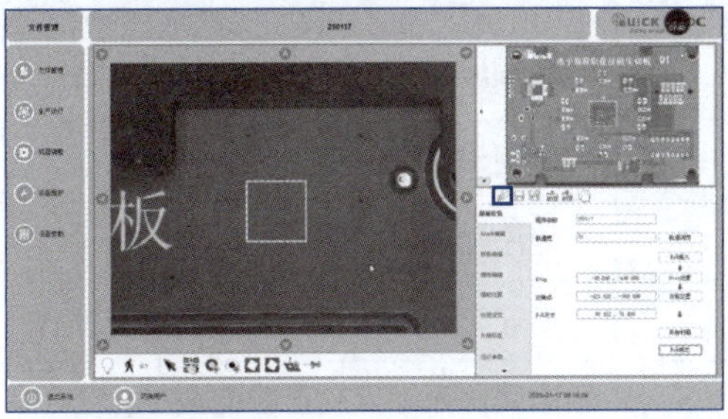
10. 生产运行	单击"生产运行"	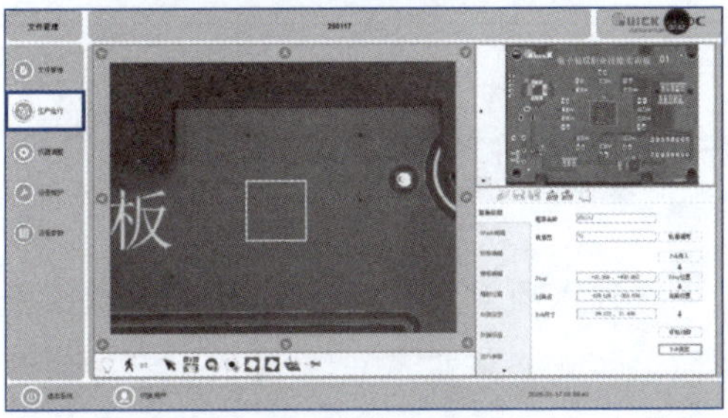
	在"生产运行"界面中，单击"运行"按钮	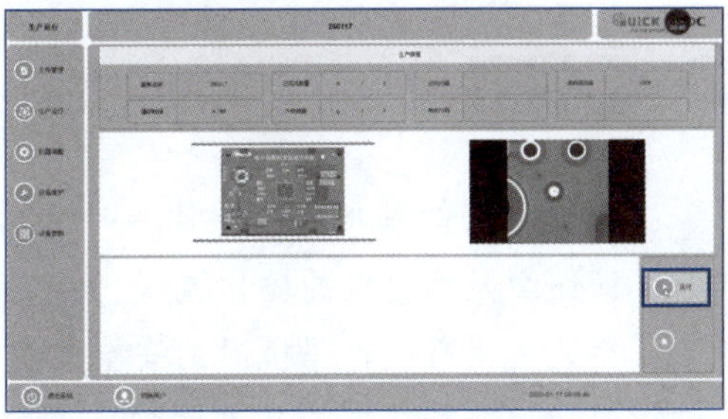
	任务完成后单击"停止"按钮	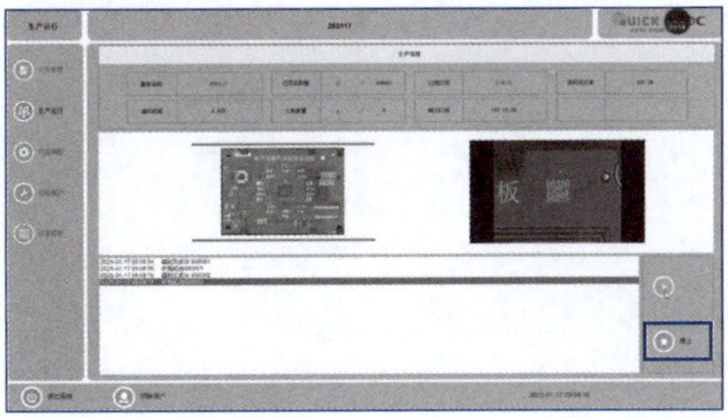

✎ **任务评价**

按照表1-12所示的评价内容完成任务评价。

表 1-12　基板激光标码任务评价表

序号	评价内容	分值	评价情况		
			自我评价	小组评价	教师评价
1	能创建生产程序并编辑 Mark 点	20			
2	能制作二维码模板	20			
3	能添加镭射位置并进行测试	10			
4	遵守车间工作纪律，安全规范操作	20			
5	团队协作，保质保量完成工作	20			
6	任务实施态度端正，具有敬业精神	10			

项目小结

通过本项目的学习，读者可以通过先进的激光技术，在基板上实现高效、精确、持久的标记作业，掌握从设备调试、参数设置、标记内容设计到实际生产应用的全过程，满足生产线的自动化、高效化需求，同时确保标记信息的清晰度和准确性。

思考题

1. 激光标码的基本原理是什么？
2. 简述激光标码机的操作流程。
3. 简述使用激光标码机时的安全注意事项。
4. 简述作业指导书的基本结构。

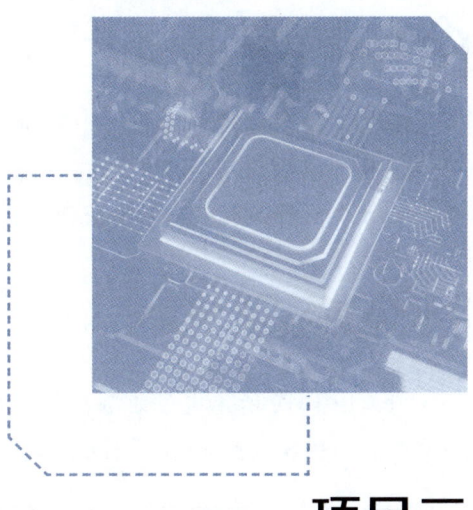

项目三
物料识别

在电子装联过程中，物料识别是确保产品质量和生产效率的基础。通过准确的物料识别，企业可以确保所使用的物料符合设计要求，避免因物料错误导致的生产延误和质量问题。同时，物料识别还有助于优化库存管理，减少库存积压和浪费，降低生产成本。

项目描述

识读图1-21所示电子装联实训基板，识别及查验元器件等物料，对标产线、机台，做好该产品制程导入生产的准备工作。

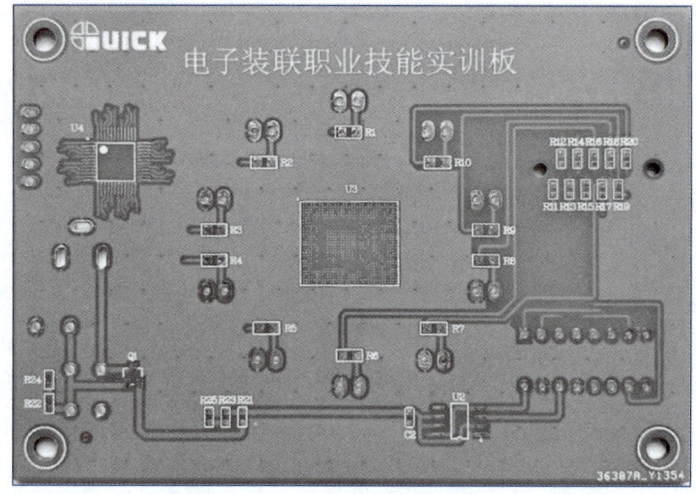

图1-21　电子装联实训基板

项目目标

> **知识目标**

1. 了解元器件封装的概念。
2. 了解基板识读的步骤。

> **能力目标**

1. 会正确判断元器件的封装。
2. 会正确识读基板。

> **素养目标**

1. 通过工艺过程的实施培养工匠精神。
2. 通过物料识别的操作训练培养一丝不苟的工作作风。

根据项目描述，本项目可以分为元器件识别和基板识读两个任务。重点要掌握元器件识别和基板识读的方法，知晓元器件的封装名称和形式，能够对物料进行分类，并对应于基板列出物料清单。

知识链接

一、表面贴装元器件识别

1. 贴片元器件

贴片元器件是指片式的电阻、电容、电感、二极管等两端引脚的表面贴装元器件，如图1-22所示。

(a) 贴片电阻　　(b) 陶瓷贴片电容　　(c) 贴片钽电解电容　　(d) 贴片铝电解电容

(e) 贴片电感　　(f) 玻璃贴片二极管　　(g) 贴片二极管　　(h) 贴片发光二极管

图1-22　贴片元器件

贴片元器件常以外形尺寸（长+宽）来命名。例如，若贴片元器件的英制外形尺寸为0.12 in×0.06 in，则其名称为1206。常见的英制名称有2512、1206、0805、0603、0402、0201。贴片元器件的公/英制名称及尺寸如表1-13所示。

表1-13　贴片元器件的公/英制名称及尺寸

英制名称	公制名称	长 L/mm	宽 W/mm	厚 T/mm	上焊盘宽度 a/mm	下焊盘宽度 b/mm
0201	0603	0.60 ± 0.05	0.30 ± 0.05	0.23 ± 0.05	0.10 ± 0.05	0.15 ± 0.05
0402	1005	1.00 ± 0.10	0.50 ± 0.10	0.30 ± 0.10	0.20 ± 0.10	0.25 ± 0.10
0603	1608	1.60 ± 0.15	0.80 ± 0.15	0.40 ± 0.10	0.30 ± 0.20	0.30 ± 0.20

英制名称	公制名称	长 L/mm	宽 W/mm	厚 T/mm	上焊盘宽度 a/mm	下焊盘宽度 b/mm
0805	2012	2.00 ± 0.20	1.25 ± 0.15	0.50 ± 0.10	0.40 ± 0.20	0.40 ± 0.20
1206	3216	3.20 ± 0.20	1.60 ± 0.15	0.55 ± 0.10	0.50 ± 0.20	0.50 ± 0.20
2512	6432	6.40 ± 0.20	3.20 ± 0.20	0.55 ± 0.10	0.60 ± 0.20	0.60 ± 0.20

1）贴片电阻

贴片电阻的阻值大小以黑底白字标记在电阻表面。识读方法通常有三位读数法和四位读数法两种。三位读数法适合于普通电阻，四位读数法适合于精密电阻。电阻的基本单位是欧姆（Ω）。三位读数法的前两位表示有效数值，第三位表示10的n次方值。四位读数法的前三位表示有效数值，第四位表示10的n次方值。小数点用字母R表示。如图1-22（a）所示，电阻表面的103代表其阻值为$10 \times 10^3 \ \Omega = 10 \ k\Omega$。以此类推，4701代表电阻阻值为$470 \times 10^1 \ \Omega = 4.7 \ k\Omega$，4R7代表电阻阻值为4.7 Ω。

2）贴片电容

普通贴片电容没有极性。常见的贴片电解电容有贴片钽电解电容、贴片铝电解电容。

如图1-22（b）所示，陶瓷贴片电容表面通常没有标记，如果有，其大小表示与贴片电阻基本相同，用三位读数法或四位读数法识读，基本单位是pF。如473代表电容容量为$47 \times 10^3 \ pF = 0.047 \ \mu F$。

如图1-22（c）所示，贴片钽电解电容外壳为黄色，壳体表面一端具有一条横杠，该横杠就是正极的标识，另一端是负极。

贴片铝电解电容在其顶部有黑色标志的一端为负极。在PCB上电容位置处有两个半圆，涂颜色的半圆对应的引脚为负极。图1-22（d）所示为100 μF贴片铝电解电容，黑色标志部分为负极。

3）贴片二极管

如图1-22（f）所示，玻璃贴片二极管表面有黑色环的一端为负极。

通常普通贴片二极管的负极会有白色方块或横线等标识，如图1-22（g）所示。

贴片发光二极管根据封装不同，极性表示方式也不同。常用来区分贴片发光二极管正负极的方法有两种：一种是查看贴片发光二极管背部的印刷标识符，通常"T"字形或倒三角形符号的一端是正极，另一端是负极，如图1-23（a）和图1-23（b）所示。另一种是查看贴片发光二极管正面板，缺角的一端通常是正极，另一端是负极，如图1-23（c）和图1-23（d）所示。

2. 贴片IC

IC封装主要分为双列直插封装（DIP）和贴片封装（SMD）两种。从结构方面，封装经历了从最早期的晶体管TO（如TO-89、TO-92）封装发展到双列直插封装，随后由飞利浦公司开发出SOP（小外形封装），以后逐渐派生出SOJ（J型引脚小外形封装）、TSOP（薄小外

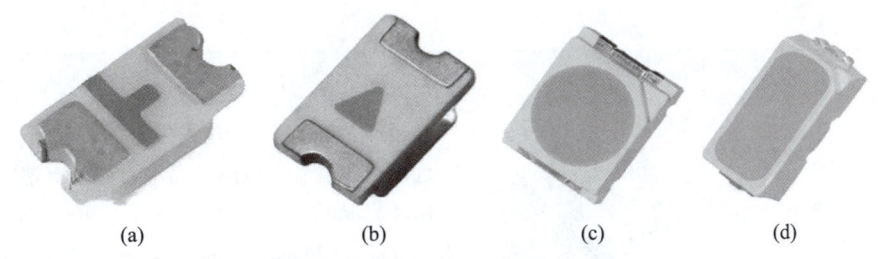

(a)　　　　　　(b)　　　　　　(c)　　　　　　(d)

图1-23　贴片发光二极管极性标志

形封装）、VSOP（甚小外形封装）、SSOP（缩小外形封装）、TSSOP（薄的缩小外形封装）及SOT（小外形晶体管）、SOIC（小外形集成电路），再到QFP（四边扁平封装）、BGA（球栅阵列）、CSP（芯片尺寸封装）等的过程。从材料介质方面，封装经历了从金属到陶瓷，再到塑料的过程。从引脚形状方面，封装经历了从长引线直插到短引线或无引线贴装，再到球状凸点的过程。从装配方式方面，封装经历了从通孔插装到表面组装，再到直接安装的过程。

常见的贴片IC封装如表1-14所示。

表1-14　常见的贴片IC封装

序号	封装名称	封装示例	封装特征
1	小外形晶体管（SOT）		引脚小于或等于5个的小外形晶体管
2	小外形封装（SOP）		两侧具有翼形或J形引线的一种表面贴装元器件的封装形式
3	塑料有引线芯片载体（PLCC）		四边具有J形引线，采用塑料封装的表面贴装集成电路。外形有正方形和矩形两种，典型引线中心距为1.27 mm
4	四边扁平封装（QFP）		四边具有翼形短引线，采用塑料封装的薄形表面贴装集成电路。外形有正方形和矩形两种，引线中心距有1.00 mm、0.8 mm、0.65 mm、0.5 mm、0.4 mm、0.3 mm
5	四周扁平无引线封装（QFN）		I/O引出端子在外壳侧面和底部或仅在外壳底部，是一种无引脚封装，呈正方形或矩形。通常底部中央位置有一个大面积裸露焊盘用来导热和接地。外围四周焊盘中心距通常有1.27 mm、0.8 mm、0.65 mm、0.5 mm、0.4 mm

序号	封装名称	封装示例	封装特征
6	球栅阵列（BGA）	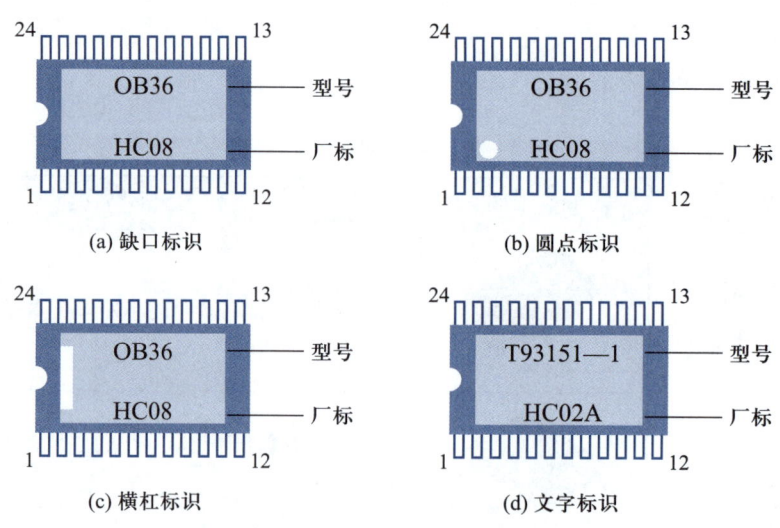	在器件底部以矩阵方式排布的焊料球为引出端子的面阵式封装集成电路。目前常用的有塑料封装BGA（PBGA）、陶瓷封装BGA（CBGA）两种。焊料球中心距有1.5 mm、1.27 mm、1 mm、0.8 mm、0.65 mm、0.5 mm、0.4 mm、0.35 mm等

IC是极性器件，使用时，识别第1引脚及引脚排列顺序十分重要。IC第1引脚的标识主要有缺口标识、圆点标识、横杠标识和文字标识4种，如图1-24所示。识别方法是IC正面向上，引脚向下，靠近标识左下角的引脚即为第1引脚，按逆时针方向依次为第2引脚、…、第n引脚。

(a) 缺口标识　型号 OB36　厂标 HC08

(b) 圆点标识　型号 OB36　厂标 HC08

(c) 横杠标识　型号 OB36　厂标 HC08

(d) 文字标识　型号 T93151—1　厂标 HC02A

图1-24　IC引脚识别示意图

IC第1引脚标识的识别主要有以下几种方式：

（1）有半圆形缺口标识的IC，将其正面向上，缺口左侧引脚是第1引脚，缺口右侧引脚是最后一个引脚，引脚号按照逆时针方向递增。

（2）有圆点标识的IC，一般在其一角处有小凹圆点或印上去的小圆点，将IC正面向上，圆点左侧引脚是第1引脚，引脚号按照逆时针方向递增。如果IC上有一大一小两个圆点，一般情况下以小圆点为标识。

（3）有横杠标识的IC，将其正面向上，横杠左侧引脚是第1引脚，横杠右侧引脚是最后一个引脚，引脚号按照逆时针方向递增。

（4）有文字标识的IC，将其正面向上，正面观看文字时，芯片下排左边第一个引脚是第1引脚，引脚号按照逆时针方向递增。

（5）当IC既有缺口标识又有圆点标识时，如果二者放置位置有冲突，一律以缺口标识为主。

二、通孔元器件识别

1. 有引线分立元器件

有引线分立元器件主要有电阻、电容、电感、二极管、三极管等，如图1-25所示。

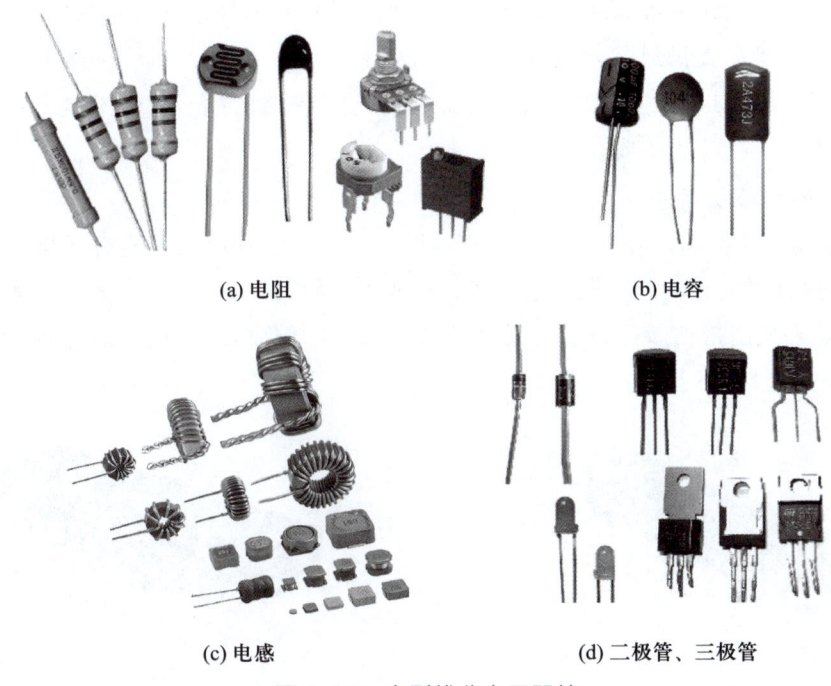

(a) 电阻   (b) 电容

(c) 电感   (d) 二极管、三极管

图1-25　有引线分立元器件

色环电阻的阻值可通过色环颜色识读，分为四环法和五环法。当电阻为四环时，最后一环必为金色或银色，前两环表示有效数字，第三环表示倍率，第四环表示误差。当电阻为五环时，最后一环与前面四环距离较大，前三环表示有效数字，第四环表示倍率，第五环表示误差。

有效数字与倍率色环对应的数值为：黑—0，棕—1，红—2，橙—3，黄—4，绿—5，蓝—6，紫—7，灰—8，白—9，金—0.1，银—0.01。

误差色环对应的数值为：棕—1%，红—2%，绿—0.5%，蓝—0.25%，紫—0.1%，金—±5%，银—±10%，无色—±20%。

对应上述数值，将电阻上的色环进行换算后，即可得到电阻阻值。

对于插件电解电容而言，外壳包装颜色以黑灰色和绿黑色为主，且具有两个长度不等的引脚，其极性的判别有两种方式：一种是根据引脚长短，长引脚代表正极，短引脚代表负极；另一种是根据颜色，电解电容外壳大面积的黑色/绿色部分代表正极，灰色部分代表负极。

整流二极管的极性判别主要有两种方式：一是颜色标识，部分整流二极管的一端会有白色或其他颜色的标识线，这一端通常为负极；二是引脚长短，对于引脚长度不一的整流二极管，长引脚通常代表正极，短引脚代表负极。

发光二极管的极性同样可以通过引脚的长短来判别，长引脚代表正极，短引脚代表负极；还可以通过眼睛观察发光二极管的内部，大支架连接的引脚是负极，小支架连接的引脚是正极。

2. 单列直插封装元器件

单列直插封装（single in-line package，SIP）具有沿封装边界线垂直排列的单排连接引脚，如图1-26所示。单列直插封装元器件的定位标记有缺角、小孔、凹坑、线条、色带等。识别时，让引脚朝下，让定位标记对着自己，从定位标记一侧的第一个引脚数起，依次为第1引脚、第2引脚、…、第n引脚。

3. 双列直插封装元器件

双列直插封装（double in-line package，DIP）在矩形塑料外壳中具有两排平行的电气连接引脚，不同封装的引脚数不同，通常为4～64个，如图1-27所示。双列直插封装元器件的定位标记多为半圆形凹口，从标记左下角第一个引脚数起，沿逆时针方向依次为第1引脚、第2引脚、…、第n引脚。

图1-26　单列直插封装示意图

图1-27　双列直插封装示意图

三、基板识读

基板，即电路板，也称印制线路板或印制电路板（printed circuit board，PCB），是按照预定电路连接、组装电子零件的基板，由奥地利人保罗·爱斯勒于1936年发明。为了在各个元器件之间形成电气互连，几乎每种电子设备，小到电子手表、计算器，大到计算机、通信电子设备、军用武器系统，只要有连成电路的电子元器件，都要使用基板。基板由绝缘底板连接导线和装配焊接电子元器件的焊盘组成，具有导电线路和绝缘底板的双重作用。它可以代替复杂的布线，实现电路中各元器件之间的电气连接，不仅简化了电子产品的装配、焊接工作，减少了传统方式下的接线工作量，大大减轻了工人的劳动强度，而且缩小了整机体积，降低了产品成本，提高了电子设备的质量和可靠性。基板是电子产品的关键电子互连件，有"电子产品之母"之称。

基板主要分为刚性基板（单面板、双面板、多层板）、挠（柔）性基板（flexible printed circuit，FPC）和软硬结合板（flexible printed circuit board，FPCB），如图1-28所示。柔性基板是以聚酰亚胺或聚酯薄膜为基材制成的一种具有高可靠性的可挠性基板，具有配线密度高、质量轻、厚度薄、弯折性好的特点。软硬结合板是柔性基板与刚性基板经过压合等工序，按相关工艺要求组合在一起而形成的同时具有柔性基板与刚性基板特性的线路板。

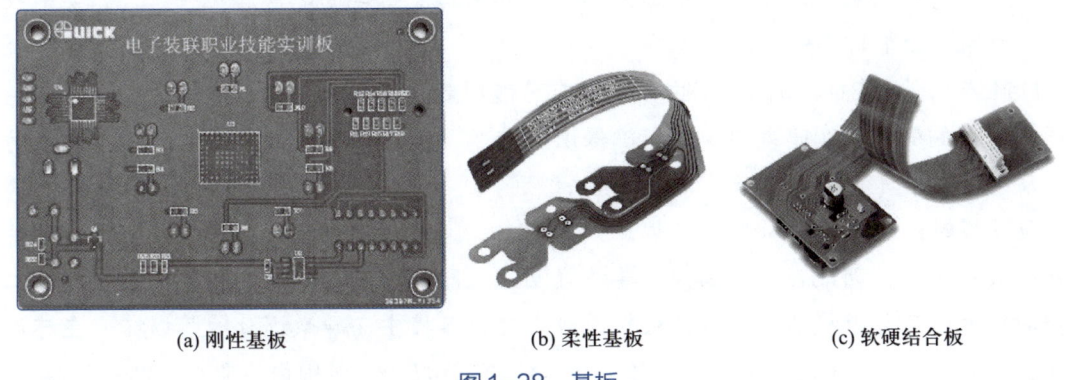

(a) 刚性基板　　　　　　　(b) 柔性基板　　　　　　　(c) 软硬结合板

图 1-28　基板

基板主要由焊盘、过孔、安装孔、印制导线、大铜层、电气边界等组成。焊盘是用于焊接元器件引脚的金属化区域；过孔有金属过孔和非金属过孔，其中金属过孔用于连接各层之间的元器件引脚；安装孔用于固定基板；印制导线是用于连接元器件引脚的电气网络铜箔；大铜层是用于地线网络的覆铜，可以有效减小阻抗；电气边界用于确定基板的尺寸，所有基板上的元器件都不能超过该边界。

识别基板品质主要从外观和设计规范两个方面入手。外观识别方面，一是看基板大小和厚度是否符合标准及客户要求；二是看光色，基板表面油墨颜色不亮、墨少，则基板质量不好；三是看焊盘，焊盘附着力差，焊接元器件便容易脱落，严重影响基板焊接质量。设计规范识别方面，要求优质的基板应符合以下几点要求：一是基板不变形，印制线路的线宽、线厚、线距符合设计要求，以免安装变形、线路发热、断路和桥连；二是受高温铜皮不容易脱落；三是焊盘表面不容易氧化；四是符合设计耐高温、高湿等特殊环境的要求。

工程中，为提升基板焊接质量，减少返修基板时焊盘甚至基板的损坏，在进行基板设计时，要结合基板质量及结构特征、元器件质量及封装特征、锡膏特性、设备质量和工艺水平等因素合理布线，避免出现影响焊接质量的各种不良布线。

定位孔是指基板四角预留的 4 个孔（最小孔径为 2.5 mm），用于印刷锡膏、贴片时基板定位。要求 X 轴或 Y 轴方向圆心在同一轴线上，如图 1-29 所示。

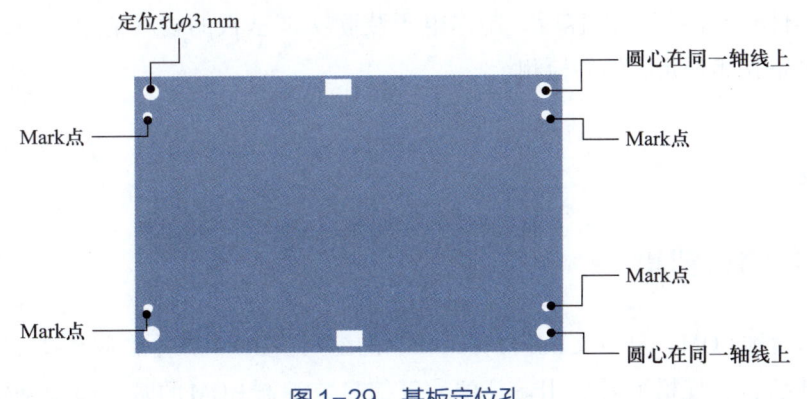

图 1-29　基板定位孔

Mark点主要用于在印刷锡膏、贴片时进行定位补偿。基板上要标注Mark点，一般标注在基板的斜对角位置，可以是圆形或方形，不要跟其他器件的焊盘混在一起。如果是双面贴装，则两个面都需要标注。

Mark点离外缘2.0 mm的范围内，不应有可能引起错误识别的形状和颜色变化，颜色要和周围基板的颜色有明暗差异。为了确保识别精度，Mark点的表面可以电镀铜或锡来防止表面反射。对于只含线条的标记，系统无法识别。

画基板时，在长边方向要留不少于3 mm的边，用于贴片机运送基板。此范围内贴片机无法贴装元器件，因此在此范围内不要放置贴片元器件。针对双面贴装板，在进行第二面焊接时，为避免靠近板边的元器件被轨道或者夹板器撞击而导致焊盘掉落损坏，在芯片元器件较少的一面（一般为底面）的长边，建议距离板边5 mm范围内不要放置贴片元器件。

针对二极管、钽电容等极性元器件，应在基板对应焊盘处设置极性标志。

基板的颜色通常不要做成红色。因为红色基板在贴片机摄像机的红色光源下呈白色，无法进行识别与编程。

任务一
元器件识别

任务描述

元器件的识别是电子产品研发和制造过程中的一项关键工作，它涉及元器件的正确选择、安装和连接，直接影响产品的性能和可靠性。本任务需要结合电路图和物料清单来进行元器件识别与检测，确保元器件符合物料清单中的要求。

任务分析

了解元器件封装的相关内容后，制作电子装联实训基板的物料清单，识别基板上所用元器件类型并完成部分元器件的检测。

任务实施

一、制作物料清单

物料清单简称BOM，是英文bill of materials的缩写。BOM中通常应该包含序号、元器件品号、元器件品名、规格型号、用量及位号等信息。编制BOM的基本原则是位号和物料需要一一对应，同时特别需要注意以下几点：

（1）物料表中必须包含元器件品号。一是因为仓库发料时，是按照元器件品号，而非元器件品名发料；二是因为在贴装程序中，零件名称为元器件品号，而非元器件品名。

（2）规格型号通常由元器件封装尺寸和对应值组成。如贴片电容的规格型号为"0603-105/环保（1 μF）"，表示该贴片电容的封装尺寸为0.06 in×0.03 in，对应值为1 μF。相同规格型号的物料，"位号"栏需合并成一行，通孔元器件和表面贴装元器件不能混列在一行。

（3）元器件品号与位号必须一一对应。如果有不对应，将会发生错件。同时，在制作首件时，会出现量测值与规格参数中的数值不一致的情况，从而引起产品维修或报废。

（4）所有电阻、电容不能只有数值而没有单位，并且单位应该统一，避免误识别。

（5）同一"位号"栏不能重复出现相同的位号。位号尽量采用单独位号，不要用"-"或"~"做连续符号。

（6）同一"位号"栏所列的位号总数应与"用量"栏数目相符。

（7）不需要安装的元器件位号，在BOM中应直接删除，不要写"N"。

（8）BOM中有的位号，实物基板上也要有。

结合电子装联实训基板和上述要求，制作完成的物料清单如表1-15所示。

表1-15 电子装联实训基板物料清单

序号	元器件品号	元器件品名	规格型号	用量	位号	备注
1	104H002175	电路板	TestBoard-1+X-线路板-V1.1	1	PCB	
2	105H100073	贴片电阻	0805-511/环保（510 Ω）	10	R1、R2、R3、R4、R5、R6、R7、R8、R9、R10	手工焊接
3	105H100055	贴片电阻	0603-000/环保（0 Ω）	10	R11、R12、R13、R14、R15、R16、R17、R18、R19、R20	手工焊接
4	105H100020	贴片电阻	0603-274/环保（270 kΩ）	4	R22、R23、R24、R25	手工焊接
5	105H100041	贴片电阻	0603-513/环保（51 kΩ）	1	R21	手工焊接
6	106H100148	贴片电容	0603-105/环保（1 μF）	1	C2	手工焊接
7	108H000076	贴片三极管	3904（长电）/环保	1	Q1	手工焊接
8	109H100375	贴片IC	NE555DR/环保	1	U2	手工焊接
9	109H100376	贴片IC	HT1621BQ/LQFP48	1	U4	手工焊接
10	109H100377	贴片IC	SC6820/BGA	1	U3	返修台

序号	元器件品号	元器件品名	规格型号	用量	位号	备注
11	106H300057	插件电容	CD11-25V-476/环保（47 μF）/RB-2.0/5.0	1	C1	手工焊接
12	109H100375	插件IC	CD4017/DIP16	1	U1	手工焊接
13	111H000290	按键开关	DTS-61N/环保/6 mm×6 mm插件	1	K1	手工焊接
14	108H000060	发光二极管	5 mm/红/IR7062B/环保/插件	10	DS1、DS2、DS3、DS4、DS5、DS6、DS7、DS8、DS9、DS10	手工焊接
15	111H001512	五芯插座	XH5A/环保/E241222	1	J4	机器人焊接
16	111H000373	电源插座	DC4702.0/DC-005	1	J1	手工焊接

二、元器件测量

1. 电阻测量

使用数字万用表测量电阻之前，首先需要确认被测电阻的电路已经断开，以避免测量时对电路造成影响。测量过程分为三步：

（1）选择合适的测量挡位；

（2）将万用表红、黑表笔分别连接到电阻两端；

（3）读取数字万用表显示的电阻阻值。

需要注意的是，用万用表直接测量电阻阻值的方法只适用于电阻阻值较小的情况，如果被测电阻阻值较大，可能会出现测量误差。

2. 二极管测量

使用数字万用表测量二极管的方法是，将数字万用表打至二极管挡，红、黑表笔分别接触二极管的两个引脚，若万用表显示具体电压值，如锗管通常显示0.2～0.3 V，硅管通常显示0.5～0.7 V，此时红表笔接的是二极管正极，黑表笔接的是二极管负极（与指针万用表相反）。若将红、黑表笔对调，万用表显示无穷大，则说明二极管是好的。若对调前、后万用表均显示零，说明二极管已经击穿短路；若均显示无穷大，则说明二极管开路损坏。

✐ **任务评价**

按照表1-16所示的评价内容完成任务评价。

表 1-16 元器件识别任务评价表

序号	评价内容	分值	评价情况		
			自我评价	小组评价	教师评价
1	能正确识别表面贴装元器件	10			
2	能正确识别通孔元器件	10			
3	能正确制作物料清单	20			
4	能正确测量电阻、二极管	10			
5	遵守车间工作纪律，安全规范操作	20			
6	团队协作，保质保量完成工作	20			
7	任务实施态度端正，具有敬业精神	10			

任务二
基 板 识 读

📠 任务描述

　　电路基板是电子设备中承载和连接电子元器件的基础部件，其设计和布局直接影响电子设备的性能和稳定性。通过识读基板，了解基板的基本结构、元器件布局、电路走线等信息，为后续的装联工作提供基础数据支持。

📋 任务分析

　　了解了元器件封装的相关内容后，接下来学习基板的识读。基板识读一般包括以下内容：基板板材、加工工艺、基板尺寸、Mark点、基板上所用元器件类型。

🔲 任务实施

　　基板板材通常为环氧玻璃布压板，称为FR-4。
　　基板加工工艺包括热风整平（hot air solder leveling，HASL）、有机保焊膜（organic solderability preservative，OSP）、化学镍金（electroless nickel/immersion gold，ENIG）、浸银（immersion silver，ImAg）等。以电子装联实训基板为例，其工艺为热风整平，特点是价格便宜、焊接性好。

基板尺寸通常包括长度、宽度、厚度，基板尺寸直接决定了表面贴装设备的轨道宽度。以电子装联实训基板为例，其尺寸为 100 mm × 70 mm × 1.6 mm。

识别基板上的 Mark 点。

基板上所用元器件类型方面，以电子装联实训基板（图 1-21）为例，可以看到有各类表面贴装元器件和通孔元器件。其中，器件 U4 采用 LQFP 封装形式，器件 U2 采用 SOP 封装形式。以此类推，可以识别基板上各元器件的封装形式。

任务评价

按照表 1-17 所示的评价内容完成任务评价。

表 1-17　基板识读任务评价表

序号	评价内容	分值	评价情况		
			自我评价	小组评价	教师评价
1	能正确识读基板类型	20			
2	认识基板上的元器件封装	20			
3	认识基板上的 Mark 点	10			
4	遵守车间工作纪律，安全规范操作	20			
5	团队协作，保质保量完成工作	20			
6	任务实施态度端正，具有敬业精神	10			

项目小结

通过本项目的学习，读者可以通过观察元器件的外形、颜色、标志等特征，识别元器件的类型和品牌等信息；通过查找元器件上的标识信息，如型号、规格、生产日期等，识别元器件的具体参数和性能等信息；会使用测量仪器对元器件进行测量。

思考题

1. 常见的元器件封装形式有哪几种？
2. 给定一个五色环电阻，颜色序列为黄、紫、黑、黑、金，请计算其阻值及误差。
3. 双列直插封装元器件的引脚号如何识别？
4. 物料清单包含哪些内容？
5. 基板识读的主要内容有哪些？

模块二
手工焊接与返修

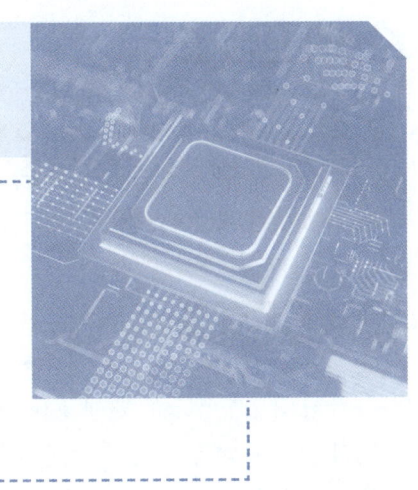

项目一

手工焊接

手工焊接是电子产品装联过程中的一项基本操作技能，适合于产品试制、电子产品的小批量生产、电子产品的调试与维修及某些不适合自动焊接的场合，因此，在培养电子领域高素质技能人才的过程中，手工焊接工艺是必不可少的训练内容。

项目描述

针对图2-1所示的实训基板和表1-15所示的物料清单，除了BGA芯片和五芯插座，其他元器件要求采用手工焊接方式进行焊接，无铅工艺，焊接良率要求达到100%，元器件损坏率要小于5%。

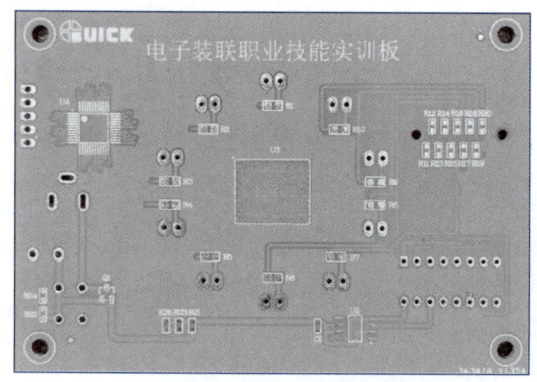

(a) 基板正面(表面贴装元器件焊接面)　　(b) 基板背面(通孔元器件焊接面)

图2-1　待焊接实训基板

项目目标

> **知识目标**

1. 掌握焊接工艺基本原理。
2. 掌握烙铁选型及维护保养方法。
3. 掌握手工焊接五步法。

> **能力目标**

1. 会选用锡丝、助焊剂、烙铁等手工焊接工具。
2. 会使用烙铁正确焊接表面贴装元器件和通孔元器件。
3. 能通过目视判断焊接品质缺陷。

> **素养目标**

1. 通过手工焊接过程的训练培养一丝不苟的工作作风。
2. 通过焊接质量的持续改进培养精益求精的工匠精神。

根据项目要求，需焊接的元器件主要分为两大类：表面贴装元器件与通孔元器件。手工焊接时，按照先贴片后插件、先低后高的顺序进行；根据无铅焊接工艺要求，优先选用Sn99.3Cu0.7无铅锡丝；优先选用智能焊台，并根据焊接元器件的不同，选择形状和大小合适的烙铁头；根据元器件损坏率及焊接良率的要求，注意静电防护，并遵照焊接作业标准，正确设置焊接温度，规范焊接操作流程。

知识链接

一、锡焊的四要素

钎焊是指用钎料将不熔化的母材金属连接到一起的方法，根据钎料熔点温度不同，可分为硬钎焊和软钎焊。硬钎焊的钎料熔点不小于450 ℃，软钎焊的钎料熔点不大于450 ℃，锡焊属于软钎焊。

以焊锡作为焊料，焊接铜材料时，会在铜表面产生湿润，锡就会向母材铜金属中扩散，在锡铜表面形成合金层，就是金属间化合物（IMC）。通常锡铜合金层的厚度为2~4 μm，过厚和过薄的合金层强度均不够。合金层示意图如图2-2所示。

锡焊的四要素包括母材、焊料、助焊剂和热源。

1. 母材

母材一般是指PCB焊盘、元器件等。通常来讲，被焊物镀层与散热性的不同对于焊接效果影响较大。

2. 焊料

焊料通常是指锡膏、锡丝和锡条。锡膏由锡粉、助焊剂和活性剂组成，可直接焊接；锡丝在早期是没有添加助焊剂的，如今的锡丝都添加了助焊剂，可以直接焊接；锡条由纯锡制造，没有助焊剂，所以在波峰焊接前需要加喷助焊剂。常用焊料如图2-3所示。

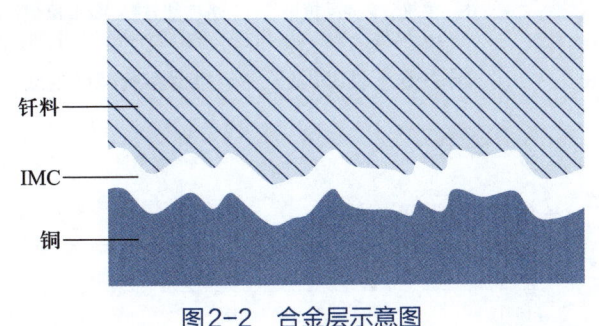

钎料 —
IMC —
铜 —

图2-2 合金层示意图

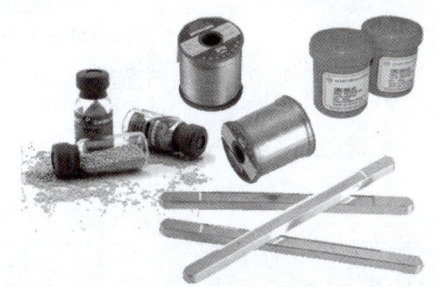

图2-3 常用焊料

根据焊料是否含铅，可将焊料分为有铅焊料和无铅焊料两类；根据焊料的熔点温度，可将焊料分为低温焊料和高温焊料两类。有铅焊料的成分是锡、铅，一般常用的成分是锡63%、铅37%，标记为Sn63Pb37，熔点为183 ℃；无铅焊料的主要成分有锡、银、铜，如Sn99Ag0.3Cu0.7，熔点一般为217～227 ℃。常用的无铅锡丝特点如表2-1所示。

表2-1　常用的无铅锡丝特点

无铅锡丝成分	熔点/℃	基本特点
Sn99.3Cu0.7	227	成本较低，是目前最常用且最经济的环保锡丝，用于一般要求的焊接
Sn96.5Ag3.0Cu0.5	217	含银度高，故成本较高，但焊点最光亮，焊接性能最优
Sn99Ag0.3Cu0.7	217	含少量银，焊点较亮，各项性能优良，用于较高要求的焊接

锡丝主要用于手工焊接，根据市场需求可制成实芯锡丝和有芯锡丝。有芯锡丝的中空部分填装有助焊剂，常用的单芯和三芯锡丝如图2-4所示。

3. 助焊剂

助焊剂的主要作用有：① 辅助热传导；② 去除氧化物；③ 降低被焊接材质的表面张力；④ 去除被焊接材质的表面油污，增大焊接面积；⑤ 防止发生再氧化。

图片
常用的助焊剂

4. 热源

提供稳定的热源对焊点有较好的品质保证，如果焊接温度过高，会使母材和焊料氧化、助焊剂作用急剧劣化，最终影响焊点的品质。

本项目所用的713X型三合一维修系统，是集焊台、风枪、吸锡枪于一体的手工焊接与返修设备，适用于无铅制程，三种工具可相互配合工作。其部件组成如图2-5所示。

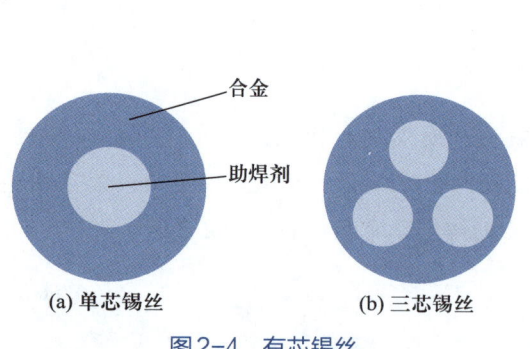

图2-4　有芯锡丝

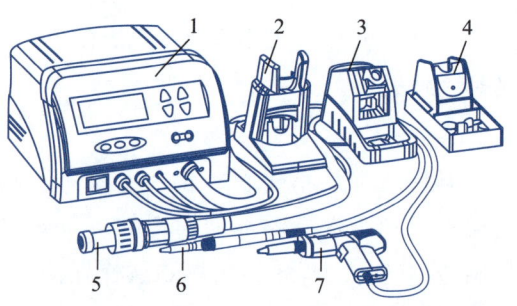

1—主机；2—风枪架；3—烙铁架；4—吸锡枪架；5—风枪手柄；6—烙铁手柄；7—吸锡枪手柄

图2-5　713X型三合一维修系统部件组成

713X型三合一维修系统主要性能指标如表2-2所示。

表2-2　713X型三合一维修系统主要性能指标

焊台	功率	90 W
	温度范围	200～480 ℃
风枪	功率	1 000 W
	温度范围	100～500 ℃

风枪	风量挡位	1 ~ 120 级
	流量	50 L/min
吸锡枪	功率	90 W
	温度范围	200 ~ 480 ℃
	真空压力	600 mmHg（1 mmHg ≈ 133.32 Pa）

713X型三合一维修系统主机控制按键功能如表2-3所示。

表2-3　713X型三合一维修系统主机控制按键功能

按键	功能说明
TOOL1	选择焊台设置
TOOL2	选择吸锡枪设置
TOOL3	选择风枪设置
TEMP ▲ TEMP ▼	在工作状态，按"TEMP ▲"或"TEMP ▼"键，温度上升或下降1 ℃；分别长按，温度快速上升或下降；同时长按"TEMP ▲"或"TEMP ▼"键及"TOOL1""TOOL2""TOOL3"中任意一个按键，则分别进入焊台、吸锡枪、风枪的校准界面
AIR ▲	在风枪工作状态，按此键，风量上升1级；长按此键，风量快速上升
AIR ▼	在风枪工作状态，按此键，风量下降1级；长按此键，风量快速下降
VACUUM	校准状态下的确认键、真空吸笔控制键
INFO	按住"INFO"键不放，同时按"TEMP ▲"或"TEMP ▼"键，设置休眠时间

713X型三合一维修系统显示界面如图2-6所示。

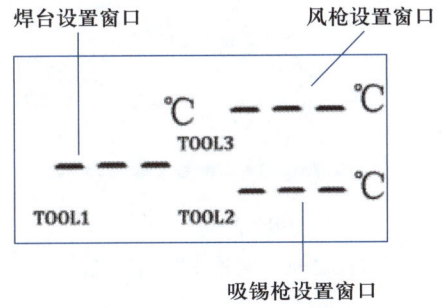

图2-6　713X型三合一维修系统显示界面

二、焊台

1. 发展及分类

焊台是常用的手工锡焊工具，由早期的单支烙铁发展而来，一般由主机、烙铁手柄及烙铁架组成，通常具有温度控制、数字显示、防静电、休眠等功能。焊台的发展及分类如图2-7所示。

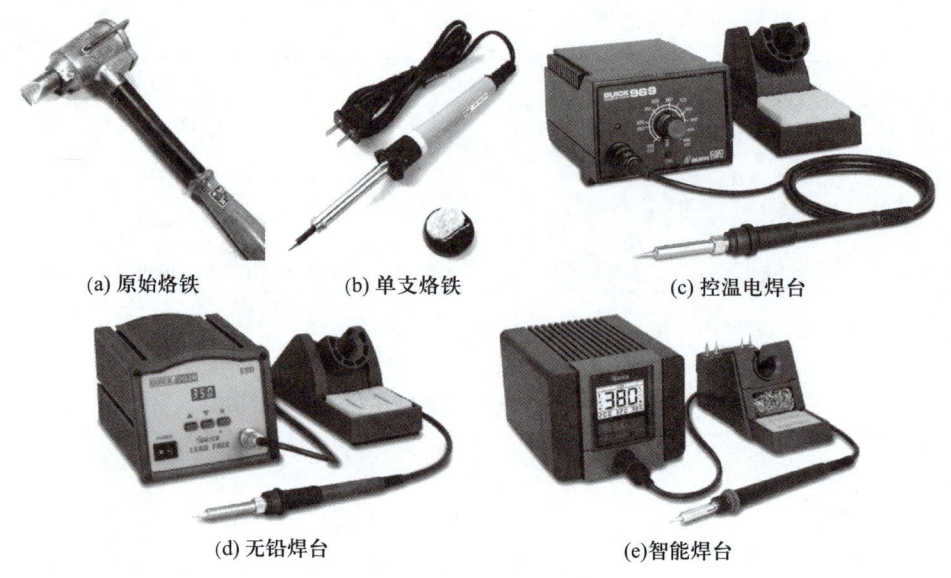

(a) 原始烙铁　　　　　(b) 单支烙铁　　　　　(c) 控温电焊台

(d) 无铅焊台　　　　　　　(e)智能焊台

图2-7　焊台的发展及分类

2. 烙铁的发热方式

烙铁的发热方式主要有传统电阻式、一体式烙铁头及高频涡流式等，如图2-8所示。传统电阻式是烙铁最常见的发热方式，是通过使电阻丝通电发热的方式加热烙铁头；一体式烙铁头消除了发热体与烙铁头之间的间隙，提高了热传导效率；高频涡流式即感应加热，是一种利用电磁感应来加热电导体（一般是金属）的方式，会在烙铁头金属中产生涡电流，因电阻而造成金属的焦耳加热，烙铁头本身就是发热体。

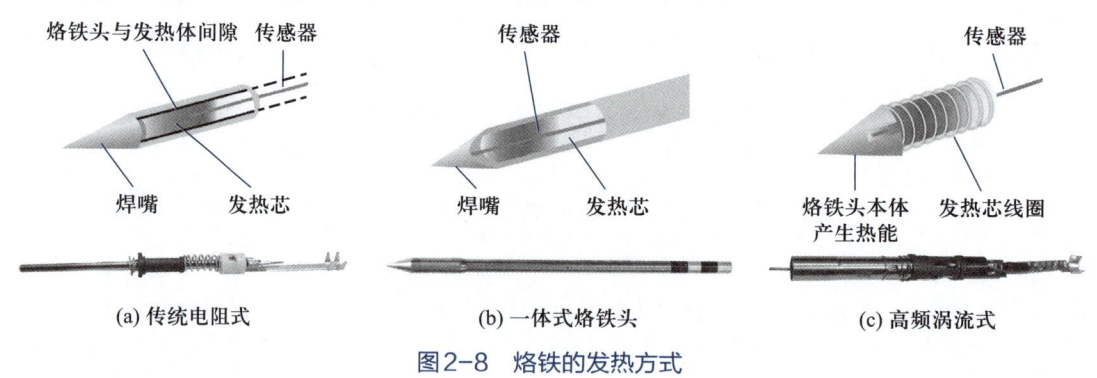

(a) 传统电阻式　　　　　　(b) 一体式烙铁头　　　　　　(c) 高频涡流式

图2-8　烙铁的发热方式

3. 烙铁的回温速度

在焊接一个焊点的时候，烙铁头的温度会稍微下降，焊接完毕温度回升至原有温度的速度称为回温速度。回温速度是烙铁在连续焊接时保持稳定温度输出的重要性能指标。影响回温速度的主要因素有升温速度（发热原理）、发热功率、传感器位置、烙铁头热容量等。

4. 烙铁头材料组成

烙铁头是焊台导热部件，主要有铜、铁、铬、锡四种金属材料，其材料组成如图2-9所示。烙铁头组成材料的主要作用如下。

（1）铜：作为导热体，是烙铁头的主要组成部分。

（2）铁：起抗腐蚀作用，是影响烙铁头寿命的关键因素。

（3）铬：不沾锡材料，防止烙铁头爬锡。

（4）锡：烙铁头前端熔锡部位。

5. 烙铁头的选型

常用的烙铁头头型如表2-4所示。

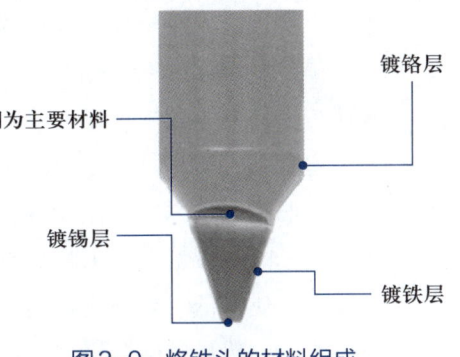

图2-9　烙铁头的材料组成

镀铬层
铜为主要材料
镀锡层
镀铁层

表2-4　常用的烙铁头头型

头型	特点	应用场合	图示
I型（尖形）	焊嘴尖端尖细	适合精细焊接或焊接空间狭小的情况，也可修正焊接芯片时产生的锡桥	
B型（圆锥形）	焊嘴无方向性，整个焊嘴前端均可进行焊接	适合一般焊接，适用范围广	
D型（一字批嘴形）	用批嘴部分进行焊接	适合需要多锡量的焊接，如焊接面积大、粗端子、焊点大的焊接环境	
C型（马蹄形）	用焊嘴前端斜面部分进行焊接	与D型焊嘴应用范围相似	
K型（刀形）	使用刀形部分焊接，竖立式或拉焊式焊接均可，属于多用途焊嘴	适用于SOJ、PLCC、SOP、QFP、电源、接地元器件，修正锡桥、连接器等焊接	

正确选择烙铁头的尺寸和形状非常重要，合适的烙铁头能提高效率及增加烙铁头的耐用程度，烙铁头选型原则如下：

（1）烙铁头的大小和热容量有直接关系，进行连续焊接时，使用越大的烙铁头，温度跌幅越小。此外，因为大烙铁头的热容量更高，焊接时能够使用比较低的温度，这样烙铁头就不易氧化，相对延长了使用寿命。

（2）一般来说，烙铁头尺寸的选择以不影响邻近元器件为标准。选择能够与焊点充分接触的几何尺寸，能提高焊接效率，一般选择接近焊盘尺寸的烙铁头。

烙铁头的选型原则可总结为：能用短，不用长；能用扁形，不用圆头；能用粗，不用细。

6. 烙铁头使用及保养

（1）第一次使用新的烙铁头时，设置250～280℃给烙铁头加锡保护。

（2）根据焊点大小，正确选择烙铁头尺寸。

（3）为防止烙铁头氧化，放回烙铁架之前应镀一层新鲜的焊锡。

（4）清洁海绵不宜太多水分，避免烙铁头快速降温；同时，使用非湿润的清洁海绵，会使烙铁头受损而导致不上锡。

（5）烙铁头使用不当氧化后，不要使用锉刀清洁氧化物，应使用金属清洁丝或清洁剂在低温下（250～280 ℃）清洁烙铁头。

（6）焊接时勿在烙铁头上施加重力，会加大烙铁头磨损，使烙铁头变形。

（7）尽量使用低温焊接，焊接温度一般控制在380 ℃以下，如果需要设置高温，请分析工具是否匹配，然后继续焊接。

三、辅助工艺

图片
常用氮气的来源

图片
常用的破锡装置

1. 氮气

氮气能有效隔离氧气，防止焊锡和烙铁头氧化，增大焊接工艺窗口，提升焊接效率和质量。

2. 破锡

破锡是指用破锡装置在锡丝的外表打孔，使助焊剂在加热时从孔中气化及溢出，减少焊接过程中的"锡爆"现象，大幅度降低锡球的出现，避免焊接锡珠的产生和飞溅，使焊接面非常洁净。

3. 预热

底部预热适用于需要整体均匀加热的工艺场合，可提高焊接效率，如图2-10所示。

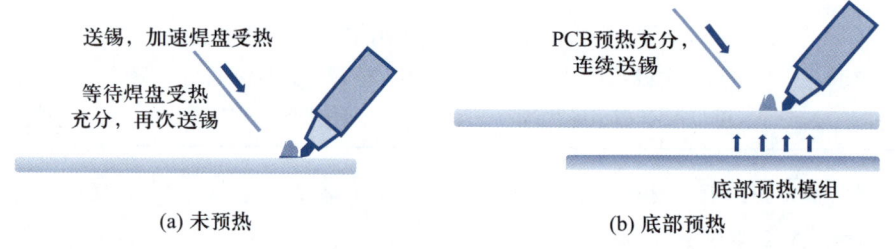

送锡，加速焊盘受热

等待焊盘受热充分，再次送锡

PCB预热充分，连续送锡

底部预热模组

(a) 未预热　　　　　　　　　　(b) 底部预热

图2-10　PCB预热

由图2-10可以看出，未预热的焊接时间长，质量难以控制，焊盘容易局部过热；经过底部预热后，焊接难度大大降低，质量缺陷较少，效率提高，对人员的要求降低。

四、焊点质量

1. 润湿角

润湿角是指金属表面和熔融焊料交界面的夹角，用 θ 表示。合格焊点的润湿角 θ 一般为30°～40°；不合格焊点的润湿角 $\theta > 90°$。不同润湿角的示意图如图2-11所示。

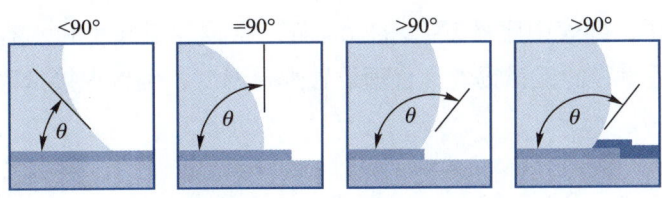

图2-11 不同润湿角的示意图

2. 不良焊点

常见的不良焊点有针孔、短路、焊盘上锡不良、虚焊、多锡、少锡等，如图2-12所示。

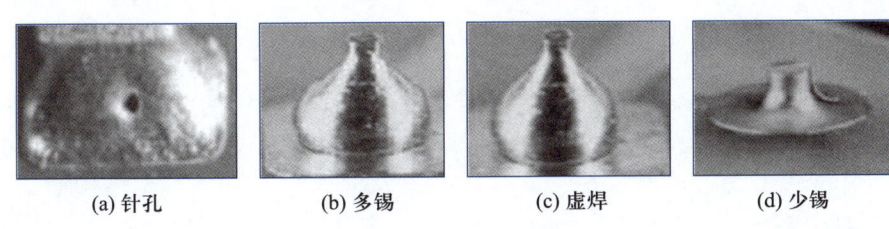

(a) 针孔   (b) 多锡   (c) 虚焊   (d) 少锡

图2-12 常见不良焊点

3. 透锡率

透锡率是指元器件引脚通孔内的焊锡高度与孔径高度（板厚）的百分比，是通孔元器件焊接质量的一个重要评判指标。根据IPC标准，通孔焊点的透锡率一般在75%以上。不同的透锡率如图2-13所示。

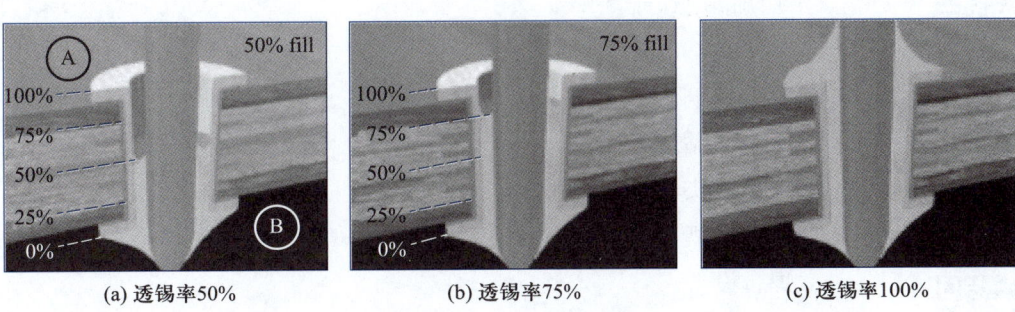

(a) 透锡率50%   (b) 透锡率75%   (c) 透锡率100%

图2-13 不同的透锡率

任务一
表面贴装元器件焊接

任务描述

根据表1-15所示的物料清单，需手工焊接的表面贴装元器件包括贴片电阻、贴片电容、

贴片三极管及贴片IC，即表中序号2～9的元器件。根据焊点大小和元器件引脚间距，选择合适的烙铁头、合适直径的无铅锡丝，合理设置焊台温度，确保焊接良率达到100%。

任务分析

根据任务要求，先焊接贴片阻容元器件，再焊接3904贴片三极管，最后焊接SOP芯片及LQFP48芯片。焊接芯片时，可通过涂敷锡膏再用风枪吹焊的方法焊接，本任务采用烙铁焊接。根据所需焊接的表面贴装元器件焊盘大小，选择直径为0.6 mm的Sn99.3Cu0.7无铅锡丝，熔点为227 ℃，选用K型（刀形）烙铁头，焊台温度设置为250～320 ℃即可。

任务实施

一、焊接准备

1. 防静电保护

穿戴好防静电服、防静电帽、防静电手环，检查整理防静电桌台面，开启烟雾净化器与离子风机。

视频
手工焊接工具
与材料

2. 工具与材料准备

（1）防静电镊子。

（2）锡丝。

（3）助焊剂。

（4）表面贴装元器件。

（5）烙铁头清洁海绵用少许水润湿。

（6）清洁酒精、无尘布及毛刷。

视频
焊台设置

3. 焊台设置

（1）打开电源后，如焊台设置窗口（TOOL1）显示"−"，表示烙铁处于关机状态，此时长按"TOOL1"键约5 s，焊台设置窗口显示"ON"，然后显示实际温度，表示焊台已进入正常工作状态。焊台开机后显示状态如图2-14所示。

（2）按一下"TOOL1"键，再按"TEMP▲"或"TEMP▼"键可以对烙铁的温度进行设置，本任务设置为320 ℃。焊台温度设置显示状态如图2-15所示。

图2-14　焊台开机后显示状态

图2-15　焊台温度设置显示状态

（3）按住"INFO"键，再按"TEMP▲"或"TEMP▼"键可以设置休眠时间。休眠时间指烙铁手柄放入支架后，从工作状态进入休眠的时间，设置范围为0～99 min，显示"––"表示不休眠，显示"00"表示一旦将烙铁手柄放置在烙铁架上就立即进入休眠。

（4）烙铁手柄放置在烙铁架上的时间达到休眠时间后，焊台设置窗口显示"–––"，表示烙铁处于休眠状态。从烙铁架上拿起烙铁手柄即可唤醒休眠，唤醒后，烙铁开始加热，"❀"亮；当温度稳定时，"❀"闪烁。若进入休眠后40 min内不唤醒，则焊台自动关闭，即退出焊台的使用，焊台设置窗口显示"–"。

二、焊接

（1）贴片阻容元器件焊接。先在元器件其中一个引脚的焊盘上焊少许锡，用镊子将元器件在指定位置摆放好之后，焊接该引脚；确定元器件摆放正确、对好位之后，再焊接另一个引脚；最后确认两个引脚的焊点质量满足要求。

（2）贴片三极管焊接。先固定一个引脚，再焊接其他引脚。

（3）SOP芯片焊接。先固定一个引脚，再焊接对角线的引脚，最后焊接其他引脚，可点焊，也可拖焊。

（4）LQFP48芯片焊接。先固定对角的两个引脚，然后采用拖焊的方式焊接其他引脚。

视频
贴片阻容元器
件焊接

视频
贴片三极管焊接

视频
SOP芯片焊接

三、焊点检查

目视检查焊点有无多锡、少锡、虚焊、漏焊、短路等缺陷。

四、清洗

无尘布蘸酒精或清洗剂清洗PCB和元器件。

视频
LQFP48芯片
焊接

📝任务评价

按照表2-5所示的评价内容完成任务评价。

视频
PCB清洗

表 2-5　表面贴装元器件焊接任务评价表

序号	评价内容	分值	评价情况		
			自我评价	小组评价	教师评价
1	正确进行静电防护	10			
2	正确选用焊接工具、锡丝、烙铁头	10			
3	正确设置焊接温度	10			
4	焊接步骤规范，焊点质量较好	20			
5	遵守车间工作纪律，安全规范操作	20			
6	团队协作，保质保量完成工作	20			
7	任务实施态度端正，具有敬业精神	10			

任务二
通孔元器件焊接

📋 任务描述

根据表 1-15 所示的物料清单，需手工焊接的通孔元器件包括电容、DIP16 芯片、按键开关、10 个发光二极管、1 个电源插座。根据焊点大小和元器件引脚间距，选择合适的烙铁头、合适直径的无铅锡丝，合理设置焊台温度，确保焊接良率达到 100%。

👆 任务分析

根据所需焊接的通孔元器件焊盘大小，选择直径为 0.8 mm 的 Sn99.3Cu0.7 无铅锡丝，熔点为 227 ℃，选用 K 型（刀形）烙铁头，焊台温度设置为 320～380 ℃。元器件按照先低后高的顺序进行焊接，先焊接 DIP16 芯片，芯片焊接时先焊接一个引脚，然后交替焊接其余引脚，避免局部过热；接着焊接按键开关、电容；再焊接发光二极管，焊接时注意将焊台温度适当调低，焊接速度要快，并注意静电防护；最后焊接电源插座，焊盘较大时可适当调高烙铁温度。

💻 任务实施

一、焊接准备

1. 防静电保护

穿戴好防静电服、防静电帽、防静电手环，检查整理防静电桌台面，开启烟雾净化器与离子风机。

2. 工具与材料准备

（1）防静电镊子。

（2）锡丝。

（3）助焊剂。

（4）通孔元器件。

（5）烙铁头清洁海绵用少许水润湿。

（6）清洁酒精、无尘布及毛刷。

二、焊接

根据如下的焊接五步法进行通孔元器件的手工焊接，焊接步骤如图2-16所示。

（1）准备，确认温度，清洁烙铁，如图2-16（a）所示。

（2）预热工件，同时加热焊盘和引线，如图2-16（b）所示。

（3）熔化锡丝，形成热桥，如图2-16（c）所示。

（4）移动锡丝到对面，熔化的焊锡会往温度高的地方流动，助焊剂往温度低的地方流动，如图2-16（d）所示。

（5）撤离，先移开锡丝再移开烙铁，如图2-16（e）所示。

视频
DIP16芯片焊接

视频
插件LED焊接

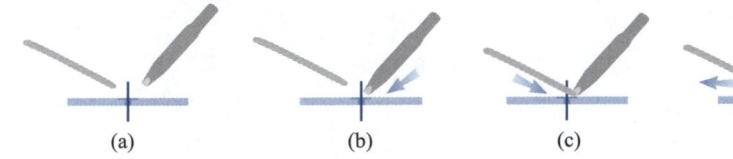

图2-16　通孔元器件手工焊接五步法

三、焊点检查

检查焊点有无多锡、少锡、虚焊的质量缺陷。

四、清洗

使用无尘布蘸酒精或清洗剂清洗PCB和元器件。

📝 **任务评价**

按照表2-6所示的评价内容完成任务评价。

表2-6　通孔元器件焊接任务评价表

序号	评价内容	分值	评价情况		
			自我评价	小组评价	教师评价
1	正确进行静电防护	10			
2	正确选用焊接工具、锡丝、烙铁头	10			
3	正确设置焊接温度	10			
4	焊接步骤规范，焊点质量较好	20			
5	遵守车间工作纪律，安全规范操作	20			
6	团队协作，保质保量完成工作	20			
7	任务实施态度端正，具有敬业精神	10			

项目小结

通过本项目的学习，读者可以了解焊接工具的选用、锡丝与烙铁头的选型，会根据焊接基本步骤与方法完成表面贴装元器件与通孔元器件的手工焊接，并掌握手工焊接的基础知识与工艺要求，能识别焊接质量的优劣。

思考题

1. 手工焊接时锡丝的直径如何选择？
2. 烙铁头怎样选型？
3. 焊接温度如何设置？温度过低或过高时会有什么后果？
4. 通孔元器件的焊接五步法是指哪五步？
5. 常见的焊接缺陷有哪些？

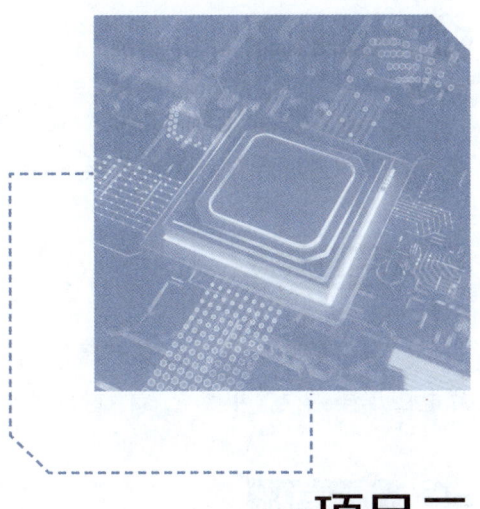

项目二

元器件返修

电子产品中的元器件失效、损坏或焊接错误时，需要更换新的元器件，此时会涉及元器件解焊、清洗焊盘、重新焊接的返修过程。

项目描述

焊接好的实训基板上有元器件损坏，如贴片三极管、LQFP48芯片、发光二极管，有贴片电阻焊接错误，根据元器件封装类型不同，选择不同的返修工具与返修工艺。

项目目标

➤ 知识目标

1. 了解常见的元器件损坏类型。

2. 了解三合一维修系统的风枪工作参数。

➤ 能力目标

1. 会选用常用的返修工具及材料。

2. 能正确使用工具拆除元器件。

3. 能正确设置风枪、烙铁、吸锡枪的温度。

4. 具备独立完成元器件返修的专业能力。

➤ 素养目标

1. 通过对元器件返修过程的训练，培养耐心、细心的工作态度。

2. 通过对元器件损坏的认识，懂得遵守工作规范的重要性。

3. 通过元器件返修，培养环保意识和节约意识。

项目分析

根据项目描述，待返修的元器件包括表面贴装元器件和通孔元器件，根据元器件封装类型的不同，需选择合适的返修工具和返修工艺。

知识链接

返修工作中常用的返修工具除了烙铁外，还有风枪、镊子烙铁、吸锡枪、预热平台及返修支架等。

1. 风枪

风枪是利用发热电阻丝的枪芯吹出的热风来焊接与解焊元器件的工具。在元器件解焊时，可根据元器件的封装形式选用不同大小和形状的风嘴，如图2-17所示。

(a) 通用风嘴　　(b) SOP风嘴　　(c) QFP风嘴　　(d) 定制风嘴

图2-17　风枪的风嘴样式

2. 镊子烙铁

镊子烙铁是指将两支烙铁构成镊子造型的烙铁，在解焊贴片阻容元器件时可同时加热两个引脚，待焊锡熔化后直接用镊子烙铁夹起元器件。镊子烙铁如图2-18所示。

3. 吸锡枪

吸锡枪是将烙铁与吸锡器融为一体的解焊工具。在工作时，将吸锡枪烙铁头内部的气孔插入通孔元器件的引脚，待焊锡熔化后，开启吸锡气泵，可将焊锡吸走。吸锡枪的结构尺寸及其应用场景如图2-19所示。

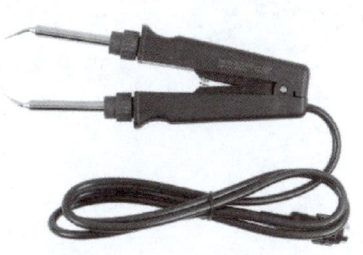

图2-18　镊子烙铁

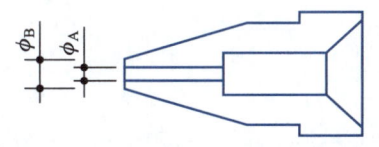 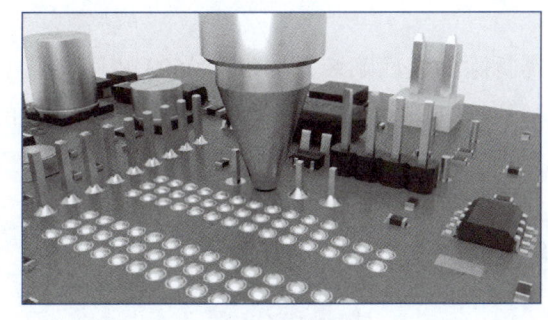

P/N	ϕ_A/mm	ϕ_B/mm
A1004	0.8	2.3
A1005	1.0	2.5
A1006	1.3	3.0
A1007	2.0	3.0

(a) 吸锡枪结构尺寸　　　　　　　　　　(b) 吸锡枪应用场景

图2-19　吸锡枪的结构尺寸及其应用场景

4. 预热平台

预热平台用来在元器件解焊时对电路板进行预热，防止元器件因温度骤升而损坏，并提高解焊效率。常用的预热平台有热风型、暗红外/高红外型和金属接触式等，如图2-20所示。

三种预热平台的主要特点如下：

（1）热风型。热风预热；预热面积小，适合小尺寸PCB；热效率高。

(a) 热风型

(b) 暗红外/高红外型

(c) 金属接触式

图2-20　预热平台

图片
返修支架及返
修预热平台

（2）暗红外/高红外型。红外辐射加热；预热面积大，可以定制任意尺寸；适合各种类型尺寸PCB；预热速度相对较慢。

（3）金属接触式。铝板发热；接触式加热，导热快。

5. 返修支架

返修支架用于返修时的电路板固定，便于操作。返修预热平台是在返修支架中加入了预热平台。

任务一
表面贴装元器件返修

🖥 任务描述

需拆除的表面贴装元器件有0603贴片电阻（R21）、3904贴片三极管（Q1）及LQFP48芯片（U4）。选择合适的解焊工具，并设置合适的温度或风量，确保PCB焊盘及其他元器件完好无损。

🖐 任务分析

拆除贴片阻容元器件最方便快捷的方式是使用镊子烙铁，两个引脚焊盘同时加热，焊锡熔化后可用镊子烙铁直接取下元器件；在没有镊子烙铁的情况下，可使用烙铁快速交替加热两个引脚，待两个焊盘的焊锡熔化后可用镊子取下元器件；也可用风枪吹热风熔化焊锡，注意选择合适的风量和温度。LQFP48芯片一般采用风枪解焊，本任务选择直径为8.4 mm的通用风嘴，并可以通过吸笔吸取元器件。风枪及其配件选用如图2-21所示。

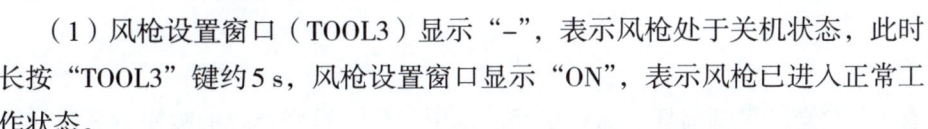

吸笔+吸嘴 ————————— ————————— 吸笔伸缩旋钮

图2-21　风枪及其配件选用

任务实施

一、贴片电阻及贴片三极管解焊

设置三合一维修系统的焊台温度为350 ℃左右，使用烙铁快速交替加热贴片电阻及贴片三极管的引脚，待焊锡熔化后用镊子取下元器件，再用吸锡带清理焊盘的残留焊锡。

视频
贴片电阻及贴片三极管解焊

二、LQFP48芯片解焊

LQFP48芯片可采用风枪解焊，按下述操作方法开启或关闭风枪，设置温度约350 ℃，风量可调到最大。

（1）风枪设置窗口（TOOL3）显示"–"，表示风枪处于关机状态，此时长按"TOOL3"键约5 s，风枪设置窗口显示"ON"，表示风枪已进入正常工作状态。

视频
LQFP48芯片解焊

（2）风枪开启后，拿起即可开始工作，在离元器件引脚上方5 mm左右的高度循环加热所有引脚。一般3～5 min后，可用镊子试着夹起元器件；或者待元器件引脚焊锡熔化后，使用风枪自带的吸笔吸取元器件：按"VACUUM"键，吸笔工作，再按"VACUUM"键，吸笔停止工作。

吸笔使用注意事项如下：

① 真空吸笔可以独立工作，不受TOOL1、TOOL2、TOOL3相关操作的影响。

② 真空泵尽量不要长时间工作，打开吸笔后应尽快关闭。

③ 真空吸笔工作约3 min后会自动关闭。

（3）风枪设置窗口显示"– – –"，表示风枪处于休眠状态。从休眠中唤醒风枪后，风枪开始加热，"⚙"亮；当温度稳定时，"⚙"闪烁。

（4）要关闭风枪的使用，再次长按"TOOL3"键约5 s，风枪设置窗口显示"OFF"，即退出风枪的使用，风枪设置窗口显示"–"。

任务评价

按照表2-7所示的评价内容完成任务评价。

表 2-7　表面贴装元器件返修任务评价表

序号	评价内容	分值	评价情况		
			自我评价	小组评价	教师评价
1	正确进行静电防护	10			
2	正确选用风枪配件	10			
3	正确设置风枪温度及风量	10			
4	步骤规范，保持元器件及焊盘完好	20			
5	遵守车间工作纪律，安全规范操作	20			
6	团队协作，保质保量完成工作	20			
7	任务实施态度端正，具有敬业精神	10			

任务二
通孔元器件返修

📋 任务描述

实训基板上有 2 个发光二极管损坏，需要更换。采用三合一维修系统的吸锡枪完成对发光二极管的解焊工作。

📊 任务分析

拆除通孔元器件最好使用吸锡枪，如果用烙铁加吸锡器的方式会带来静电，损坏元器件。元器件拆除后，可用吸锡带清理焊盘上的残留焊锡。

📺 任务实施

一、使用吸锡枪解焊

视频
通孔元器件吸
锡枪解焊

（1）吸锡枪设置窗口（TOOL2）显示"-"，表示吸锡枪处于关机状态，此时长按"TOOL2"键约 5 s，吸锡枪设置窗口显示"ON"，表示吸锡枪已进入正常工作状态。

（2）打开电源开关，吸锡枪加热 3 min 后，才可进行吸锡工作。

（3）待设定温度稳定后，用吸锡枪的吸嘴将需吸除的焊锡熔化。

（4）确定焊锡已全部熔化后，按下吸锡枪红色开关（扳机），即可吸入焊锡。吸净后，可以冷却焊点，以防止焊锡再度被熔化。

（5）吸锡枪设置窗口显示"---"，表示吸锡枪处于休眠状态。从休眠中唤醒吸锡枪后，吸锡枪开始加热，"⚙"亮；当温度稳定时，"⚙"闪烁。若进入休眠后40 min内不唤醒，则自动关闭吸锡枪。

（6）要关闭吸锡枪的使用，再次长按"TOOL2"键约5 s，吸锡枪设置窗口显示"OFF"，即退出吸锡枪的使用，吸锡枪设置窗口显示"–"。

（7）吸锡枪使用注意事项：

① 尽量不要让吸嘴触及PCB。

② 如果解焊有困难，则可用吸嘴稍稍摇动引线，如果可以移动，则表示焊锡已被熔化。

③ 切勿用力摇动引线。若引线不易移动，表示焊锡尚未全部熔化。

④ 切勿遗留任何焊锡在PCB孔径内。

二、吸锡枪吸嘴保养

使用吸锡枪后，应进行保养与维护，以确保经久耐用。吸锡效率视温度、焊锡和助焊剂的质量及数量而定。根据吸锡枪的使用条件，依照下列程序进行保养：

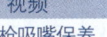

视频
吸锡枪吸嘴保养

（1）在吸嘴的镀层部分涂上少量焊锡，以保持吸嘴有光泽。

（2）如果吸嘴覆盖氧化物，导热能力会减弱，在吸嘴上涂少量新焊锡，可以发挥导热功能。

（3）清除吸嘴内和发热元器件的焊锡，然后用清洁球清理吸嘴后，在吸嘴镀上一层新焊锡，以保护镀层。

（4）在通电加热状态，用吸嘴通针清理吸嘴孔，如图2-22所示。

图2-22　用吸嘴通针清理吸嘴孔

三、清理并安装过滤管

1. 清理过滤管

吸锡枪使用后应及时清理过滤管内的焊锡残渣。弹簧过滤管收集储存2/3焊锡时要更换，锡渣过滤棉因淤积焊料和助焊剂而僵硬时也要更换。吸锡枪过滤管拆解示意图如图2-23所示。清理步骤如下：

视频
清理并安装过
滤管

（1）电源开关按"关"键。

（2）过滤管冷却后，按下吸锡枪背面的松开钮，取出过滤管。

（3）检查弹簧过滤管和锡渣过滤棉。

（4）清理过滤管和锡渣过滤棉。

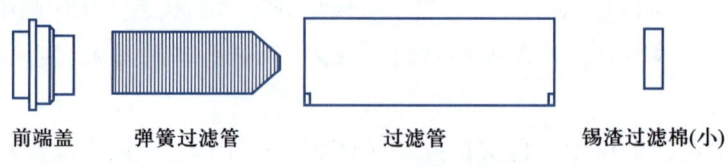

图2-23　吸锡枪过滤管拆解示意图

2. 安装过滤管

按照表2-8所示的步骤重新安装过滤管。

表2-8　安装过滤管步骤

步骤	操作	图示
1	将弹簧过滤管安装在前端盖上	
2	将前端盖安装在过滤管上，不使空气漏出	
3	将锡渣过滤棉（小）装进（吸锡枪）过滤管	锡渣过滤棉(小)
4	将后握器组件压入过滤管中，使其紧贴管背的圆环	

按照表2-9所示的评价内容完成任务评价。

表 2-9　通孔元器件返修任务评价表

序号	评价内容	分值	评价情况		
			自我评价	小组评价	教师评价
1	正确进行静电防护	10			
2	正确使用吸锡枪解焊通孔元器件	10			
3	对吸锡枪进行正确保养	10			
4	正确清理吸嘴，清理并安装过滤管	20			
5	遵守车间工作纪律，安全规范操作	20			
6	团队协作，保质保量完成工作	20			
7	任务实施态度端正，具有敬业精神	10			

项目小结

　　通过本项目的学习，读者可以使用烙铁及风枪对表面贴装元器件进行解焊，使用吸锡枪对通孔元器件进行解焊。通过本项目的训练，进一步熟悉三合一维修系统的使用方法，能正确选用解焊工具及其配件，并设置合适的温度、风量等参数。

思考题

　　1. 贴片阻容元器件解焊的常用工具有哪些？

　　2. 对于 SOP 和 LQFP 封装的芯片，应如何进行解焊？

　　3. 如何设置风枪的温度和风量？

　　4. 通孔元器件解焊使用的工具是什么？

　　5. 吸锡枪使用后应注意哪些事项？

模块三
表面贴装元器件自动装联

项目一
锡膏印刷

📑 项目引入

锡膏印刷是电子组装过程中最为关键的步骤之一，它的主要作用是将锡膏精确地转移到PCB上的焊盘位置，为后续的焊接提供准备。锡膏印刷质量直接影响焊接的可靠性和生产效率，统计表明SMT生产中60％～70％的焊接缺陷与印刷质量有关。

📋 项目描述

针对待贴装的实训基板，要求选择正确的锡膏、刮刀和钢网，正确安装刮刀、钢网、PCB，对基板进行锡膏印刷，如图3-1所示，要求采用半自动印刷工艺。

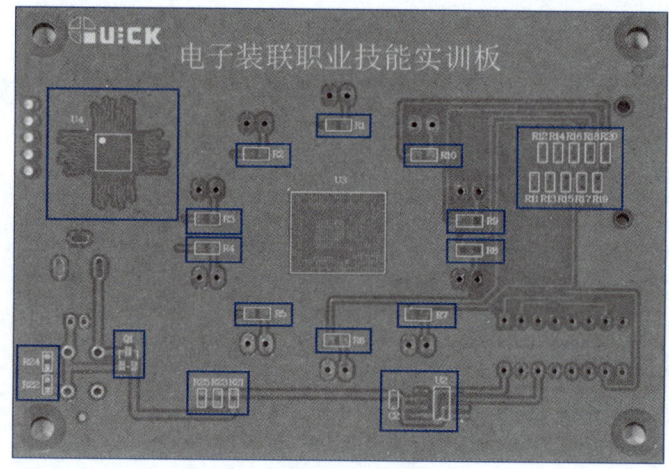

图3-1　锡膏印刷位置示意图

🔧 项目目标

➤ 知识目标

1. 熟悉锡膏、刮刀和钢网的选用。
2. 了解锡膏印刷机的结构。
3. 熟悉锡膏印刷质量标准及印刷缺陷的识别。

➤ 能力目标

1. 会选用锡膏、刮刀和钢网。
2. 会操作锡膏印刷机，设定印刷工艺参数、编制印刷程序。
3. 能通过目视判断印刷质量。
4. 能独立完成锡膏印刷工艺生产。

➤ 素养目标

1. 具有安全生产、规范操作意识。

2. 培养积极思考、举一反三解决问题的能力。

3. 养成自主学习的学习习惯，培养认真细致的工作态度。

项目分析

根据项目描述，分析如下：

（1）产品特征分析：依据实训基板特点，选择合适的锡膏、刮刀和钢网。

（2）印刷工艺分析：依据印刷工艺要求，结合基板焊盘的特点，正确调节基板位置，设置合适的印刷参数。

（3）印刷良率控制分析：依据印刷工艺要求，调节设备，设定好合适的基本位置、刮刀压力、印刷行程等，目检重点关注印刷位置、印刷量，消除印刷偏移、少锡、桥连、淹没、挖掘等缺陷。

知识链接

一、印刷工艺

将开孔的钢网压在基板上，保证钢网开孔对准基板焊盘位置，刮刀紧贴钢网表面。随着刮刀在钢网表面刮过，锡膏在刮刀作用力下滚动，通过钢网开孔被填充到基板的焊盘上。钢网与基板分离后，锡膏以准确的位置及良好的外形保留在焊盘上。印刷工艺流程如图3-2所示。

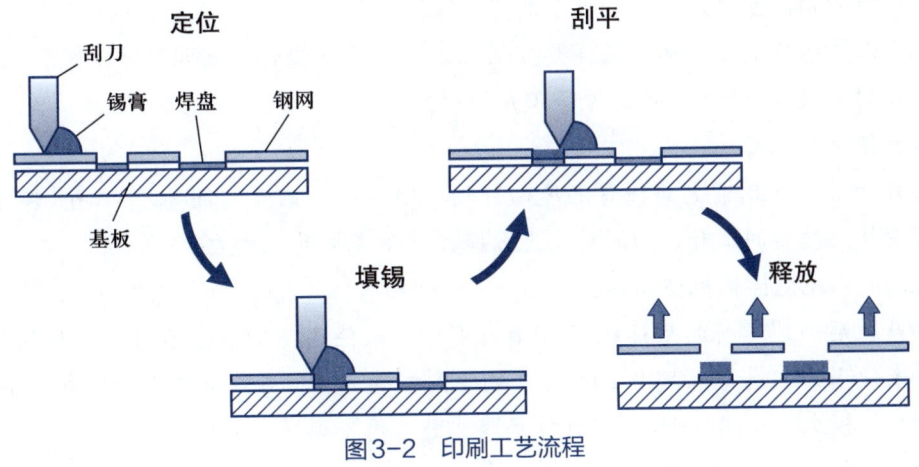

图3-2 印刷工艺流程

二、锡膏

锡膏是一种焊锡粉末和助焊剂的混合物，通过加热熔化再冷却后可以连接两个金属表面。锡膏的一些特性会影响印刷效果，如合金粉末成分、颗粒度、形状，糊状助焊剂与合金粉末的比例，锡膏的黏度、触变性、黏着力等。

1. 锡膏成分

焊锡粉末：合金粉末和特殊金属粉末。

助焊剂：松香、活性剂、溶剂、增稠剂、触变剂等。

2. 锡膏三大物理特性

黏度：黏度太高，会粘连网孔，影响脱模；黏度太低，无法保型且无法粘固元器件。

触变系数：触变系数高说明触变性好，有利于印刷，锡膏转运速度快，黏度低。

颗粒直径：锡粉颗粒直径越小，黏度越大；锡粉颗粒直径过大，会使锡膏黏结性能差。

图片
锡粉颗粒直径
分类

3. 锡膏选型

选择锡膏型号时一般考虑以下四个方面：

（1）焊锡粉末。有铅锡膏，Sn63Pb37；无铅锡膏，SAC305。

（2）熔化温度。低温锡膏，180 ℃以下；中温锡膏，180～205 ℃；高温锡膏，205 ℃以上。

（3）助焊剂活性。低活性（rosin）、中等活性（rosin mildly activated）、高活性（rosin activated）。

（4）清洗方式。免清洗、有机溶剂清洗、水基溶剂清洗。

4. 锡膏运输与存储

（1）运输。用泡沫箱包装，将内盖压紧锡膏来使锡膏在空气中暴露最少；在泡沫箱中放入冰袋，控制箱内温度，使锡膏处于最佳性能状态。

（2）存储。锡膏的保管环境温度要控制在2～10 ℃；锡膏使用期限为6个月（未开封），室温下未开封可放置7天，不可放置于阳光照射处。

5. 锡膏使用

（1）开封前。开封前需将锡膏温度回升到环境温度，回温时间为3～4 h，禁止使用其他加热器使其温度瞬间上升。回温后需充分搅拌，手工搅拌时间为3～5 min，搅拌机搅拌时间为1～3 min，视搅拌机机种而定。

（2）开封后。锡膏开封后建议在24 h内用毕，未使用完的锡膏不可与未开封的锡膏共同放置；未使用完的锡膏与新锡膏以1∶1的比例搅拌混合，并以多次少量的方式添加使用；锡膏印刷在基板上后，建议于4 h内置放元器件进入再流焊接完成贴装。

三、钢网

钢网是用于在PCB焊盘上印刷锡膏或在指定位置印刷红胶的工装。锡膏印刷中，通过钢网开孔将锡膏定量、准确地漏印到PCB焊盘上。钢网由外框、丝网、模板材料组成，如图3-3所示。

模块三　表面贴装元器件自动装联

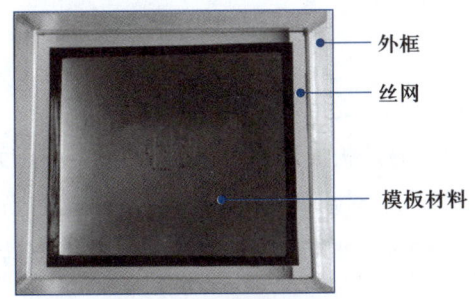

图3-3 钢网结构示意图

外框
丝网
模板材料

印刷完成钢网脱离基板时，满足如下条件才能保证锡膏印刷质量和下锡量：

$$黏附力（F_C）+地心引力（F_G）>凝聚力（F_L）+摩擦力（F_f）$$

钢网脱模受力分析如图3-4所示。

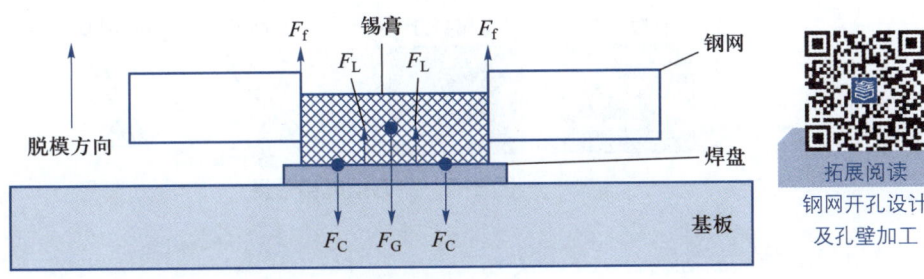

图3-4 钢网脱模受力分析

拓展阅读
钢网开孔设计
及孔壁加工

1. 钢网外观检查

（1）表面检查：用目视方式对钢网外观进行检查，要求钢网完整，表面无划痕。

（2）开孔位置检查：在钢网检验台上，将胶片放在钢网开孔位置，对钢网进行检查，要求位置一致。

（3）孔壁检查：用放大镜对QFP、BGA等芯片的孔壁进行观察，要求孔壁无缺口、无毛刺。

拓展阅读
钢网张力测量

2. 钢网清洗

印刷完成后，钢网表面或开孔内可能存在残留锡膏，不及时清洗会污染PCB表面，钢网开孔四周的残留物锡膏会变硬，严重时会堵塞钢网开孔，影响后续印刷质量。常见清洗模式有干擦、湿擦、真空清洗，通常采用几种方式混合清洗。根据生产对象需求，对钢网进行定时清洗，有细间距器件，每印刷一块清洗一次；无细间距器件，每印刷几块至几十块清洗一次。钢网清洗示意图如图3-5所示。

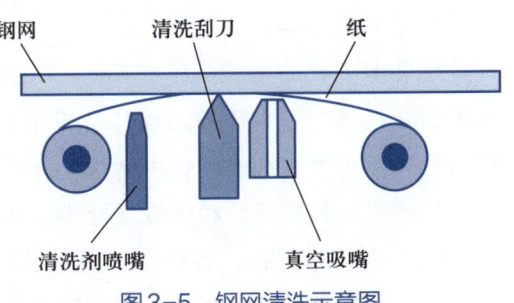

钢网　　清洗刮刀　　纸
清洗剂喷嘴　　真空吸嘴

图3-5 钢网清洗示意图

四、刮刀

刮刀推动锡膏在钢网表面滚动，达到填充网孔的目的。

刮刀主要由基座、刀片和挡锡条构成，刮刀刀片材质主要有两种：橡胶刮刀和金属刮刀，如图3-6所示。橡胶刮刀质地稍软，对压力较为敏感，控制难度较高，易磨损；金属刮刀性能稳定，不会产生橡胶刮刀的"挖掘"问题，寿命较橡胶刮刀长，但价格较高，且易损坏。

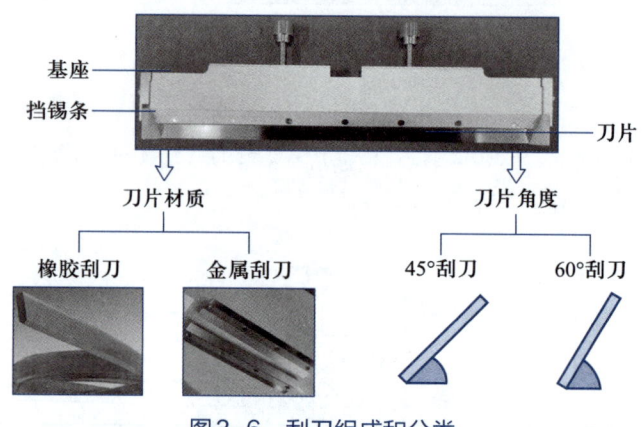

图3-6　刮刀组成和分类

1. 刮刀选用

刮刀选用时主要考虑刮刀长度、材质和角度三个方面。

（1）刮刀长度：选择大于PCB长度尺寸的刮刀，通常比钢网开孔的宽度宽30 mm即可。

（2）刮刀材质：锡膏印刷使用金属刮刀，红胶或其他胶水印刷可选用金属刮刀和橡胶刮刀。

（3）刮刀角度：普通锡膏印刷选择60°刮刀，红胶或其他胶水印刷一般选择45°刮刀。

2. 刮刀校验

刮刀安装完成后，需要对刮刀进行校验。先将刮刀放在校正平台（大理石平台）上进行外观检查，看其是否有划伤、变形；再用塞规测试刮刀刀片的平整度是否在规定的范围内（平整度应不大于0.1 mm）。

五、印刷机

1. 印刷机分类

锡膏印刷机的主流品牌有DEK、FUJI、MPM等。在中国，锡膏印刷机在20世纪80年代随着SMT技术的引入而开始被广泛应用。随着国内技术的不断进步和自主研发能力的增强，中国也开始生产自己的锡膏印刷机，并逐渐形成了完整的产业链。

锡膏印刷机按照自动化程度分类，主要包括以下几种，如图3-7所示。

（1）手动印刷机：各种参数与动作需人工调节与控制。其价格便宜，使用方便，印刷精度差，通常用于要求不高、难度不大的小批量生产。

（2）半自动印刷机：PCB装夹过程人工放置，其余动作机器可连续完成，第一块PCB与钢网的窗口位置通过人工对中。其价格适中，使用方便，印刷精度不高，速度慢，适合小投资批量生产。

（3）全自动印刷机：完全自动化，从供板、印刷到下板都无须人工干预，可提高生产效率和重复精度，重复精度可达±0.01 mm。

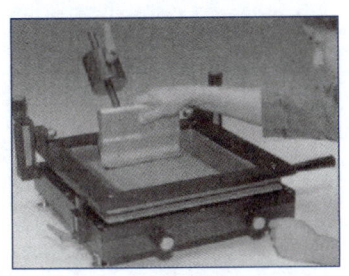
(a) 手动印刷机

(b) 半自动印刷机

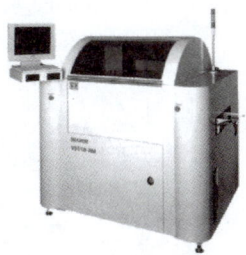
(c) 全自动印刷机

图3-7　锡膏印刷机分类

选择印刷机要考虑生产需求、精度要求、成本预算等因素，以确保印刷质量和生产效率。

2. 印刷机结构识别

高精度半自动印刷机的结构如图3-8所示。

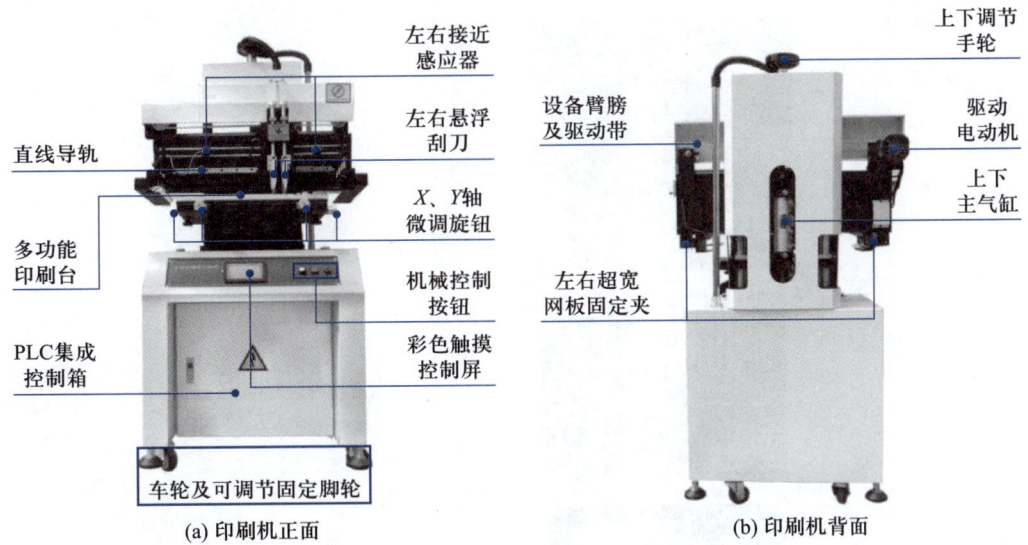

(a) 印刷机正面　　　　　　　　　　(b) 印刷机背面

图3-8　高精度半自动印刷机的结构

六、印刷质量

1. 锡膏印刷标准认知

锡膏印刷的检验标准主要依据IPC标准或遵循与客户约定的质量检验标准。IPC锡膏印刷验收标准（节选）如表3-1所示。理想印刷为锡膏无偏移，锡膏厚度在可控范围内，成型好，焊盘覆盖率达到允许值。一旦发生锡膏偏移超出允许范围的情况，都属于印刷缺陷。

表 3-1　IPC 锡膏印刷验收标准（节选）

验收标准	图示	描述
目标条件	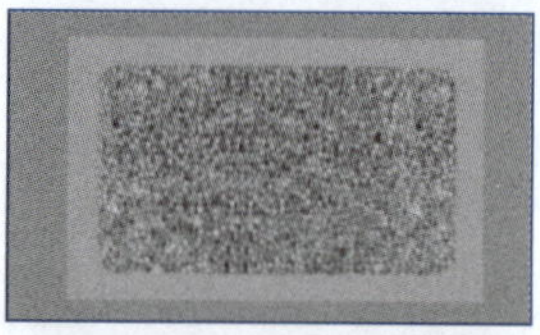	（1）膏体沉积在焊盘上居中。 （2）膏体沉积显现为一整块。 （3）全部焊料球与焊膏沉积接触
可接受条件	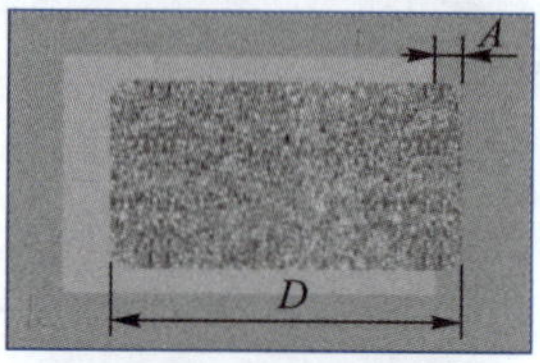	偏移：膏体沉积（D）在 X 轴和 / 或 Y 轴方向偏离焊盘（A）<25%
缺陷	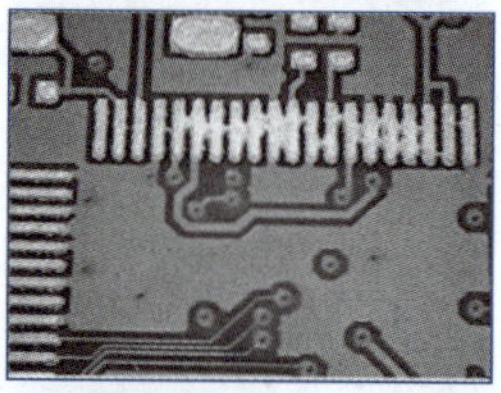	焊膏沉积与相邻的焊盘连接
		膏体沉积（D）在 X 轴和 / 或 Y 轴方向偏离焊盘（A）>25%

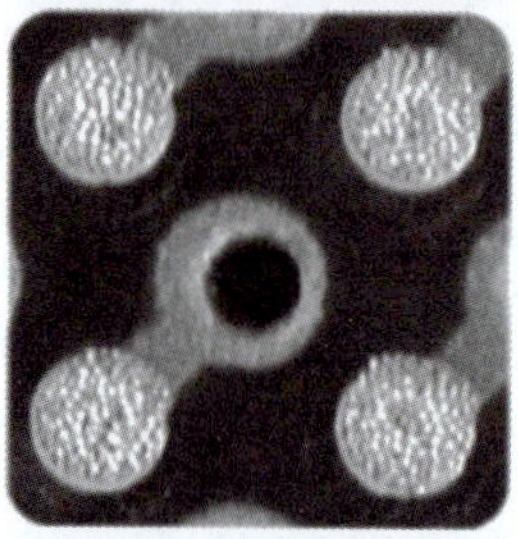

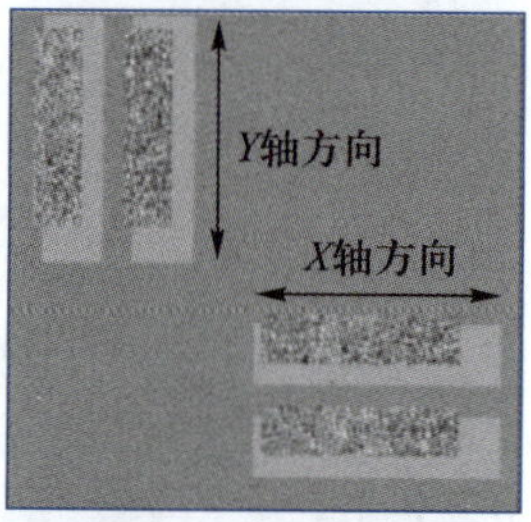

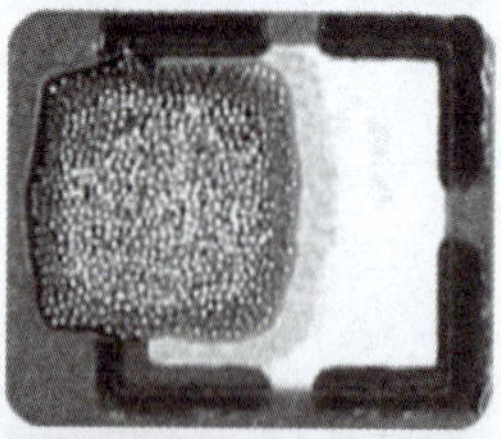

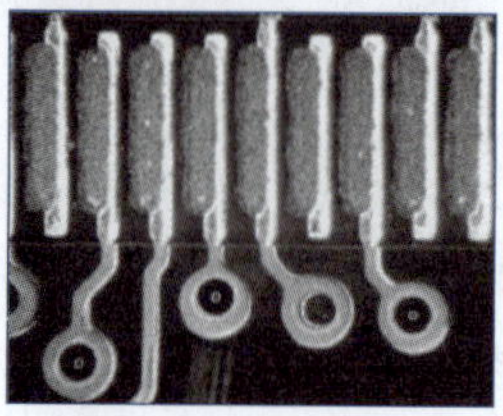

2. 常见印刷缺陷

常见锡膏印刷缺陷图例如图3-9所示。

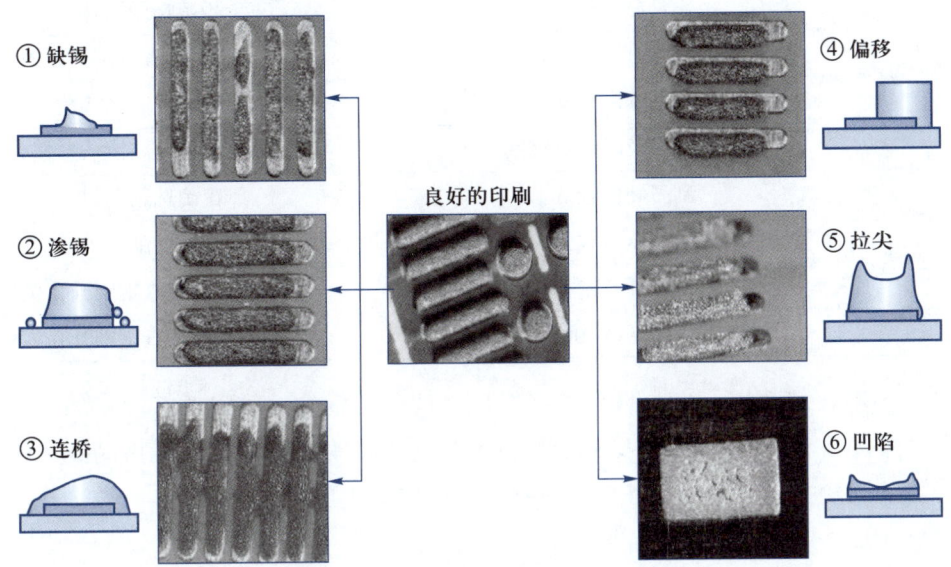

①缺锡　②渗锡　③连桥　良好的印刷　④偏移　⑤拉尖　⑥凹陷

图3-9　常见锡膏印刷缺陷图例

3. 印刷缺陷改善

锡膏印刷中，应每印刷2~5片PCB抽检1片，一旦发现印刷不良，立刻通知技术人员，进行改善调整。常见的六种印刷缺陷的产生原因及改善对策如表3-2所示。

表3-2　锡膏印刷缺陷产生原因及改善对策

序号	缺陷	产生原因	改善对策
1	缺锡	锡膏黏度较大	规范选用锡膏
		刮刀压力太小	正确设置刮刀压力
		刮刀速度较快	正确设置刮刀速度
		钢网内壁较粗糙	印刷前规范检查钢网开孔内壁
2	渗锡	锡膏黏度较低	规范选用锡膏
		印刷中未及时擦拭钢网	正确设置钢网清洁参数
		印刷后放置时间过长	规范锡膏管理
		钢网开孔精度不够	印刷前规范检查钢网
3	连桥	锡膏印刷量太多	控制锡膏印刷量
		锡膏印刷产生偏移	印刷前规范检查基板与钢网的对位
		拉尖锡膏的塌落	控制锡膏的拉尖缺陷
		印刷中未及时擦拭钢网	正确设置钢网清洁参数
4	偏移	基板与钢网未对位	正确调整钢网使其与基板完全对位
		基板Mark点识别不良	规范选择基板Mark点
		印刷机的印刷精度较低	选用印刷精度较高的印刷机
		操作人员不认真	提升操作人员的工作态度

序号	缺陷	产生原因	改善对策
5	拉尖	锡膏黏度较大	规范选用锡膏
		钢网内壁较粗糙	印刷前规范检查钢网开孔内壁
		离网速度较快	正确设置离网参数
		印刷中未及时擦拭钢网	正确设置钢网清洁参数
6	凹陷	刮刀硬度较低	正确选用刮刀
		刮刀压力太大	正确设置刮刀压力
		钢网开孔较大	印刷前规范检查钢网开孔位置
		钢网内壁较粗糙	印刷前规范检查钢网开孔内壁

针对印刷不良的基板，应先用刮刀刮下PCB已印刷锡膏，再用蘸有酒精的无尘纸清洁PCB表面的残留锡膏，然后在离PCB大约3 cm处用风枪吹掉PCB导通孔内的残留锡膏、溶剂，最后在放大镜下确认表面是否有锡粉残留，待下一次印刷使用。

任务一

印 刷 准 备

📋 任务描述

在本任务中，要熟悉并理解半自动印刷机的结构及工作原理，完成钢网与刮刀的安装、PCB的定位、PCB与钢网的对位等工作，为锡膏印刷做好准备。

👆 任务分析

根据印刷工艺要求，准备产品专用钢网。安装钢网、刮刀及PCB，并对钢网和PCB进行准确对位，然后对印刷机进行点动运行，以保证设备运行正常。

🖾 任务实施

视频
锡膏搅拌

一、锡膏准备

（1）回温：将所需使用锡膏在生产前4 h从冷藏存储箱中取出，使锡膏温度回升到环境温度，禁止使用其他加热器使其温度瞬间上升。

（2）搅拌：将回温后的锡膏进行充分搅拌至流淌拉丝状态。

二、钢网准备

（1）钢网检查：用目视方式对钢网外观进行检查，保证钢网完整，表面无划痕；将PCB焊盘与钢网开孔进行对位，保证钢网开孔和焊盘位置一致；用放大镜对LQFP、BGA等IC器件孔壁进行观察，保证孔壁无缺口、无毛刺。

（2）用张力计对网板进行张力测试。

三、刮刀安装

印刷机需要安装左右两把刮刀，安装步骤如下：

（1）用六角扳手将刮刀安装架上所有的内六角螺钉拧松。

（2）刮刀装入安装槽内，左右两端对齐，拧紧螺钉固定刮刀，保证刮刀无松动。

（3）用同样方法完成另外一把刮刀的安装。

视频
刮刀安装

四、PCB固定支撑

印刷时PCB应可靠地固定在操作台面上，需要提前对PCB进行固定支撑，操作步骤如下：

（1）拆下PCB固定支架，并将定位销安装在固定支架上。

（2）调整定位销的高度，要求低于PCB的厚度，保证印刷时PCB板面的平整性。

视频
PCB固定支撑

（3）在工作台中间位置放上PCB，将固定支架放置在PCB定位孔附近，并确保每个固定支架上的定位销都能够放入PCB定位孔中，以保证印刷时PCB的稳固性。

（4）用螺栓将固定支架按第（3）步确定好的位置安装固定在工作台上，确保固定支架不移位。

（5）将PCB每一个定位孔对准定位销后，放置在安装好的固定支架上，固定PCB。必要时，可在PCB位置下方放置PCB支撑块，保证印刷时PCB不因刮刀压力弯曲。

五、钢网安装

钢网需要安装在PCB上方。钢网的安装步骤如下：

（1）拧松操作台左右两边的钢网固定夹具。

（2）将钢网正面朝上，水平放入钢网固定夹具中。

视频
钢网安装

六、钢网对位

钢网安装后，要保证钢网开孔与PCB焊盘的准确对位，才能实现最终的印刷。钢网对位的步骤如下。

视频
钢网对位

1. 通电通气

通电：通电之前确认设备开关按钮为关闭状态，打开机箱，取出电源插头，插入插座通电。

通气：通过8 mm气管连接气源，打开气源开关。

2. 工作模式选择

在触摸控制屏上点击"半自动印刷机"，选择"点动"工作模式。

3. 工作台启动

按下工作台的"电源"键给工作台上电，再同时按下设备工作台左右两边的绿色启动键，工作平台自动下降。

4. 钢网高度调整

逆时针旋动设备后方左右的两个摇把和顶部的上下调节手轮，调整钢网平台高度与水平位置。

5. 钢网固定

将钢网开孔与焊盘位置初步对位，顺时针扭紧摇把，拧紧钢网固定螺钉。

6. 钢网与PCB对位

调节平台两侧微调旋钮，再次将钢网开孔与PCB焊盘对准，最后拧紧平台缩进螺钉。

七、刮刀调整

通过调整，将已经安装好的刮刀位置调整为紧贴钢网表面，为可靠印刷做好准备。左右两把刮刀都需要进行调整，调整步骤如下：

视频
刮刀调整

（1）调整刮刀前后摇把，固定刮刀头。

（2）先调左刮刀，点击触摸控制屏上的"左刀"，刮刀会自动下降。

（3）观察刮刀与钢网之间的距离，手动操作刮刀下降螺钉进行微调，使刮刀与钢网紧贴。

（4）按第（2）步与第（3）步实现右刮刀的调整。

✎ **任务评价**

按照表3-3所示的评价内容完成任务评价。

表 3-3　印刷准备任务评价表

序号	评价内容	分值	评价情况		
			自我评价	小组评价	教师评价
1	正确对锡膏进行回温与搅拌	10			
2	正确检查钢网、进行张力测试	10			
3	正确安装钢网	10			
4	正确完成钢网开孔与PCB对位	20			
5	正确安装刮刀、调整刮刀	20			
6	遵守车间工作纪律，安全规范操作	10			
7	团队协作，保质保量完成工作	10			
8	任务实施态度端正，具有敬业精神	10			

任务二
印 刷 操 作

任务描述

在上个任务基础上，正确操作印刷机实现锡膏印刷，印刷完成后目视检查印刷品质。

任务分析

将回温搅拌好的锡膏施加在钢网上，根据产品尺寸调整好印刷行程，然后执行印刷，最后目视检查印刷效果，如有缺陷，再重新调整印刷机执行印刷。

任务实施

一、锡膏添加

在钢网一侧加入适量锡膏。

二、调整印刷行程

根据基板尺寸，通过限位传感器调整刮刀印刷行程范围，刮刀印刷起止位置通常距PCB边缘10 mm左右。

三、执行印刷

视频
印刷操作

放入待印刷基板，点击触摸控制屏上的"半自动"模式，双手同时按下左右两侧绿色启动键，刮刀下降，开始印刷。印刷完成后，刮刀自动升起，印刷结束。

四、目视检查印刷质量

（1）根据印刷质量标准要求，目视检查印刷结果，判定印刷质量是否合格，是否存在缺陷。

（2）针对印刷缺陷的现象及状态，分析缺陷出现的原因，进行改进，直到印刷结果满足要求。

任务评价

按照表3-4所示的评价内容完成任务评价。

表3-4　印刷操作任务评价表

序号	评价内容	分值	评价情况		
			自我评价	小组评价	教师评价
1	正确添加锡膏	10			
2	正确执行印刷操作	20			
3	正确分析印刷缺陷，并进行改进	20			
4	遵守车间工作纪律，安全规范操作	20			
5	团队协作，保质保量完成工作	20			
6	任务实施态度端正，具有敬业精神	10			

项目小结

通过本项目的学习，读者可以了解印刷的作用，掌握锡膏、钢网、刮刀等生产要素的选择与使用方法，掌握采用半自动印刷机实施印刷的基本步骤和方法，并能对印刷结果进行分析，不断优化印刷方案。

思考题

1.有铅焊料和无铅焊料的区别是什么？

2.锡膏的存储要求是什么？

3.锡膏的回温搅拌要求是什么？

4.钢网的清洗方法是什么？

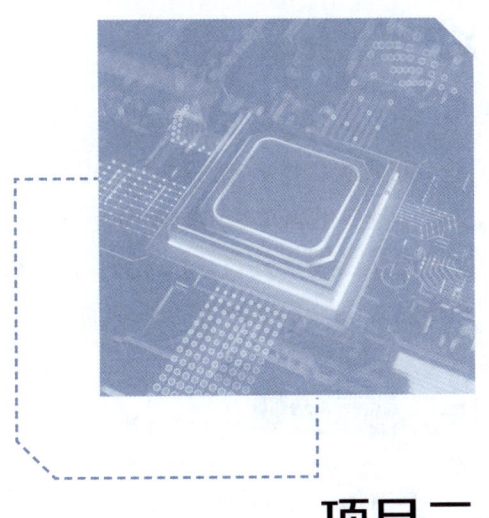

项目二
贴片操作

👍 项目引入

电子装联过程中的表面贴装元器件自动装联，是指按照设计和工艺要求将表面贴装元器件准确地贴装到PCB相应安装图形表面。贴片工艺是SMT组装最重要的工序。随着SMC/SMD朝微型化和超细间距方向发展，贴片机应用越来越广泛，贴装精度也越来越高。市场基本要求是贴装能力指数Cpk≥1.33，相当于达到4σ的工艺能力，即100万个产品中有缺陷的产品为63个。高可靠性产品的生产要达到6σ，自动化精准贴装显得尤为重要。

🗒 项目描述

针对图3-1所示的实训基板，在项目一完成的基础上，通过贴片机对表面贴装元器件进行贴装，要求采用全自动贴片工艺。

🔖 项目目标

➤ **知识目标**

1. 熟悉贴片工艺流程。
2. 熟悉元器件的尺寸、极性。
3. 熟悉吸嘴类型、供料器类型。

➤ **能力目标**

1. 能正确设置基板数据、元器件数据、贴装数据，并进行程序优化。
2. 能正确安装物料、接料。
3. 能正确安装吸嘴。
4. 能独立完成简单电路板的贴片机操作。

➤ **素养目标**

1. 具有安全生产、规范操作意识。
2. 培养积极思考、举一反三解决问题的能力。
3. 养成自主学习的学习习惯，培养认真细致的工作态度。

🔍 项目分析

依据实际电路板上表面贴装元器件的特点，选择合适的供料器、吸嘴，并能按规范正确安装；依据标准作业指导书，设置正确的基板数据、元器件数据、贴装数据，并能进行程序优化，确保贴装质量。

贴片操作的核心是使贴片机明确要搬运什么样的元器件、要采用什么样的搬运方式、要去哪里搬运、搬运的元器件是否正确、搬运的元器件要放置到什么地方等问题。

一、贴片工艺流程

贴片机的贴片工艺流程主要分为拾取元器件、检测调整、贴装元器件三大步骤。首先，通过一定的方式，将贴片元器件从包装中拾取出来。在这个过程中，拾取所用的时间和拾取正确性至关重要，将影响生产效率及产品合格率。接着，在贴装前利用贴片机的视觉系统进行元器件中心调整和外观检测，确保元器件中心与贴片头中心一致，元器件符合贴装要求。最后，将检测调整的元器件精确贴放到基板指定的位置。

拓展阅读
贴片工艺流程
的三大步骤

二、元器件数据

1. 元器件尺寸信息

元器件特性包括外形尺寸（长、宽、厚）、引脚节距、质量和元器件表面质量。其中元器件的外形尺寸决定了真空吸取时所用吸嘴大小。元器件尺寸信息表如表3-5所示。

表3-5　元器件尺寸信息表

序号	元器件类型	元器件尺寸	元器件实物
1	无引脚元器件	元器件：长、宽、厚	厚 宽 长
2	有引脚元器件	元器件：长、宽、厚 引脚：长、宽、节距 节距：一引脚中心到另一引脚中心的距离	厚 宽 长
3	QFN	本体：长、宽、厚 底部焊盘：数量、长、宽、节距	
4	BGA	本体：长、宽、厚 焊球：数量、球径、球节距	

2. 元器件极性点信息

极性点即为元器件的方向，表示着正负极及第1引脚。如果极性元器件在PCB上贴反了方向，不仅不能满足电气连接，而且可能造成短路，损伤PCB。首件生产后，需依据丝印图着重检查极性点信息。元器件极性识别的相关内容参见模块一中项目三。

三、供料器

不同种类的表面贴装元器件采用不同的包装，元器件包装方式将影响贴装能力和生产效率。元器件包装方式主要有卷带状、管状、托盘状和散料四种。生产前将所有待贴料安装到对应的供料器，才能实现贴片机的自动化生产。各种元器件包装方式对应的供料器如表3-6所示。供料器的供料质量至关重要，影响着后续的检测调整过程。

表3-6 各种元器件包装方式对应的供料器

包装方式	包装方式图片	适用元器件	对应供料器	供料器图片	规格	占用安装孔位
卷带状		电阻、电容、SOIC	带状供料器		8 mm	1
					12 mm	2
					16 mm	2
					24 mm	3
					……	……
管状		PLCC、SOIC	管状供料器		3～5管	7
托盘状		QFP元器件	托盘供料器		根据实际情况匹配	20个8 mm料位
散料		MELF（金属电极面）小外形半导体	振动散装供料器		根据实际情况匹配	不占用

卷带状包装元器件采用带状供料器，根据元器件外形尺寸、占用安装孔位数的不同，

可选择宽度为8 mm、12 mm、16 mm、24 mm等，间距为2 mm、4 mm、8 mm等的供料器。如0805封装的元器件，选择宽度为8 mm的带状供料器，只需占用1个安装孔位。

根据供料器的宽度不同，供料架上安装孔的范围也不同。以八头80位供料器为例，8 mm供料器最多可以安装80个，而12 mm供料器最多可以安装40个。图3-10、图3-11所示为带状供料器结构。

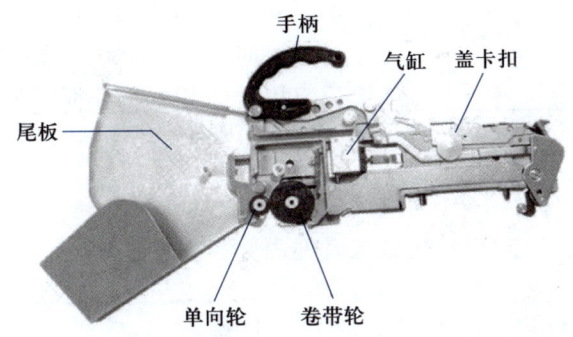

图3-10　带状供料器右面结构

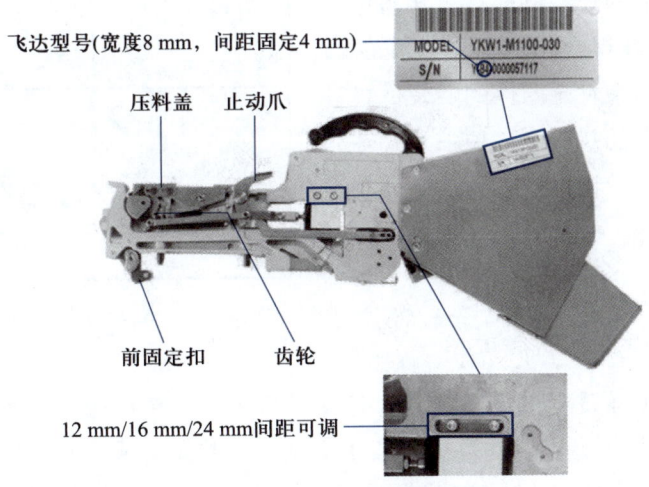

图3-11　带状供料器左面结构

四、吸嘴

选择SMT吸嘴时主要考虑吸取对象的尺寸大小、形状、吸取面等因素。一般只是根据元器件的尺寸去选定吸嘴；对于吸取面比较特殊的元器件，则需定制特殊吸嘴。吸嘴的吸取面形状有长方形、圆形、圆弧形等。通用的贴片吸嘴前端是圆形吸取面，由内圆和外圆组成，内圆是真空通道，外圆减去内圆就是实际的接触面。元器件尺寸与吸嘴尺寸的关系，原则上是吸嘴外径小于元器件尺寸，吸嘴内径与元器件尺寸之比为1:1.2~1:1.7。对于大型超薄元器件，也可以采用开真空腔体的方式，避免元器件被吸入真空孔中。

HWGC贴片机各型号吸嘴的相应参数如表3-7所示。

表 3-7　各型号吸嘴相应参数

型号	外径/mm	内径/mm	适用拾取元器件
501	$\phi 0.4$	$\phi 0.2$	0201
502	$\phi 0.7$	$\phi 0.4$	0402
503	$\phi 1.0$	$\phi 0.6$	0603
504	$\phi 1.5$	$\phi 1.0$	0805、1206、1210、SOT23
505	$\phi 3.5$	$\phi 1.7$	SOP8、SOP14、1812、2220 尺寸为 15 mm × 15 mm，引脚数小于 64
506	$\phi 5.0$	$\phi 3.2$	尺寸为 10 mm × 10 mm 以上的 QFN、TQFP、BGA

　　吸嘴按材质分为钨钢吸嘴、陶瓷吸嘴、橡胶吸嘴和钻石钢吸嘴等。不管何种材质，吸嘴吸取面的平整度和粗糙度需要保证到位，防止损伤元器件。在自动化贴装过程中应定期检查、校准、清洁吸嘴，出现磨损现象及时淘汰更换。

五、基准点（Mark点）

　　基准点是基板上的一些特征点，其制作工艺与印刷线路的金属焊盘相同。它能提供固定、准确的位置，用来对元器件的贴装位置进行整体校正。基板上的基准点按校正方式可分为整板校正的基准点、拼板校正的基准点和局部校正的基准点三种，如图 3-12 所示。

局部校正的基准点

拼板校正的基准点

整板校正的基准点

图 3-12　基准点示意图

六、贴片机

　　贴片机是实现贴装过程的设备，是 SMT 生产线上最复杂的一种设备，是生产线最大的一笔投资。贴片机本身就是一个高精度工业机器人，其搬运原理与搬运机器人类似，能按照事先编制好的程序把元器件从包装中取出来，并正确贴放到 PCB 相应的位置上。

　　1. 贴片机的分类

拓展阅读
各类贴片机

　　（1）根据自动化程度分类，贴片机可分为手动贴片机、半自动贴片机、全自动贴片机。半自动贴片机是指吸料和贴片动作由设备完成，其余手工完成。全自动贴片机是指 PCB 定位、元器件拾取、贴片等全部由设备完成。

　　（2）根据贴装速度分类，贴片机可分为中低速贴片机、高速贴片机、超高速贴片机。

　　（3）根据贴装头分类，常用贴片机可分为拱架式、复合式、模块式。

　　2. 贴片机的三大关键指标

　　贴片机的三大关键指标分别是贴片精度、贴片速度、适应性。

　　（1）贴片精度：反映贴片位置的准确程度，决定贴片机贴装的元器件种类和它能适应的领域。贴片精度包含分辨率、定位精度、重复精度。贴片精度效果如图3-13所示。

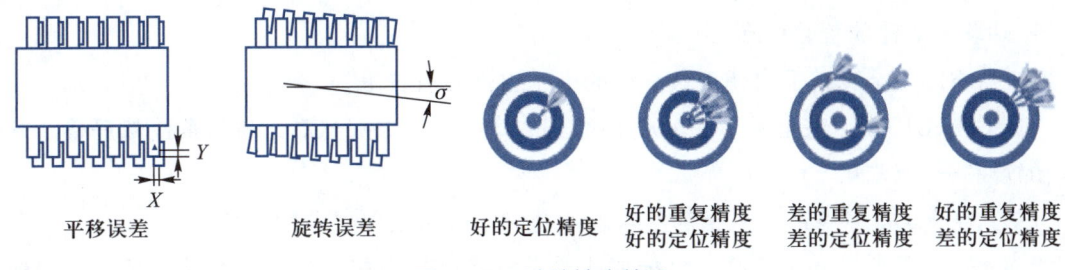

| 平移误差 | 旋转误差 | 好的定位精度 | 好的重复精度
好的定位精度 | 差的重复精度
差的定位精度 | 好的重复精度
差的定位精度 |

图3-13　贴片精度效果

（2）贴片速度：决定贴片机的生产效率和能力，包含贴装周期（单位为s/片）、贴装率（单位为c/h）、生产量等参数。

（3）适应性：决定贴片机能贴装的元器件类型和能满足的贴装要求，包括供料器数量、贴装元器件类型、贴装面积范围。

拓展阅读
部分中速贴片
机性能比较

3. 贴片机内部结构功能

贴片机内部结构功能如图3-14、图3-15所示。

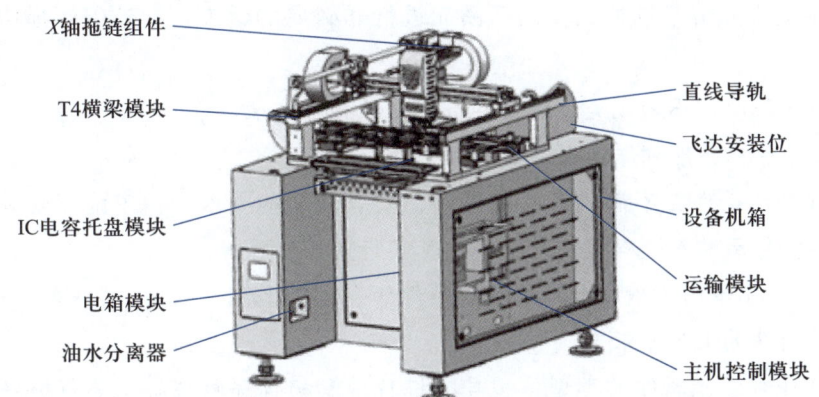

图3-14　多功能贴片机内部结构功能说明（正面）

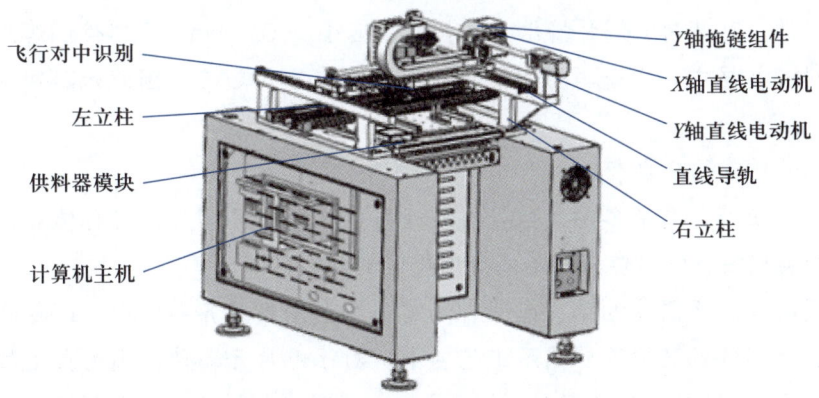

图3-15　多功能贴片机内部结构功能说明（背面）

七、贴片品质

1. 贴装元器件的检验标准

IPC-A-610是全球范围内使用最广泛的电子组件验收标准。

在IPC-A-610中，将电子产品分成1级、2级、3级，级别越高，质检条件越严格。三个级别的产品分别如下：

1级-普通类电子产品，包括那些以组件功能完整为主要要求的产品。

2级-专用服务类电子产品，包括那些要求持续运行和较长使用寿命的产品，最好能保持不间断工作，一般情况下不会因使用环境而导致故障。

3级-高性能电子产品，包括以连续具有高性能或严格按指令运行为关键要求的产品。这类产品的服务间断是不可接受的，且最终产品使用环境可能异常苛刻，有需要时，产品必须能够正常运行，如救生设备或其他关键系统。

针对各级产品，IPC制定了相关标准。IPC-A-610规定了"目标条件""可接受条件""缺陷条件""制程警示条件"等验收条件。生产现场依据这些验收条件检验产品质量。

（1）目标条件：近乎完美/首选的情形。（2020年发布的IPC-A-610H最新版本取消了目标条件，主要是避免为了取得完美的产品而进行非必要的返工，导致组件损伤，严重影响产品可靠性。）

（2）可接受条件：不必完美，但要具备完整性和可靠性。

（3）缺陷条件：不能确保外形、安装和功能要求。

（4）制程警示条件：不影响产品的外形、安装和功能要求，但不能完全满足可接受条件。应该将制程警示纳入过程控制系统，对其实行监控。

片式元器件、L形引脚集成电路的验收条件如表3-8所示。

2. 贴装元器件的工艺要求

各贴装位号对应元器件的类型、型号、标称值和极性等特征标记要符合产品的装配图和BOM要求。贴装好的元器件要完好无损。贴装元器件的焊端或引脚浸入锡膏的厚度应不小于元器件厚度的1/2。对于常规元器件，贴装时的锡膏挤出量（长度）应小于0.2 mm；对于窄节距元器件，贴装时的锡膏挤出量（长度）应小于0.1 mm。元器件的焊端或引脚均需与焊盘图形对齐并居中。由于再流焊接时元器件有自定位效应，因此元器件贴装位置允许有一定偏差。

3. 保证贴装质量的三要素

（1）元器件正确。要求各贴装位号对应元器件的类型、型号、标称值和极性等特征标记符合产品的装配图和BOM要求，不能使用错误的元器件。

（2）位置准确。元器件的端头或引脚均需与焊盘图形对齐并居中，还要确保元器件焊端浸入锡膏。元器件贴装位置要满足工艺要求。对于贴片元器件，因为自定位效应，贴装时元器件宽度方向3/4以上在焊盘上，长度方向焊端只要搭接到相应的焊盘并接触锡膏，在再流焊接时就能够自定位。但如果其中一个焊端没有搭接到焊盘或没有接触锡膏，再流焊

表 3-8　片式元器件、L 形引脚集成电路的验收条件

验收条件	要求	图示			
目标条件	元器件贴装在焊盘正中间				
可接受条件	侧面偏移	图示	1级	2级	3级
	片式元器件		侧面偏移 $A \leqslant$ 元器件端子宽度 W 的 50%，或焊盘宽度 P 的 50%，取两者中的较小值	与1级要求相同	侧面偏移 $A \leqslant$ 元器件端子宽度 W 的 25%，或焊盘宽度 P 的 25%，取两者中的较小值
	扁平，L形引脚集成电路		侧面偏移 $A \leqslant$ 引脚宽度 W 的 50%，或 0.5 mm（0.02 in），取两者中的较小值	与1级要求相同	侧面偏移 $A \leqslant$ 引脚宽度 W 的 25%，或 0.5 mm（0.02 in），取两者中的较小值

接时就会产生偏移或立碑。对于 SOP、SOJ、QFP、PLCC 等元器件，其自定位效应的作用比较小，贴装偏移不能通过自定位纠正。如果贴装位置超出允许偏差范围，必须进行手工拨正后再进入再流焊炉焊接，否则将出现焊接不良，造成工时、材料浪费，甚至影响产品的可靠性。手工贴放或手工拨正时，要求贴装位置准确，引脚与焊盘对齐并居中，若贴装位置不准确或者在锡膏上拖动元器件，会使锡膏间粘连，造成短路。

（3）贴片压力（贴放高度）合适。贴片压力过小，元器件焊端或引脚不能浸入锡膏，锡膏粘不住元器件，在传送和再流焊接时会有偏移的风险；另外由于贴放高度过高，贴放

时元器件从高处落下，会造成贴片位置偏移。贴片压力过大，锡膏挤出量过多，容易造成锡膏粘连，再流焊接时容易产生短路；同时也会由于挤压滑动造成贴片位置偏移，严重时会损坏元器件。

4. 提高贴装质量的方法

（1）做好贴装前准备。根据产品工艺文件的贴装明细表领取基板和元器件，认真核对元器件的尺寸、形状、颜色是否一致。开机前做好安全检查，检查压缩空气气压是否达到设备要求，检查并确保传送机构、贴片头、吸嘴库周围或移动范围内无杂物。最后按照设备安全技术操作规范开机。

（2）严格检查贴片首件。检查基板各位号上的元器件型号、规格、方向、极性是否与工艺文件相符，元器件、引脚有无损坏或变形，元器件的偏移量是否超出允许范围。通常按照电子组装标准或企业自定标准执行。

（3）严格修改首件试贴结果参数。若基板上的元器件贴装位置有偏移，可通过相机重新获得元器件贴装的正确坐标。若拾取失败，则说明拾取高度或拾取位置不合适，检查后按实际值调整修正。检查吸嘴是否堵塞、端面是否有磨损裂纹，若有应及时清洗或更换吸嘴。吸嘴太大可能造成漏气，吸嘴太小会造成吸力不够等，所以需根据元器件尺寸和质量选择合适的吸嘴型号。检查贴片气路是否漏气，及时增加或疏通气压。检查图像处理是否正确，如不正确，则可能频繁抛料，应重新拍摄图像。

任务一

贴 装 编 程

任务描述

贴装编程是将PCB坐标转换成贴片机贴片坐标的过程。完成元器件贴装程序的编写，是贴片机进行自动化生产的基础，也是保证贴装质量的重要保障。贴装编程主要完成基板数据、贴装数据、元器件数据、机器数据四个参数的设置。

任务分析

（1）设置基板数据：基板数据用于确定基板尺寸信息，主要包括设置基板长度、宽度、厚度及制作基准点。

（2）设置贴装数据：对PCB进行编辑，用于确定元器件在PCB上的贴装位置、贴装角度、元器件型号及位号。在程序制作中，需确认 X 坐标、Y 坐标、角度、位号、品号等参数。X、Y坐标输入主要采用CAD坐标文件转换生成法，该方法最简便、最准确。角度数据则需根据元器件封装及贴片机自身定义的标准去确定。元器件型号及位号则以元器件的规格型号命名输入，参照本产品组装的BOM相关信息。

（3）设置元器件数据：主要包括元器件参数（长度、宽度、厚度及极性点信息）的设置、供料器的选择、吸嘴的选择。

（4）设置机器数据：包括供料器设置、识别相机设置、视觉算法设置、生产参数设置和查看生产记录。

贴片机贴装编程流程如图3-16所示。

📰 任务实施

本任务以华维国创HW-T4-50F型贴片机为例，通过计算机终端编辑贴片参数，具体操作流程如表3-9所示。

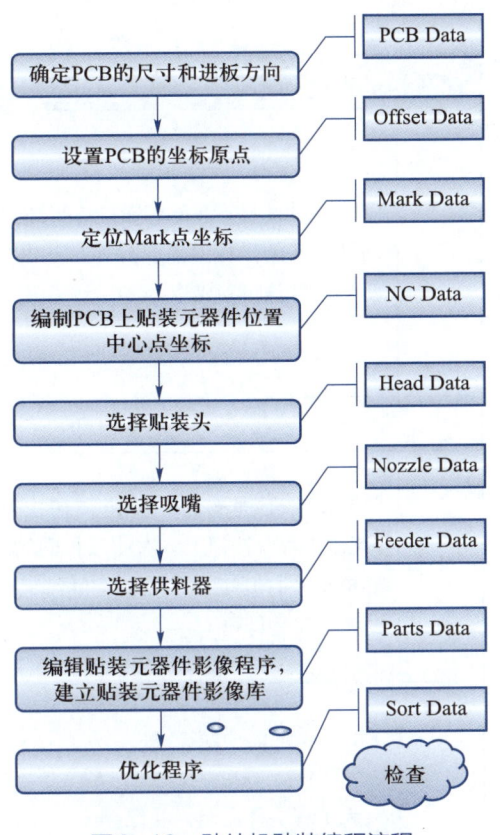

图3-16　贴片机贴装编程流程

表3-9　贴装编程操作流程

步骤	操作	图示
作业一　工程导入		
1	打开桌面上的华维国创贴片机控制系统	
2	单击"连接设备"按钮，呈现设备连接界面	

步骤	操作	图示
3	等待设备归零，X、Y轴会同时向左上角移动到设备的坐标原点，操作按钮及文字由灰变黑，设备归零成功	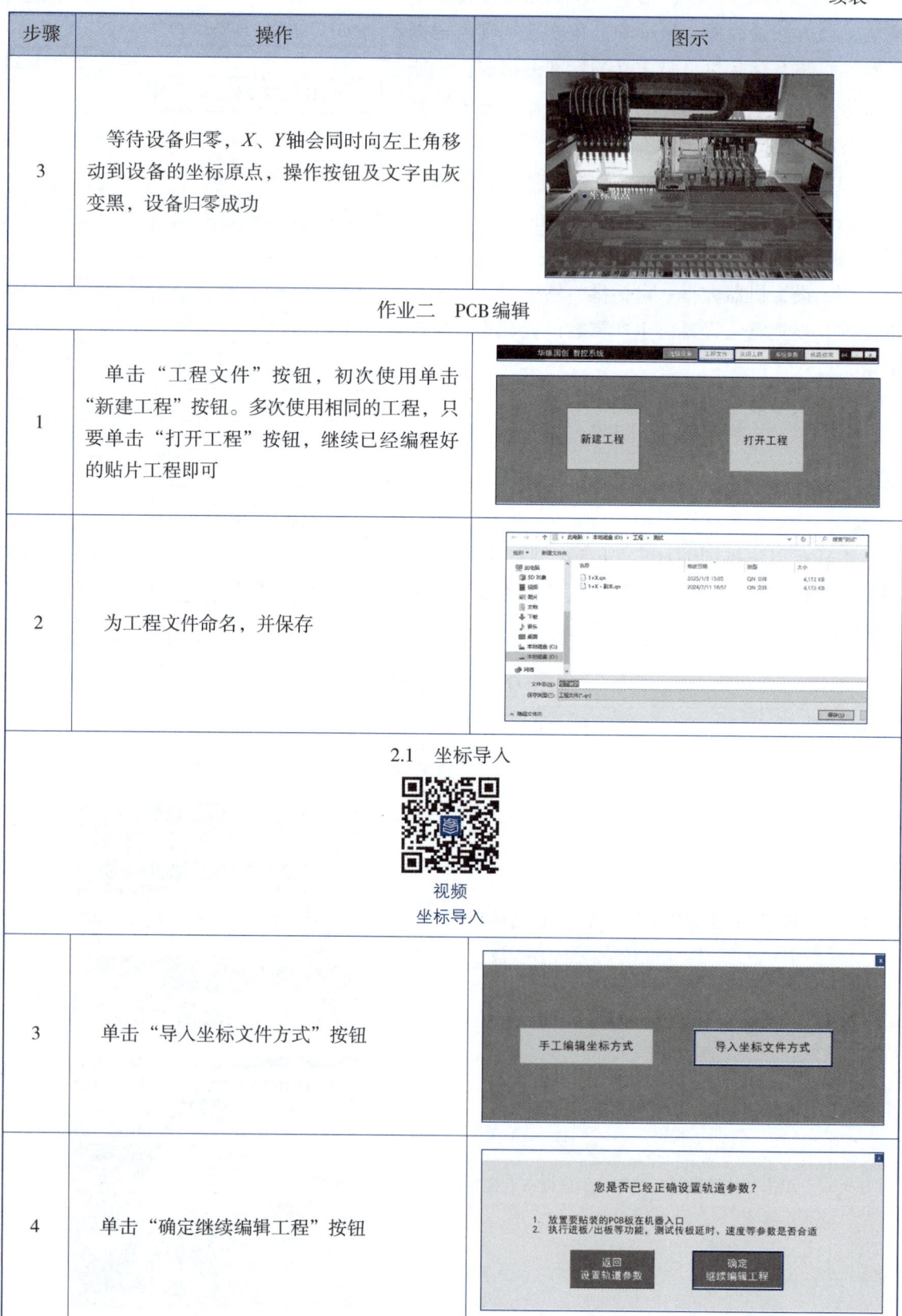
	作业二　PCB编辑	
1	单击"工程文件"按钮，初次使用单击"新建工程"按钮。多次使用相同的工程，只要单击"打开工程"按钮，继续已经编程好的贴片工程即可	华维国创 智控系统　选择完案 工程文件 关闭工程 标准参数 机器校准 新建工程　　　打开工程
2	为工程文件命名，并保存	
	2.1　坐标导入 视频 坐标导入	
3	单击"导入坐标文件方式"按钮	手工编辑坐标方式　　导入坐标文件方式
4	单击"确定继续编辑工程"按钮	您是否已经正确设置轨道参数？ 1. 放置要贴装的PCB板在机器入口 2. 执行进板/出板等功能，测试传板延时、速度等参数是否合适 返回 设置轨道参数　　确定 继续编辑工程

步骤	操作	图示
5	单击"导入坐标"按钮	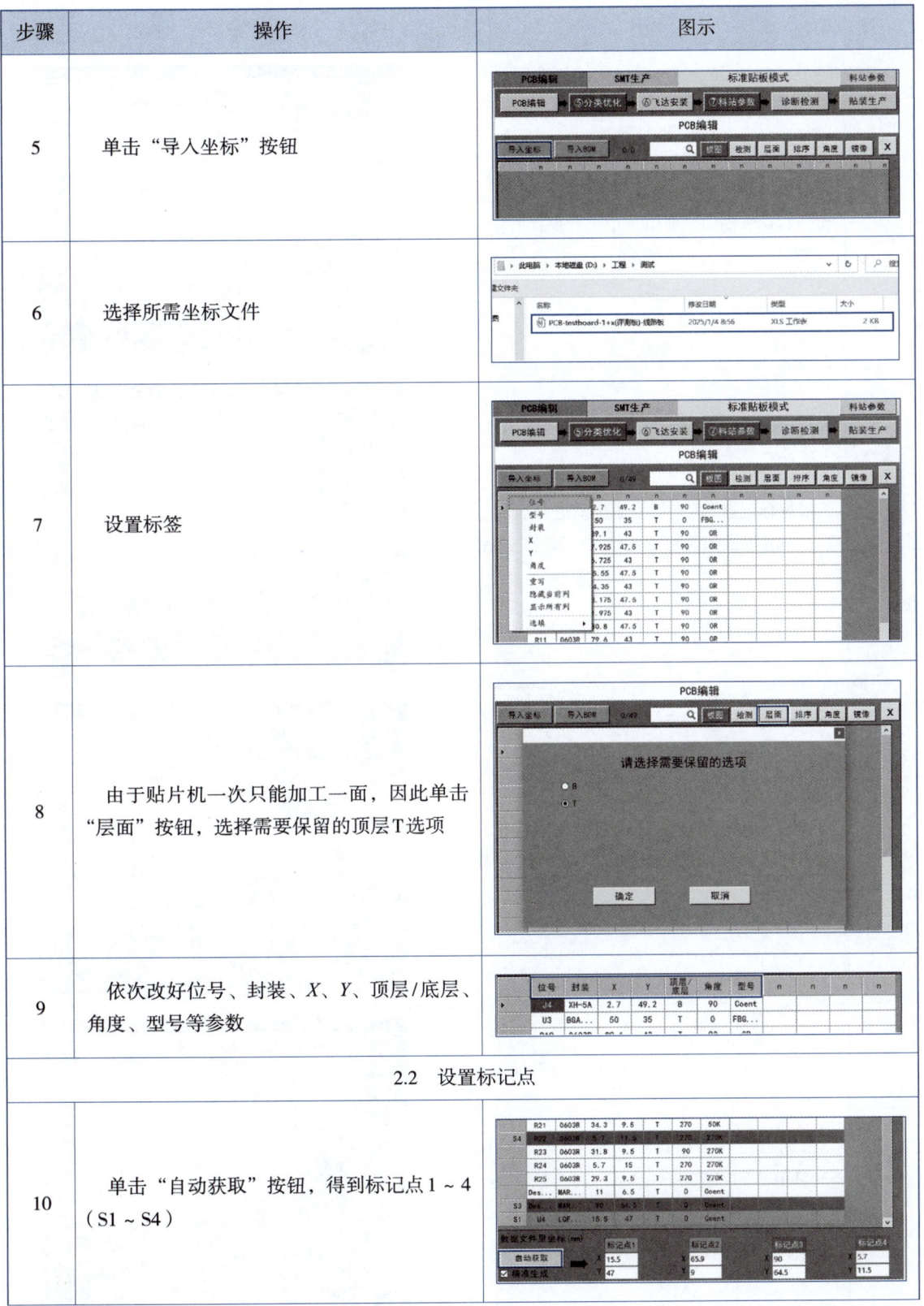
6	选择所需坐标文件	
7	设置标签	
8	由于贴片机一次只能加工一面，因此单击"层面"按钮，选择需要保留的顶层 T 选项	
9	依次改好位号、封装、X、Y、顶层/底层、角度、型号等参数	
2.2　设置标记点		
10	单击"自动获取"按钮，得到标记点 1 ~ 4（S1 ~ S4）	

步骤	操作	图示
11	根据标记点1的坐标，通过前进、后退、左移、右移等操作找到S1，单击"保存"按钮	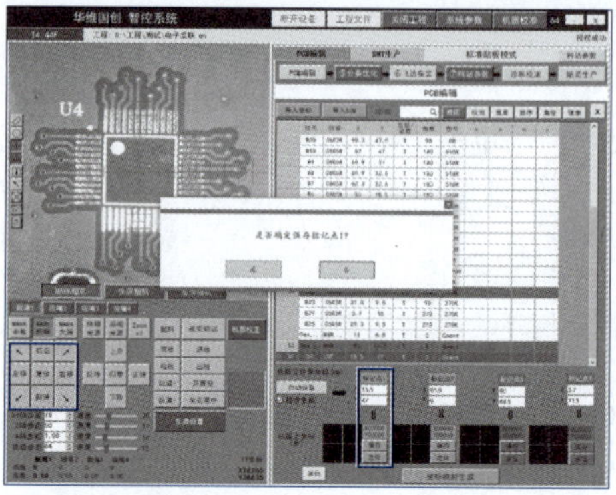
12	根据标记点2的坐标，通过前进、后退、左移、右移等操作找到S2，单击"保存"按钮	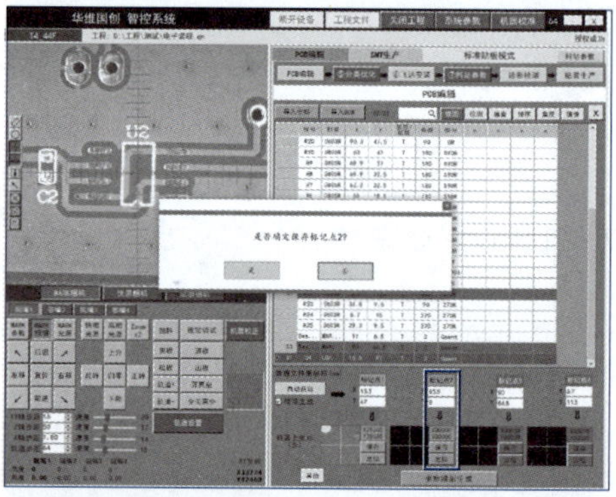
13	根据标记点3的坐标，通过前进、后退、左移、右移等操作找到S3，单击"保存"按钮	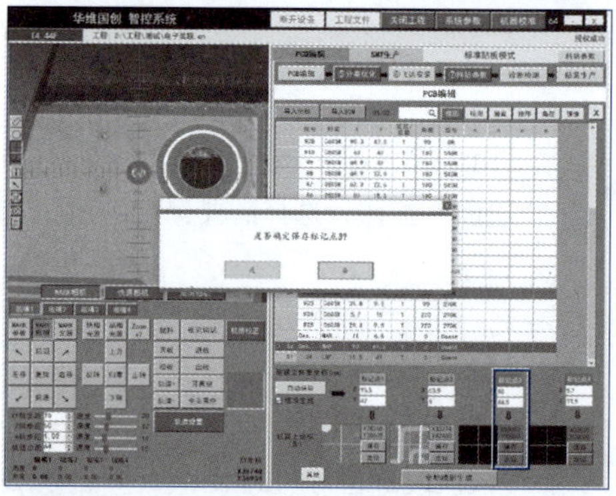
14	根据上述方法找到S4（S1-U4，S2-U2，S3-Mark，S4-R22）	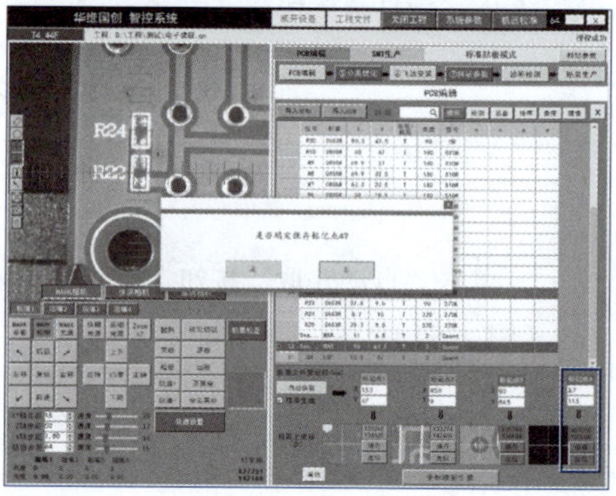

步骤	操作	图示
15	先单击"版图",然后依据版图视图来确认四角坐标与保存的坐标是否一致（该测试板是混合组装板,表面贴装元器件分布不均匀,所以标记点在各主要元器件和Mark点上。有的板子的标记点会在四周）	
	2.3　坐标映射生成 视频 **坐标映射生成**	
16	单击下方的"坐标映射生成"按钮,确认PCB放置方向与导入坐标文件一致,单击"开始生成"按钮	
	2.4　拼板	
17	生成数据列表后,如需要拼板,先对拼板进行设置。单击"PCB编辑"下的"③拼板"按钮,进入拼板界面,此项适用于采用拼板工艺的PCB。没有拼板则跳过此步骤	
	2.5　Mark点设置 视频 **贴片Mark点制作与测试**	
18	单击"PCB编辑"下的"②MARK"按钮	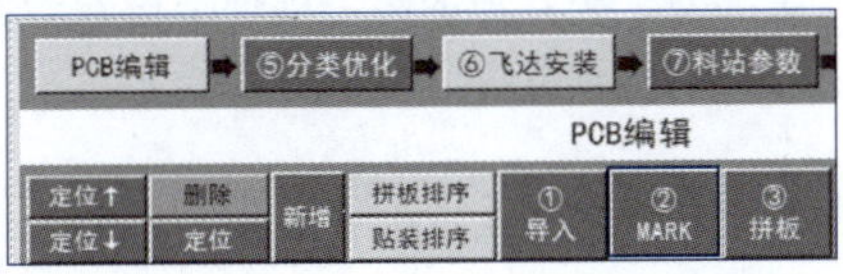

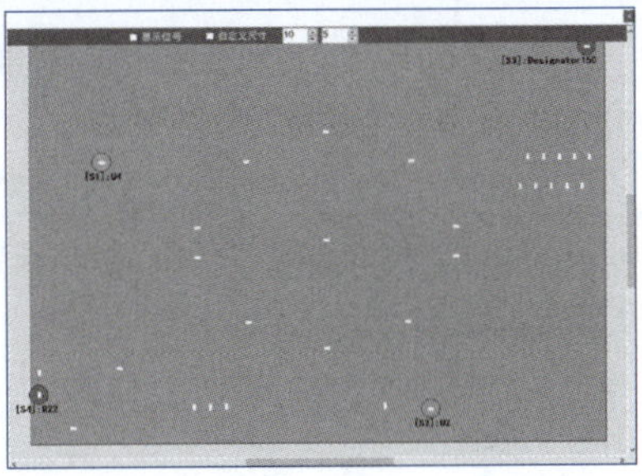

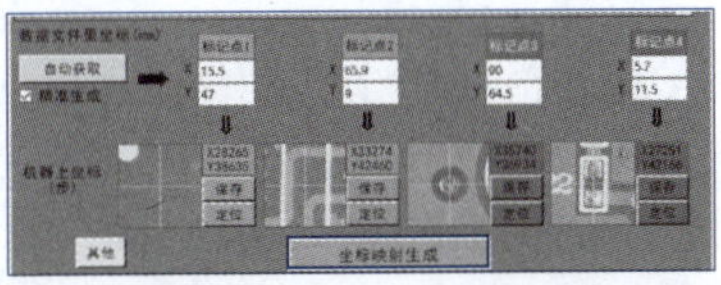

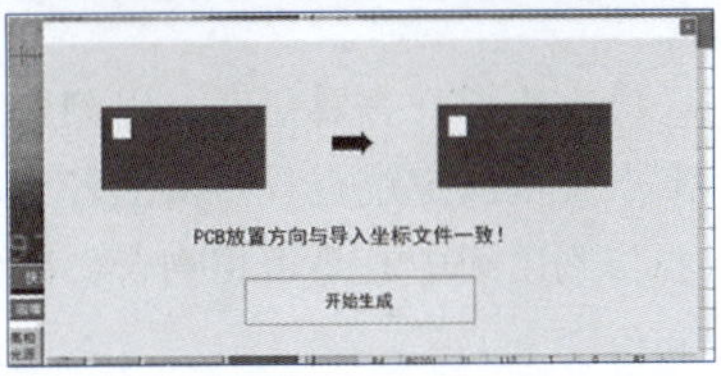

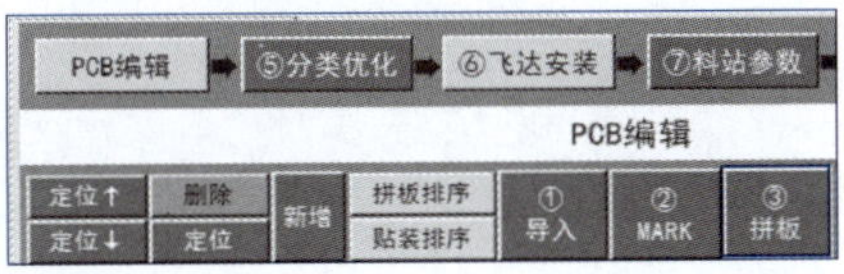

步骤	操作	图示
19	设置Mark点，以刻度线中心对准PCB上的Mark点中心为标准，保存坐标。 Mark点一般成对出现，为相对角。以测试板为例，可以设置左下角为Mark1，右上角为Mark2	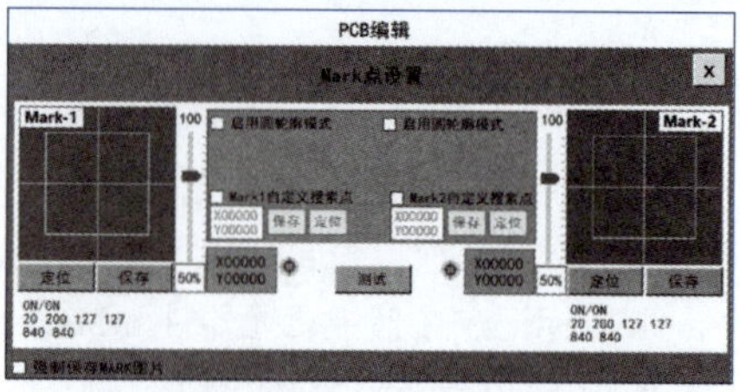
20	定位到圆心，单击"确定"按钮，并单击"保存"按钮，Mark1完成设置。同样完成Mark2设置	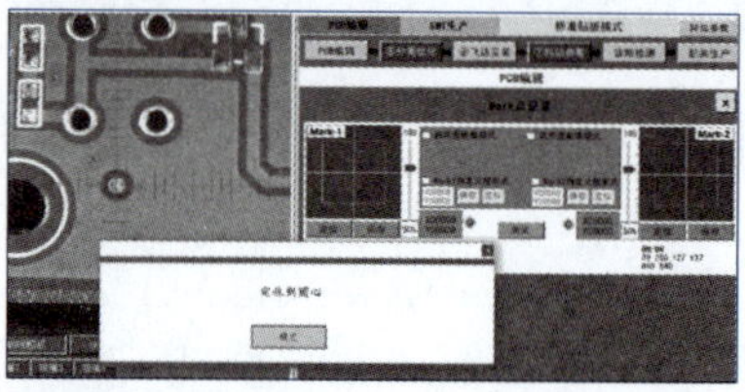
21	单击"Mark点设置"下的"测试"按钮，完成Mark1测试。 Mark1识别成功。同样完成Mark2测试，并对Mark2识别成功	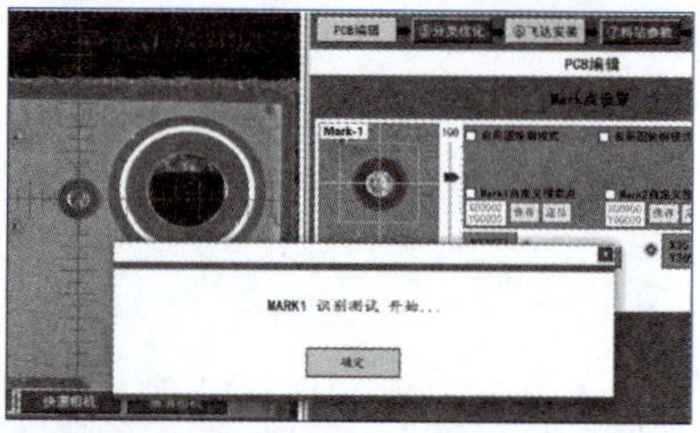
22	检查坐标，查看角度：以刻度线中心为基准点，依次定位查看PCB上各元器件焊盘中心与刻度线中心是否相吻合，以此确定坐标和角度	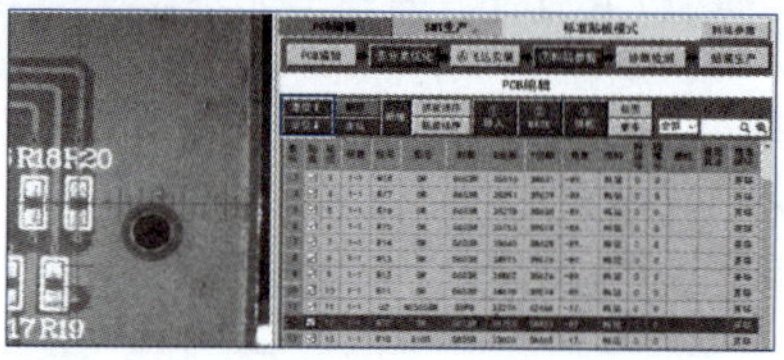

作业三 分类优化（元器件数据设置）

视频
元器件数据设置–分类优化

1	确定坐标后，单击"⑤分类优化"按钮	

3.1 元器件封装库自动更新/手动调整

2	为了更好地演示，选择不需要的元器件并移除，只留两个代表性元器件	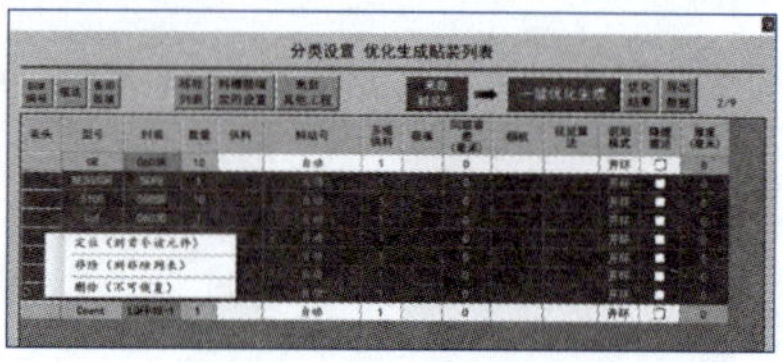

步骤	操作	图示
3	以0603封装为例，手动修改相关参数，具体如下： （1）供料器型号：CL8-4。 （2）吸嘴型号：503。 （3）相机：快速相机。 （4）视觉算法：标准视觉。 （5）识别模式：二阶闭环	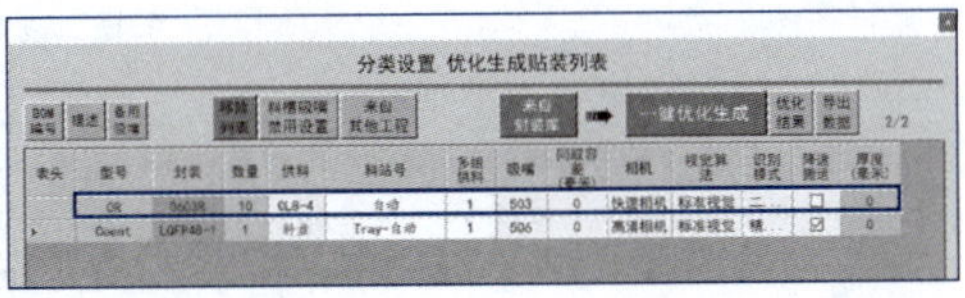
4	以LQFP48封装为例，手动修改相关参数，具体如下： （1）供料器型号：料盘。 （2）吸嘴型号：506。 （3）相机：高清相机。 （4）视觉算法：标准视觉。 （5）识别模式：精准闭环	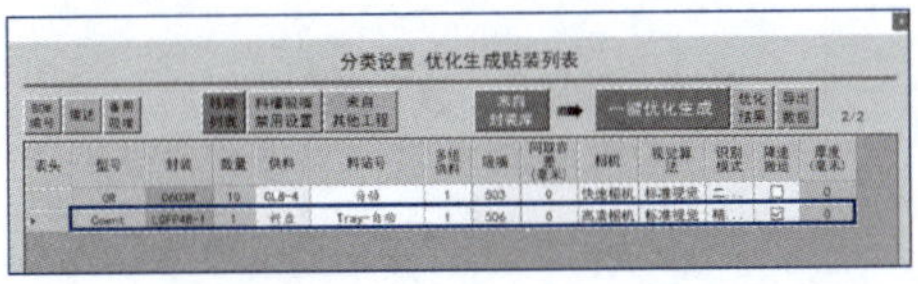
5	勾选LQFP48封装的"降速搬运"	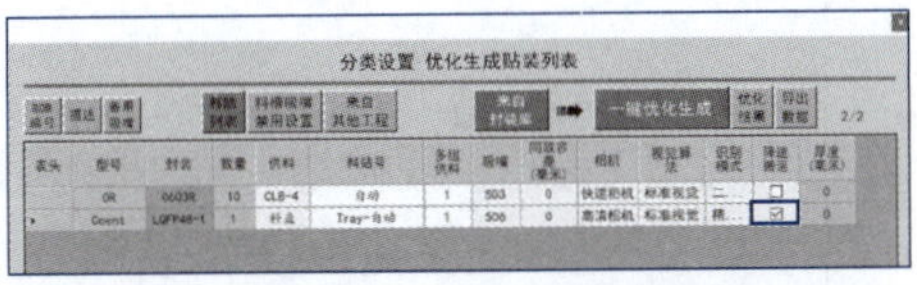
6	厚度选择。将元器件厚度同步到相应的料站参数	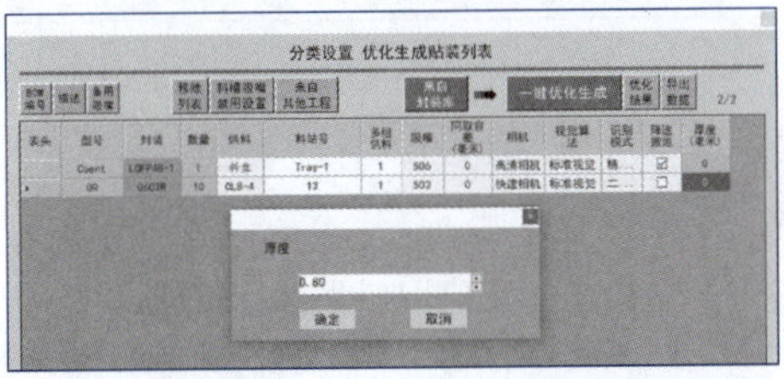
7	单击"一键优化生成"按钮	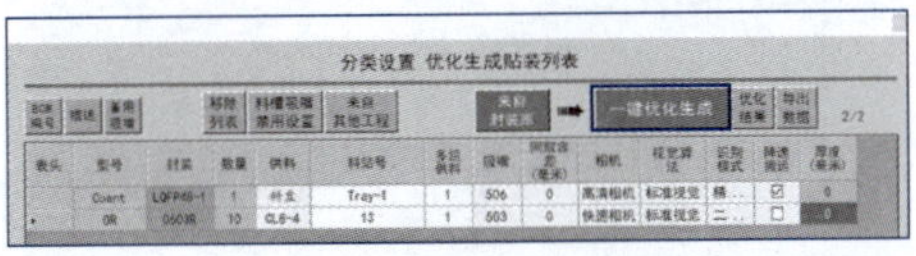
8	优化成功，单击"关闭"按钮	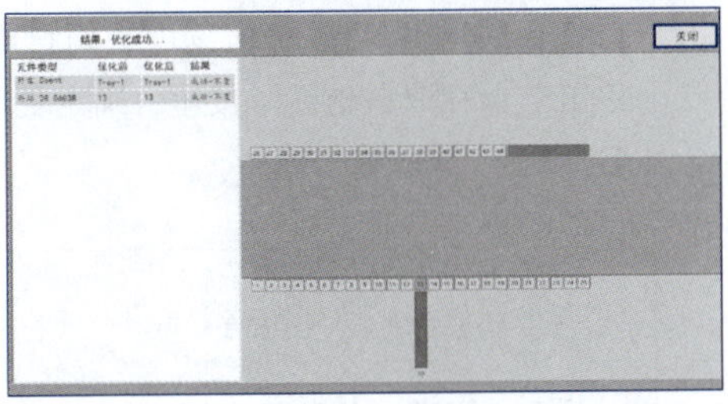
3.2　飞达、吸嘴、托盘安装		
9	飞达、吸嘴、托盘安装	见本项目任务二　贴片机操作

步骤	操作	图示
\multicolumn{3}{作业四　料站参数设置（机器数据设置）}		

4.1　普通供料器参数设置

视频

料站参数设置（以电阻为例）

步骤	操作	图示
1	单击"料站参数"按钮	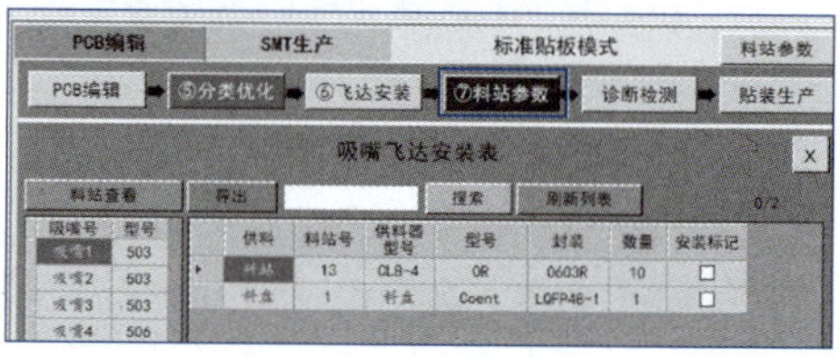
2	单击13号料站	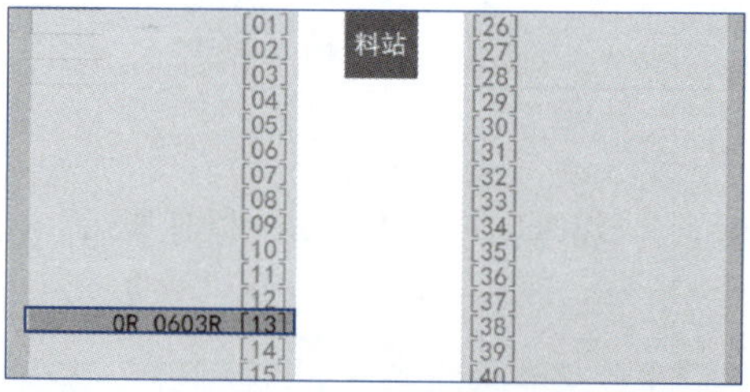
3	单击"定位取料坐标"按钮	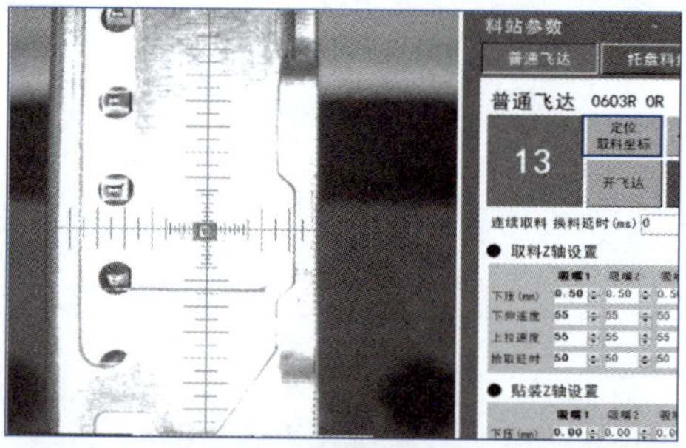
4	单击"开飞达"按钮，微调贴片头（左移、右移、后退、前进），使刻度线到料槽中心。单击"保存取料坐标"按钮，确定更新13号料站的X、Y取料坐标	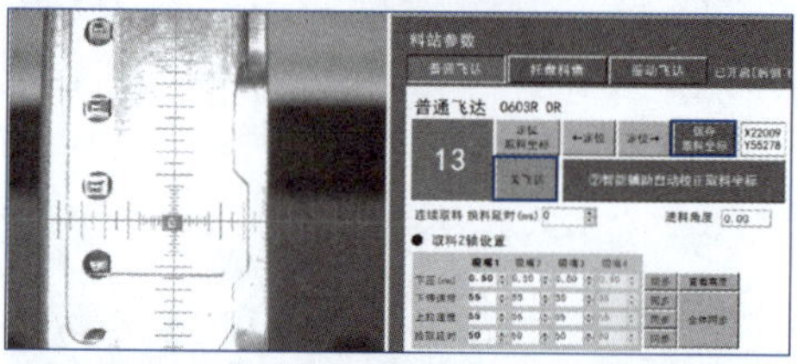
5	单击"吸嘴定位取料坐标"按钮	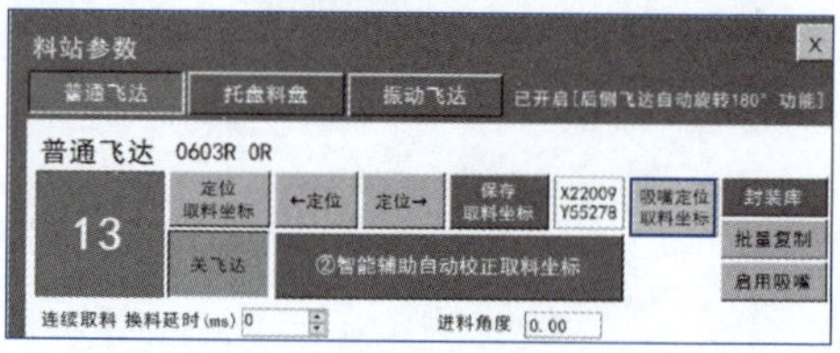

步骤	操作	图示
6	进行取料Z轴设置。先单击"查看高度"按钮，降低Z轴步距，再单击"定位"按钮	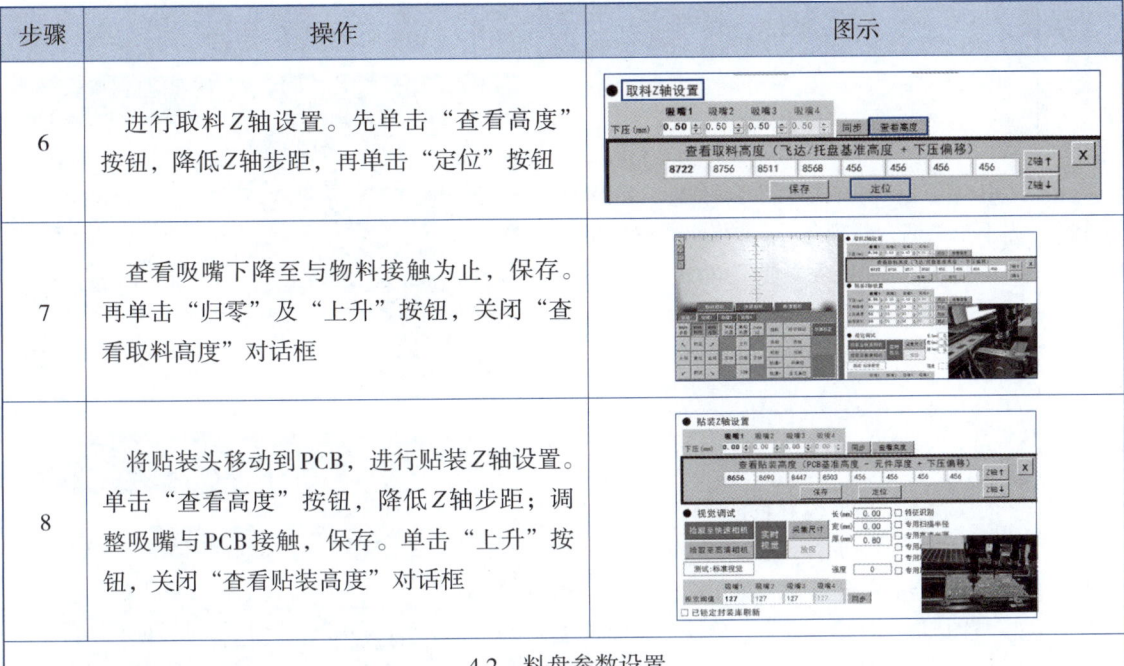
7	查看吸嘴下降至与物料接触为止，保存。再单击"归零"及"上升"按钮，关闭"查看取料高度"对话框	
8	将贴装头移动到PCB，进行贴装Z轴设置。单击"查看高度"按钮，降低Z轴步距；调整吸嘴与PCB接触，保存。单击"上升"按钮，关闭"查看贴装高度"对话框	

4.2　料盘参数设置

视频
料盘参数设置－四角坐标

步骤	操作	图示
9	单击"托盘料盘"按钮	
10	显示料盘号，单击P01	
11	单击"取料坐标列表"按钮，进行料盘位置设置	

步骤	操作	图示
12	以刻度线依次查找料盘四角坐标，并保存。先手工微调，找到角1，并保存，确定更新子料盒1四角的 X、Y 坐标（角1）	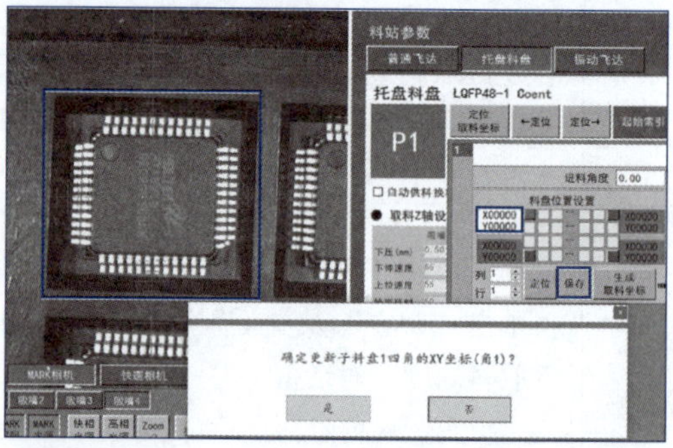
13	依次找到刻度线与料槽的中心，并保存，确定角2、角3、角4的坐标。接着修改列表参数，以当前料盘为准，改为3列3行，并单击"生成取料坐标"按钮，确定更新子料盒1的 X、Y 坐标列表	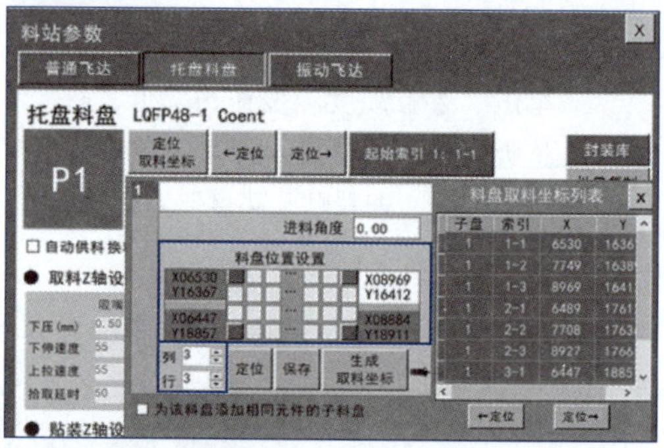
14	单击"定位"按钮，依次查看芯片取料坐标	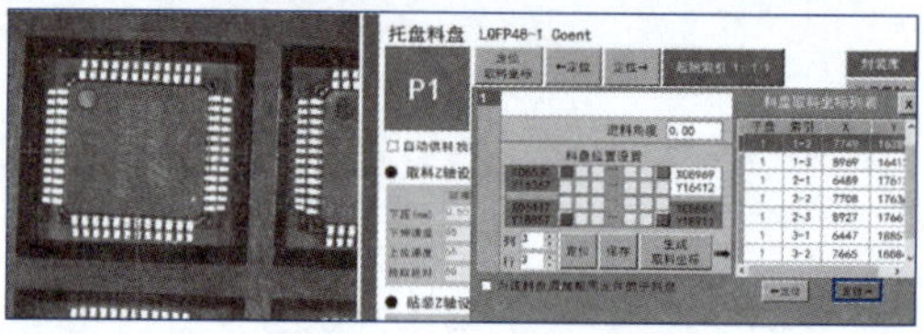
15	设置料盘起始索引。单击"起始索引"按钮，该料盘的料从第1列第1行开始	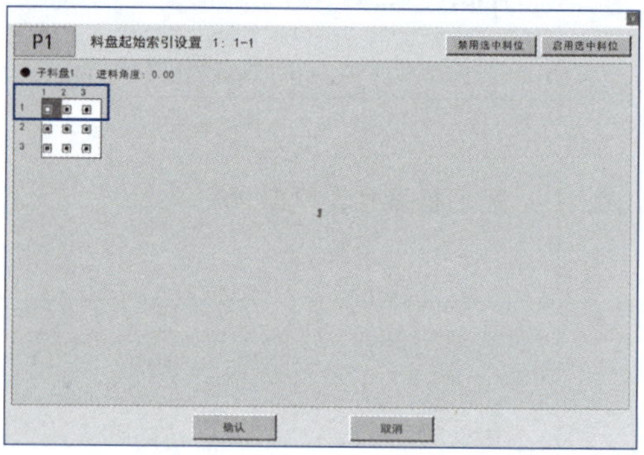

4.3　视觉参数调试－快速相机

视频
料站参数设置－视觉参数调试（以电阻为例）－快速相机

步骤	操作	图示
16	单击"拾取至快速相机"按钮	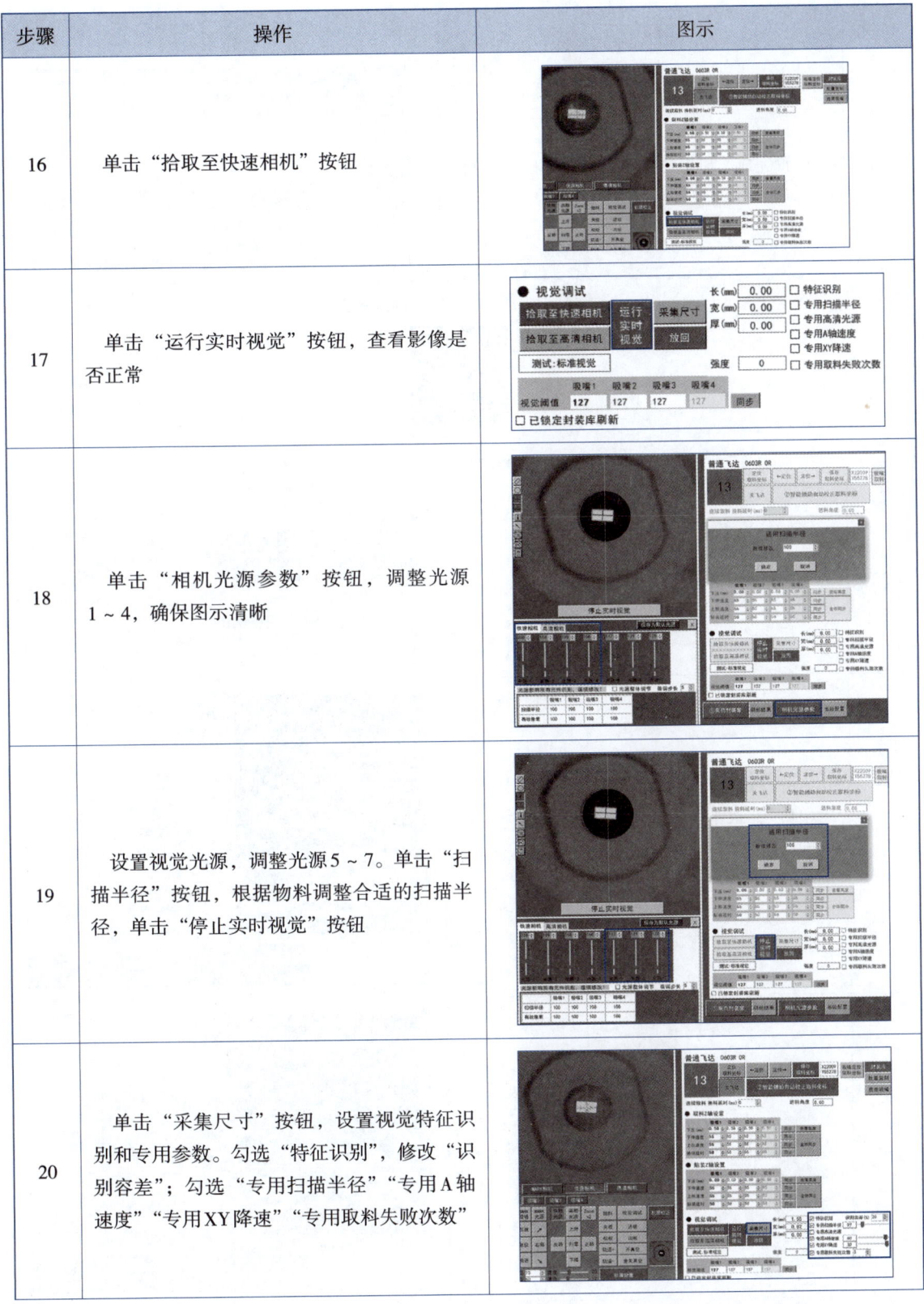
17	单击"运行实时视觉"按钮，查看影像是否正常	
18	单击"相机光源参数"按钮，调整光源1～4，确保图示清晰	
19	设置视觉光源，调整光源5～7。单击"扫描半径"按钮，根据物料调整合适的扫描半径，单击"停止实时视觉"按钮	
20	单击"采集尺寸"按钮，设置视觉特征识别和专用参数。勾选"特征识别"，修改"识别容差"；勾选"专用扫描半径""专用A轴速度""专用XY降速""专用取料失败次数"	

步骤	操作	图示
21	设置完成，单击"抛料"按钮，确定抛料	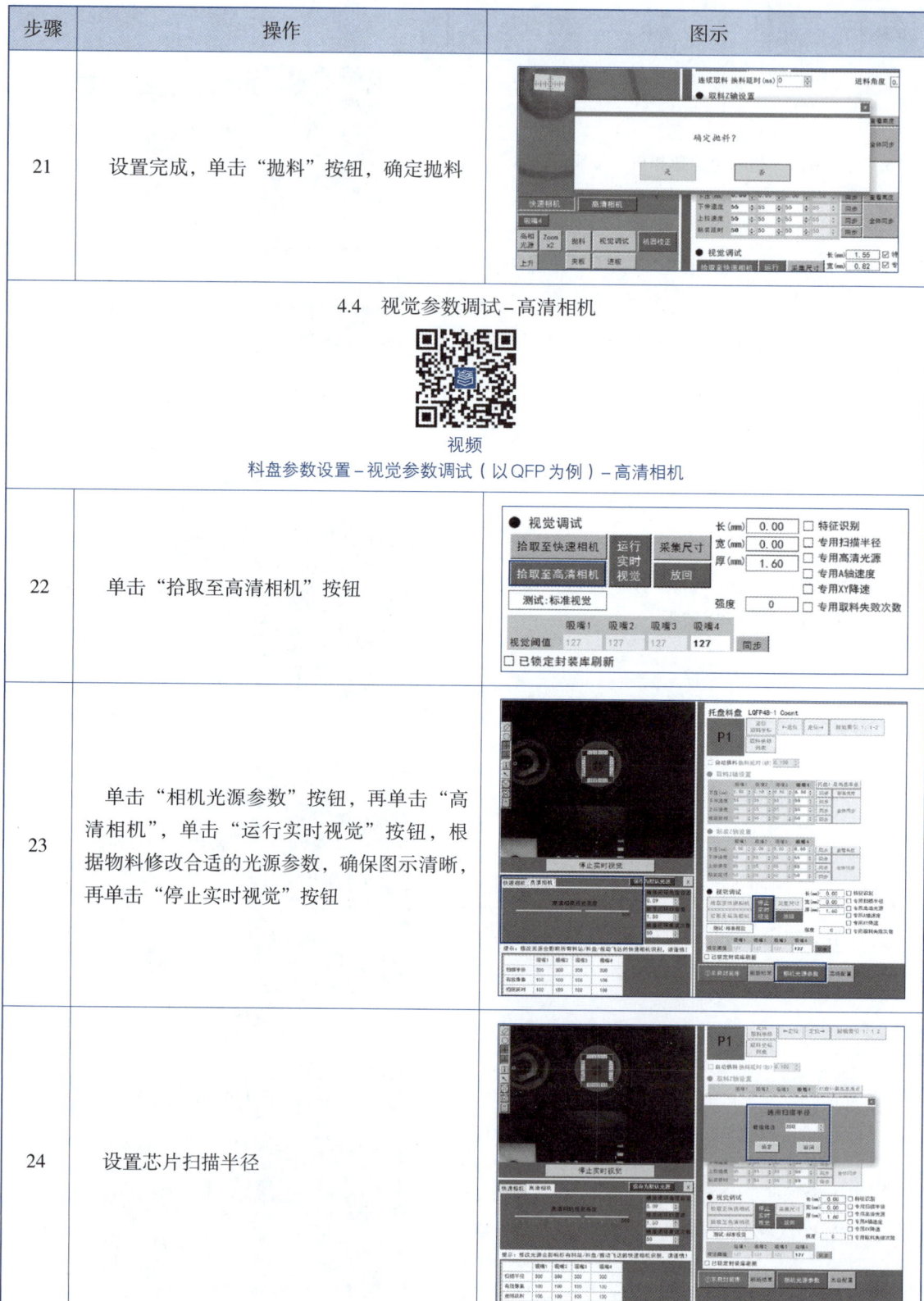
	4.4　视觉参数调试－高清相机 视频 料盘参数设置－视觉参数调试（以QFP为例）－高清相机	
22	单击"拾取至高清相机"按钮	
23	单击"相机光源参数"按钮，再单击"高清相机"，单击"运行实时视觉"按钮，根据物料修改合适的光源参数，确保图示清晰，再单击"停止实时视觉"按钮	
24	设置芯片扫描半径	

步骤	操作	图示
25	单击"采集尺寸"按钮，设置特征识别，并单击"放回"按钮，放回料槽	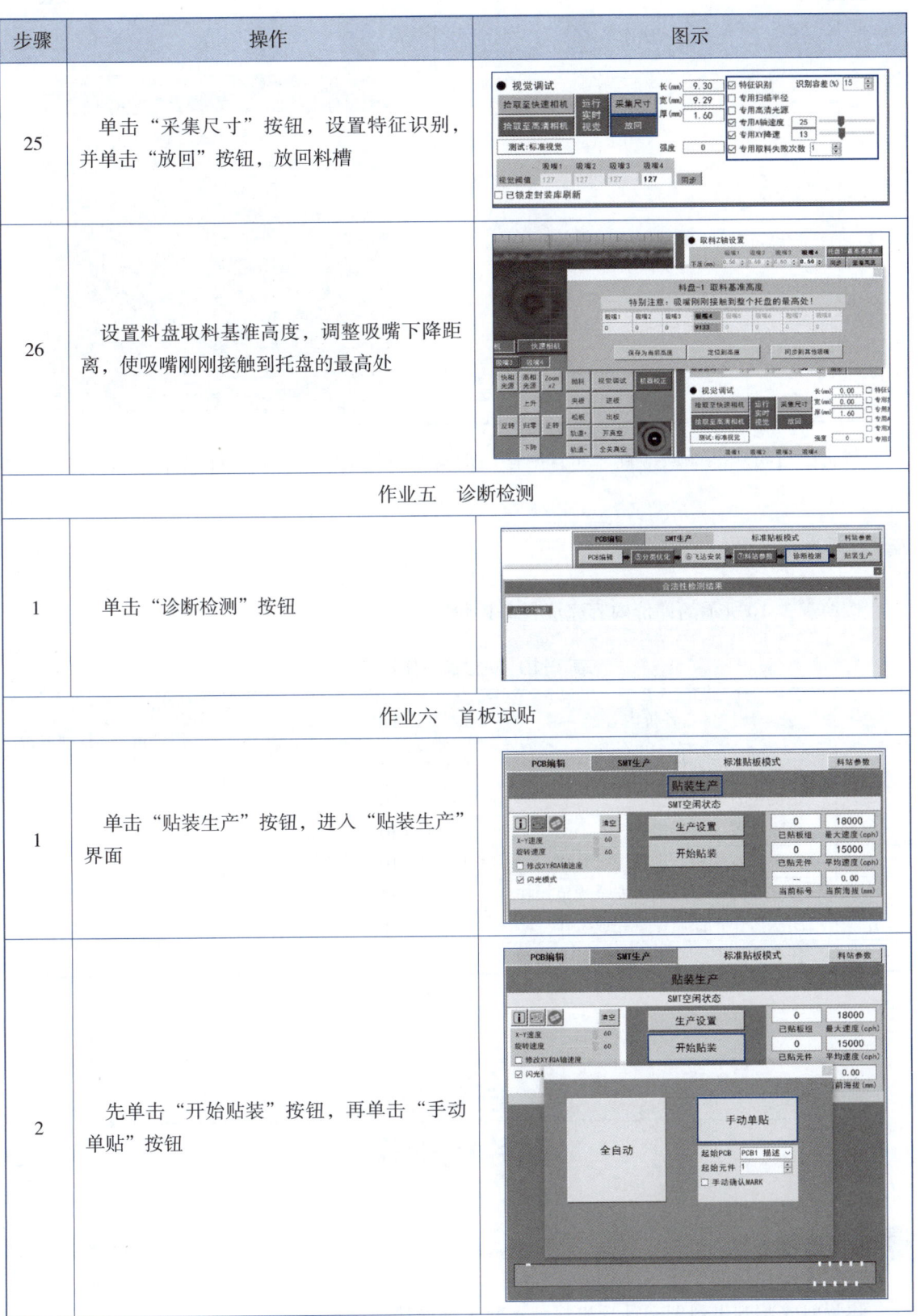
26	设置料盘取料基准高度，调整吸嘴下降距离，使吸嘴刚刚接触到托盘的最高处	

作业五　诊断检测

步骤	操作	图示
1	单击"诊断检测"按钮	

作业六　首板试贴

步骤	操作	图示
1	单击"贴装生产"按钮，进入"贴装生产"界面	
2	先单击"开始贴装"按钮，再单击"手动单贴"按钮	

步骤	操作	图示
3	贴装完成	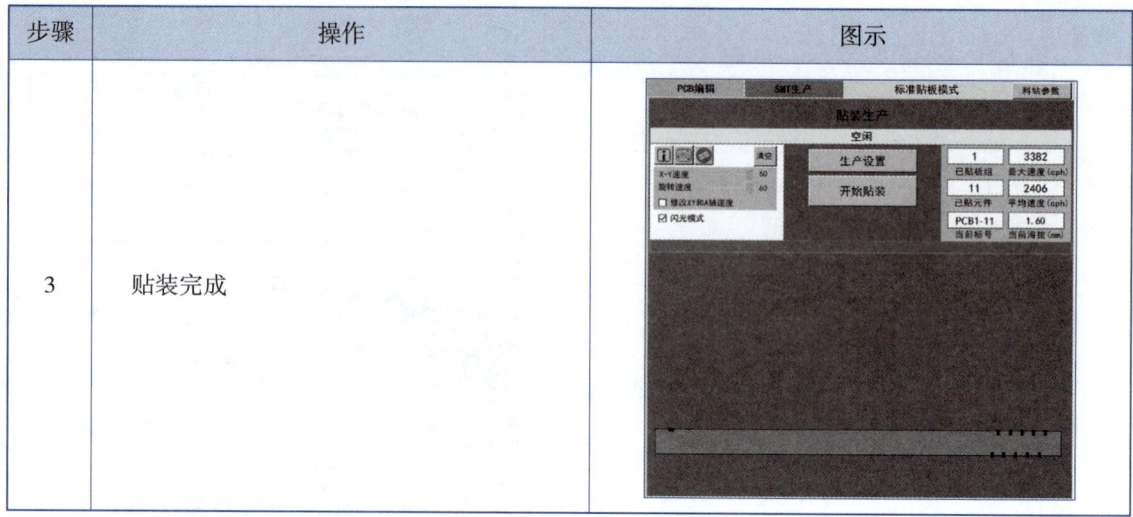

对首板进行贴装品质检查，如有偏移，则调整贴装坐标或者元器件影像。

任务评价

按照表3-10所示的评价内容完成任务评价。

表3-10　贴装编程任务评价表

序号	评价内容	分值	评价情况		
			自我评价	小组评价	教师评价
1	正确设置元器件数据	20			
2	正确设置贴装数据	20			
3	正确设置供料器参数	10			
4	正确识别相机、选择视觉算法	10			
5	遵守车间工作纪律，安全规范操作	15			
6	团队协作，保质保量完成工作	15			
7	任务实施态度端正，具有敬业精神	10			

任务二

贴片机操作

任务描述

将物料安装到供料器和贴片机料站，并正确换接料。

任务分析

（1）正确安装物料到供料器：根据本任务电路板上元器件的特点，有普通元器件和LQFP封装元器件，所以要用到供料器和IC托盘。

（2）正确安装吸嘴：根据本任务电路板上元器件的特点，要用到503号、504号、505号、506号吸嘴。

（3）正确换料和接料：以8 mm料盘为例进行换接料。

任务实施

本任务以华维国创HW-T4-50F型贴片机为例，具体操作步骤如表3-11所示。

表3-11　贴片机操作具体步骤

步骤	操作	图示
作业一　开机准备		
1	先插电源，打开空气开关	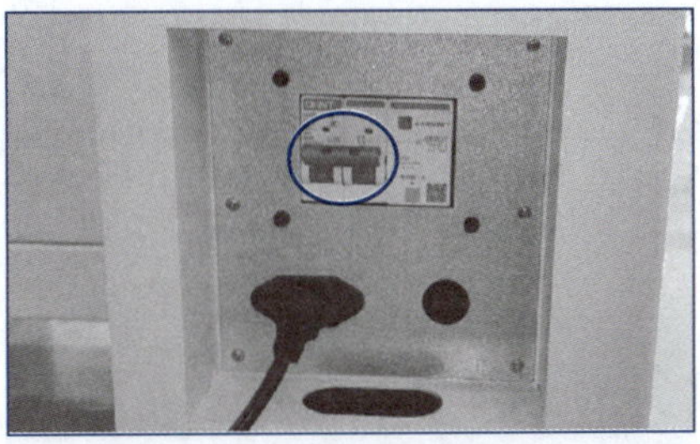
2	插入气源，气压调制到0.5 ~ 0.6 MPa	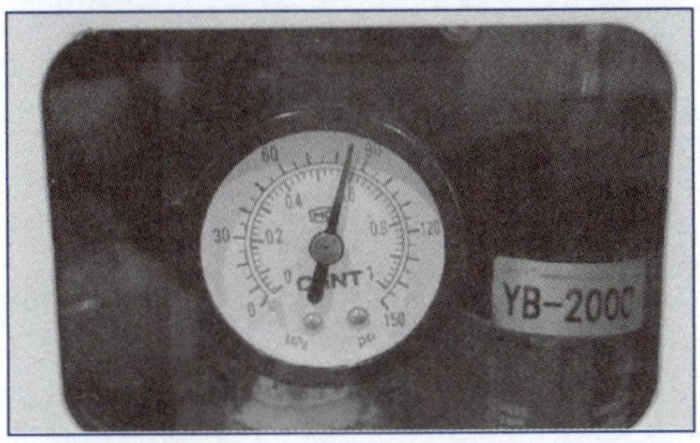
3	检查所有按钮为弹起状态	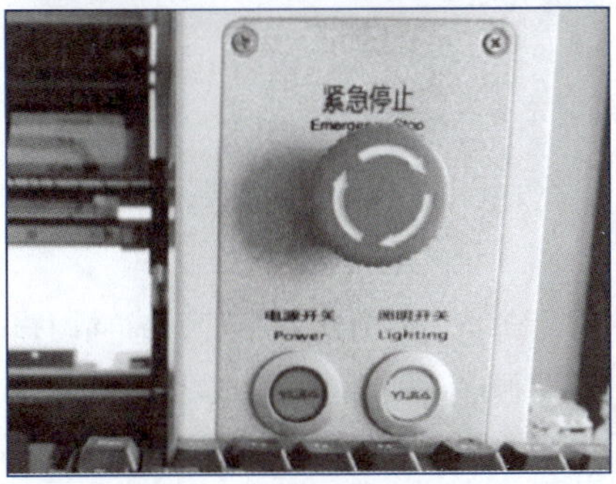

步骤	操作	图示
4	按两个电源开关	 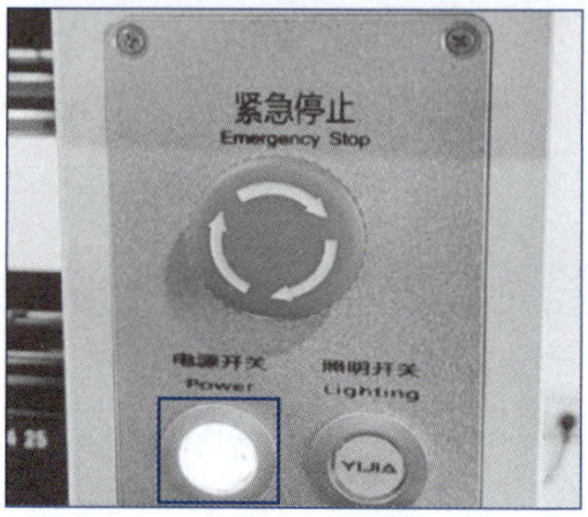
作业二　进板操作		
1	打开桌面上的华维国创贴片机控制系统	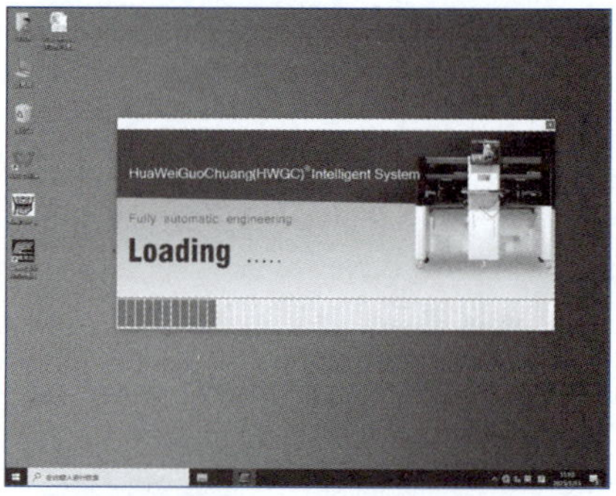
2	单击"连接设备"按钮，呈现设备连接界面	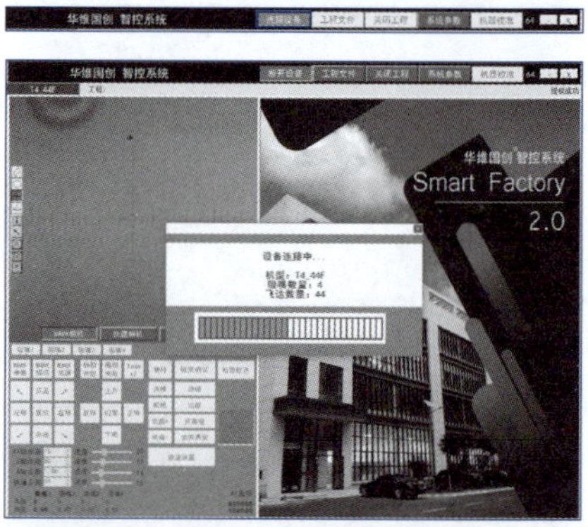
3	等待设备归零，等 X、Y 轴回归到设备的坐标原点，则设备归零成功	

步骤	操作	图示
4	测试轨道宽窄	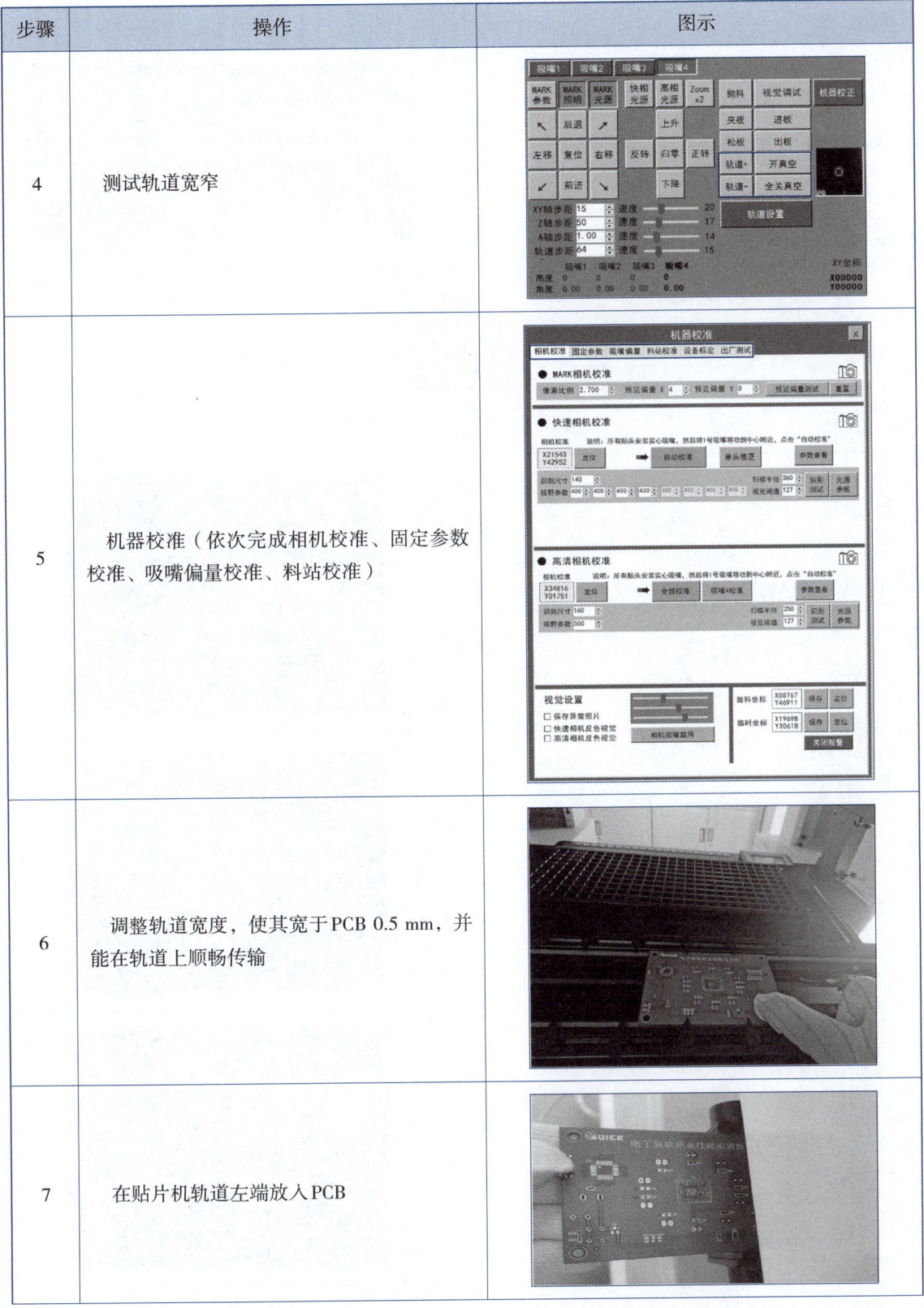
5	机器校准（依次完成相机校准、固定参数校准、吸嘴偏量校准、料站校准）	
6	调整轨道宽度，使其宽于 PCB 0.5 mm，并能在轨道上顺畅传输	
7	在贴片机轨道左端放入 PCB	

步骤	操作	图示
8	在计算机上单击"进板"按钮	

作业三　供料器安装

视频
供料器安装

步骤	操作	图示
1	将供料器放到平台上	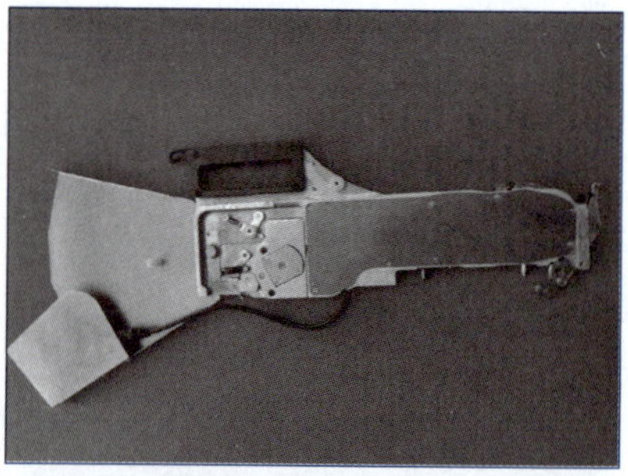
2	装入料盘	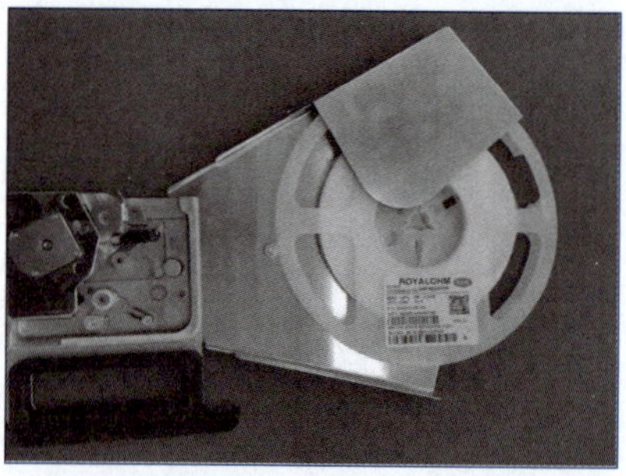
3	松开卡扣	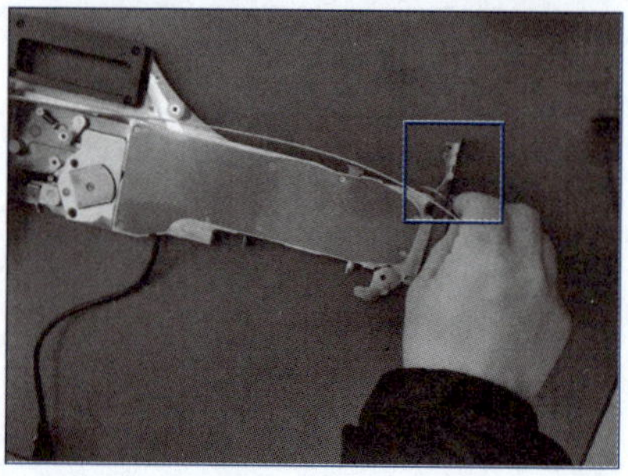

续表

步骤	操作	图示
4	将料带放入导引槽内	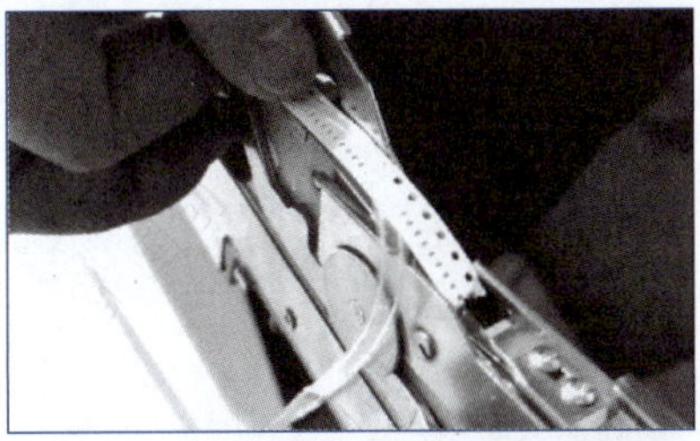
5	将封料带剥开合适长度	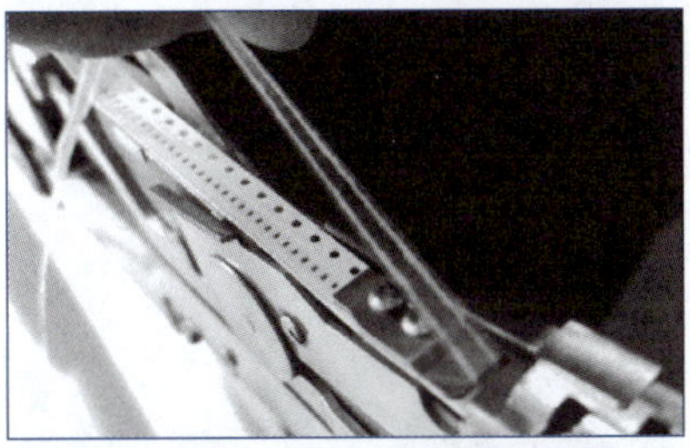
6	将料带正确卡入导料槽的齿轮孔	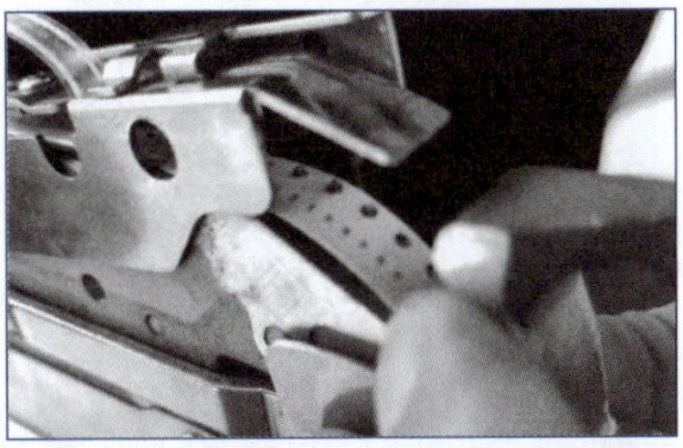
7	安装完成	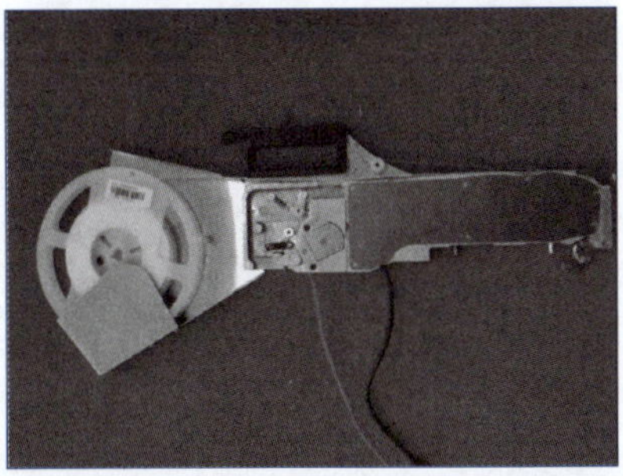
8	根据优化结果，0603电阻安装在13号料站	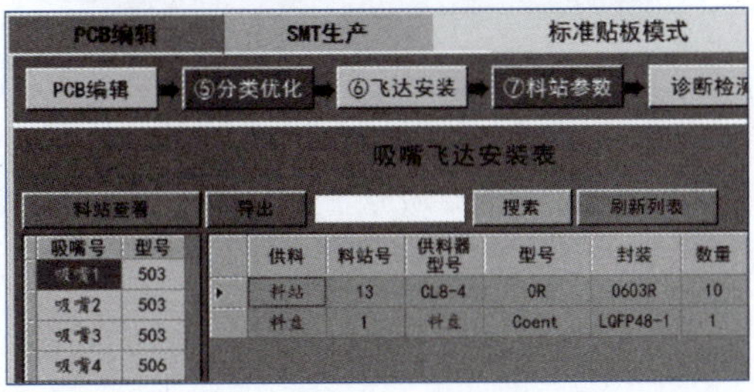

步骤	操作	图示
9	一手拿前，一手拿后，对准设备两个供料器安装孔，并锁紧	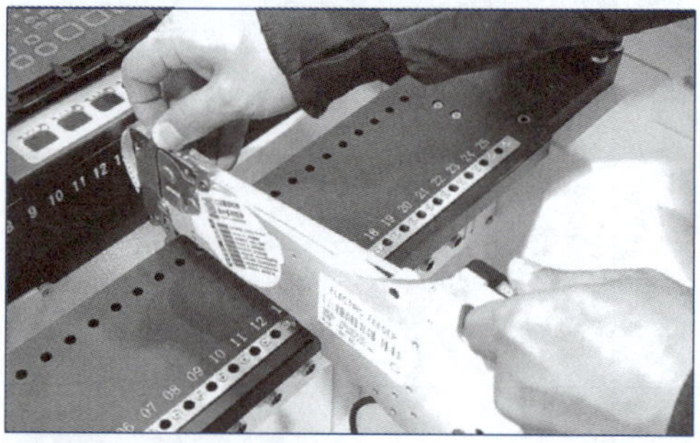
10	插上连接线	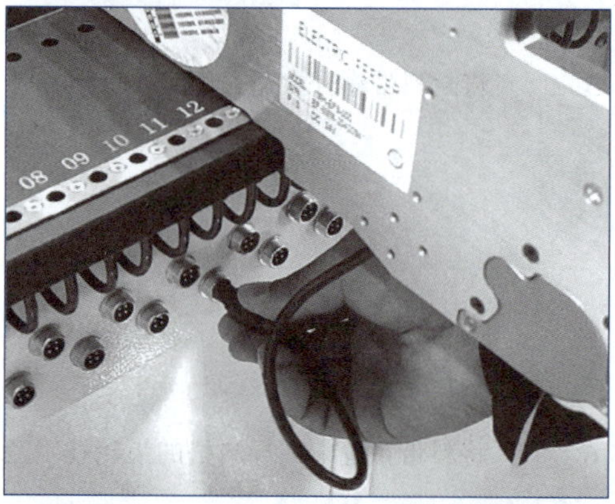
11	勾选"安装标记"	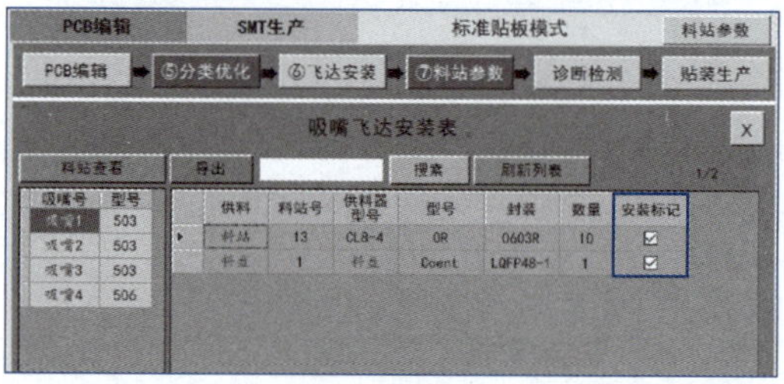
作业四　吸嘴安装		
1	根据程序依次选择503号、504号、505号、506号吸嘴，并从下插入孔中	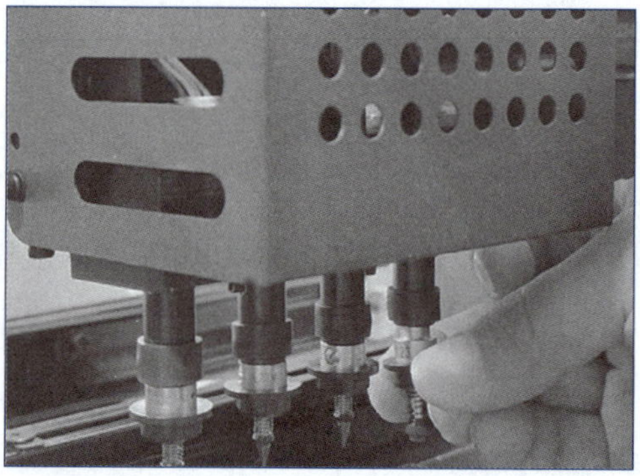

步骤	操作	图示
作业五　IC托盘安装		
1	IC支架安装在平台后端，根据托盘尺寸固定好	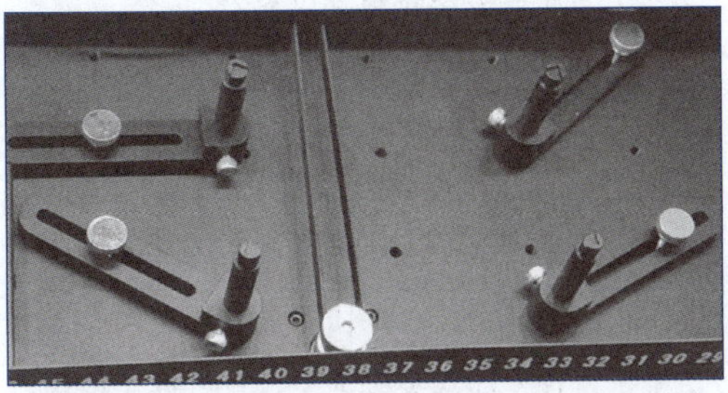
2	将IC托盘平行放置于支架上	
作业六　元器件换接料		
6.1　整盘料换料		
1	读取信息	当贴片机无料报警时，显示屏显示缺料信息，记住所缺物料站号
2	找新料盘	根据从机器读取的信息找出新料盘
3	做好"三确认"	一确认旧料盘料号与屏显所缺物料站号是否一致；二确认新料盘与旧料盘规格是否一致；三确认新料盘与屏显站位表料号是否一致
4	装料复位	经确认后的新料盘换到供料器上，然后装回机器原位，并认真填写换料记录表
6.2　接料换料（详见视频）		

✎ 任务评价

按照表3-12所示的评价内容完成任务评价。

表 3-12　贴片机操作任务评价表

序号	评价内容	分值	评价情况		
			自我评价	小组评价	教师评价
1	正确安装物料到供料器	20			
2	正确安装吸嘴	20			
3	正确换料和接料	20			
4	遵守车间工作纪律，安全规范操作	10			
5	团队协作，保质保量完成工作	20			
6	任务实施态度端正，具有敬业精神	10			

项目小结

通过本项目的学习，读者可以掌握基板贴装的作用；能进行设备操作，供料器、吸嘴的选择与安装；能对贴片机进行编程及工艺参数优化。

思考题

1. 贴片工艺流程三大步骤是什么？

2. 贴片机的三大关键指标是什么？

3. 贴片机进行编程时，导入的通孔元器件如何处理？

4. 保证贴装质量的三要素是什么？

5. IPC-A-610 对贴装质量规定了四个验收条件，分别是什么？

6. 文中举例的 0603 封装的电阻，所选供料器型号、吸嘴型号、相机、视觉算法分别是什么？

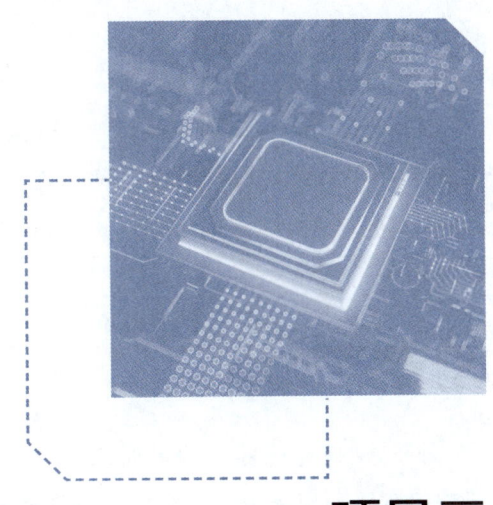

项目三

基板焊接

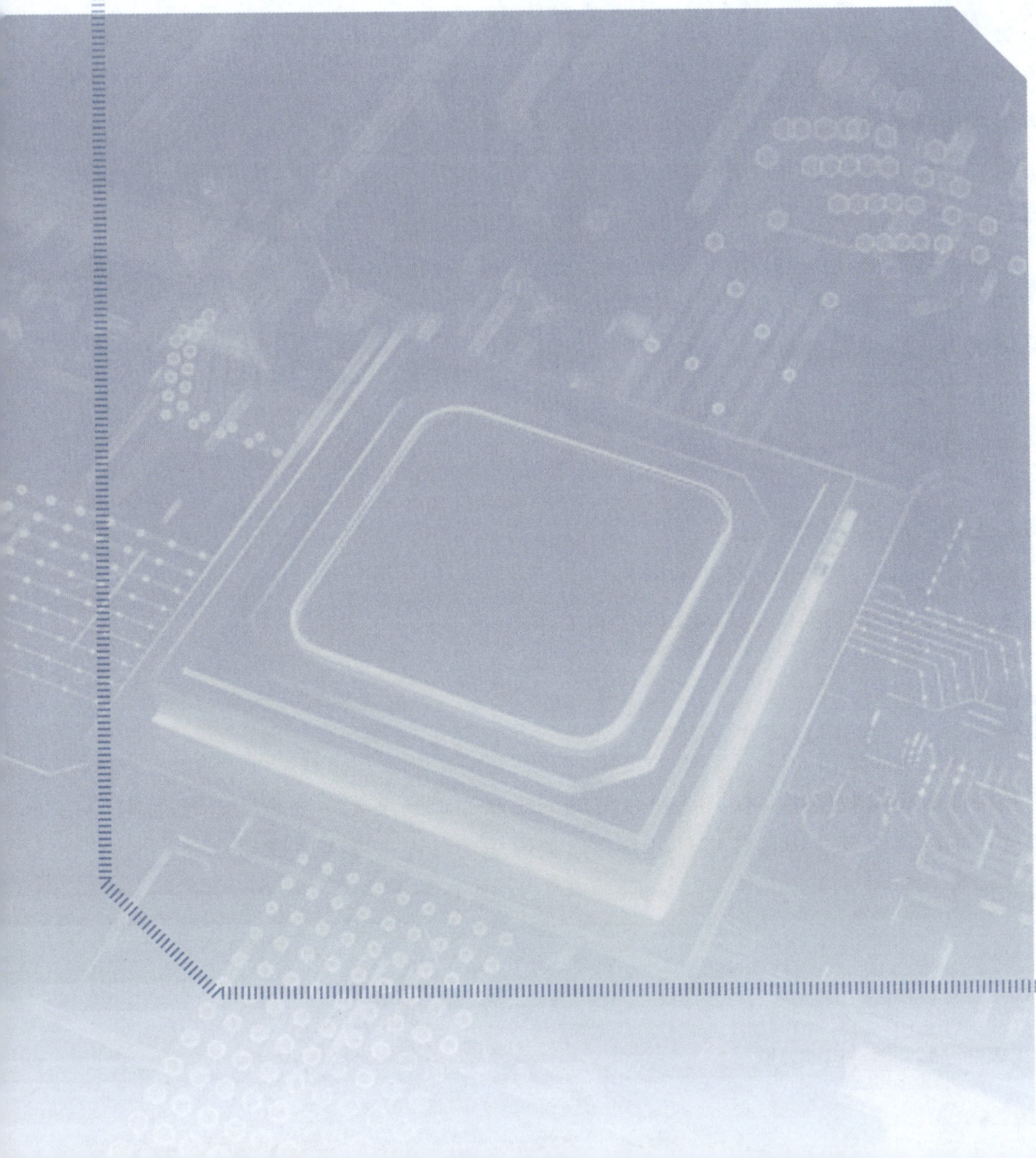

　　基板元器件贴装完毕后，要进行焊接。再流焊接是一种将预先施加在焊盘上的焊料熔融再冷却后，实现元器件与PCB连接的焊接工艺。随着PCB安装方法由传统的通孔插装（THT）方式向表面贴装（SMT）方式扩展，再流焊接也已成为现代电子设备自动化焊接的主流技术之一。

📋 项目描述

　　针对贴装好元器件的实训基板，要求采用再流焊接技术，正确设置焊接温度，编制再流焊接程序，对基板进行焊接，实现元器件和焊盘间的可靠连接，确保焊接品质。

🔗 项目目标

➤ 知识目标
1. 了解再流焊接温度的设置方法。
2. 了解再流焊接设备结构。
3. 了解再流焊接质量标准及焊接缺陷的识别。

➤ 能力目标
1. 会进行测温板的制作。
2. 会操作再流焊接设备，进行再流焊接程序编制。
3. 能正确调试再流焊接温度曲线。
4. 能判断再流焊接品质。
5. 能独立完成再流焊接工艺过程。

➤ 素养目标
1. 具有安全生产、规范操作意识。
2. 培养积极思考、举一反三解决问题的能力。
3. 养成自主学习的学习习惯，培养认真细致的工作态度。

🔍 项目分析

　　依据所需焊接PCB正确制作测温板，选择合适的测温点；正确设置焊接温度，进行焊接温度曲线的调试；正确编制再流焊接程序，进行PCB的焊接；目视检查再流焊接质量，正确分析缺陷原因并消除。

一、测温板制作材料

根据测温板制作要求，所用材料包括高温锡丝、高温红胶、高温胶带、热风枪、测温板、热电偶测温线、炉温测试仪等。

（1）高温锡丝：用于将热电偶探头焊在测试点上。

（2）高温红胶：用于将测温线固定在PCB上。

（3）高温胶带：整理测温线的走线，把热电偶测试线整齐固定在测温板上。

（4）热风枪：用于固化红胶，要求最高调节温度为300～350 ℃。

（5）测温板：一般为待生产PCB。

（6）热电偶测温线：K型测温线，用于温度测试时对焊接测试点的温度感应，要求耐温350 ℃。测温线特性如下：

① 其为K型镍铬－镍铝热电偶测温线，测温范围为－200～1250 ℃，直径不大于0.254 mm。

② 其由两根线组成，有极性之分，黄线表示正极，红线表示负极，两根线的连接点形成热电偶探头实现温度测试。

③ 其长度控制在PCB长度的2倍，最好不超过1 m（理论上短一点较好，可以防噪声干扰与阻抗）。

（7）炉温测试仪（测温仪）：误差范围为±1 ℃。

图片

热电偶测温线
与炉温测试仪

二、测温点布置

测温点布置是指针对待测试PCB（即测温板），选择要进行温度测试的焊点。选点的基本原则是需平均分配覆盖PCB板面区域，同时需要覆盖大中小热容量元器件，必须反映PCBA上最高、最低、关键元器件（如热敏感元器件）焊点的温度，如图3-17所示。

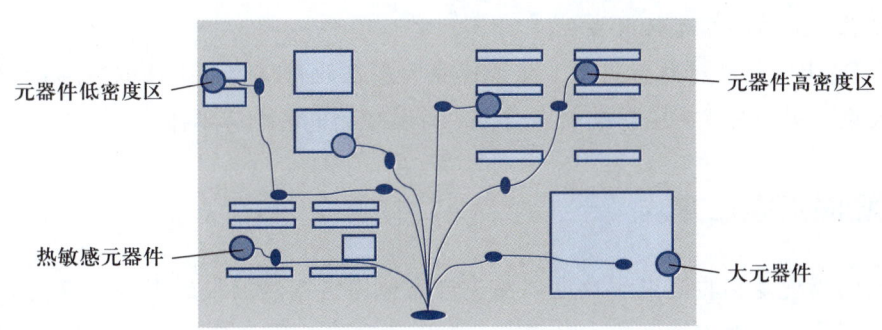

图3-17　测温板测温点选择示意图

客户有指定选取测温点的测温板，必须使用客户指定的测温点进行温度测试。客户没有指定选取测温点的测温板，选取测温点遵循以下具体原则：

（1）PCBA为100个点以下时，无特殊敏感元器件，则测温板上只需选择3个测温点。一般选择小热容量的元器件（如0402、空焊盘等）焊点、中等热容量的元器件（如钽电容、功率三极管等）焊点。对于元器件少的板，测温点之间的距离越远越好。

（2）PCBA为100个点以上时，分两种状况：

① PCBA上有QFP元器件，但无BGA元器件时，测温板上只需选择4个测温点。其中大IC及小IC各选一点，有电感及高端电容时必须选取，测温点之间的距离越近越好。

② PCBA上既有QFP元器件又有BGA元器件时，测温板上必须选择5个以上测温点。应选择元器件较密的中心位置的点来测试。

（3）PCBA上有QFP元器件时，在QFP引脚焊盘上选取一点测试QFP引脚底部温度，最后选取一点测试PCB表面温度或贴片元器件温度。若PCBA上有多个QFP元器件，优先选取较大的为测温点。

（4）PCBA上有BGA元器件时，BGA元器件的测温点不少于2个，分别测试BGA锡球和BGA表面温度，通过钻孔预埋测温热电偶探头测试，如图3-18所示。

（5）表面贴装元器件多时，根据BGA→QFP→PLCC→SOP→SOJ→SOT→二极管→贴片元器件的顺序选择测温点。

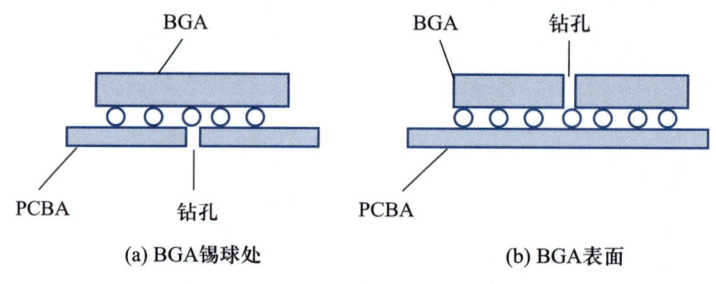

图3-18　BGA元器件测温点的选取

（6）双面贴片同时焊接时，应根据元器件布局密度、元器件热容量特点，按照前5点原则，在PCB正、反两面都选取测温点。

（7）PCBA上有一些特殊材料时，必须优先考虑在此材料焊盘上选取测温点，以确保材料的焊接效果（例如易发生冷焊的电感引脚、易爆裂的电解电容本体）。

三、测温点固定方式

测温点的固定是指将测温线热电偶探头可靠地固定到测温板的焊接测温点上。固定好的测温点在测试过程中不能松开，固定点大小应尽可能小，以反映测温点的真实温度变化。测温线热电偶与PCB测温点之间的固定方式分为焊接固定、黏结固定、胶带固定和机械固定四种。

（1）焊接固定：使用烙铁通过高温锡丝将热电偶探头焊在测温点上，热电偶电极完全包裹，不得暴露，焊点尽可能小。

（2）黏结固定：热电偶探头用黏结剂进行固定，在离测温点5 mm处点胶，固定测温线，黏结剂一般为红胶。

（3）胶带固定：使用高温胶带将热电偶探头胶合在测温点上，适合临时应急使用。

（4）机械固定：制作或购买专用的治具固定，稳定可靠，但成本较高。

测温点固定要求如下：

（1）焊点大小。测温点高度不大于2.5 mm，长、宽均不大于5 mm，违反者需要重新焊接。在不影响牢固性及温度测试的状态下，焊点越小越好（或者红胶用量越少越好）。

（2）不同元器件测温点固定要求。

① 引脚类元器件测温点固定：必须平贴PCB，与元器件引脚紧紧相连。探头浮起时，测量值不稳定且偏高。引脚类元器件测温点固定方法如图3-19所示。

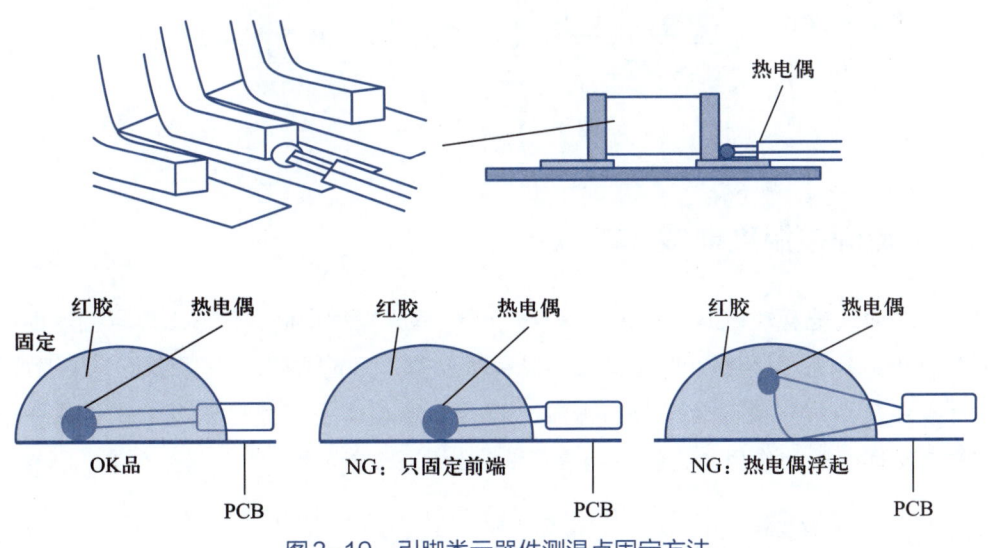

图3-19　引脚类元器件测温点固定方法

② BGA元器件测温点固定：必须紧贴在所取的焊点上方，从元器件背面打孔，将测温线穿过孔，把热电偶探头埋在孔内，然后用红胶对BGA元器件四边进行固定，并封堵洞口。BGA元器件测温点固定方法如图3-20所示。

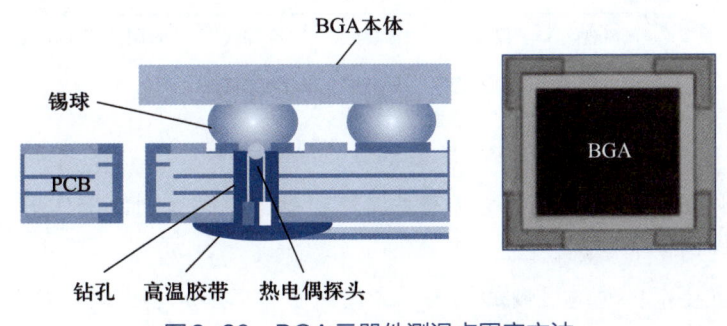

图3-20　BGA元器件测温点固定方法

③ QFN/QFP元器件测温点固定：用少量的锡线将测温线探头焊接在QFN/QFP元器件引脚与焊盘间接触的区域（针对QFN元器件，也可与BGA元器件一样，在接地焊盘位置钻孔），焊点完全把热电偶探头包裹住（或用红胶），不允许任何一部分暴露在外面。在保证测温点裹住的前提下，应使测温点体积尽量小，不可过大。

（3）红胶固定测温线。一根测温线上红胶固定点数至少为2个，第1个固定点在离测温点0.5 mm处，第2个固定点在离测温点2 cm处（若只有前端固定，测量时电缆稍微拉扯会被拉掉）。红胶固定如图3-21所示。

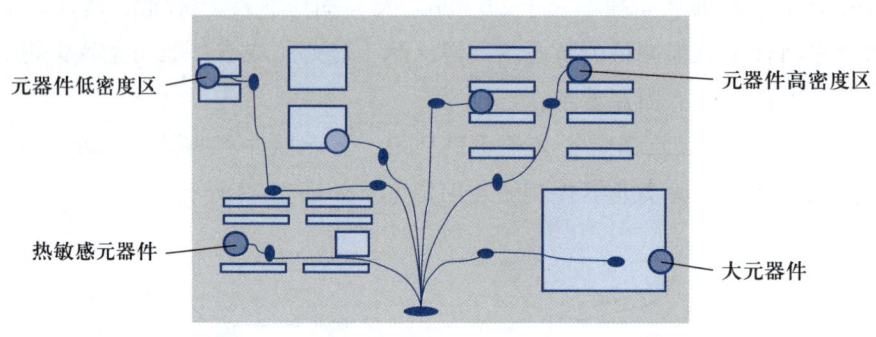

元器件低密度区　　　　　　　　　　　　　　元器件高密度区

热敏感元器件　　　　　　　　　　　　　　大元器件

图3-21　红胶固定

四、再流焊接温度曲线

焊接温度曲线是反映PCB以一定传送速度经过再流焊炉内时，PCB上焊点温度随时间变化的关系曲线。常见焊接温度曲线有帐篷型和保温型，目前常用的是保温型焊接温度曲线。保温型焊接温度曲线一般分为预热、保温、焊接和冷却四个工作区，各工作区在整个再流焊接过程中发挥不同的作用。再流焊接温度曲线如图3-22所示。

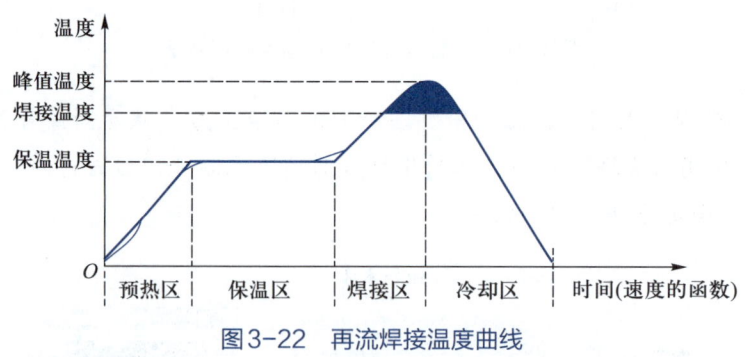

图3-22　再流焊接温度曲线

1. 预热区

（1）预热区作用：将PCB的温度从室温提升到锡膏内助焊剂发挥作用所需的活性温度，并适当地挥发助焊剂中的熔剂。

（2）参数设置要求：通过缓慢加热的方式使PCB从室温加热至150 ℃，推荐升温速率一般为 2 ~ 4 ℃/s。再流焊炉的预热区一般占加热通道长度的 1/4 ~ 1/3，如 10 温区再流焊炉的预热区一般占 4 个温区。对预热时间可作这样的估算：设环境温度为 25 ℃，若升温斜率按照 3 ℃/s 计算，则预热时间为 [（150-25）/3]s=42 s；若升温斜率按照 1.5 ℃/s 计算，则预热时间为 [（150-25）/1.5]s=85 s。通常根据元器件大小差异程度调整时间，将升温斜率控制在 2 ℃/s 以下为最佳。

2. 保温区

（1）保温区作用：将 PCB 维持在某个特定温度范围并持续一段时间，使 PCB 上各个区域的元器件温度相同，减少它们的相对温差，并使锡膏内部的助焊剂充分地发挥，去除元器件焊端和 PCB 焊盘表面的氧化物，从而提高焊接质量。

（2）参数设置要求：保温区也称助焊剂活性区，保温温度通常维持为 150 ~ 180 ℃，10 温区再流焊炉的保温区一般占 3 个温区。保温时间一般为 60 ~ 120 s。如果 PCB 上元器件大小差异较大或热容量差异较大，如含有 BGA、QFP 等高热容量元器件，保温时间一般为 90 ~ 120 s。

3. 焊接区

（1）焊接区作用：再流焊炉内的温度达到最高点，使锡膏熔化，PCB 的焊盘和元器件的电极之间形成合金，完成焊接过程。

（2）参数设置要求：焊接区的温度通常设定在 220 ℃ 以上，焊接时间一般为 30 ~ 100 s，10 温区再流焊炉的焊接区一般占 3 个温区。峰值温度不宜超过 250 ℃，且 230 ℃ 以上的时间为 20 ~ 40 s。一般峰值温度应该比锡膏的正常熔点温度高出 25 ~ 30 ℃，才能顺利地完成焊接作业。对于含有 BGA、QFP 一些高热容量元器件的 PCB，在其他元器件均能承受的情况下可将焊接时间加长至 60 ~ 90 s，一般情况下不建议采用增加峰值温度的方法来补偿大元器件加热不足，因为一般的晶体元器件通常都无法承受大于 240 ℃ 的高温。

4. 冷却区

（1）冷却区作用：对完成焊接的 PCB 进行降温，使焊点凝固，最终实现元器件引脚与焊盘可靠的电气和机械连接。

（2）参数设置要求：再流焊炉一般设有 1 ~ 2 个冷却区，要求冷却区应迅速降温使焊料凝固，降温速率通常为 1 ~ 6 ℃/s。理想的冷却区曲线应该和预热区曲线成镜像关系，越是接近镜像关系，焊点达到固态时的结构越紧密，焊点的质量越高，结合完整性越好。但值得注意的是，在加快冷却速度的同时需注意到元器件耐冲击的能力，一般的电容所容许的最大冷却速度约为 4 ℃/s，冷却过快很可能会因元器件、焊料与焊点各拥有不同的热膨胀系数及收缩率，引起应力影响而使元器件产生龟裂，也可能引起元器件焊端与 PCB 焊盘焊点的剥离。

炉温设置是指通过对再流焊炉各温区的温度设置，使 PCBA 测温点的温度符合指定的焊接温度曲线要求。如果客户有炉温要求，按客户要求设定；若客户无具体要求，则按如下几个要点设置：

（1）选择以前相似 PCBA 成功的炉温。

（2）依据锡膏供应商提供的参考资料进行设置。

（3）依据 BGA、IC、PCB 供应商提供的参考资料进行设置。

（4）依据再流焊设备供应商提供的参考资料进行设置。

（5）根据焊接后的效果进行调整。

一条合格的焊接温度曲线是通过设定、测量、调整三个步骤得来的。一条完美的再流焊接温度曲线不仅可以得到光亮的、结构紧密的焊点，还能够对印刷、贴片等工序造成的不良起到一定的修复作用。在实际操作中，要经过多次的测量和调整才能够得到一条适合产品特点的焊接温度曲线。

五、再流焊接设备结构

再流焊炉是进行再流焊接的专用设备，按照其加热方式的不同分为热板传导再流焊炉、红外辐射再流焊炉、热风再流焊炉、气相再流焊炉、真空再流焊炉等。其中热风再流焊炉是利用加热器与风扇，使炉膛内的空气或氮气不断加热并强制循环流动，从而实现被焊件加热的再流焊接设备，其原理如图3-23所示。采用此种加热方式，PCB和元器件的温度接近给定的加热温区的气体温度，完全克服了红外再流焊接的温差和遮蔽效应，因此目前应用较广。本项目所讨论的再流焊接均指热风再流焊接。

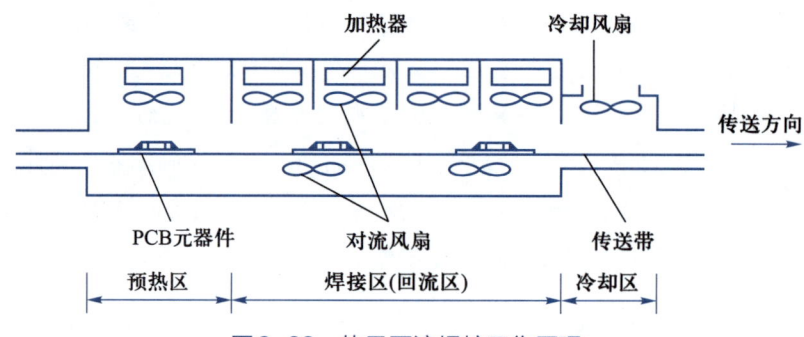

图3-23　热风再流焊炉工作原理

本项目以行业中常用的HB CR2系列再流焊炉为例，学习再流焊炉的结构、焊接温度曲线调试的步骤及焊接参数设定等知识与技能。该再流焊炉的外观如图3-24所示，其主要构成如表3-13所示。

图3-24　再流焊炉外观

表 3-13　再流焊炉主要构成

名称	图示	说明
传送系统		（1）可以是轨道链条方式、网带方式、网带链条结合方式。 （2）可根据产能需要选配双轨并行工作，提高效率
预热区		（1）可以根据产品和制程的要求，选择合适的预热温区数。 （2）采用上下循环热风，保证 PCB 温度的均匀性。 （3）采用高热效率电热器，用电动机驱动进行循环热风加热。 （4）每个温区的功率为 4×2.5 kW，保证足够的热效能
焊料熔化区或焊接区		（1）焊接是再流焊接工序中最重要的加热过程。 （2）焊接的作用就是将 PCBA 上的焊点加热到焊料熔点以上、元器件耐温以下，以便焊料熔化形成焊点。 （3）焊接峰值温度（T_{max}）、熔点以上的加热时间（t_2）是再流焊接最重要的两个参数。 （4）锡珠、立碑、元器件偏移、芯吸、焊剂飞溅、浸析、冷焊、虚焊、润湿不良、PCB 分层、元器件变形等缺陷，都发生在焊接阶段
焊料凝固区或冷却区		（1）冷却的目的是将 PCBA 温度下降到焊料熔点以下，使焊点快速凝固。 （2）冷却温区数可以选择，更多的冷却温区，可以加大 PCBA 冷却斜率。 （3）冷却速度也是影响焊接质量的一个关键因素，过快或过慢都会导致焊接不良的发生。理论上冷却速度越快，形成焊点的金相组织越细，焊点的强度越好。但是，冷却速度太快，焊点上将会产生比较大的内应力，有可能发生焊点开裂现象

六、再流焊接缺陷

合格的焊点必须呈现润湿特征，焊料良好地附着在被焊金属表面。润湿的焊点，其焊缝的外形特征是呈凹形的弯液面，判定依据是润湿时焊料与焊盘、焊料与引线/焊端之间的界面接触角较小或接近于0°。再流焊接目检标准为所有焊点目视或用5～20倍放大镜检查时，元器件焊端或引脚与焊盘应润湿，焊缝表面不应开裂、蜕皮等，且焊点处不应呈凹凸不平或波浪起伏状。IPC-A-610标准规定了焊点外观合格性总体要求，图3-25所示为不同引脚焊点的合格状态。

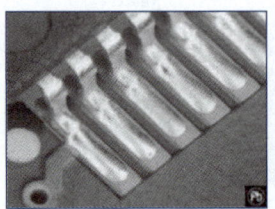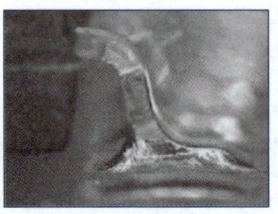

图3-25　不同引脚焊点合格状态

焊接缺陷可以分为主要缺陷、次要缺陷和表面缺陷。凡使PCB元器件功能失效的缺陷称为主要缺陷；次要缺陷是指焊点之间润湿尚好，不会引起PCB元器件功能丧失，但有可能影响产品寿命的缺陷；表面缺陷是指不影响产品功能和寿命的缺陷。通常主要缺陷必须进行修理；次要缺陷和表面缺陷是否需要修理，由缺陷的程度及产品的用途来决定，可结合 IPC-A-610 标准及产品的性质来决定是否修理。

图片
常见的再流焊
接缺陷

常见的再流焊接缺陷如下：

（1）锡珠：锡珠是再流焊接常见的缺陷之一。锡珠可分为两类：一类出现在片式元器件一侧，常为一个独立的大球状；另一类出现在 IC 引脚四周，呈分散的小珠状。

（2）立碑：片式元器件的一端焊接在焊盘上，而另一端翘立，这种现象称为立碑。元器件体积越小，越容易发生此现象。立碑现象的产生是元器件两端焊盘上的锡膏在回流熔化时，元器件两个焊端的表面张力不平衡，张力较大的一端拉着元器件沿其底部旋转而致。

（3）桥接：桥接是指片式元器件相邻的引脚因焊料而连接，造成短路的现象。随着引脚窄间距化和组装高密度化，桥接发生的频率很高。

（4）芯吸：芯吸多见于气相再流焊接中。芯吸是指焊料脱离焊盘沿引脚上行到引脚与芯片本体之间，形成严重的虚焊现象。

（5）针孔：针孔是指焊接后焊点上出现的小孔，影响焊接的牢固性和电气连接的可靠性。

（6）冷焊：冷焊是指锡膏未完全熔化就凝固的焊点，多半是因锡膏在过炉时温度未达到导致。

（7）拒焊：拒焊是指过炉时锡膏在元器件的引脚与PCB焊盘上不能很好地润湿，导致引脚或者焊盘不吃锡。

（8）开裂：开裂是指焊锡部分或者元器件受外力或者其他应力而裂开并产生裂缝，其将严重影响元器件的焊锡可靠度，易造成开路，影响板卡的电气性能。

七、再流焊接缺陷分析

常见影响焊接品质的因素有4M1E的五大方面，即人、机、料、法、环。人，即操作人员，包括在焊接工序中参与的所有人；机，即设备，指生产所用的再流焊炉；料，即再流焊接中所用到的辅材和工具；法，即再流焊接工序的工艺方法，如参数设定等；环，即生产环境，通常指环境的温度、湿度和静电防护等方面。针对再流焊接的不同缺陷，主要考虑从以上几个方面进行缺陷产生原因分析，一般采用鱼骨图法尽可能找出最主要的原因再进行一一排除。以立碑缺陷为例，采用鱼骨图进行缺陷原因分析，如图3-26所示。

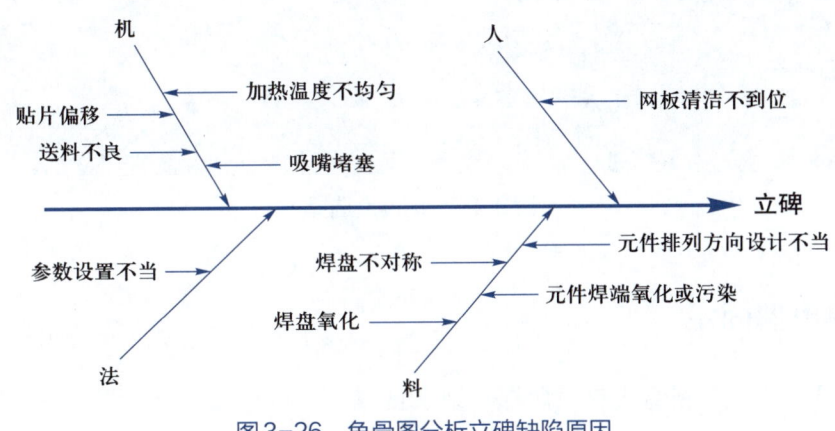

图3-26　鱼骨图分析立碑缺陷原因

任务一
焊 接 准 备

📋 任务描述

在进行再流焊接之前，需要根据项目描述的要求，进行测温板的制作，正确选择测温点，进行测温热电偶的可靠固定。

📋 任务分析

根据测温点选择原则，选择3个测温点，采用高温锡丝固定热电偶，用红胶固定测温线，并用高温胶带整理测温线，最后根据测温点位置对测温插头进行编号。

任务实施

一、测温点选择

本PCB焊点在100个以内，有BGA、QFP元器件，且贴片元器件较多，测温点选择如图3-27所示。

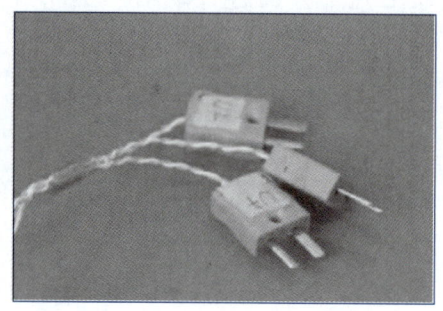

图3-27 测温点选择

二、热电偶固定

（1）测温线确认：测温线热电偶探头结点良好，不可扭绞、断裂、交叉。万用表表笔分别连接热电偶插头，阻值应不大于15 Ω。测温线如果出现老化、碳化、黑化，同时与新线比误差超过 ±1.0%，或者外皮破损、短路，将不允许继续使用，需重新更换。测温线确认如图3-28所示。

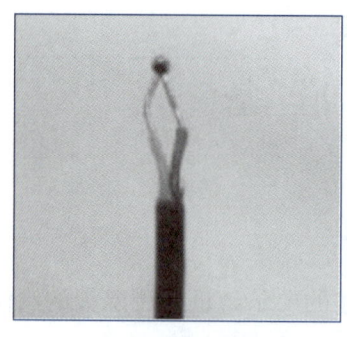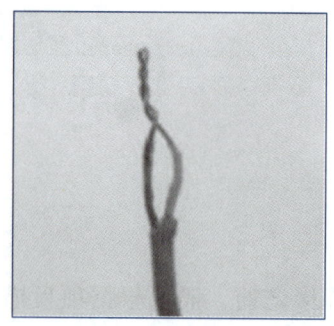

(a) 良好测温线   (b) 不良测温线

图3-28 测温线确认

（2）一般测点热电偶固定：采用高温锡丝将热电偶探头焊在测温点上，热电偶电极完全包裹，不得暴露；焊点尽可能小。

（3）BGA元器件测温点热电偶固定：必须紧贴在所取的焊点上方，从元器件背面打孔，将测温线穿过孔，把热电偶探头埋在孔内，然后用红胶对BGA元器件四边进行固定，并封堵洞口。

（4）红胶固定测温线：一根测温线上红胶固定点数至少为2个，第1个固定点在离测温点5 mm处，第2个固定点在离测温点2 cm处。

（5）测温线防松动：用高温胶带把热电偶测温线整齐固定在测温板上，热电偶测温线必须整齐，不能打结或者缠绕。

（6）编制测温线序号：测温点所对应元器件编号要和测温插头编号相对应。

✎ 任务评价

按照表3-14所示的评价内容完成任务评价。

表3-14　焊接准备任务评价表

序号	评价内容	分值	评价情况		
			自我评价	小组评价	教师评价
1	正确选择测温点	25			
2	正确固定测温点热电偶	25			
3	遵守车间工作纪律，安全规范操作	20			
4	团队协作，保质保量完成工作	20			
5	任务实施态度端正，具有敬业精神	10			

任务二

焊接温度曲线测试

▤ 任务描述

准备好测温板后，操作再流焊接设备，对设备编程设置参数，进行焊接温度曲线的测试，并参考标准曲线对所测焊接温度曲线进行调试直至正确。

▤ 任务分析

正确操作再流焊接设备，测温前进行开机检查，无误后按正确的步骤开启再流焊炉，根据待焊接PCB的焊接要求选择所参考的标准焊接温度曲线。对再流焊接设备进行编程，设置各个温区的炉温、导轨参数、风机参数等，进行焊接温度曲线的测试，建立测试焊接温度曲线，与标准焊接温度曲线对比分析，正确调试焊接温度曲线，得到一条适合产品需求的焊接温度曲线。

▣ 任务实施

一、开机前检查

视频
焊接温度曲线
测试

（1）检查三相五线制供给电源是否为本机额定电源。

（2）检查设备是否接地良好。

（3）检查位于出入口端部的紧急开关是否弹起。

（4）检查炉体是否关闭紧密。

（5）查看运输链条及网带是否有挂、碰现象。

（6）查看用户手册有关报警及注意事项说明，确认正极调整已经完成。

二、开启再流焊炉

按表3-15所示的步骤开启再流焊炉。

表3-15 开启再流焊炉的步骤

步骤	操作	图示
1	将设备总空气开关拨到向上位置	
2	将控制面板上的"POWER"（电源总开关）旋至"ON"	
3	打开计算机主机和显示器电源	
4	按下绿色"START"按钮	

步骤	操作	图示
5	在桌面上双击图标打开再流焊接软件	H3 Technology
6	进入主监控界面	
7	登录权限账户"admin",默认密码为"1234"	用户登录 请输入用户名和密码: 用户名: 密码: 确定 取消
8	调整轨道宽度,使轨道宽度比PCB宽度略宽(约为1 mm)	
9	单击软件控制按钮,让机器各模块运行	启动 运输1 运输2 风机 加热 制冷 氮气 加热区—下层风机

三、设置炉温

根据经验,再流焊炉10温区的温度设置可参考表3-16,设置步骤参考表3-17。

表 3-16　再流焊炉 10 温区温度设置的起始温度

温区	温区1	温区2	温区3	温区4	温区5	温区6	温区7	温区8	温区9	温区10
上温区/℃	100	120	150	150	150	170	180	205	245	230
下温区/℃	100	120	150	150	150	170	180	205	245	230
传送速度/($cm \cdot min^{-1}$)	80									

表 3-17　炉温设置步骤

步骤	操作	图示
1	在主监控界面单击"配方参数"按钮，新建配方并命名	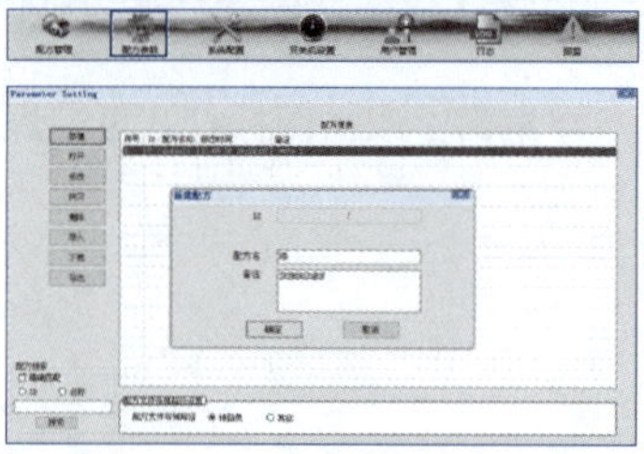
2	弹出"参数设置"对话框，正确设置温区参数、导轨参数、风机频率等，单击"保存"按钮	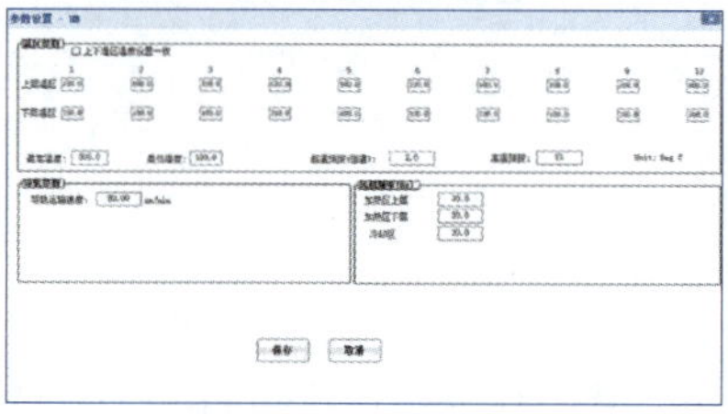
3	温区参数设置。各温区温度的设定范围为最低温度～最高温度，当超过设定范围时自动设为最低温度。超温预报的设定范围为2～20 ℃，最高温度的设定范围为最低温度～350 ℃，最低温度的设定范围为10 ℃～最高温度。在此区域可以设定最高温度、最低温度及超温预报的上限值，超温预报的初始值为2 ℃。参数设置方法：单击要修改的参数，用键盘输入数值后单击"保存"按钮即可	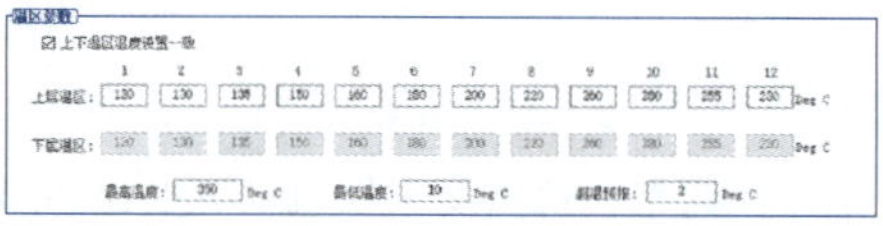
4	导轨参数设置。导轨运输速度的设定范围为0～200 cm/min，导轨宽度的设定范围为50 mm～导轨最大宽度	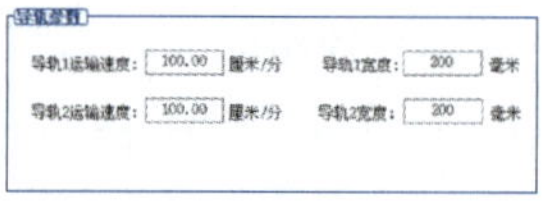
5	风机频率设置。设置预热区、焊接区（回流区）、冷却区的风机频率，风机频率的设定范围为20～50 Hz	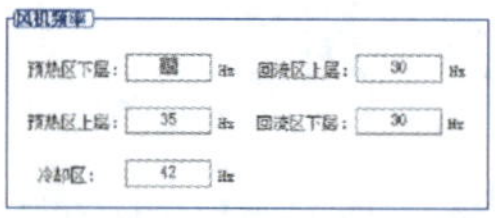

四、调整轨道宽度

调整轨道宽度，使轨道宽度比PCB宽度略宽（约为1 mm）。

当炉温达到绿灯亮的正常设定值时，等待均衡10 min以上，再开始测试焊接温度。确保炉内温度稳定后，进行首次焊接温度曲线测试。

五、测试焊接温度曲线

焊接温度曲线测试步骤如表3-18所示。

表 3-18　焊接温度曲线测试步骤

步骤	操作	图示
1	使用下载线将测温仪连接至计算机，打开 KicHost 软件清除前一天测试仪内记录的数据，拔下测温仪下载线	
2	测温仪与测温板连接。将测温板和测温仪放在轨道上，进板方向与生产线的进板方向一致，将测温线探头插到测温仪第 1 个插口，再按序号依次将热电偶探头插在测温仪对应的插口。调整确认测温仪过炉治具的宽度和 PCB 的一样宽，并固紧	
3	测温仪装入高温保护盒。开启测温仪记忆开关开始测温记忆，将测温仪放入保护盒内，放到过炉测具上，测温板在前，测温仪在后，中间保持测温线基本拉直，开始过炉测试炉膛温度，监控观察过炉，在炉口守候出炉	
4	测温仪与测温板入炉。以测温板在前的方式，将装入保护盒的测温仪及测温板放入再流焊接轨道。进板方向与生产线的进板方向一致。测温仪送进炉后，手应立即离开，谨防手和测温线夹在链条上，手不得伸进炉腔，以免烫伤	
5	测温仪与测温板出炉。戴好耐高温手套，防止烫伤。在炉口拿出测温板与测温仪，注意不要发生跌落。打开高温保护盒，关闭测温仪，拔除测温线。剥离测温线时，应戴防护手套操作，避免皮肤过敏	

六、下载测温仪炉温数据

打开测温仪配套软件，将测温仪连接到计算机 USB 接口，按提示一步一步建立曲线。确认测量的曲线是否存在异常，有异常时分析原因并重测。图 3-29 所示为得到的焊接温度曲线。

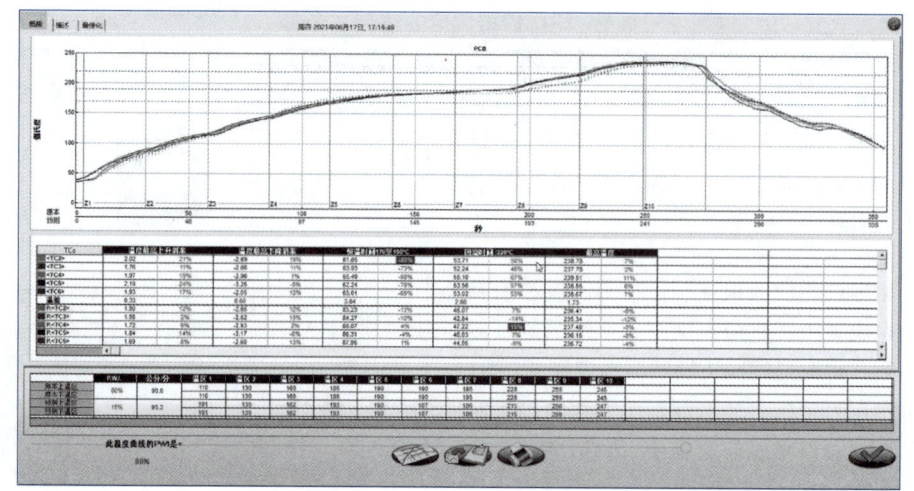

图3-29　焊接温度曲线

七、调试焊接温度曲线

1. 焊接温度曲线评价

参考标准焊接温度曲线评价测试焊接温度曲线是否在标准范围内。

判定炉温设置的正确性时，可以先从升温区升温斜率是否符合要求、保温时间是否在要求范围内、焊接时间是否在要求范围内、峰值温度是否在要求范围内、降温速度是否在要求范围内等方面做一个初步的判定。确认后，再根据焊接区升温斜率、焊接温度曲线图走势、过炉总时间、入炉到焊接区的时间、焊接区升/降温的时间比、PCB正反面温差、PCB上大小元器件温差等参数做具体判定。主要要求峰值温度偏差控制在±3 ℃以内，其他曲线段温度偏差控制在±5 ℃以内，其他指标是否有要求，需根据客户需要判定，调整焊接温度曲线时应以热容量最大、最难焊的元器件为准。

2. 焊接温度曲线调整

当判定焊接温度曲线设置有差异时，需要对炉温设定进行调整。

一般情况下，预热区设定的温度、网带/链条的运行速度、热风电动机转动频率、抽风大小、氧气浓度（N₂选用）等参数会影响焊接温度曲线，其中以预热区温度、网带/链条的运行速度最为重要，一般情况下调试焊接温度曲线时以调节这两个参数居多。

调节炉温时主要采用分区法来调整焊接温度曲线。首先参照与任务相近似的标准焊接温度曲线，测试测温板实际的焊接温度曲线，将所测的实际焊接温度曲线按温区等分，将此炉温的设定值分别标示在相应的区域上。观察各温区的实际曲线段与标准曲线的关系，进行对比并找出差异，以温区为单位，调整各温区设定参数。值得注意的是，当发现区间温差太大（不超过50 ℃）时，要酌情考虑调节基板的传送速度。

经过多次对焊接温度曲线的调整测试，使实际测试焊接温度曲线与标准焊接温度曲线一致。此焊接温度曲线一经确定，就作为以后的生产中评价焊接温度曲线的模板使用。

**任务评价**

按照表3–19所示的评价内容完成任务评价。

表 3-19　焊接温度曲线测试任务评价表

序号	评价内容	分值	评价情况		
			自我评价	小组评价	教师评价
1	正确开启再流焊接设备	10			
2	正确设置各温区温度	20			
3	正确执行焊接温度曲线的测试操作	20			
4	会分析焊接温度曲线品质，并能提出改进措施	20			
5	遵守车间工作纪律，安全规范操作	10			
6	团队协作，保质保量完成工作	10			
7	任务实施态度端正，具有敬业精神	10			

任务三

目 视 检 查

任务描述

调试好焊接温度曲线后，操作再流焊接设备，对基板进行焊接生产，目视检查焊接结果，分析焊接品质并改进。

任务分析

操作再流焊接设备，调用调试好的焊接温度曲线，对贴好元器件的基板进行焊接生产，焊接完成后，根据焊接质量标准，目视检查焊接品质，利用鱼骨图对焊接缺陷进行分析，排查缺陷发生原因，进行改进。

任务实施

（1）按照正确操作开启再流焊接设备。确认再流焊接设备轨道宽度，比 PCB 宽度略宽（约为1 mm），将待焊接 PCB 放入轨道。

（2）在计算机上进入再流焊接软件操作界面，调用调试好的焊接温度曲线，启动再流焊接程序。

（3）焊接完毕，取出PCB，根据焊接质量标准目视检查PCB上各焊点的焊接质量。

（4）采用鱼骨图的方式，分析焊接缺陷产生原因，修改相关参数，直到焊接品质满足要求。

✎ 任务评价

按照表3-20所示的评价内容完成任务评价。

表3-20 目视检查任务评价表

序号	评价内容	分值	评价情况		
			自我评价	小组评价	教师评价
1	正确操作再流焊接设备进行PCB再流焊接	20			
2	能目视检查焊接品质	10			
3	会分析焊接缺陷产生原因	20			
4	能根据缺陷原因调整焊接参数	20			
5	遵守车间工作纪律，安全规范操作	10			
6	团队协作，保质保量完成工作	10			
7	任务实施态度端正，具有敬业精神	10			

✐ 项目小结

通过本项目的学习，读者可以了解再流焊接的作用，掌握焊接温度曲线的分析方法，掌握测温板的制作，掌握焊接温度曲线测试的基本步骤和曲线调试方法，并能对焊接结果进行分析，不断优化焊接方案。

☁ 思考题

1. 电子装联中再流焊接温度曲线各温区的作用是什么？
2. 测温板上的测温点如何选择？
3. 如何进行测温点的固定？
4. 如何进行各温区的炉温设置？
5. 如何分析焊接缺陷产生原因并改进？

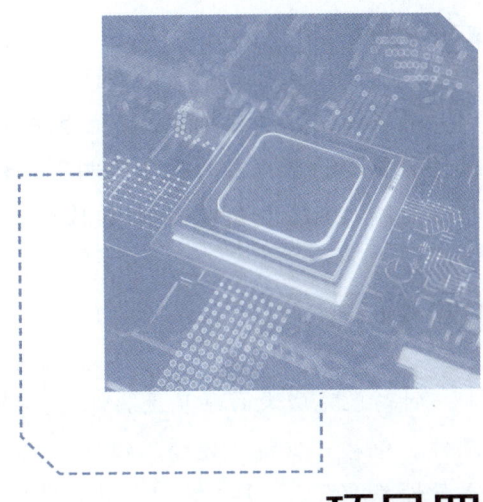

项目四
焊点检测

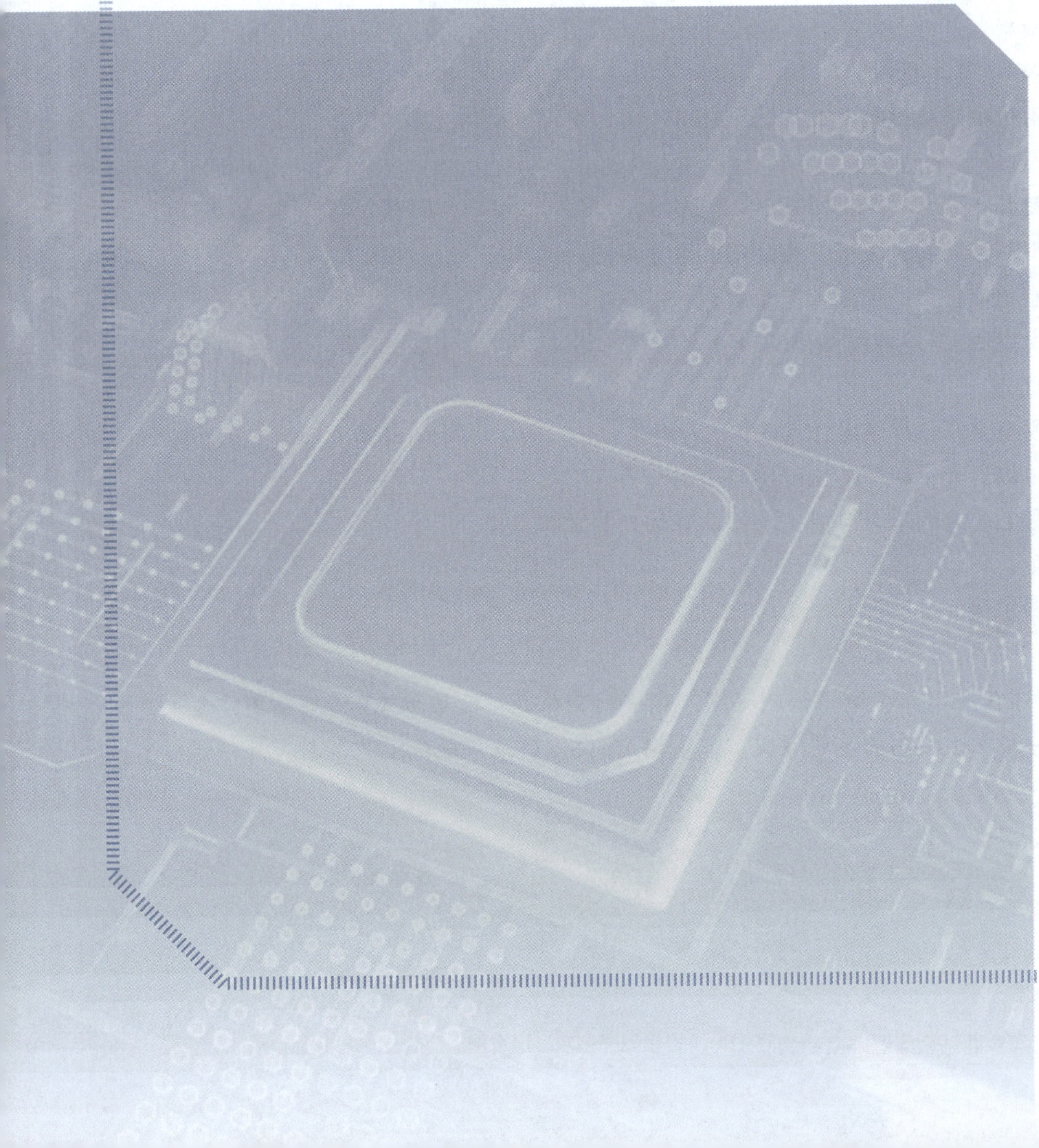

👍 项目引入

电子装联过程中表面贴装元器件自动装联后需要对PCBA焊点进行检测。若检测出相应缺陷，需要将数据及时反馈给制程工程师，以便及时优化工艺参数，从而提高生产质量，提高后端测试的直通率，降低维修成本。

📋 项目描述

针对已完成表面贴装元器件焊接的实训基板进行焊点检测，检测其是否存在元器件的缺件、偏移、少锡、连锡、错件、极反等不良现象。为避免人工目检的偶然性、随机性、重复性差等问题，要求采用自动光学检测（AOI）设备。

🔗 项目目标

➤ 知识目标
1. 熟悉AOI的基本原理。
2. 熟悉图像的采集过程。
3. 了解AOI设备的结构。

➤ 能力目标
1. 能判别焊接缺陷，分析产生缺陷的主要原因。
2. 能编制检测程序，优化工艺参数。
3. 能独立完成AOI设备的操作。

➤ 素养目标
1. 具有安全生产、规范操作意识。
2. 培养积极思考、举一反三解决问题的能力。
3. 养成自主学习的学习习惯，培养认真细致的工作态度。

🔍 项目分析

能根据AOI作业指导书编辑检测程序，完成检测作业；能根据AOI检测结果，人工复判确认，并能分析产生缺陷的主要原因。能根据AOI检测记录，优化工艺参数，降低对应不良类型的缺陷率。

一、AOI的定义

AOI是通过光学摄像头对PCBA进行扫描，再利用灰度分析、影像对比等逻辑算法对摄像头采集到的PCBA上元器件及焊点的图像进行检测判断，从而发现并标识常见缺陷的过程。

二、AOI的分类

根据配置场合的不同，AOI可分为离线式AOI和在线式AOI两种。为了灵活应对小批量、多品种、转线频繁的生产模式，可以选择离线式AOI，因为它可以独立工作，不受其他产线设备状态的制约。在线式AOI往往固定于某一工序位置上，适合大型企业及产品生产批量很大的场合，可提高设备的使用率和稳定性。

根据应用工艺要求的不同，AOI在生产线上分布的位置也不同，一般情况下可以有效配置到图3-30所示生产线的三个位置。将AOI配制在锡膏印刷之后，称为SPI；将AOI配制在高速贴片机和多功能贴片机之后，称为炉前AOI；将AOI配制在再流焊接之后，称为炉后AOI。前两种AOI属于缺陷预防类，炉后AOI属于缺陷检测类。

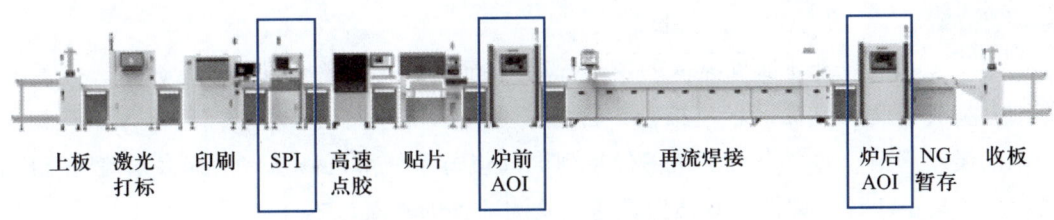

上板　激光打标　印刷　SPI　高速点胶　贴片　炉前AOI　再流焊接　炉后AOI　NG暂存　收板

图3-30　SMT生产线示意图

下面主要以炉后AOI为例进行介绍。

三、AOI的作用

AOI作为工艺过程控制的主要检测设备，对于完善的单板测试检查平台具有重要意义，也为追求6σ品质提供了有力、可靠的保障。

AOI具有检测功能，可检测PCB生产过程中出现的表面缺陷，检测元器件的缺件、偏移、少锡、连锡、错件、极反等不良现象。AOI还具有生产数据收集功能，通过AOI设备SPC的数据反馈统计功能，制程工程师可以及时优化工艺参数，提高生产质量。

AOI是通用的测试检查平台，适合于多种工艺类型单板的测试及检查，可提高后端测试的直通率，降低维修成本。

四、AOI的工作原理

1. AOI的基本原理

人们判断一个物体是否合格，总要事先设定一个标准，如果达到标准，就认为其是合格的；如果达不到标准，则认为其不合格。同样，AOI判断一个元器件是否合格，也会事先设定一个规则，满足规则的合格，不满足规则的就不合格。

AOI的基本原理是用光学手段获取被检测物体图像，然后用软件对图像进行处理，使其数字化并提取特征值，对特征值进行比较、分析，判断被检测物体是否符合预定的工艺要求。也就是说，AOI检测物体的过程是在模拟人眼检测物体的过程，将物体检测自动化、智能化。

图片
AOI光源结构

2. AOI的图像采集

（1）AOI光源结构。AOI光源由三组不同颜色和角度的光源组成。

（2）光学原理。AOI光源通过红色、绿色、蓝色不同角度的光源照射，反映被检测物体曲面的变化情况，从而达到检测元器件焊接弧度的目的。焊点的外形轮廓通常为一个弯月面。

拓展阅读
AOI的图像采集

不同锡面检测情况：① 光滑的平面（如裸铜皮），呈现红色；② 斜率比较小的面（如焊接不良的锡面），呈现绿色；③ 斜率比较大的面（如爬锡良好的锡面），呈现蓝色。

3. AOI的图像处理

通过相机抓取的图像，要进行图像处理，即根据像素分布、亮度和颜色等信息将其转化为需要的数字信号，再将这些数字信号通过某种数字计算方法得到一个百分比的误差阈值。将每个被测试图像得到的阈值与系统中已修正好的标准阈值进行比较，如果比较结果小于标准阈值，则该图像通过检测，否则判断为不合格。

五、Epoch A200设备概况

下面以Epoch A200型AOI检测设备为例，其实物如图3-31所示，部件名称和功能如表3-21所示。

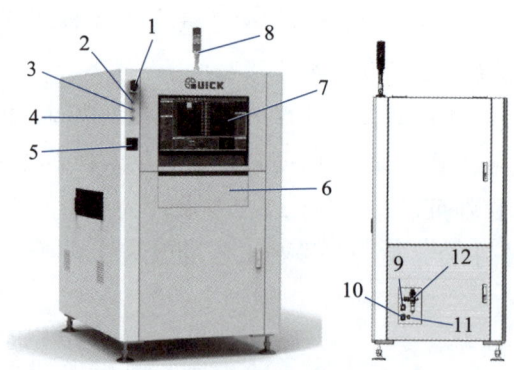

图3-31　Epoch A200设备实物

表 3-21　Epoch A200 设备部件名称和功能

序号	名称	功能
1	紧急开关	按下紧急开关，设备立即停止工作，顺时针旋转紧急开关可恢复正常
2	Start 按钮	开始运行开关
3	Stop 按钮	停止运行开关
4	Reset 按钮	复位开关
5	凸轮开关	设备主电源开关
6	鼠标键盘支架	放置鼠标键盘
7	显示器	显示设备软件及检测情况
8	信号灯	以灯光颜色显示设备运作状态
9	Smema接口（上位机）	连接生产线前段设备的信号通信接口
10	Smema接口（下位机）	连接生产线后段设备的信号通信接口
11	电源防水接头	连接外部电源
12	气压阀/气压表	控制调节气压，显示当前气压状态

任务一

焊点缺陷识别

任务描述

在没有自动化检测设备之前，都是通过目视检查来识别缺陷，操作人员要根据现象判断出缺陷类型，并找出产生缺陷的主要原因，便于后期改进工作。同时，自动化设备检测后也需要人工复判。

任务分析

（1）焊点缺陷识别：在应用中，根据现象判定缺陷类型。

（2）缺陷原因分析：根据缺陷，从人、机、料、法、环等角度分析产生缺陷的主要原因，并提出相应的解决方法。

任务实施

根据缺陷现象辨别缺陷类型，并分析产生缺陷的主要原因，提出相应的解决对策。缺陷识别及对策如表3-22所示。

表3-22 缺陷识别及对策

缺陷名称	图示	现象	主要原因	对策
侧立		贴装元器件横向翻转90°	供料器供料异常	调整更换异常供料器
			元器件吸取中心偏移	示教元器件吸取中心
			吸嘴磨损严重	定期更换吸嘴
缺件		焊盘上缺少元器件	元器件厚度设置异常	设置正确的元器件厚度
			元器件贴装坐标异常	示教正确的贴装位置
			贴装头气路异常、吹气异常	检修贴装头，顺通气路
			PCB较软，支撑顶针设置异常	重新设置支撑顶针的位置
浮高		元器件翘起，未能良好焊接	贴装坐标偏移	示教贴装坐标
			元器件厚度设置异常	设置正确的元器件厚度
			吸嘴选择错误	选择合适的吸嘴
			元器件吸取中心偏移	示教元器件吸取中心
错件		对应位号元器件与BOM不符	贴装程序制作错误	检查更新贴装程序
			贴装头气路异常、吹气异常、贴装异常	检查贴装头气路，保养、更换气路配件
			接料错误	规范接料动作及流程
反向		极性元器件未按正确角度贴装	程序中贴装角度设置错误	检查更新贴装程序
			供料器供料异常，振动过大导致反向	更换不良供料器

缺陷名称	图示	现象	主要原因	对策
翻面		翻转180°	供料器振动大，供料翻面	更换不良供料器
			供料器压盖异常	更换供料器压盖
			编带塑料膜有静电	更换新的物料
偏移		元器件偏出焊盘	贴装坐标偏移	示教贴装坐标
			贴片机夹板器异常，未能正确夹紧	检修PCB夹板器，确认有无异物；检查PCB厚度
			拾取中心偏移	调整拾取中心
			Mark点识别异常	更换Mark点及重新抓取影像
损件		元器件损伤、开裂、磨损	元器件厚度设置异常	设置正确的元器件厚度
			吸取高度及贴装高度过低	调整吸取高度及贴装高度
			支撑顶针设置异常，顶到元器件	调整支撑顶针位置
			元器件离板边过近，被夹板器损坏	旋转90°生产或添加载具

任务评价

按照表3-23所示的评价内容完成任务评价。

表3-23　焊点缺陷识别任务评价表

序号	评价内容	分值	评价情况		
			自我评价	小组评价	教师评价
1	正确判断焊点缺陷	20			
2	依据科学方法，分析焊点缺陷产生的原因	30			
3	正确提出有效改进措施	20			
4	遵守车间工作纪律，安全规范操作	10			
5	团队协作，保质保量完成工作	10			
6	任务实施态度端正，具有敬业精神	10			

贴装元器件焊点 AOI

📑任务描述

　　焊接完成后，需要通过自动化设备来帮助操作人员识别缺陷。操作人员通过 AOI 制作标准元件库，通过光学手段获取被检测物体图形，然后用软件对图像进行处理，使其数字化并提取特征值，对特征值进行比较、分析，判断被检测物体是否符合预定的工艺要求。

📊任务分析

　　（1）正确操作 AOI 设备。
　　（2）自动检测程序制作：根据作业指导书，制作元器件本体窗、字符窗、焊盘窗等，对窗口属性、算法、光源、图形等进行设置。
　　AOI 检测程序制作流程如图 3-32 所示。

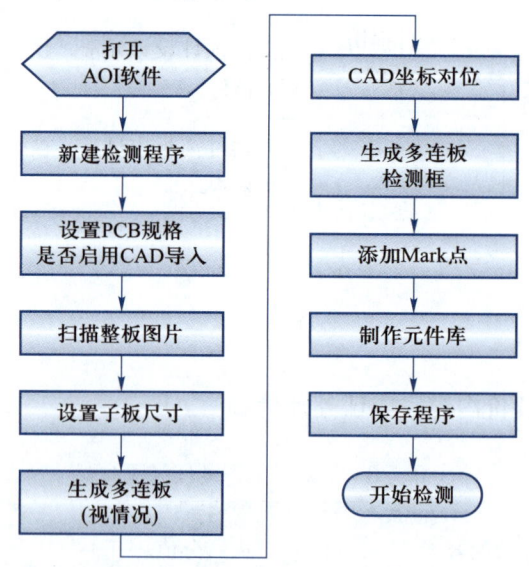

图 3-32　AOI 检测程序制作流程

🖥️任务实施

一、设备开关机

设备开关机操作步骤如表 3-24 所示。

表 3-24　设备开关机操作步骤

步骤	操作	图示
1	设备开机前安全检查	（1）检查电源插头线路有无破损，如有破损请寻求专业电工处理，严禁私自处理，以防触电。 （2）检查电源插头是否安插到位，防止插头接触不良，导致电压不稳损伤设备。 （3）接入电源之前，检查主电源开关是否处于"O"挡，防止瞬间电压不稳，损伤伺服驱动。 （4）检查气压表是否正常工作，气压是否达到 0.5 MPa。 （5）检查紧急开关按钮是否处于旋起状态。 （6）检查轨道内是否有 PCB，防止轨道复位时 PCB 掉落损伤
2	确认通电通气正常、设备无异常后，打开（向上推）空气开关	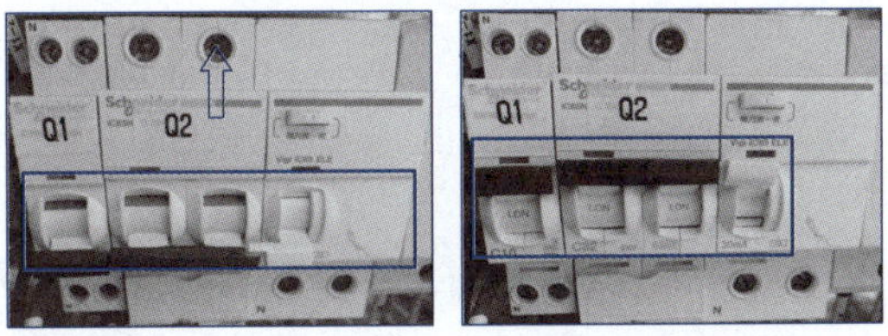
3	顺时针旋转主电源开关，使开关从"O"挡切换到"I"挡	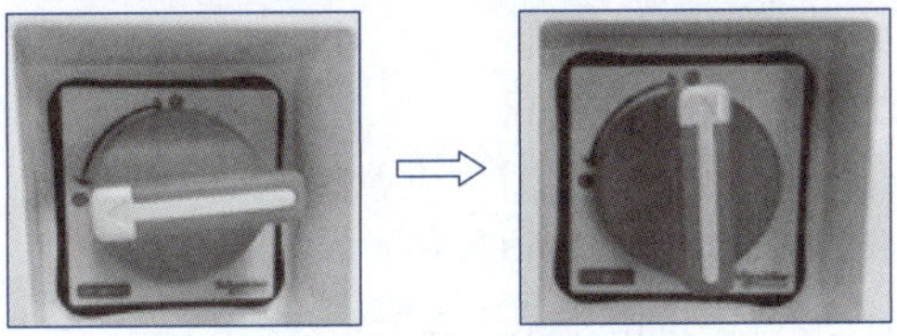
4	按下计算机开关，开启计算机主机，计算机开机完成后，在 Windows 系统桌面上双击 QuickAOI 图标，启动软件	
5	进入软件主界面，单击"复位"按钮，待软件复位完成后，再按前面板上的复位按钮，复位按钮指示灯处于常亮状态，此时伺服启动完成	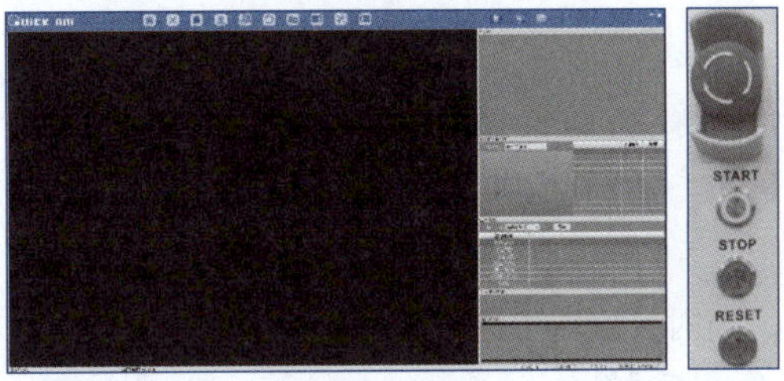

步骤	操作	图示
6	单击软件主界面菜单栏打开文件，进入程序选择界面。双击要调用的程序，单击"确定"按钮	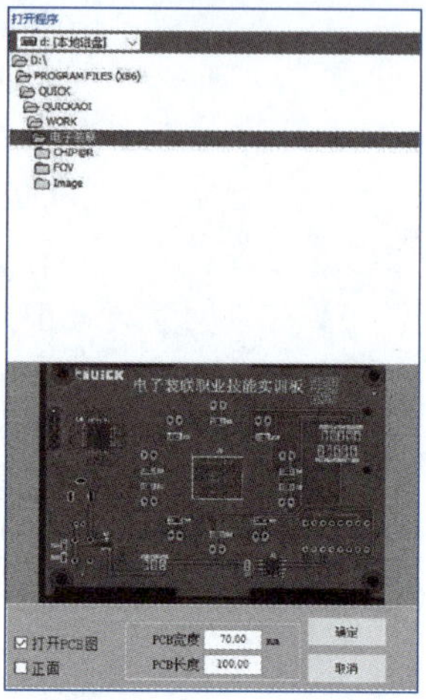
7	系统提示是否执行调宽。如需调整轨道，单击"是"按钮，否则单击"否"按钮	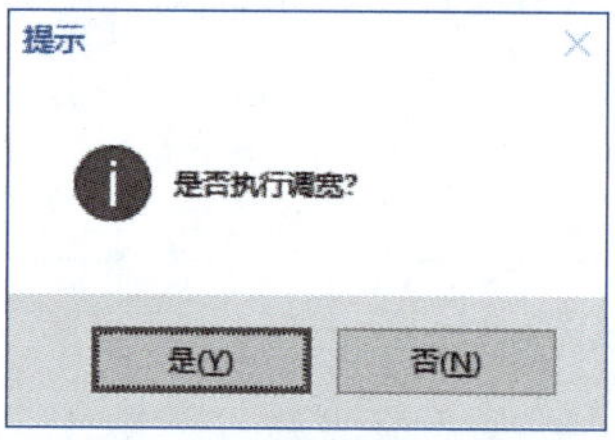
8	单击"自动运行"按钮，再按下前面板上的Start按钮，设备进入自动测试状态	
9	单击"停止运行"按钮，并关闭AOI主程序	
10	单击桌面左下角的"开始"按钮，选择"电源"→"关机"，关闭计算机	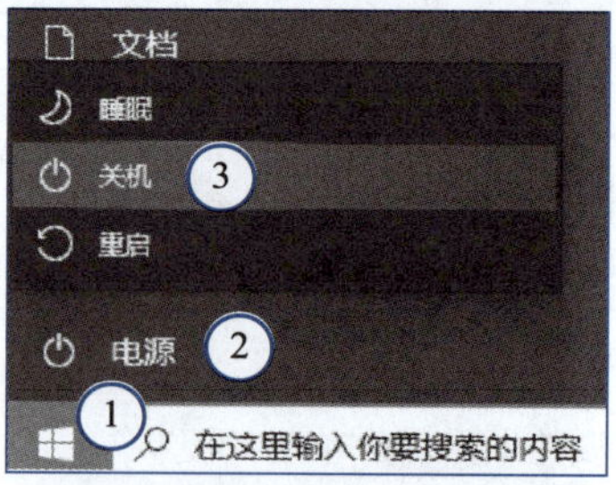
11	逆时针旋转主电源开关，转至"O"挡	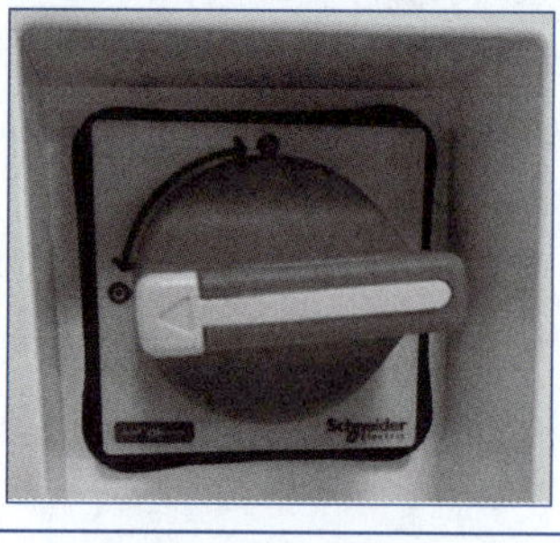

二、AOI软件界面工作区认知

1. 主界面工作区分布

主界面工作区分布如图3-33所示。

图3-33中各部分说明如下：

① 操作菜单栏：详细功能如表3-25所示。

② 检测图片实时显示区域。

③ 缩略图：显示当前程序标准图片缩略图。

④ 检测结果区：显示当前PCB检测结果。

⑤ 前10种不良现象分析：显示统计前10种不良现象的位号、料号、类型的饼状图。

⑥ 生产信息：可以按整板、单板、元件等方式统计检测总数、良品数、不良数、良品率、检测时间、C/T等生产信息。

⑦ 流水线状态：显示当前流水线的工作状态。

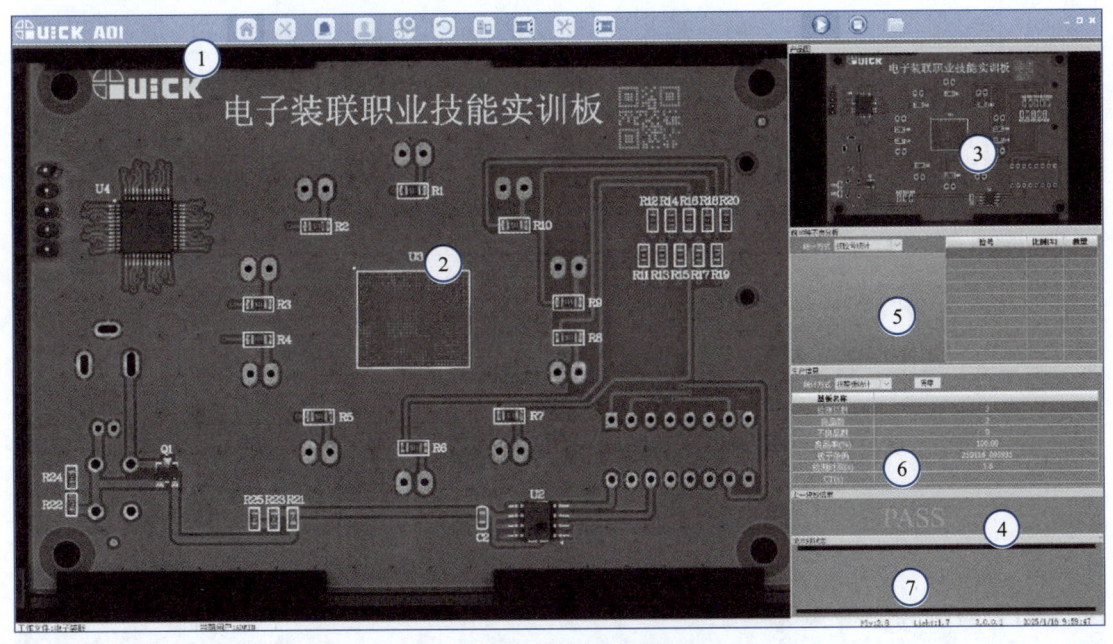

图3-33   主界面工作区分布

表3-25   操作菜单栏的详细功能

按钮	功能	按钮	功能
	主界面，单击回到软件主界面		报警界面，单击可查看设备报警记录信息
	编辑界面，单击进入程序编辑界面		用户登录界面，可更改当前用户账号及对用户账号权限进行管理

按钮	功能	按钮	功能
	系统设置，设备的基本设置及校正		出板
	复位，对设备进行复位操作		自动运行
	设备，可手动操作移动相机位置来查看相机的实时取像状况		停止运行
	进板		打开程序
	打开维修站		

2. 编辑界面工作区分布

编辑界面工作区分布如图3-34所示。

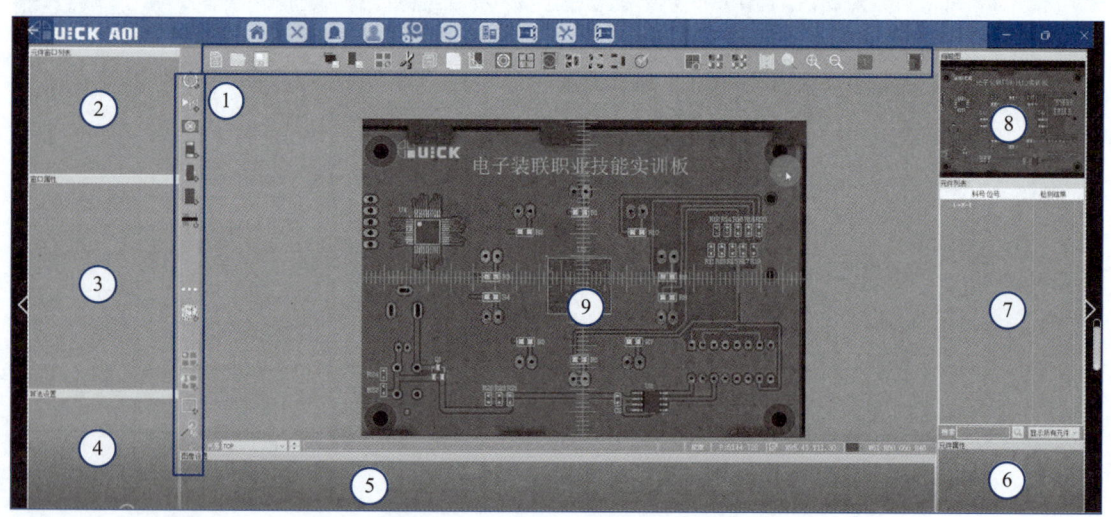

图3-34　编辑界面工作区分布

图3-34中各部分说明如下：

① 程序编辑快捷菜单栏。

② 元件窗口列表：显示当前元件的检测窗口列表。

③ 窗口属性：显示当前检测窗口的检测属性及参数。

④ 算法设置：参数设置、颜色设置、灰阶设置、光源选择、模型管理。

⑤ 图像设置：当前检测窗口实时图像显示，有4种显示方式供选择。

拓展阅读
程序编辑快捷菜单栏的详细功能

⑥元件属性：显示元件名称、料号、元件库、子板号、元件坐标及角度等信息。

⑦元件列表：显示当前程序所有元件位号、名称及所属料号。

⑧缩略图：显示当前PCB缩略图。

⑨PCB整图：显示PCB扫描整图。

三、检测程序制作

以电子装联实训基板为例，制作一个贴片电阻少锡、露铜的检测程序，具体步骤如表3-26所示。

表3-26　检测程序制作步骤

步骤	操作	图示
1	双击图示图标，打开对应AOI软件	
2	进入主界面，输入密码"1"，确认并获得管理员权限	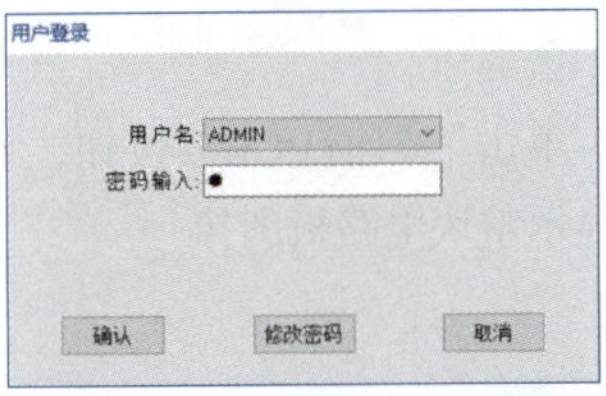
3	单击AOI软件上的"复位"按钮◎和设备上的复位按钮，对设备进行回原点的操作	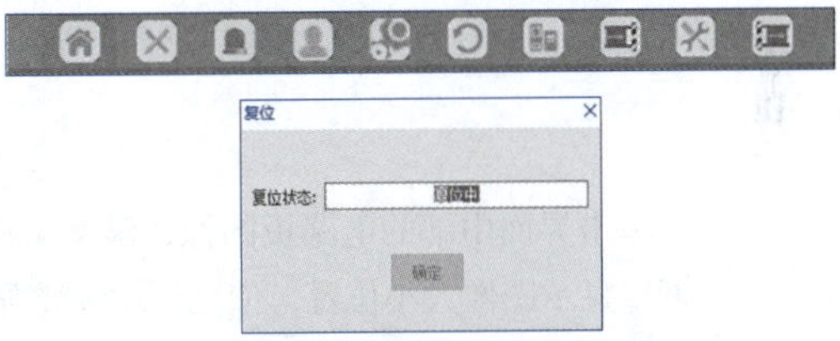
4	单击"进板"按钮▣	
5	单击"编辑界面"按钮✕，进入程序编辑界面	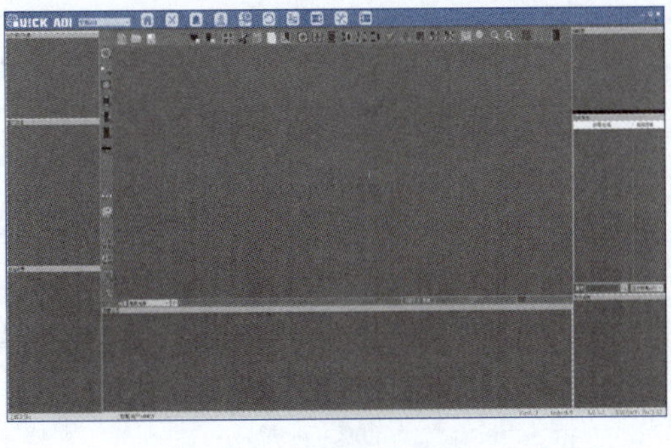

步骤	操作	图示
6	单击"新建检测程序"按钮 ，新建检测程序，输入相应内容后，将程序名改为"电子装联1"，设置好保存位置，将线路板长度改为100 mm，线路板宽度改为70 mm，因为是单板，没有拼板，所以PCB阵列的横向、纵向均为1。其他根据实际依次更改，最后单击"确定"按钮	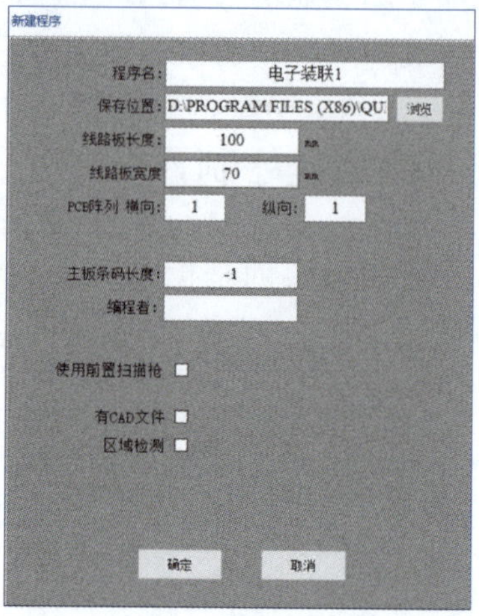
7	单击"扫描PCB"按钮，相机扫描拍摄并显示整块电路板图像	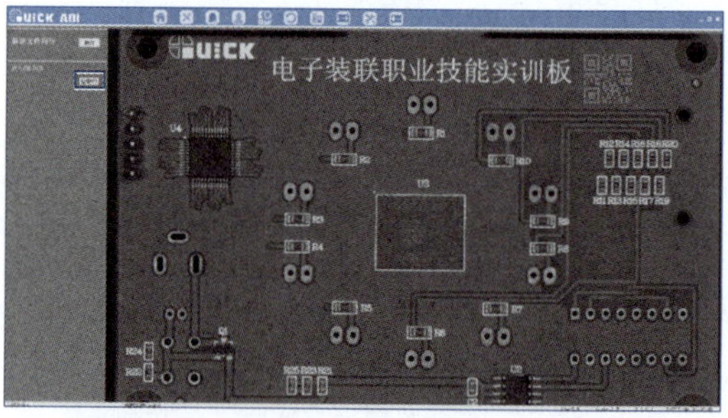
8	单击界面中部的电路板图像，滚动鼠标滚轮调整显示图像大小位置，使之居中完整显示	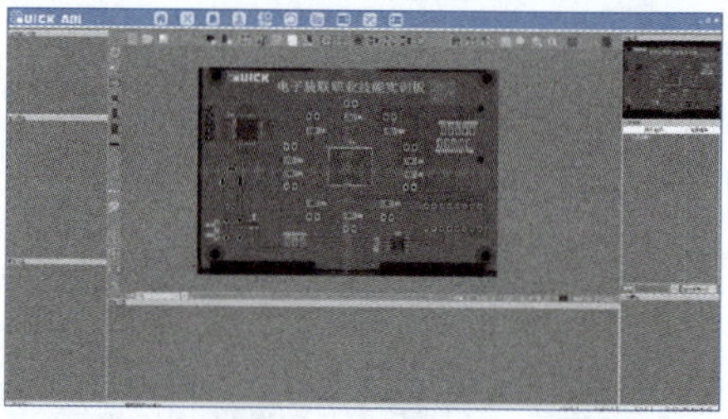
9	将紫色网格线十字中心移动到电路板左上角Mark点处，单击"添加Mark"按钮	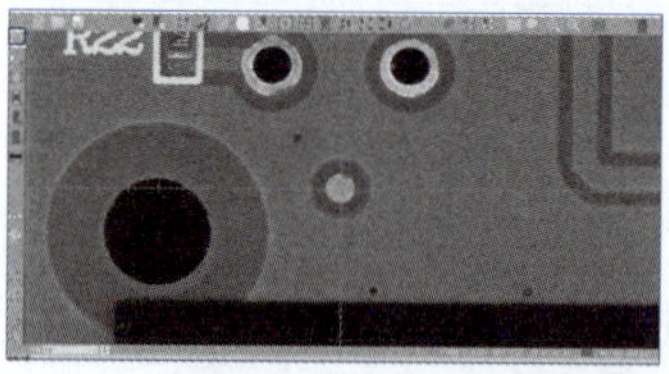 视频 AOI Mark点编辑
10	将"元件名称""新元件库"改为"M1"，单击"新建元件库"按钮	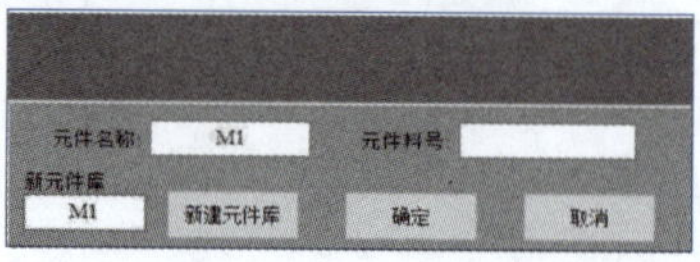

步骤	操作	图示
11	双击绿色Mark1检测窗口，进入Mark1编辑状态	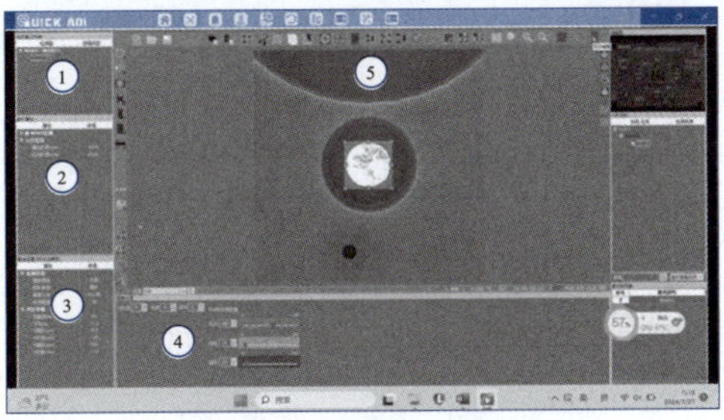
11-1	① 元件窗口列表	
11-2	② 窗口属性：将Mark检测范围调到实际大小	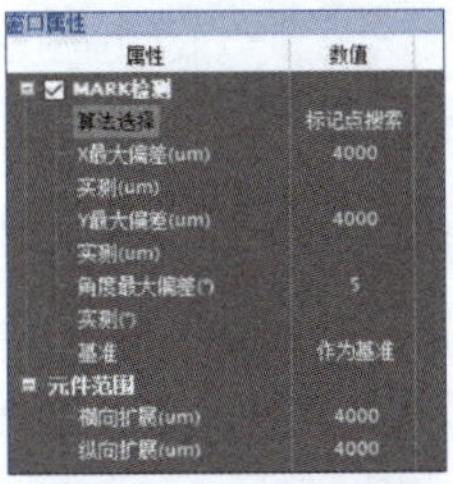
11-3	③ 算法设置：双击Mark点，弹出算法设置内容，检测参数、判定参数设置如图示	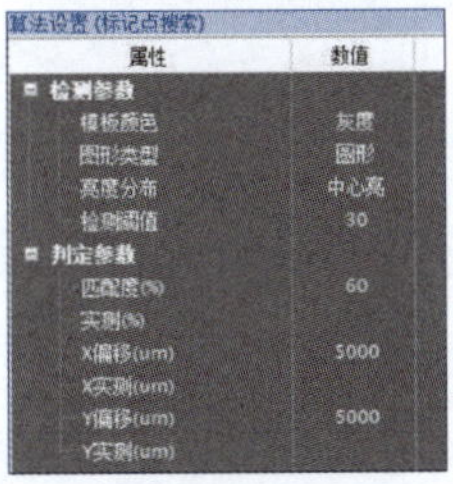
11-4	④ 图像设置：先将光源设为TOP顶光源（视效果决定），再调节检测参数，"RGB转灰度权重"参考值如图示	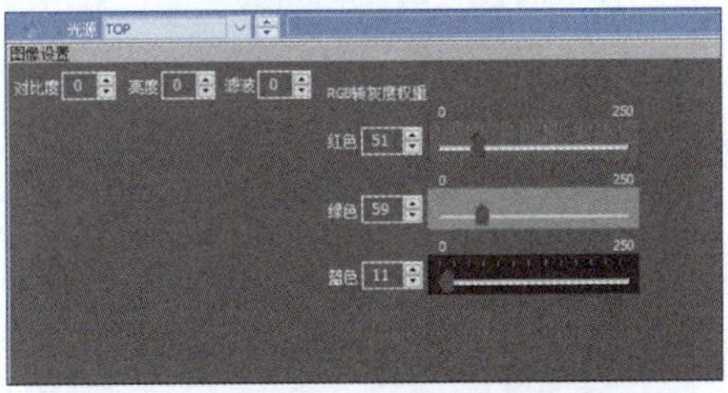
11-5	⑤ 单击"窗口检测"按钮，测得实际值为94.1，大于匹配度60，即为合格。再单击"检测元件"按钮，Mark1检测结束	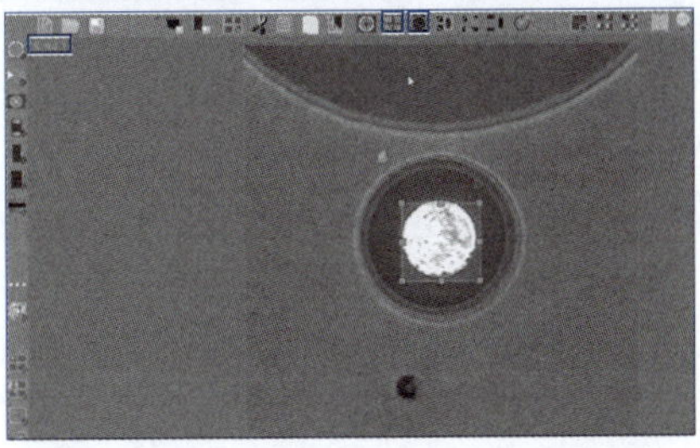

步骤	操作	图示
12	添加 Mark2（M2）	
13	进入 Mark2 编辑窗口，相应参数设置步骤与 Mark1 一致	
14	添加元件，以 R1 电阻为例，将紫色十字光标放到 R1 电阻中心	
15	单击"添加贴片阻容"按钮 ，将"元件名称""新元件库"改为 R，单击"新建元件库"按钮	
16	双击元件，进入元件编辑界面，让元件本体窗、字符窗、焊盘窗在一个检测框内	
	贴片电阻本体窗编辑  视频 电阻本体窗、字符窗编辑	
17	框出 R1 电阻本体部分，右击，选择"添加窗口"→"本体窗"	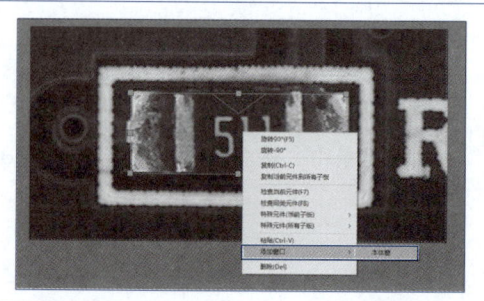

步骤	操作	图示
17-0	本体窗编辑，具体步骤如①～⑥	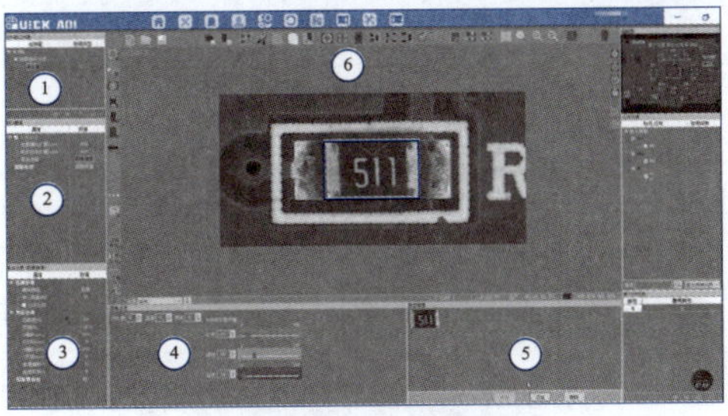
17-1	① 元件窗口列表：显示"本体窗"	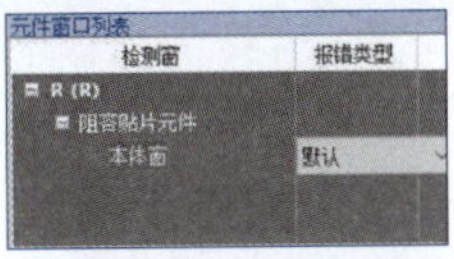
17-2	② 窗口属性：将元件本体框调整至实际大小，"算法选择"选"图像搜索"	
17-3	③ 算法设置（图像搜索）：检测参数、判定参数设置如图示	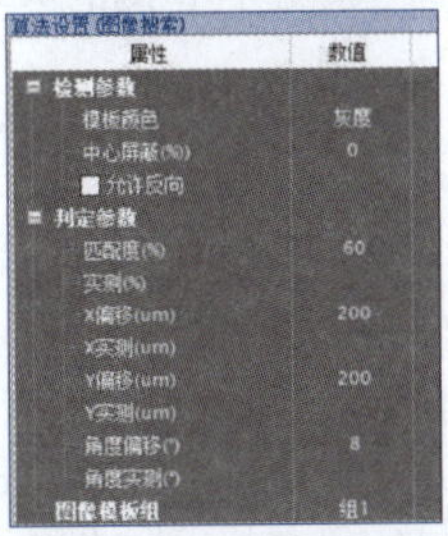
17-4	④ 图像设置：将光源设置为SIDE边光源，"RGB转灰度权重"参考值如图示	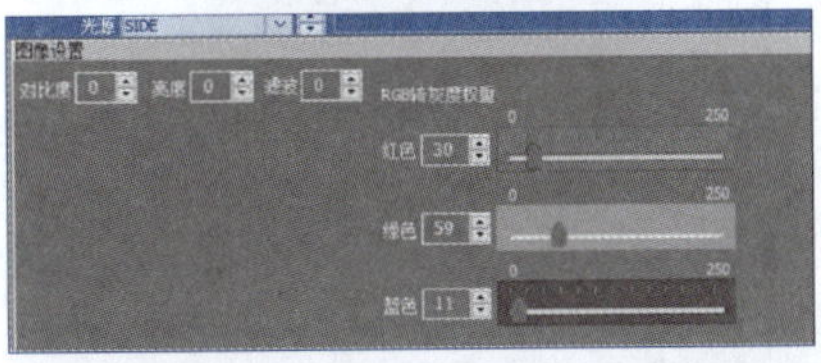
17-5	⑤ 模型管理：单击"添加"按钮，文本出现在此区域	
17-6	⑥ 单击"元件检测"按钮	

步骤	操作	图示
	贴片电阻OCV窗编辑	
18	右击R1电阻，选择"添加窗口"→"OCV"	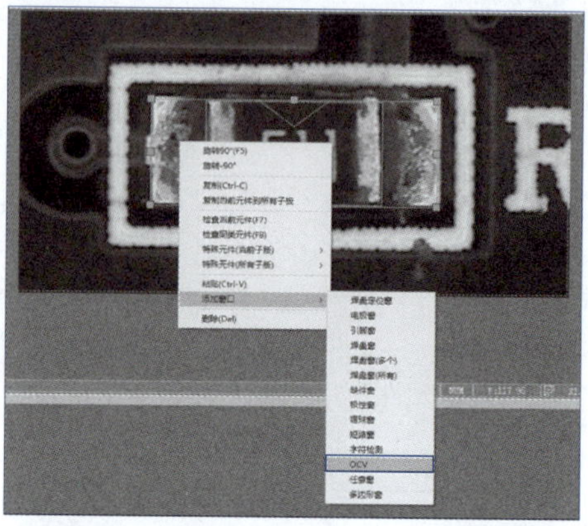
19	框选OCV字符检测的区域：511	
20	OCV字符窗编辑，步骤如①～⑦	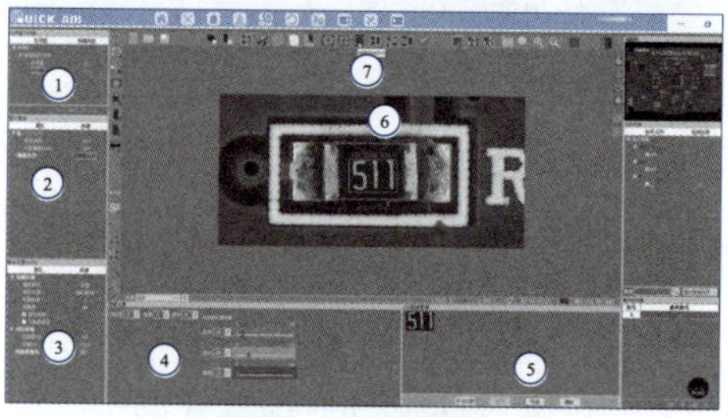
20-1	① 元件窗口列表：显示"OCV窗"	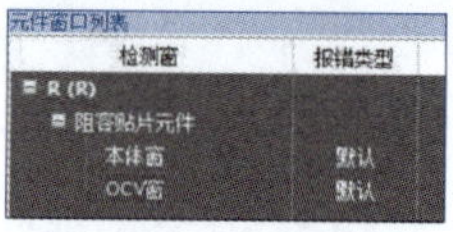
20-2	② 窗口属性："算法选择"选"OCV"	
20-3	③ 算法设置（OCV）：检测参数中"分割数量"改为3（根据实际字符情况：因为此电阻511有3个字符，故"分割数量"为3）；又因为电阻无极性，不勾选"极性检测"；判定参数设置如图示	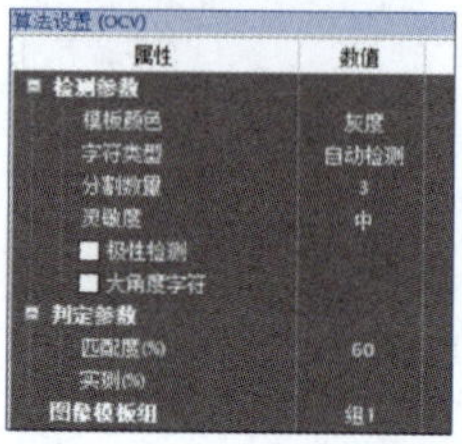

步骤	操作	图示
20-4	④ 图像设置：光源设置为 SIDE 边光源，"RGB 转灰度权重"参考值如图示（使字符明显区别于周边环境，轮廓鲜明）	
20-5	⑤ OCV 图库管理：单击"添加"按钮	
20-6	⑥ 对字符进行分割	
20-7	⑦ 单击"元件检测"按钮查看效果	
	贴片电阻焊盘窗编辑  视频 电阻焊盘窗编辑（以少锡、露铜为例）	
21	右击 R1 电阻，选择"添加窗口"→"焊盘窗"	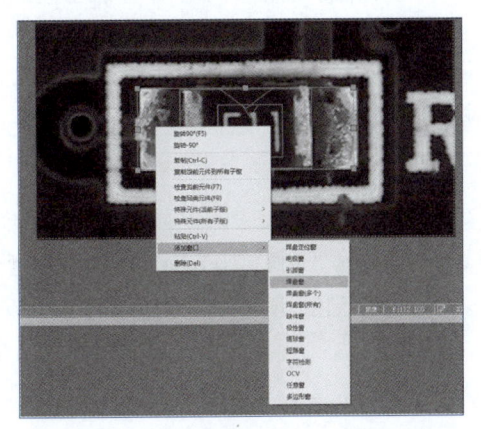

步骤	操作	图示
22	单击鼠标拖曳出单侧焊盘对应的检测区域，焊盘窗自带功能包含少锡、虚焊、焊盘露铜、连锡等检测	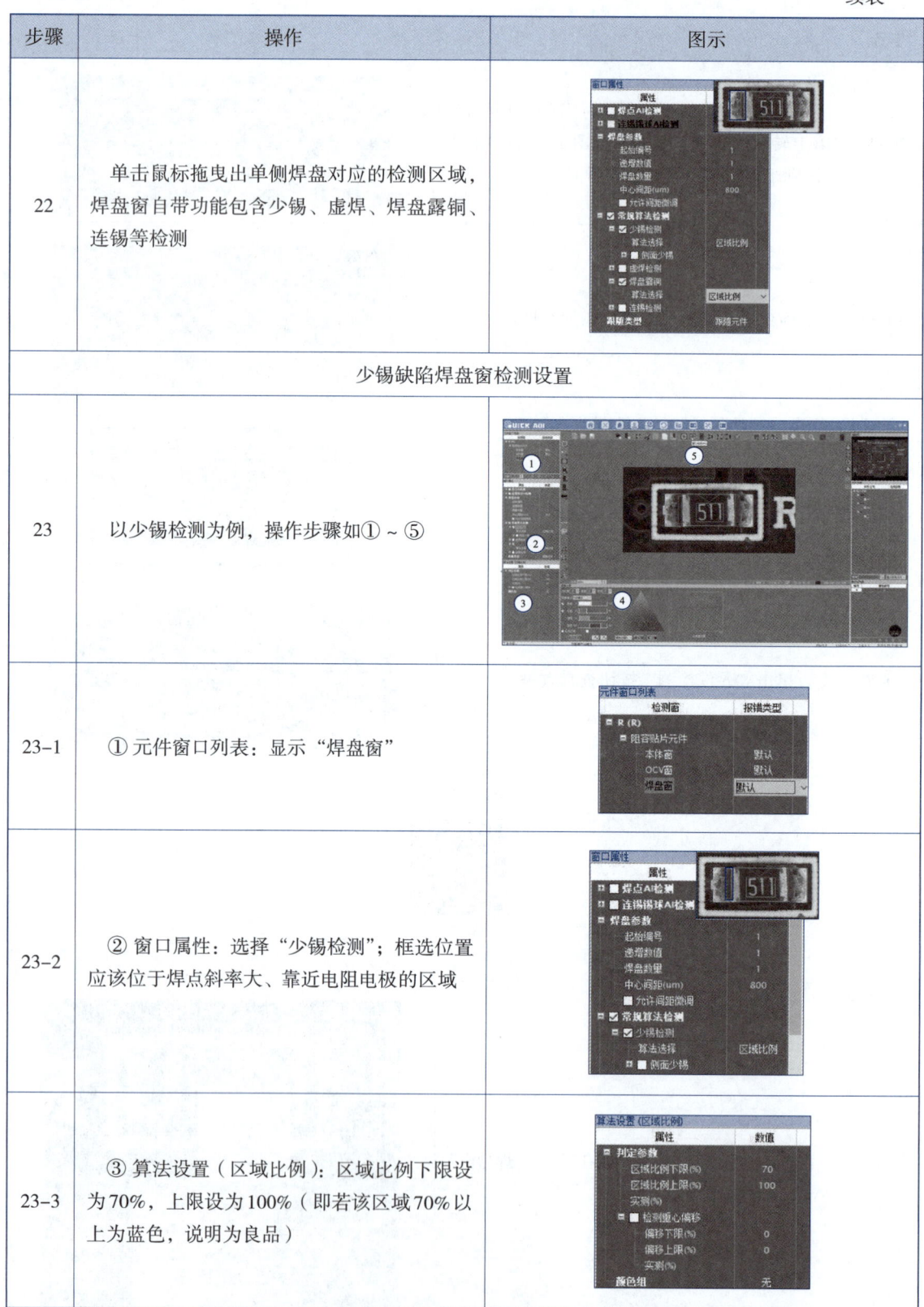
	少锡缺陷焊盘窗检测设置	
23	以少锡检测为例，操作步骤如①～⑤	
23-1	① 元件窗口列表：显示"焊盘窗"	
23-2	② 窗口属性：选择"少锡检测"；框选位置应该位于焊点斜率大、靠近电阻电极的区域	
23-3	③ 算法设置（区域比例）：区域比例下限设为70%，上限设为100%（即若该区域70%以上为蓝色，说明为良品）	

步骤	操作	图示
23-4	④ 图像模式：光源设置为SIDE4边光源；图像模式选择"RGB模式"；灰度、红色、绿色、蓝色参考值如图示（实际按标准焊点近电极侧主要呈现蓝色，所以需要把蓝色抽取出来）	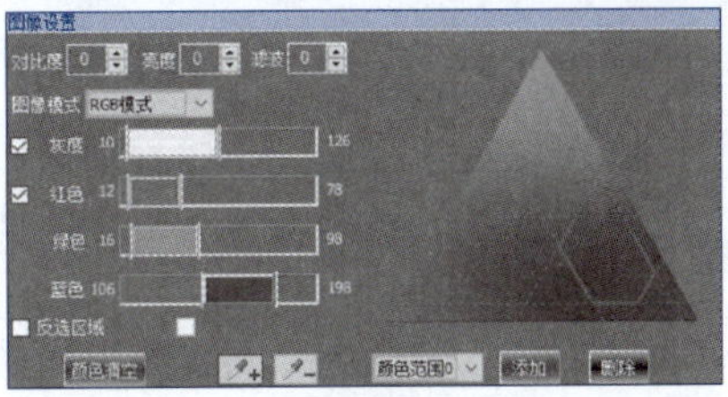
23-5	⑤ 单击"窗口检测"按钮，查看检测结果	
	焊盘露铜缺陷焊盘窗检测设置	
24	以焊盘露铜检测为例。操作步骤如①～④	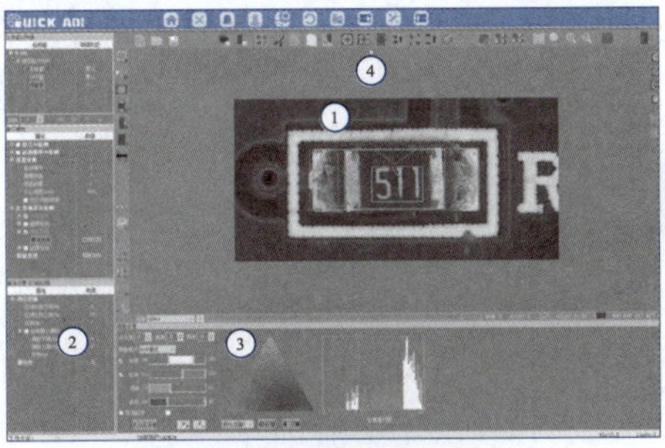
24-1	① 窗口属性：选择"焊盘露铜"；框选位置应选择远离电极、焊点斜率较小的区域	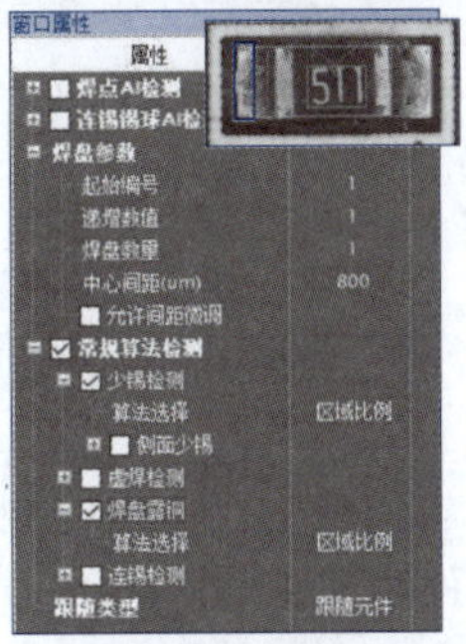
24-2	② 算法设置（区域比例）：区域比例下限设为0%，上限设为30%（焊盘平面部分，超过20%为不良）	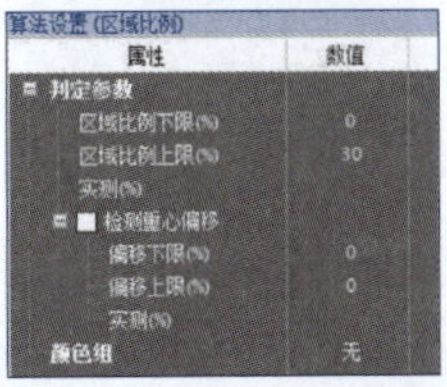
24-3	③ 图像设置：光源先设为SIDE4光源；图像模式选择"RGB模式"，灰度、红色、绿色、蓝色参考值如图示（实际按标准焊点远离电极侧主要呈现少量红色，所以需要把红色抽取出来）	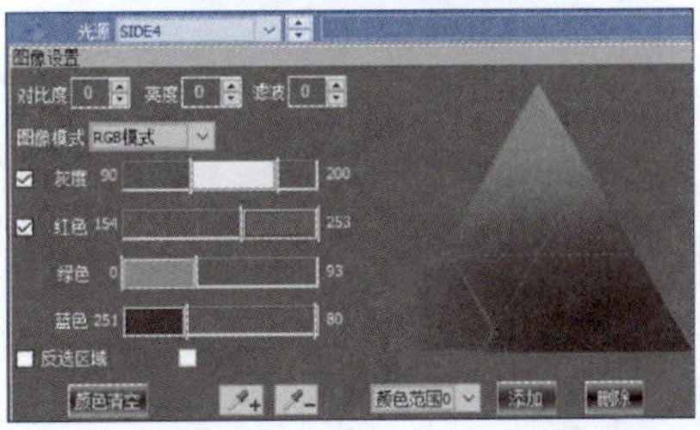

续表

步骤	操作	图示
24-4	④ 单击"窗口检测"按钮 ，再单击"检测元件"按钮 ，双击元件周边退出编辑状态	
25	根据上述步骤，电阻单侧焊盘检测窗设置完毕。在检测窗内右击，选择"复制"→"X对称复制"。同时，如果电路板上有相同元件，可以选择元件，再右击复制，将所设的相关参数复制到另一个元件上	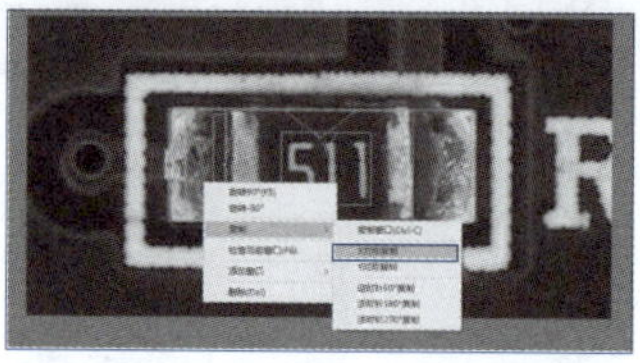 视频 同型号元件编辑
26	单击"检测同类元件"按钮，再单击元件空白处，退出编辑状态	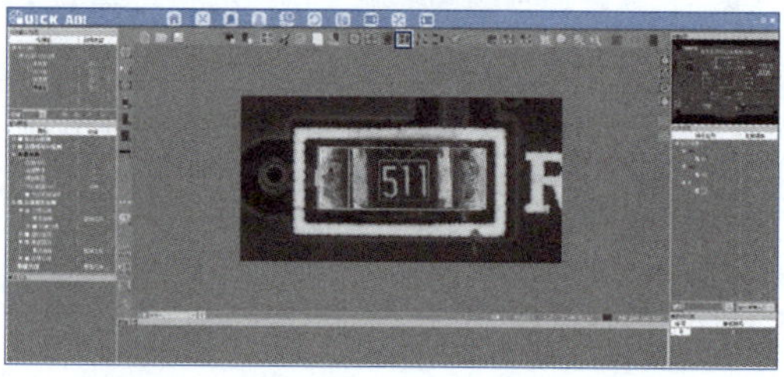
27	单击"保存"按钮，选择保存路径，将程序文件名改为"电子装联1"，并单击"确定"按钮	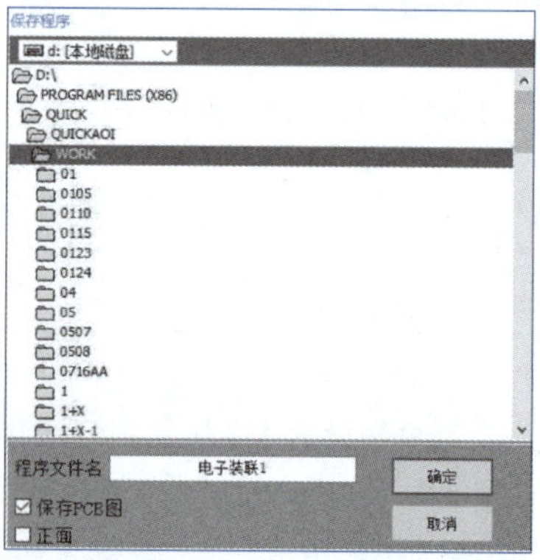
28	开始生产。① 单击"主界面"按钮。② 单击"打开程序"按钮。③ 找到相应文件，单击"确定"按钮	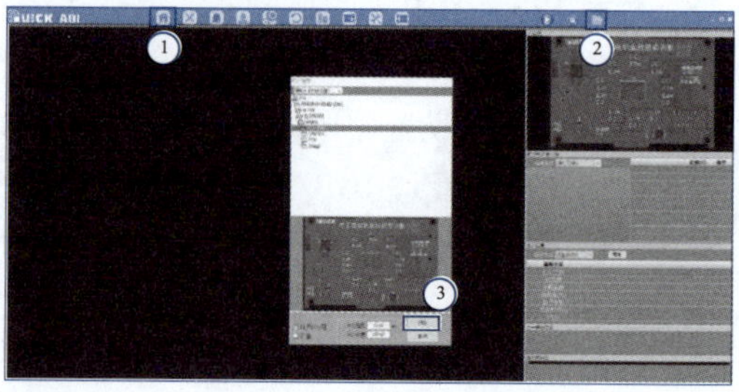

步骤	操作	图示
29	① 单击"出板"按钮。② 单击"自动运行"按钮。③ 生产信息："统计方式"选"按整板统计"	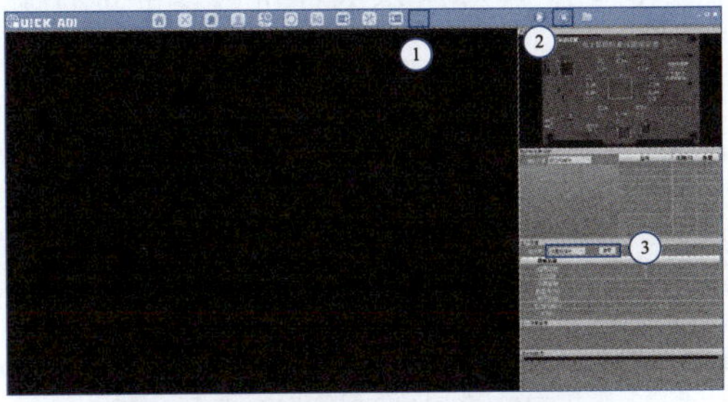
30	检测完成，显示"FAIL"。电阻511的OCV出错，因为一开始设置的OCV窗为正向511，一旦反向115，机器与标准识别不符，就会报错提示，实际电阻没极性，不能算错	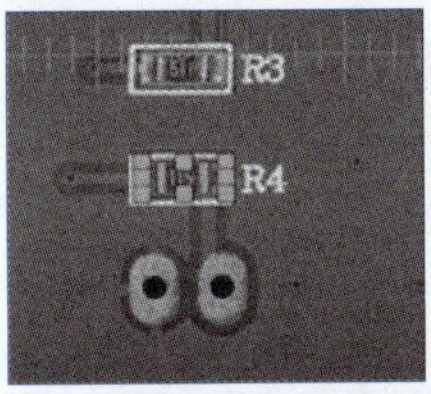 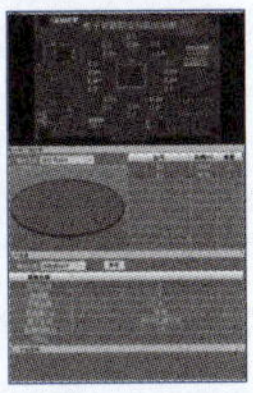
31	需要优化。先添加新本体窗，和前面本体窗参数设置一致	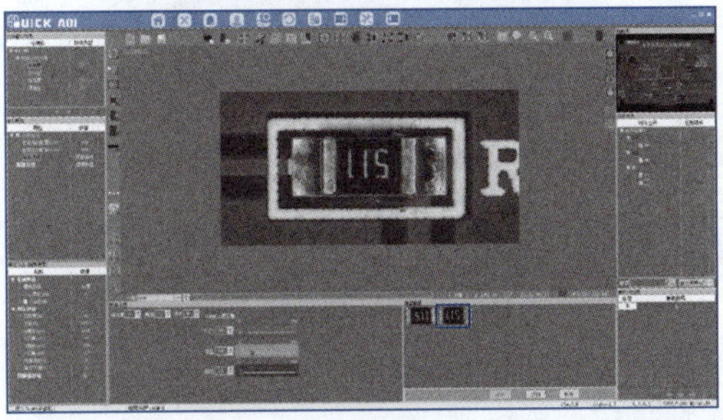
32	再添加新OCV窗，确保电阻511在正向和反向的情况下都能检测通过	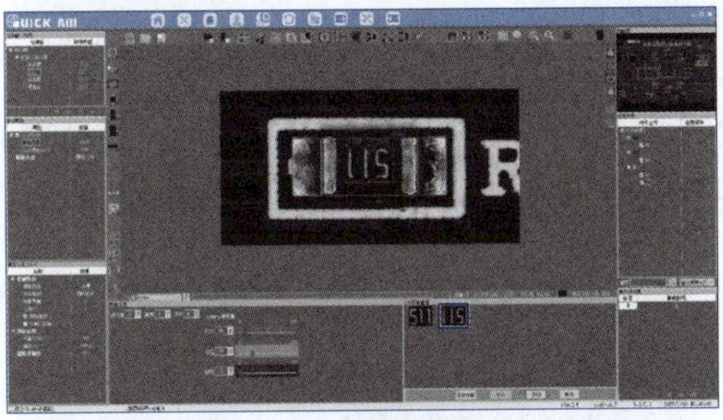
33	优化完成	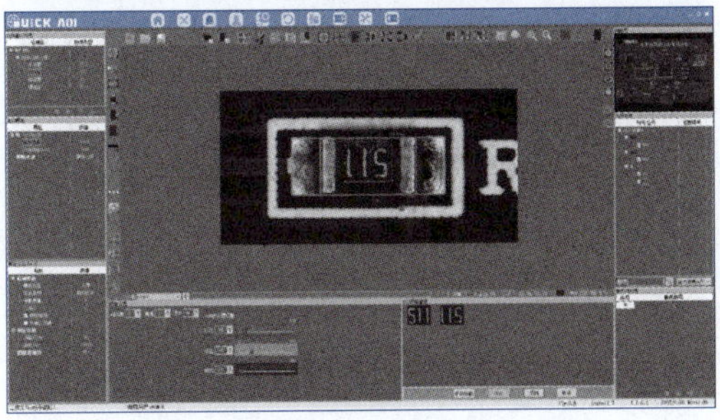

按照表3-27所示的评价内容完成任务评价。

表 3-27   贴装元器件焊点 AOI 任务评价表

序号	评价内容	分值	评价情况		
			自我评价	小组评价	教师评价
1	正确设置Mark点	15			
2	正确设置窗口属性、光源属性	15			
3	正确设置本体窗、字符窗、焊盘窗的算法	20			
4	正确设置本体窗、字符窗、焊盘窗的灰度、红色、绿色、蓝色数值	20			
5	遵守车间工作纪律，安全规范操作	10			
6	团队协作，保质保量完成工作	10			
7	任务实施态度端正，具有敬业精神	10			

📝 项目小结

通过本项目的学习，读者可以了解AOI设备的结构，熟悉AOI的基本原理、图像的采集过程；能判别焊接缺陷，分析产生缺陷的主要原因；能编制检测程序，优化工艺参数。

💭 思考题

1. AOI的基本原理是什么？
2. 露铜情况下灰度、红色、绿色、蓝色的值设为多少合适？
3. 缺件产生的主要原因是什么？解决对策有哪些？
4. 错件的解决对策有哪些？

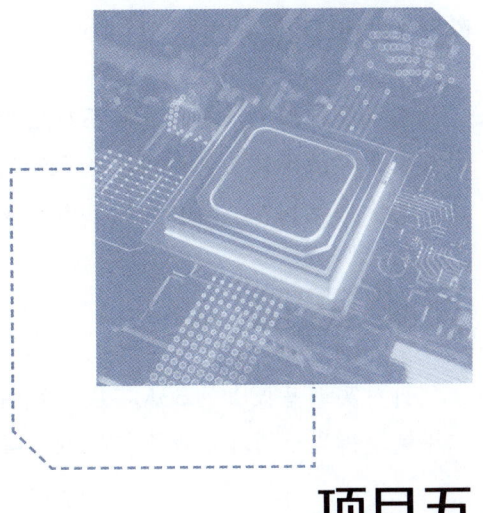

项目五

BGA 返修

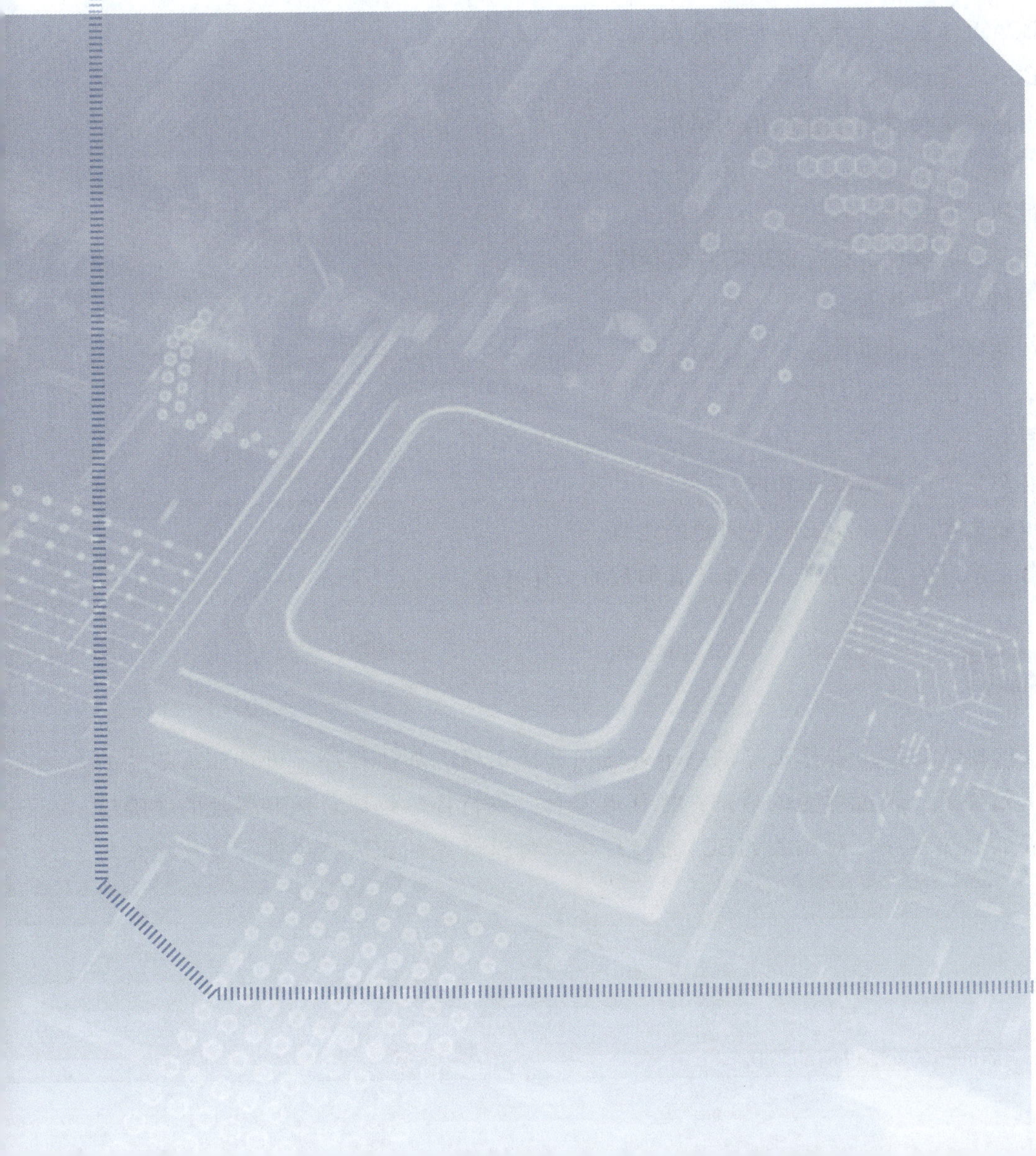

项目引入

在电子产品生产中，焊接不良总会发生，BGA芯片作为PCB上最核心的器件，成本高昂，当其发生焊接不良，具有极大的返修价值。但与普通元器件返修不同，BGA芯片由于结构原因，返修难度较大，需要专用的返修设备与返修方法。

项目描述

针对实训基板上的BGA芯片，如图3-1中的U3，能对出现BGA焊接缺陷的基板进行正确的烘烤、拆焊、清理、焊接与检测，确保返修质量。要求采用红外BGA返修台进行返修。

项目目标

➤ **知识目标**

1. 了解BGA返修主要步骤及各步骤要求。
2. 了解BGA返修台结构。
3. 了解返修质量标准及焊接缺陷的识别。

➤ **能力目标**

1. 会进行PCB的烘烤。
2. 会操作BGA返修台，进行BGA芯片的拆焊、对位与焊接。
3. 会清理拆焊后的焊盘。
4. 能够判断BGA返修质量。
5. 能独立完成BGA返修工艺。

➤ **素养目标**

1. 具有安全生产、规范操作意识。
2. 培养积极思考、举一反三解决问题的能力。
3. 养成自主学习的学习习惯，培养认真细致的工作态度。

项目分析

依据返修的BGA芯片，进行正确的烘干处理；选择正确的加热程序，进行BGA芯片的拆焊；按照工艺要求，进行焊盘的清洁；操作返修台，进行BGA锡球与PCB焊盘的准确对位；选择正确的加热程序，对贴放的BGA进行焊接；对返修完的BGA芯片进行质量检查与判定。

BGA返修台是一种专门用于BGA等复杂芯片的半自动化返修设备，BGA返修台能够更好地控制BGA返修的温度，完成对芯片的返修，获得更高的焊接品质，并最大限度保证芯片的完好。

返修台型号众多，图3-35所示为EA-H15X红外型BGA返修台，它主要由IR加热系统、预热平台、固定机构、光学棱镜精密对位系统、测温装置、RPC监控系统、计算机等组成。BGA返修台按照程序设置，模拟再流焊接温度曲线，自动控制顶部和底部温度、加热时间、风量大小，并可实现自动吸取、自动拆卸芯片；通过测温装置精确测量BGA焊接温度缺陷；通过光学棱镜精密对位系统实现芯片的自动对位贴放等。

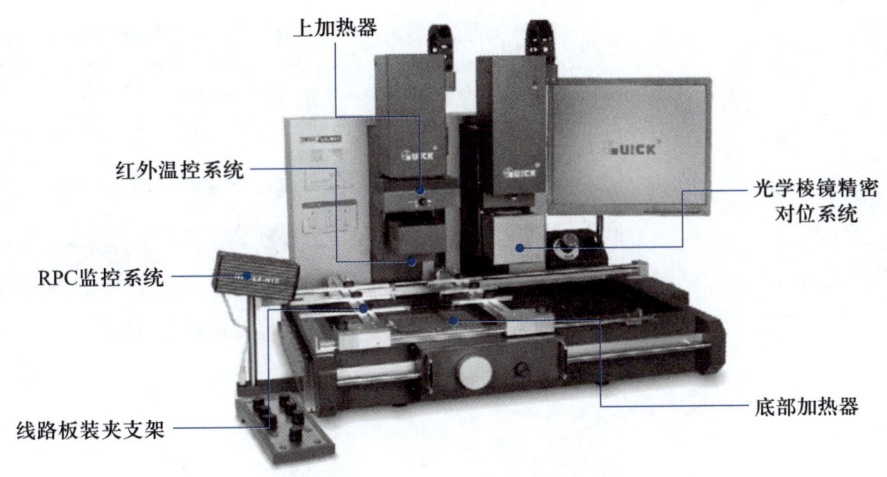

图3-35　EA-H15X红外型BGA返修台

1. 对位调节控制盒

对位调节控制盒用于返修中焊盘与BGA芯片的对位调节，如图3-36所示，各旋钮具体功能如下。

Z：吸嘴上下高度调节，用于改变芯片与棱镜之间的距离，调节芯片图像的清晰度。

R：吸嘴水平旋转角度调节，可调节芯片图像的水平旋转角度。

ZOOM/IN-OUT：显示图像的放大和缩小。

FOCUS/SUCK：焦距调节，使图像清晰。

TOP-LIGHT：顶部灯亮度调节，即调节显示的芯片引脚图像的亮度。

BOT-LIGHT：底部灯亮度调节，即调节显示的PCB焊盘图像的亮度。

2. PCB位置调节旋钮

返修时，PCB需要固定，也需要根据返修流程进行位置改变。设备台面上设置有专门用于PCB固定及位置调节的旋钮，如图3-37所示，图中各旋钮功能如下。

① 轨道宽度固定旋钮：根据PCB宽度调节轨道宽度，对PCB进行夹持，夹持好PCB后，旋紧该旋钮对轨道进行固定，保证PCB夹持牢固可靠。

②轨道左右移动千分尺：位于操作台前方，调节白色旋钮，可实现轨道在操作台面上的左右移动，进而实现PCB的左右移动，确定好PCB位置后，可旋紧黑色旋钮进行位置固定。

③轨道前后移动千分尺：位于操作台右侧，调节白色旋钮，可实现轨道在操作台面上的前后移动，进而实现PCB的前后移动，确定好PCB位置后，可旋紧黑色旋钮进行位置固定。

图3-36　对位调节控制盒

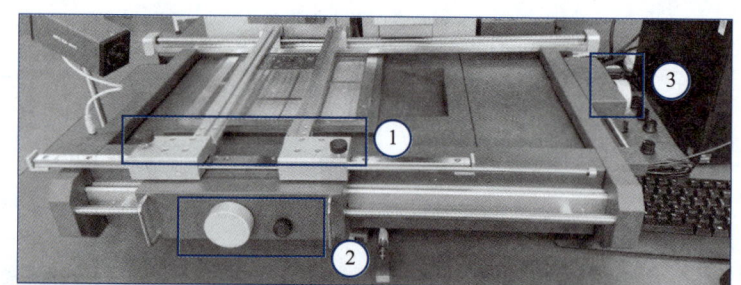

图3-37　PCB位置调节旋钮

任务一

BGA返修准备

📖 任务描述

在BGA返修前，根据PCB的吸湿情况，一般需要对PCB进行烘干处理；针对PCB上对温度敏感的元器件，返修加热时需要进行隔热保护；在拆焊与焊接时，需要提供正确的加热温度以保证BGA芯片的返修质量，所以需要提前对加热温度曲线进行测试。

📲 任务分析

根据产品要求，使用PCB专用烘干箱，设置正确的烘干条件，对PCB进行烘干处理。制作好相应的测温板，使用BGA返修台，设置加热温度，进行加热温度曲线的测试与调试，保证可靠的返修质量。

一、PCB烘干

长期暴露在空气中的PCB，由于吸收了空气中的潮气，板内存在水分，返修时对PCB加热会让水分蒸发形成水蒸气，由于无法迅速排出而导致PCB分层鼓包，所以在返修前，PCB需要使用专用烘干箱进行烘干祛湿。烘干步骤如下：

（1）将PCB放入专用烘干箱内，烘干箱设置烘干温度为80 ℃，烘干时间为24 h。

（2）烘干结束，将PCB从烘干箱中取出，放入专用存储箱内，烘干后的PCB应在当天完成返修，避免PCB二次受潮。

二、元器件保护

在PCB上，所需返修的芯片周围可能存在一些不耐高温的元器件，返修中的加热热量可能导致这些元器件的损坏或性能劣化，需要进行保护。保护方法如下：

（1）热风型BGA返修台。使用高温胶带保护热敏元器件，阻挡热空气流动，达到隔热效果。

（2）红外型BGA返修台。使用铝箔保护热敏元器件，利用铝箔的反射功能降低元器件对红外热辐射的吸收，达到隔热效果。

图片
高温胶带与铝箔

三、加热温度曲线测试

BGA返修需要通过加热对旧BGA芯片进行"拆"，以及对新BGA芯片进行"焊"。正确的加热温度曲线是保证BGA"拆""焊"质量的关键。在BGA返修前，需要提前测试好加热温度曲线。加热温度曲线的测试步骤如下：

（1）测温板制作。将K型测温线的测温点埋在BGA芯片的焊点上，测温点以对角形式布置，使用红胶及高温胶带进行固定。将测温板的测温插头接入设备测温接口。测温板制作如图3-38所示。

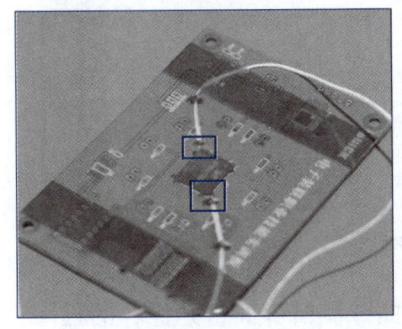
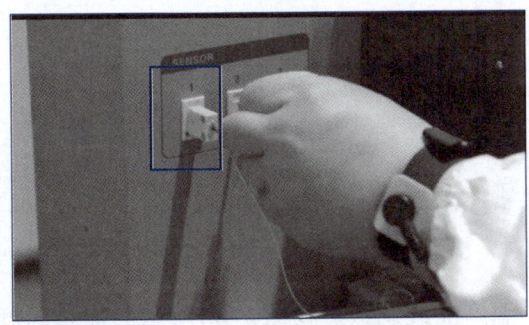

图3-38　测温板制作

（2）PCB固定。利用轨道夹持固定测温板，通过设备上的轨道左右和前后移动千分尺移动轨道，使设备加热指示激光对准BGA芯片中心，如图3-39所示。确定好PCB位置后，旋紧轨道上黑色的轨道宽度固定旋钮，固定PCB。

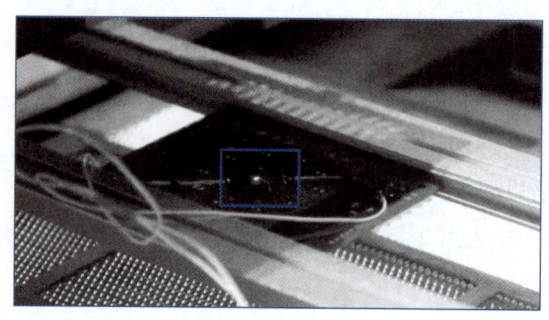

图3-39　PCB固定

（3）加热温度曲线测试。如图3-40所示。在计算机端打开BGASOFT软件，单击"选择流程"按钮，选择对应的加热流程，"工作模式"选择"焊"，单击"开始"按钮，使设备对BGA芯片进行加热。加热流程结束后，单击"停止"按钮，观察软件中的加热温度曲线，并单击"保存曲线"按钮。

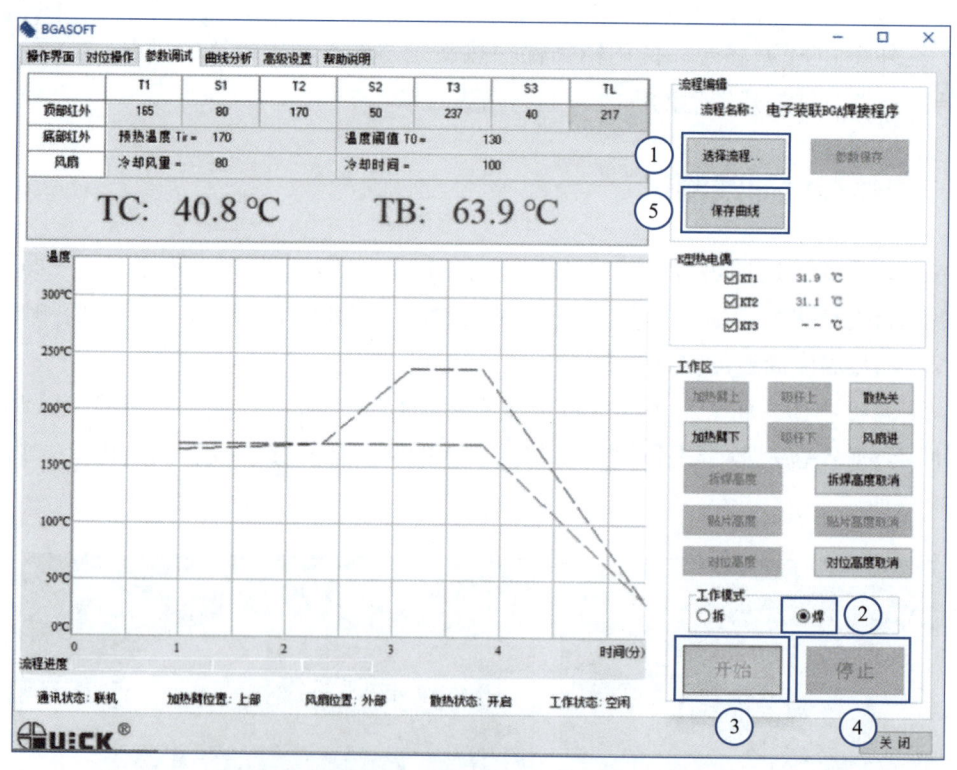

图3-40　加热温度曲线测试

（4）温度曲线调试。在图3-40所示的加热温度曲线测试界面打开保存的程序，参考再流焊接标准温度曲线，对测试的加热温度曲线进行数据分析并调整，直至满足工艺要求。

按照表3-28所示的评价内容完成任务评价。

表3-28　BGA返修准备任务评价表

序号	评价内容	分值	评价情况		
			自我评价	小组评价	教师评价
1	正确烘干待维修的PCB	15			
2	正确进行元器件保护	15			
3	正确进行加热温度曲线测试	20			
4	遵守车间工作纪律，安全规范操作	20			
5	团队协作，保质保量完成工作	20			
6	任务实施态度端正，具有敬业精神	10			

任务二

BGA返修操作

🖥️ 任务描述

　　熟悉并理解BGA返修台的结构及工作原理，完成BGA芯片拆焊、对位贴放、焊接等工作，保证返修品质。

📋 任务分析

　　根据产品要求，正确操作BGA返修台，选择正确的拆焊流程完成BGA芯片的拆焊；对拆焊后的BGA焊盘进行正确的手工清洁操作；正确操作返修台进行新的BGA芯片与焊盘的对位；选择正确的焊接程序完成BGA芯片的焊接；进行焊接品质检测，确保返修质量。

🖼️ 任务实施

　　BGA返修操作流程如图3-41所示。

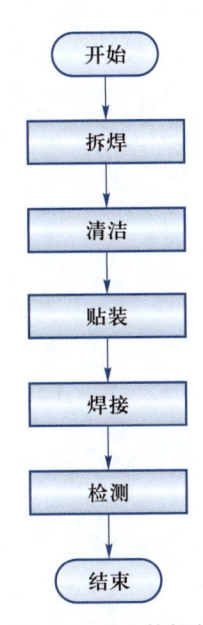

图3-41　BGA返修操作流程

一、拆焊

视频
拆焊

拆焊的目的是将有焊接缺陷或故障的BGA芯片通过红外加热的方式从PCB上拆卸下来，要求拆焊后不对芯片和PCB造成损伤。BGA拆焊的步骤如下：

（1）PCB固定。利用轨道夹持固定PCB，通过设备上的轨道左右和前后移动千分尺移动轨道，使设备加热指示激光对准BGA芯片中心。确定好PCB位置后，旋紧轨道宽度固定旋钮，固定PCB。

（2）PCB加热。在软件中单击"选择流程"按钮，选取对应的返修流程，"工作模式"选择"拆"，单击"开始"按钮，设备开始按照程序设定的温度对PCB进行加热。

（3）芯片拆取。加热流程结束，设备吸杆自动下行，对芯片进行吸取并拆解，拆解后的芯片自动放置在预定位置。待散热完成后，旋松轨道宽度固定旋钮，取出PCB。

二、清洁

拆焊后的PCB焊盘存在残锡，需要在手工焊接台面进行人工清理，如果不清理将影响后期BGA的贴放和焊接。清洁步骤如下：

（1）准备。准备好清洁工具与材料，如烙铁、吸锡带、锡丝、助焊膏、毛刷、无纺布、酒精。

（2）涂抹助焊膏。使用毛刷蘸取助焊膏，对整个BGA焊盘进行涂抹。

（3）烙铁拖焊。使用烙铁对焊盘拖焊，有铅元器件焊盘清理时，烙铁温度一般设置为340 ℃ ± 40 ℃；无铅元器件焊盘清理时，烙铁温度一般设置为370 ℃ ± 30 ℃。拖焊带走大部分残锡，实现焊盘的预清理，并对PCB起到预热作用。

（4）吸锡带清锡。预清理后的焊盘还残留少量残锡，使用烙铁配合吸锡带，对焊盘进行进一步清理。烙铁头按压吸锡带，待焊料熔化后，在焊盘上缓慢拖动吸锡带，通过吸锡带的毛细作用，带走焊盘上剩下的残锡，如图3-42所示。

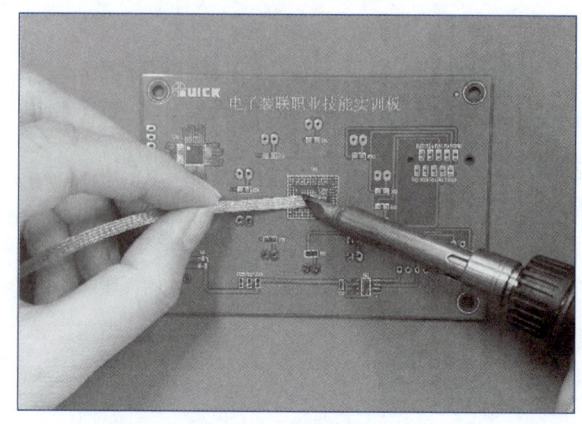

图3-42　吸锡带清锡

（5）酒精清洗。使用蘸过酒精的无纺布，对焊盘进行擦拭清洗，将残留的助焊剂清洗干净。清洗后的焊盘要保证无残锡和助焊剂。

（6）助焊膏涂抹。使用毛刷对清洗干净的焊盘进行助焊膏涂抹，助焊膏涂抹要均匀，不可涂抹太多。涂抹助焊膏后的焊盘要在30 min内完成返修焊接。

清理的过程对烙铁的使用技巧要求较高，需多加练习，要特别注意以下几点：

（1）拖焊时压力不可过大，防止损伤PCB。

（2）使用吸锡带拖焊的速度不可过快，防止焊点温度跌落。

（3）当无法拖动吸锡带时，要清理烙铁头，对烙铁头进行上锡，压在吸锡带一段时间使焊料熔化后再实施拖焊。

三、贴装

BGA芯片的贴装步骤如下：

（1）PCB固定。利用轨道夹持固定PCB，通过设备上的轨道左右和前后移动千分尺移动轨道，使设备加热指示激光对准BGA芯片中心。确定好PCB位置后，旋紧轨道宽度固定旋钮，固定PCB。

视频
贴装

（2）芯片放置。按照芯片的极性点，手动将待焊接BGA芯片放置在焊盘上。在计算机软件的"对位操作"界面，单击"对位臂出"按钮。

（3）PCB位置移动。对位棱镜伸出后，通过旋钮移动PCB轨道，将PCB移动到对位工位，使PCB图像出现在对位棱镜摄像头监控范围内。

（4）吸嘴对位。调节轨道左右和前后移动千分尺，调整PCB位置，使吸嘴图像对准BGA芯片中心，如图3-43所示，白色光圈为吸嘴图像，黑色方形图像为BGA芯片。

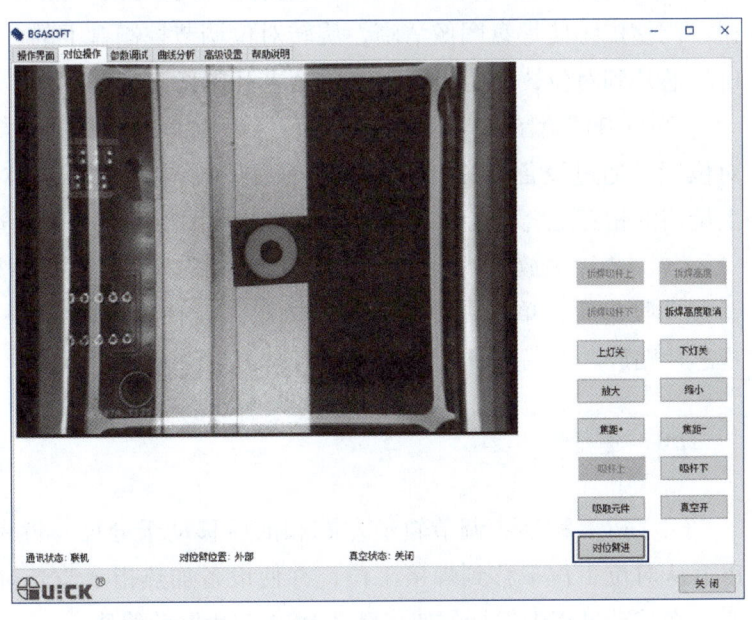

图3-43 吸嘴对位

（5）芯片吸取。吸嘴对准BGA中心后，在图3-43所示"对位操作"界面中单击"对位臂进"按钮，对位棱镜收起。在图3-44所示界面中单击"吸取元件"按钮，吸嘴自动下行，吸取BGA芯片。

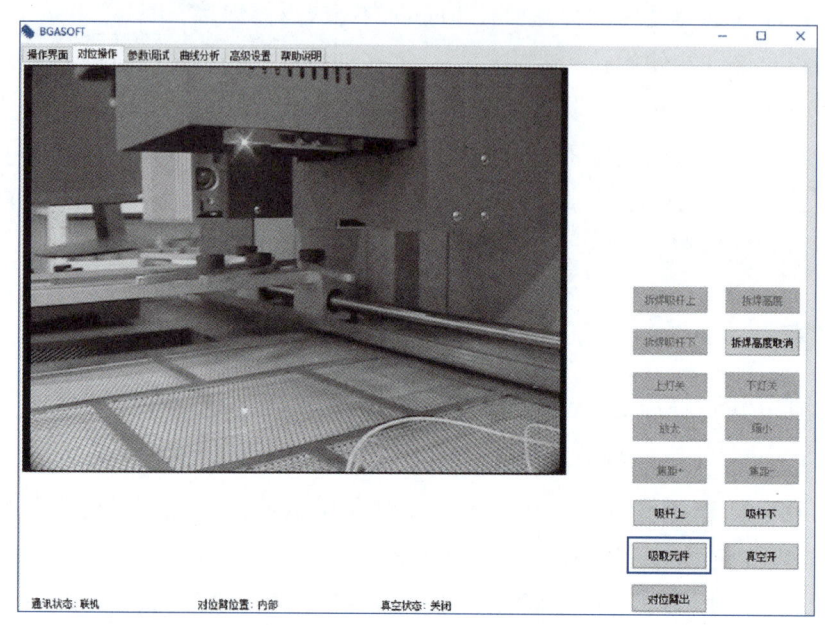

图3-44　芯片吸取

图片
芯片与焊盘对位

（6）芯片与焊盘对位。芯片吸取后，通过软件监控窗口可观察芯片与焊盘之间的相对位置，其中蓝色为吸取的芯片图像，橙色为BGA焊盘图像。

芯片与焊盘之间的对位操作步骤如下：

① 调整图像焦距。单击"对位操作"界面上的"焦距+""焦距-"按钮，调整焦距使焊盘图像清晰，旋转对位调节控制盒上的"Z"旋钮，调整BGA芯片到对位棱镜的距离，使BGA芯片图像清晰。

图片
PCB焊盘图像与
芯片图像对位

② PCB焊盘图像与芯片图像对位。根据PCB焊盘图像与芯片图像的相对位置，通过设备上的PCB左右和前后位置调节千分尺与对位调节控制盒上旋钮的相互配合，使PCB焊盘图像与芯片图像完全重合，达到对位准确。

（7）芯片贴放。图像完全重合后，单击"对位臂进"按钮，待对位棱镜自动收起后，单击"贴放元件"按钮，吸有芯片的吸嘴杆自动下行，实现芯片贴放。

四、焊接

视频
焊接

（1）PCB移动。调节轨道左右和前后移动千分尺，将完成对位贴放的PCB从对位工位平移到焊接工位，并使设备加热指示激光对准BGA芯片中心。在移动过程中保持匀速，防止BGA芯片振动偏移。

（2）开启焊接流程。在软件的"操作界面"中单击"选择流程"按钮，选择测试好的对应焊接流程，"工作模式"选择"焊"，单击"开始"按钮，系统开始加热焊接。

（3）观察锡球塌陷情况。在"对位操作"界面中通过视频监控窗口查看BGA芯片焊接的实时图像。通过对位调节控制盒上的"ZOOM/IN-OUT"旋钮放大、缩小图像，通过"TOP-LIGHT"旋钮调节照明亮度，通过"FOCUS/SUCK"旋钮调节焦距，使观测的锡球图像清晰，如图3-45所示。

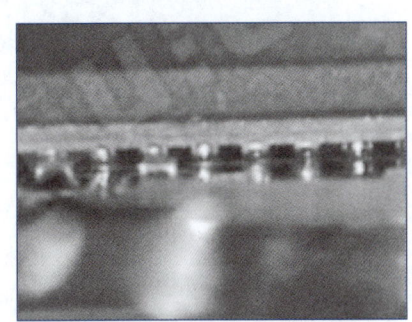

图3-45 观察锡球塌陷情况

（4）焊接完成。大概5 min后，焊接完成，设备自动打开冷却系统，通过风扇对PCB进行冷却。冷却结束后，BGA芯片即完成焊接。

五、检测

焊接完成后，需要对BGA芯片的焊接质量进行检测，以确保焊接的可靠性，主要通过目检和X-Ray（X射线）技术进行判定，检测方法如下：

（1）目检。在照明条件良好的工作台面，通过放大镜等工具，目视检查BGA芯片的焊接是否偏移，是否在丝印框内；观察BGA芯片四周的焊点，是否有虚焊、桥连、锡珠等缺陷；观察BGA芯片周围，是否有锡珠、变形及其他缺陷；从芯片侧面观察BGA芯片塌陷高度是否一致，焊锡球是否形成规则的鼓形等，判断芯片是否存在明显高跷、锡球桥连、锡球不规则等异常情况。

（2）X-Ray检测。通过X-Ray检测图像中锡球颜色的深浅等，可以观察锡球内部的焊接情况，是否存在虚焊、桥连、气泡等缺陷。X-Ray检测如图3-46所示。

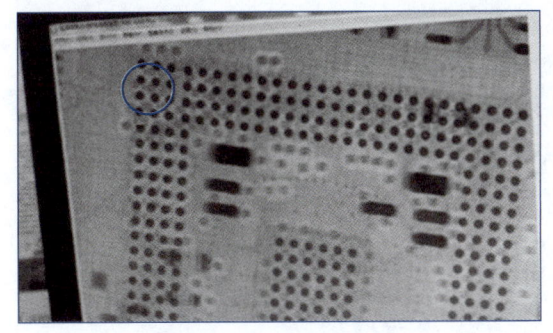

图3-46 X-Ray检测

✎ **任务评价**

按照表3-29所示的评价内容完成任务评价。

表 3-29　BGA 返修操作任务评价

序号	评价内容	分值	评价情况		
			自我评价	小组评价	教师评价
1	正确拆焊 BGA 芯片	20			
2	正确清洁 PCB	10			
3	正确对位并贴放 BGA 芯片	20			
4	正确焊接 BGA 芯片	10			
5	会分析 BGA 芯片的焊接品质，并提出改进措施	10			
6	遵守车间工作纪律，安全规范操作	10			
7	团队协作，保质保量完成工作	10			
8	任务实施态度端正，具有敬业精神	10			

项目小结

通过本项目的学习，读者可以了解 BGA 返修系统的作用，了解 BGA 返修的准备工作，掌握 BGA 返修的基本步骤和方法，并能对返修结果进行分析。

思考题

1. BGA 返修台由哪几部分构成？
2. PCB 返修前为什么要进行烘干？
3. BGA 返修操作的流程是什么？
4. BGA 芯片拆除后如何进行焊盘的清洁？
5. 在 BGA 返修台上如何进行芯片与焊盘的准确对位？

模块四
通孔元器件自动装联

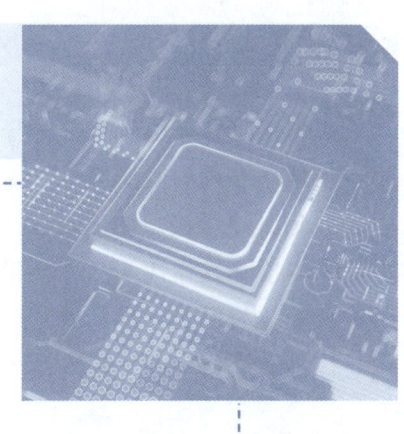

项目一
选择性波峰焊接

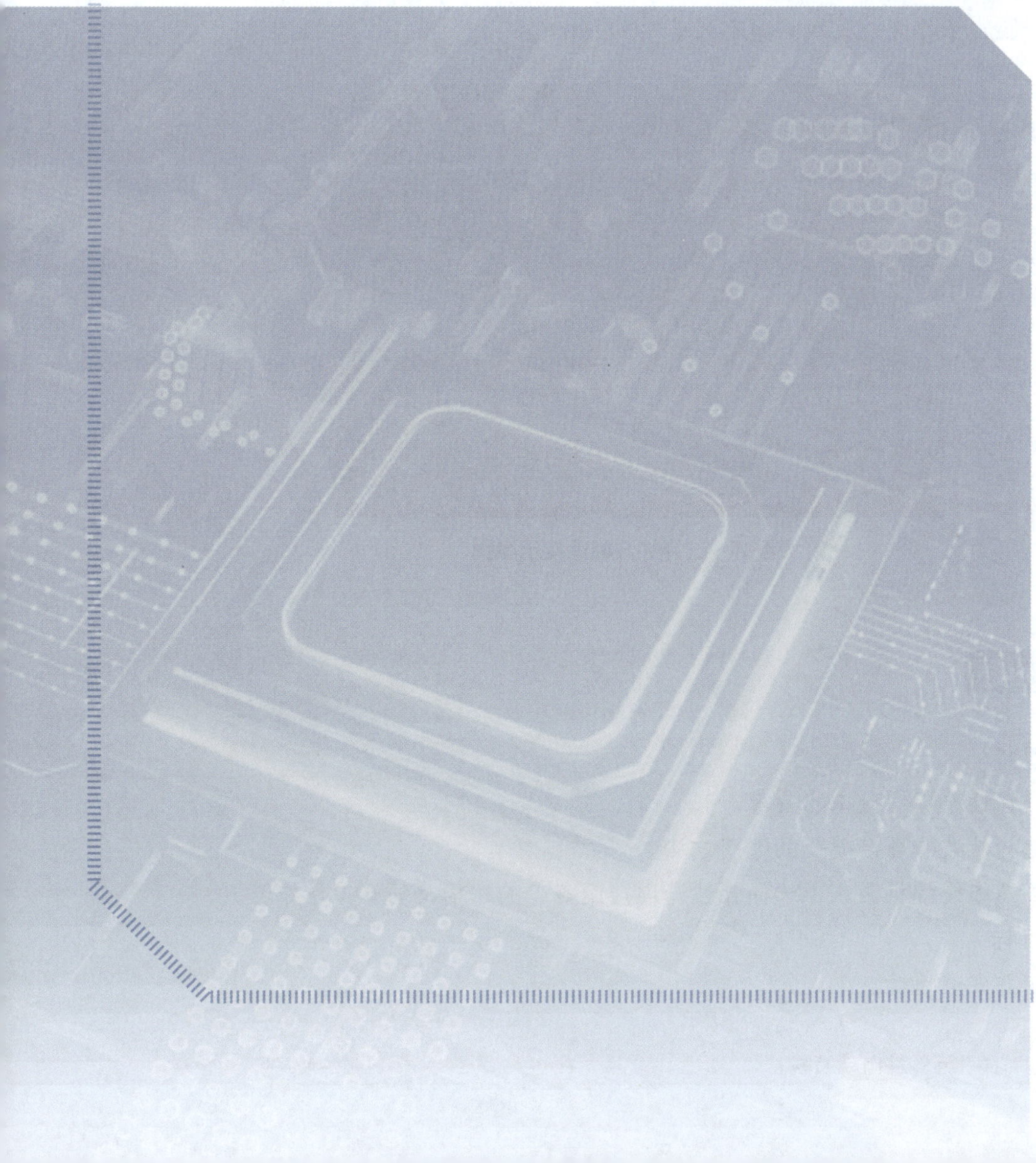

选择性波峰焊接，简称选择焊或选波焊，是为了满足通孔元器件焊接发展要求而产生的一种特殊形式的波峰焊接，主要应用于大功率器件、连接器、传感器、变压器和屏蔽罩等通孔元器件焊接。它通过编程设定，依次对每个焊盘实施助焊剂喷涂，经整板预热后，再逐点焊接。选择性波峰焊接解决了传统波峰焊接对整块基板上所有不同的焊点只能设定同一个参数的问题，现已被广泛用于军工电子、航空电子、船舶电子、汽车电子、数码相机、打印机等对焊接品质要求较高且工艺复杂的多层基板通孔焊接领域。

项目描述

针对图4-1所示焊接基板，按照客户要求，完成插件IC U1、电源插座J1的选择性波峰焊接任务，具体要求如下：

（1）采用无铅焊接工艺；

（2）选择性波峰焊接一次缺陷率不大于1 000 ppm。

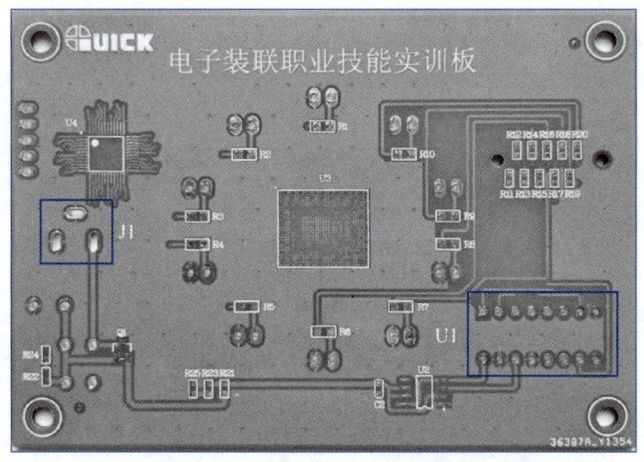

图4-1　选择性波峰焊接示意图

项目目标

> **知识目标**

1. 了解选择性波峰焊接工艺要求。

2. 掌握选择性波峰焊接喷嘴的选用方法。

3. 了解高热能锡焊机器人（选择性波峰焊接设备）的结构及基本工作原理。

> **能力目标**

1. 会选用并安装喷嘴。

2. 会设定高热能锡焊机器人的系统参数，会编制焊接程序。

3. 会操作高热能锡焊机器人完成选择性波峰焊接任务。

4. 会对高热能锡焊机器人进行维护保养。

➤ 素养目标

1. 具有查阅相关资料获取知识的能力。

2. 具有实际动手操作的能力。

3. 具有独立思考，钻研、探究新知识的能力。

4. 爱护设备，自觉做好维护和保养工作。

项目分析

根据工作项目的描述，分析如下：

（1）客户产品特征分析：待选择性波峰焊接的是U1、J1两个元器件，分别为插件IC、电源插座，需选用合适的波峰喷嘴。

（2）产品焊接工艺分析：针对基板特征，结合插件IC、电源插座的特性，设定预热和锡缸温度时，需充分考虑元器件耐热温度并防止快速升温给元器件带来开裂等问题。

（3）焊接良率控制分析：依据客户焊接要求，正确控制每个焊点的焊接参数（助焊剂的喷涂量、焊接时间、焊接波峰高度等）并分别调至最佳，消除连锡、少锡、冷焊、元器件浮高、焊点不饱满、拉尖、掉件等缺陷。

知识链接

一、选择性波峰焊接工艺流程

选择性波峰焊接工艺流程和传统波峰焊接工艺流程基本相同，都包含喷涂助焊剂、预热和焊接三个基本工序，如图4-2所示。

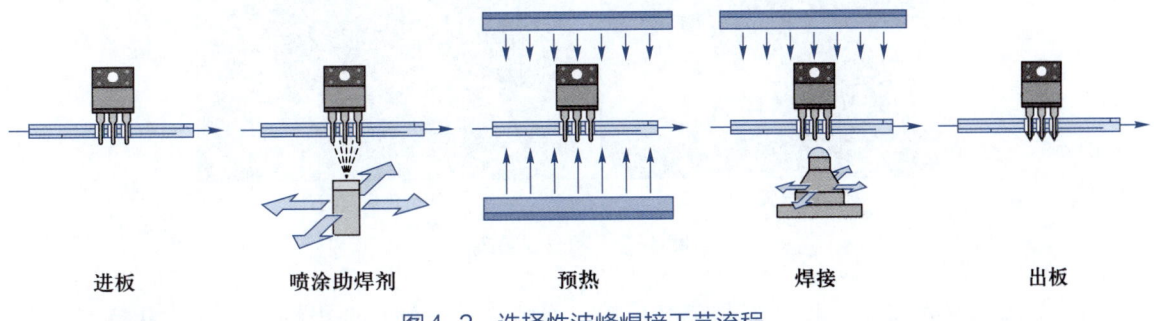

| 进板 | 喷涂助焊剂 | 预热 | 焊接 | 出板 |

图4-2 选择性波峰焊接工艺流程

1. 喷涂助焊剂

助焊剂采用选择性喷涂方式，即根据预先编制好的程序，将基板传送到助焊剂喷涂区域，喷嘴将助焊剂喷涂到基板指定焊盘上，针对不同焊点，助焊剂喷涂量可由程序参数单独控制。

2. 预热

预热是通过预热模块加热实现的。预热温度的设置主要和基板材料与厚度、元器件封装规格及助焊剂类型有关。预热不仅可以减少热应力，也可以挥发助焊剂中的溶剂，激活助焊剂活性，去除母材表面氧化物，降低表面张力，充分润湿，同时可以有效防止基板因受热不均匀而产生翘曲和变形。

3. 焊接

选择性波峰焊接的焊接工序有两种不同方式：点焊和拖焊。

（1）点焊。通过喷嘴将熔化的焊料波峰精准引导到PCB的特定焊点，逐个进行焊接。

（2）拖焊。拖焊适用于在基板上紧密空间的焊接。例如，个别的焊点或引脚、单排引脚等。拖焊就是锡波平行于基板以一定的速度移动，润湿焊盘，从而完成焊接。为保证焊接工序的稳定性，喷嘴的内径应小于6 mm。

二、喷嘴选用

对于不同的焊点，考虑焊接效果和生产效率，选用不同内径和外径的喷嘴。喷嘴越小，焊接空间的适用性程度越高，但效率相对较低，且由于高温氧化更加严重，喷嘴的寿命也越低。较大的喷嘴使用寿命长，根据产品的实际情况实现点焊和拖焊，效率相对较高。

1. 喷嘴类型

目前，选择性波峰焊接使用的喷嘴主要有润湿式和非润湿式两种形式。

（1）润湿式喷嘴。其表面有特殊涂层，焊料可以在喷嘴外表面润湿，锡波形成均匀的四周外溢的形式，如图4-3（a）所示。这类喷嘴使用一段时间后，涂层会氧化［图4-3（b）］，造成锡波偏移等情况，影响焊接效果。此时，需要用氧化还原剂刷洗保养，保持其润湿性。

(a) 润湿式喷嘴　　　　　　　(b) 氧化后喷嘴

图4-3　润湿式喷嘴

（2）非润湿式喷嘴。其采用非润湿材质，在喷嘴的一侧开个小槽，让锡波从喷嘴的一侧流出，如图4-4所示。这类喷嘴在焊接过程中类似传统的波峰焊接，有单侧的锡波流动和脱离的过程。如果设计得当，工艺性相对较好。

2. 喷嘴规格

以润湿式喷嘴为例，选择性波峰焊接的喷嘴尺寸要考虑内、外直径。图4-5中，A为喷嘴内径，B为喷嘴外径。常见选择性波峰焊接喷嘴尺寸如表4-1所示。

图4-4　非润湿式喷嘴

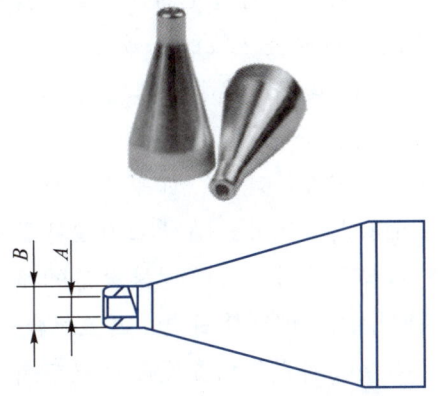

图4-5　选择性波峰焊接喷嘴外观

表4-1　常见选择性波峰焊接喷嘴尺寸

型号	喷嘴内径 A/mm	喷嘴外径 B/mm
SN3–6	$\phi3$	$\phi6$
SN4–8	$\phi4$	$\phi8$
SN5–9	$\phi5$	$\phi9$
SN6–10	$\phi6$	$\phi10$
SN7–11	$\phi7$	$\phi11$
SN8–12	$\phi8$	$\phi12$

3. 喷嘴选取

在焊接空间足够的情况下，能选大喷嘴，不选小喷嘴。焊接空间要求如图4-6所示。

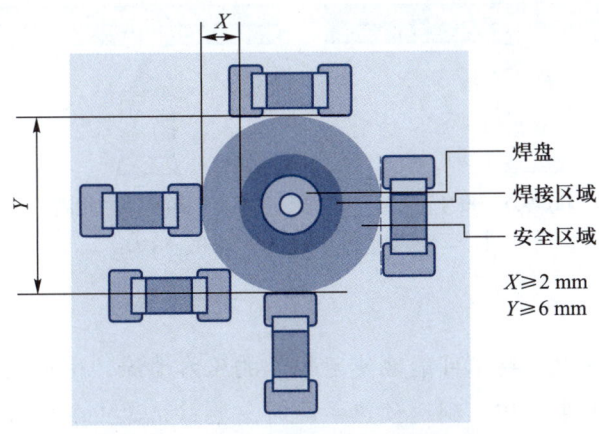

焊盘
焊接区域
安全区域

$X \geqslant 2$ mm
$Y \geqslant 6$ mm

图4-6　选择性波峰焊接空间要求

（1）焊接区域表示波峰与基板接触形成的焊料覆盖面积。

（2）安全区域为保证相邻元器件不被选择性波峰焊接影响而需要预留的环形空间，其宽度、高度分别记作X、Y，要求$X \geqslant 2$ mm，$Y \geqslant 6$ mm。

在选择喷嘴时，如周边元器件与被焊点距离较近，需考量喷嘴尺寸与焊接高度，以保证焊接区域范围和安全区域的有效性，避免在焊接时发生"洗料"现象。喷嘴尺寸越大，焊接区域越大；焊接高度越小，焊接区域越大。

4. 喷嘴固定方式

喷嘴需要固定在底座上，如果不进行紧固，喷嘴在焊料的浮力及喷涌的冲击力作用下会浮起，甚至脱落。因此，喷嘴必须被可靠地固定在底座上。目前市场上选择性波峰焊接设备的喷嘴固定方式主要有磁铁吸附式、螺纹紧固式、过盈配合式。

其中，磁铁吸附式是指在底座上配有高温磁铁，在喷嘴材料中含有铁元素，喷嘴和底座之间会产生一定的吸附力，使得喷嘴位置在工作过程中固定不动。其优点是拆装方便，基本免维护；缺点是高温磁铁在工作几年后磁力会下降，当下降到一定程度时，就无法吸附住喷嘴，此时需要更换底座或高温磁铁。磁铁吸附式喷嘴与底座如图4-7所示。

(a) 喷嘴　　**(b) 底座**

图4-7　磁铁吸附式喷嘴与底座

三、选择性波峰焊接参数

选择性波峰焊接参数主要包括助焊剂喷涂量、预热温度、焊接温度和焊接高度等。通过调试选择性波峰焊接参数可改善焊接质量。采用不同的焊接参数焊接两个相同焊点，其外观和形状会有很大差别，如图4-8所示。

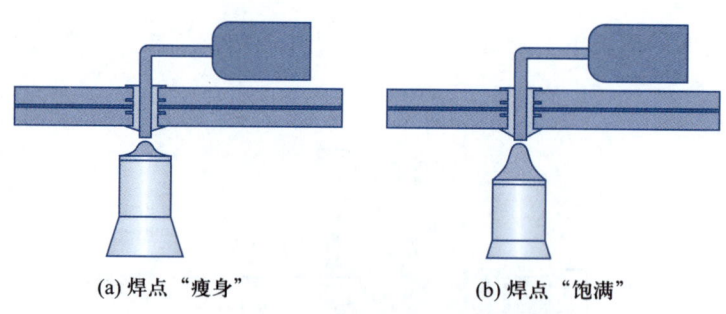

(a) 焊点"瘦身"　　　　　**(b) 焊点"饱满"**

图4-8　不同焊接参数下的两个焊点

1. 助焊剂喷涂量

在助焊剂喷涂系统中，要尽可能地使用较低的压力喷涂，保证助焊剂能均匀地喷洒到基板两侧的焊点，不产生堆积；到达预热系统时，要将机器上的助焊剂清洗干净，否则就会出现开路或者短路等现象。一般来说，助焊剂高频喷射阀可以喷洒出1～3 mm宽的扇形区域，以便将助焊剂喷涂到通孔孔壁之中，并保证助焊剂的量达到最大。特别是针对内存插槽这样的连接器，它在板上的插孔直径只有1 mm，喷涂效果会直接影响上锡的质量。W5050X型在线式选波焊炉的助焊剂喷射孔是一个直径只有178 μm的小孔，所以对使用的助焊剂的固态含量（助焊剂里起焊接作用的大部分都是固体材料，固态含量是指助焊剂中固态物质所占质量比）要求较高，一般固态含量需小于4%。

2. 预热温度

选择性波峰焊接是一种局部焊接，在冷态基板上直接进行焊接会造成焊接质量差、基板变形等缺陷。因此，预热过程是选择性波峰焊接的关键过程。预热温度将直接影响决定通孔元器件焊接质量的两个重要指标，即焊料在焊盘上的铺展面积和通孔的填充率。一般情况下，预热温度控制在135 ℃以内，时间为30 s，而顶部预热系统的温度控制在110 ℃左右，时间为10 s。

对于松香型助焊剂，选择性波峰焊接采用的预热温度一般为120～150 ℃。过高的温度将使活化剂失效。同时，松香是一种大分子多环化合物，具有一定的成膜性，在活化过程中可以在去除金属氧化物后，在金属表面形成一层膜，防止再氧化。

对于热容量较大的电子元器件或较厚的多层电路板，预热过程则更为重要。为达到良好的焊接效果，一般需采用底部红外预热和顶部热风预热的联合预热方式，从而改善透锡效果。

3. 焊接温度

选择性波峰焊接最主要的特点是对基板上的每个焊点都可以单独设置焊接温度，确保得到最优的焊接效果。无铅波峰焊接的焊接温度一般为260 ℃左右，特殊情况下可调到280 ℃。

在选择性波峰焊接系统中，由于单个喷嘴一次只能焊接一个或一排焊点，焊接效率较低。目前，很多选择性波峰焊接设备配备了双模组串联工作方式。即一个模组使用较小的喷嘴，用于完成单点焊接；另一个模组使用较大的喷嘴，用于完成某些元器件如双排针的焊接，生产效率大大提高。图4-9所示为双喷嘴结构。

图4-9　双喷嘴结构

4. 焊接高度

在选择性波峰焊接过程中，要注意焊接高度的设定，还要注意喷嘴的移动高度与波峰高度的设定。

（1）焊接高度是指焊接头完成焊接动作时的高度，一般需要高于被焊元器件伸出基板引脚长度的1 mm以上，防止焊接头对元器件造成碰伤，但高出的值不应大于2.5 mm，否则会影响焊接质量。

（2）移动高度是指为减少升降行程、缩短焊接时间、提高焊接效率，焊接喷嘴从一个焊接位置移动到下一个焊接位置时行走期间的高度，一般要低于焊接面最高元器件5 mm以上，防止行走过程中对元器件造成撞伤。

（3）波峰高度是指锡波高出喷嘴的高度。理想情况下，波峰高度设置为2.5～3.0 mm。要确保有足够的锡填充到基板通孔和元器件引脚之间。

在焊接过程中要避免基板移动，因为当焊料还未完全凝固时，元器件引脚或者焊料发生抖动，会使焊点形成褶皱甚至产生裂纹。因此，在选择选择性波峰焊接设备时，要尽量选择焊接过程中锡炉移动而基板静止的设备。焊接速度一般控制为2.5～4.5 mm/s，速度过快或过慢都可能造成桥连、堆锡、拉尖等不良现象。

四、高热能焊接设备

小型落地式高热能锡焊机器人是一种紧凑型选择性波峰焊接系统，采用电磁泵且固定式结构，确保焊接过程中定位的精确性和稳定性；喷射和焊接过程实现了可视化；提供简易的编程指令和参数设置，并支持计算机离线编程。本任务将以EG9W473X型高热能锡焊机器人为例，学习高热能锡焊机器人的结构、焊接程序坐标及轨迹编辑、焊接参数设定等知识与技能。

1. 结构

EG9W473X型高热能锡焊机器人的结构如图4-10所示，各部件说明如表4-2所示。

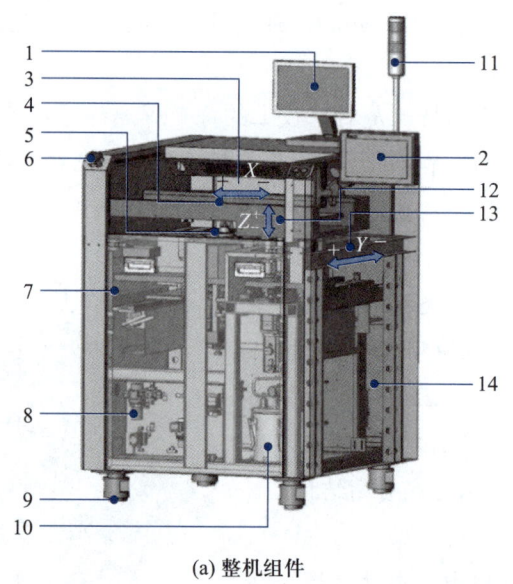

(a) 整机组件

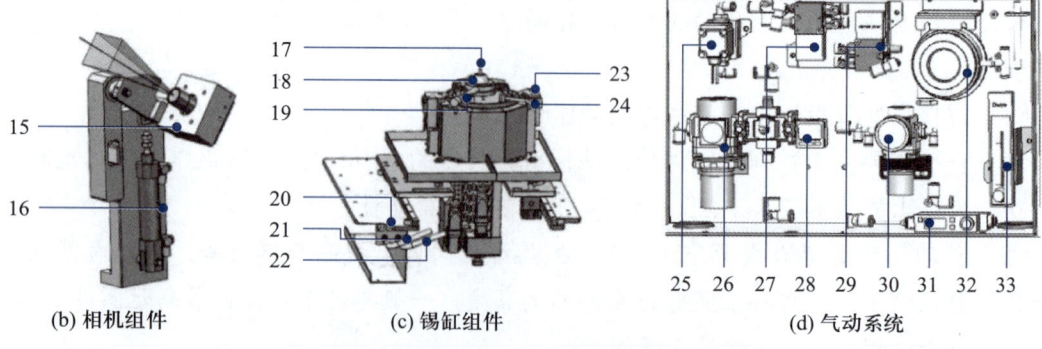

(b) 相机组件　　　(c) 锡缸组件　　　(d) 气动系统

图4-10　EG9W473X型高热能锡焊机器人结构

表 4-2 EG9W473X 型高热能锡焊机器人各部件说明

序号	名称	说明
1	显示器	实时监控助焊剂喷射和焊接过程，也可显示视觉对位相关图片
2	操作软件	用户可通过操作软件编辑加工制程、系统配置、I/O 端口检测等
3	X 轴组件	控制机台 X 轴方向的运动
4	相机组件	监控和视觉对位模式可以自由切换
5	锡缸组件	焊料通过电磁泵的作用运行至喷嘴处，焊料在隆起处产生波峰（喷流式形成流动镜面），氮气保护装置可以有效地防止锡渣产生而堵塞焊接喷嘴，传动装置则保证锡缸或线路板的精确移动以实现逐点焊接
6	急停按键	在紧急情况下，按下急停按键，机器立即停止所有机械部件的运动，但系统中的每个部件仍处于通电状态。故障解除，顺时针旋转拉出急停按键后，执行复位操作，机器可正常运行
7	前维护门	快拆式设计，方便锡缸的维护保养
8	气动系统	用户可通过气动系统设置总进气压力、喷射助焊剂压力、压差报警值等信息
9	柱脚	可调节柱脚
10	助焊剂桶	一体式成型不锈钢桶，最大容量为 2 L
11	灯塔	根据设备运行状况显示不同颜色，红色表示设备报警中，黄色表示待机中，绿色表示正常运行中
12	Z 轴组件	控制机台 Z 轴方向的运动
13	Y 轴组件	控制机台 Y 轴方向的运动
14	电气控制柜	电气元器件按类别整齐排列，方便元器件的维护保养和故障排除
15	相机	实时捕捉监控区域内清晰的图像
16	气缸	通过气缸的伸缩，控制相机位置。控制相机监控和视觉对位的自由切换
17	喷嘴	保证锡波涌动的稳定性，减少焊接过程中的散热。用户可根据产品焊接工艺，选择不同型号的喷嘴
18	氮气保护装置	减少焊接过程中的氧化作用，提高焊接效果
19	氮气手柄	保护焊接过程中锡液不被氧化，保证焊接效果
20	K 型传感器插座	由左向右依次为上控温（锡缸顶部温度检测传感器）、热保护（锡缸顶部温度过热保护检测传感器，也可用于温度校准）和下控温（锡缸底部温度检测传感器）
21	氮气 1	保护焊接过程中喷嘴涌出的锡液不被空气氧化，提高焊接效果

序号	名称	说明
22	氮气2	氮气2的气管必须伸入锡液，与压差开关形成闭合回路，通过压差开关的数值波动检测锡缸内液位的变化
23	缸盖搭扣	固定锡缸缸盖，锡缸清洁完成后，通过两侧的锡缸搭扣固定锡缸
24	液位检测组件	连接氮气2，实时检测锡缸内液位变化
25	电磁阀1	氮气常开
26	调压阀1（氮气进气）	建议氮气气压为0.2 MPa
27	电磁阀2	控制相机气缸伸/缩信号
28	调压阀2（助焊剂桶）	调节助焊剂桶内压力大小，建议值为0.12 MPa
29	电磁阀3	控制助焊剂盖板打开/关闭信号。
30	调压阀3（氮气2）	控制氮气2与压差开关形成的闭合回路的压力大小，建议值为0.05 MPa
31	流量计1	控制氮气2与压差开关形成的闭合回路的流量，建议设置为20 cc/min
32	压差开关	依据相互部件间的压力差值，通过电信号进行信息传递，检测锡缸中锡液的变化
33	流量计2	保护焊接过程中涌出的锡液不被氧化的氮气1的流量，建议设置为3 cc/min

2. 操作按键

操作按键安装于前操作面板上，左侧为急停按键，右侧依次为复位按键（RESET）、开始按键（START），如图4-11所示。操作按键功能如表4-3所示。

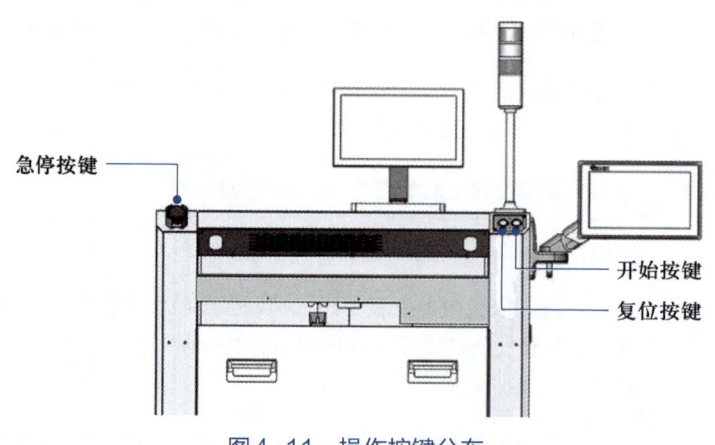

急停按键

开始按键

复位按键

图4-11　操作按键分布

表 4-3　操作按键功能

序号	图示	名称	功能
1		急停按键	在紧急情况下按下急停按键，焊接工站和人工站立即停止所有机械部件的运动，但系统中的每个部件仍处于通电状态。故障解除后，顺时针旋转拉出急停按键后，执行复位操作，机器可正常运行
2	RESET	复位按键	运动机构自动回原点命令，灯亮（蓝灯）表示复位指令已完成，灯闪表示正在执行复位指令
3	START	开始按键	设备复位完成且自动状态下按下此按键，设备开始自动运行，之后再次按下则暂停运行。设备暂停状态下，长按此按键 1 s 解除暂停，恢复运行

3. 软件概述

设备上电后，软件会自动打开并进入主界面。

（1）主界面。单击标题栏中的 🏠 进入主界面，如图 4-12 所示。主界面主要用于显示生产相关信息，按功能可分为标题栏（①）、显示区（②）、状态栏（③）三部分。

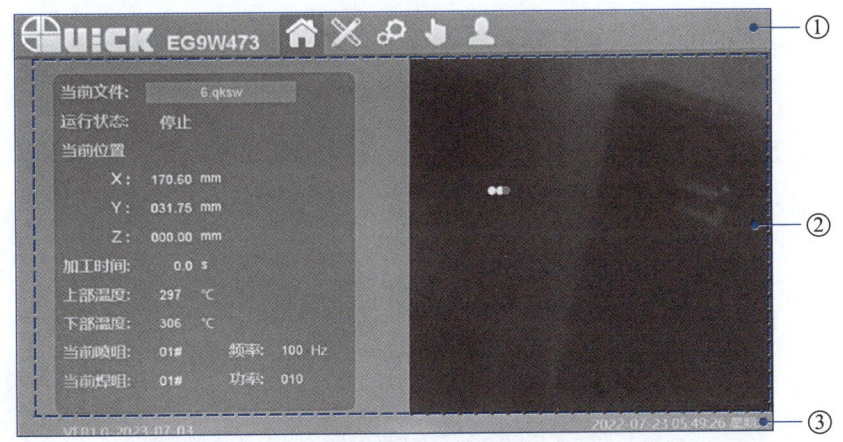

图 4-12　主界面

① 标题栏。标题栏如图 4-13 所示，其功能如表 4-4 所示。

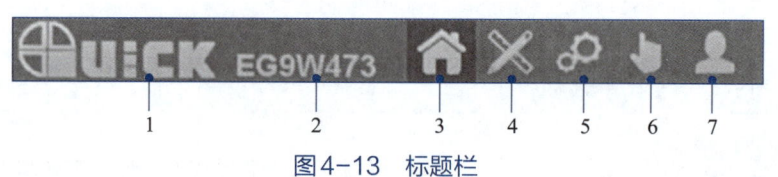

图4-13　标题栏

表4-4　标题栏功能

序号	名称	说明
1	设备信息	生产商Logo
2		设备型号
3	指令按键	单击该图标直接进入主界面，主要用于显示生产信息和焊接路径等内容
4		单击该图标直接进入制程界面，包含起点校正，程序新建、编辑，焊点和助焊剂点参数设置等功能
5		单击该图标直接进入设置界面，主要用于实现系统设置、料头管理等功能
6		单击该图标直接进入点检界面，主要用于实现主板输入/输出端口功能检测、手动控制照明灯开关、助焊剂盖板打开和关闭、相机翻转的打开和关闭等功能
7		单击该图标直接进入用户管理界面，主要用于实现用户登录和密码修改等功能

②显示区。左侧主要用于显示生产信息，右侧为加工路径，黄色圆圈表示当前点胶点位，红色圆圈表示当前加工的焊点。

③状态栏。在状态栏中，左侧用于显示软件版本号，右侧用于显示本地日期和时间。

（2）制程界面。单击标题栏中的◪进入制程界面，界面中包含文件参数、胶点编辑和焊点编辑三个窗口。

①文件参数。在制程界面中，单击"文件参数"进入文件参数窗口，如图4-14所示，"2点校正"是新建制程默认的点位，常规使用不需要更改；"料头管理"默认当前喷嘴和焊嘴使用1#喷嘴和1#焊嘴，不同产品选择对应喷嘴和焊嘴型号（此处的喷嘴是指助焊剂喷射阀，焊嘴是指焊锡喷嘴）。

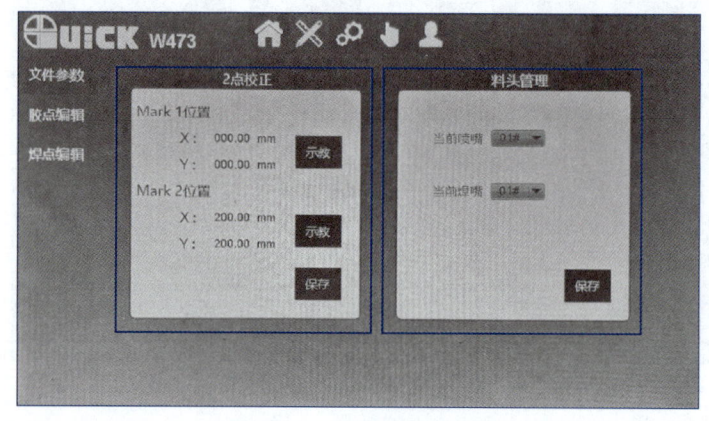

图4-14　文件参数窗口

② 胶点编辑。在制程界面中，单击"胶点编辑"进入胶点编辑窗口，主要用于助焊剂喷射点、线等参数设置，如图4-15所示。

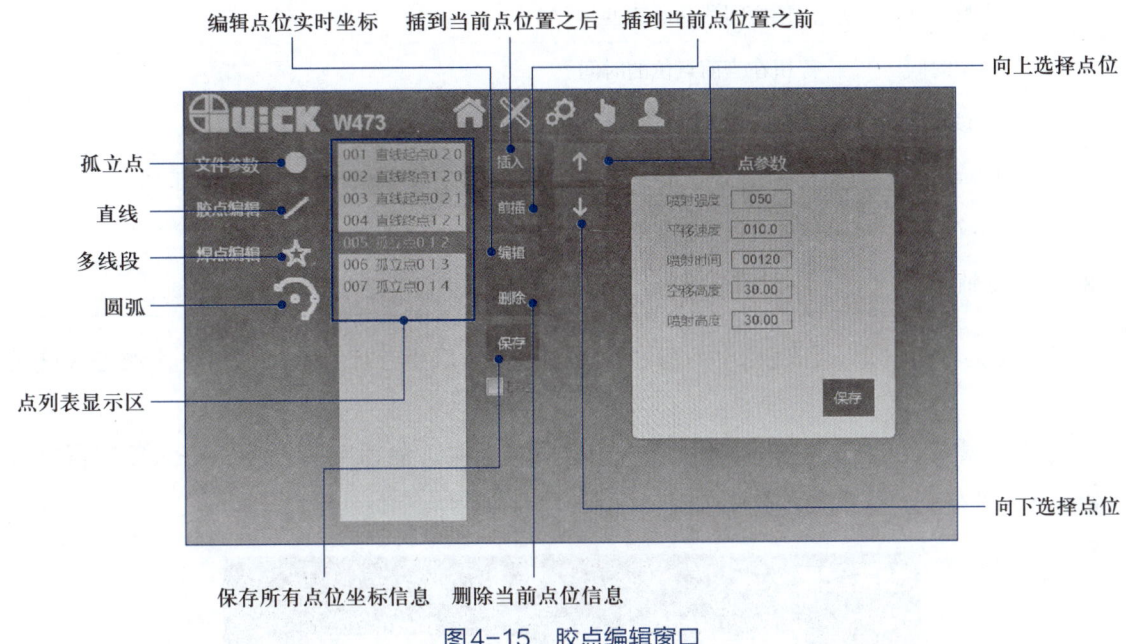

图4-15　胶点编辑窗口

③ 焊点编辑。在制程界面中，单击"焊点编辑"进入焊点编辑窗口，如图4-16所示。焊点编辑窗口的布局与胶点编辑窗口相似，主要用于编辑焊接坐标及轨迹、设定坐标及轨迹参数，其点参数功能如表4-5所示。

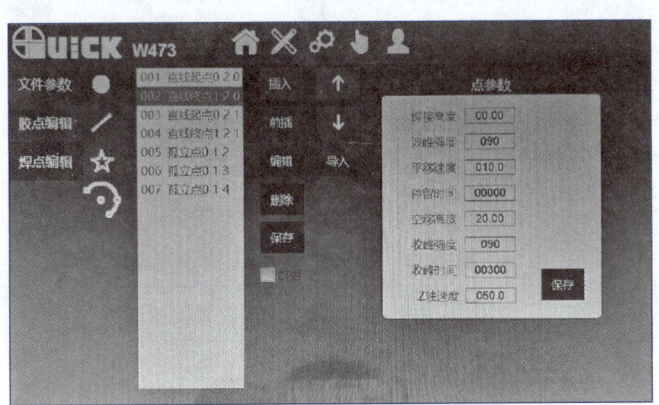

图4-16　焊点编辑窗口

表4-5　焊点编辑窗口点参数功能

序号	名称	功能说明
1	焊接高度	数值设定越大，焊接物体与焊嘴之间的高度差越大
2	波峰强度	焊接时锡喷出的波峰大小，根据闲时功率测试后设定该值

序号	名称	功能说明
3	平移速度	点位之间移动的速度
4	停留时间	停留在当前点位的时间
5	空移高度	焊接完成Z轴上抬的高度
6	收峰强度	根据实际焊接情况下的焊嘴大小设定波峰强度，一般推荐低于20
7	收峰时间	收峰过程所需要的时间，建议为300~500 ms
8	Z轴速度	焊接时Z轴上抬、下降的速度，最大可设置为100 mm/s

（3）设置界面。单击标题栏中的 🔍 进入设置界面。取得管理员权限的用户才能进入设置界面。

① 料头管理。单击"料头管理"进入料头管理窗口，如图4-17所示。料头管理窗口功能如表4-6所示。

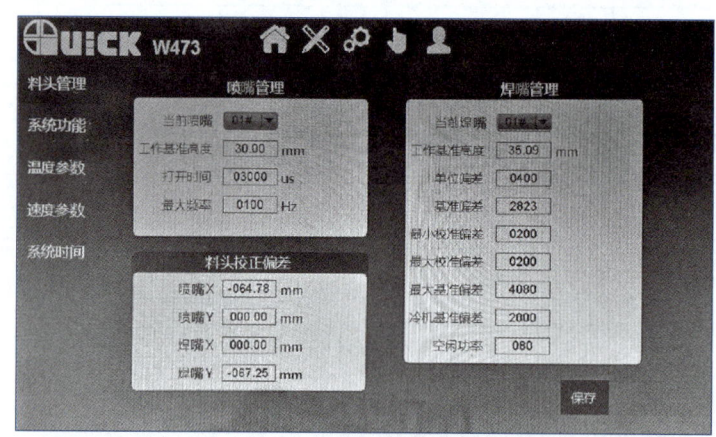

图4-17　料头管理窗口

表4-6　料头管理窗口功能

序号	名称	功能说明
1	当前喷嘴 （喷嘴管理）	选择喷嘴型号，共5组型号可选
2	工作基准高度 （喷嘴管理）	喷涂助焊剂前，Z轴的初始高度，默认单位为mm
3	打开时间 （喷嘴管理）	喷涂助焊剂过程中，喷嘴上方防护板打开的时间，默认单位为μs，建议设置为30 000 μs
4	最大频率 （喷嘴管理）	喷涂助焊剂过程中，喷射阀的最大频率，建议设置为100 Hz

序号	名称	功能说明
5	料头校正偏差	初次标定时，喷嘴、焊嘴与相机中心的位置差
6	工作基准高度 （焊嘴管理）	焊接针脚与焊嘴之间的高度，默认单位为mm
7	单位偏差 （焊嘴管理）	工作基准高度的单位偏差，建议值为200～500
8	基准偏差 （焊嘴管理）	波峰校准时算出的偏差值，值越大，喷锡越高
9	空闲功率 （焊嘴管理）	设备待机状态下，焊嘴喷锡的功率，设置范围为0～100

② 系统功能。单击"系统功能"进入系统功能窗口，窗口中主要包含波峰校正、手动功能、结束点和定时加热四部分信息，如图4-18所示。系统功能窗口功能如表4-7所示。

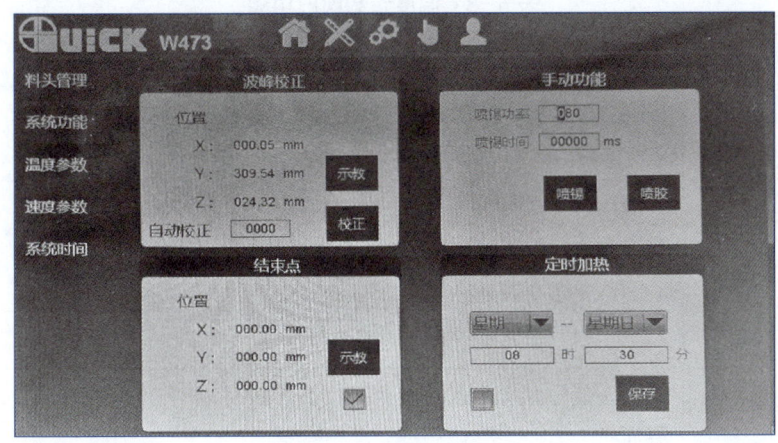

图4-18　系统功能窗口

表4-7　系统功能窗口功能

序号	名称	功能说明
1	波峰校正	设备使用一段时间后，当锡缸液位降低时，需要对波峰高度进行校准
2	手动功能	用于喷锡和喷胶的点动控制。单击"喷锡"指令按钮一次，锡液以设置的"喷锡功率"和"喷锡时间"执行一次喷锡过程；单击"喷胶"指令按钮一次，助焊剂以设置的"喷锡功率"和"喷锡时间"执行一次喷胶过程
3	结束点	完成加工后，运动轴回归的点位，常规为原点
4	定时加热	在设备不关机的情况下，用户可预约提前加热的功能

③ 温度参数。单击"温度参数"进入温度参数窗口，主要用于设置锡缸温度、氮气温度、泵温度等，如图4-19所示。温度参数窗口功能如表4-8所示。

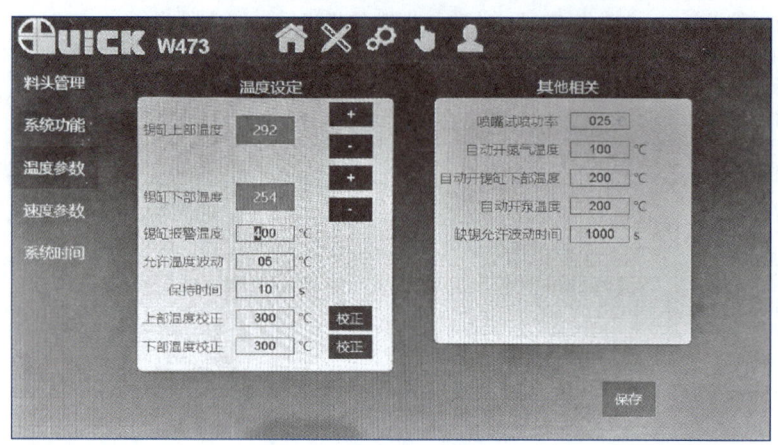

图4-19 温度参数窗口

表4-8 温度参数窗口功能

序号	名称	功能说明
1	锡缸上/下部温度	通过单击"+"或"−"按钮来设置锡缸顶部和底部的温度，输入框呈红色表示锡缸当前处于加热状态
2	锡缸报警温度	温度传感器检测到锡缸内温度超过设置的"锡缸报警温度"后，会发出报警提醒用户温度超限
3	允许温度波动	锡缸内温度达到"锡缸报警温度"，并超过"允许温度波动"温度和"保持时间"后，设备会报警并自动停止加工
4	上/下部温度校正	输入锡缸顶部和底部实测温度，单击对应的"校正"按钮，执行温度校准程序
5	喷嘴试喷功率	试喷功率一般小于50
6	自动开氮气温度	当锡缸顶部温度达到"自动开氮气温度"时，会自动打开氮气系统，用于保护锡液免于氧化
7	自动开锡缸下部温度	当锡缸顶部温度达到"自动开锡缸下部温度"时，锡缸底部会自动开启底部加热系统
8	自动开泵温度	当锡缸内温度达到"自动开泵温度"时，电磁泵会自动开启
9	锡缸允许波动时间	建议大于800 s

④ 速度参数。单击"速度参数"进入速度参数窗口，如图4-20所示。速度参数窗口功能如表4-9所示。

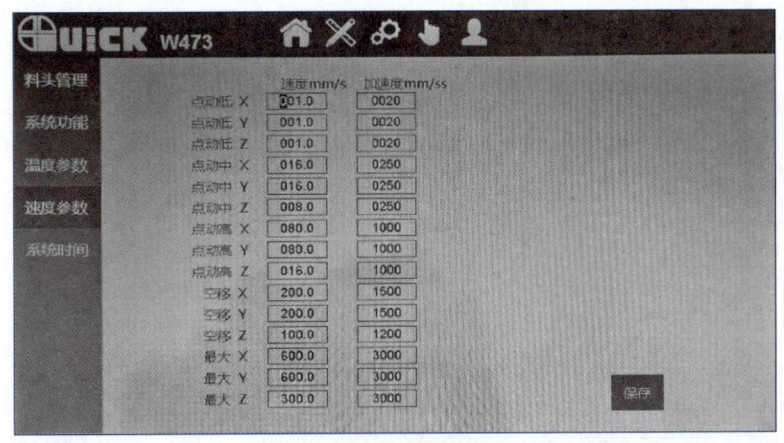

图4-20 速度参数窗口

表4-9 速度参数窗口功能

序号	名称	功能说明
1	点动低X、Y、Z速度	单击"示教"后，运动轴点动时的低速度
2	点动低X、Y、Z加速度	单击"示教"后，运动轴点动时由初始速度加速至低速度过程中的加速度
3	点动中X、Y、Z速度	单击"示教"后，运动轴点动时的中速度
4	点动中X、Y、Z加速度	单击"示教"后，运动轴点动时由初始速度加速至中速度过程中的加速度
5	点动高X、Y、Z速度	单击"示教"后，运动轴点动时的高速度
6	点动高X、Y、Z加速度	单击"示教"后，运动轴点动时由初始速度加速至高速度过程中的加速度
7	空移X、Y、Z速度	产品加工过程中，运动轴的速度
8	空移X、Y、Z加速度	产品加工过程中，运动轴的速度由初始速度加速至空移速度过程中的加速度
9	最大X、Y、Z速度	运动轴的最大运行速度
10	最大X、Y、Z加速度	运动轴的最大运行加速度

⑤ 系统时间。单击"系统时间"进入系统时间窗口，如图4-21所示，用户可根据本地时间设置系统时间和日期。

（4）点检界面。单击标题栏中的🖐进入点检界面，如图4-22所示。点检界面部分功能如表4-10所示。

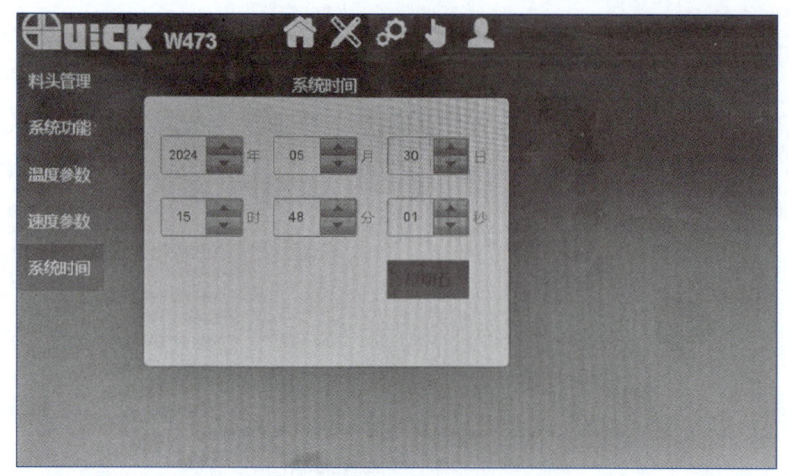

图4-21 系统时间窗口

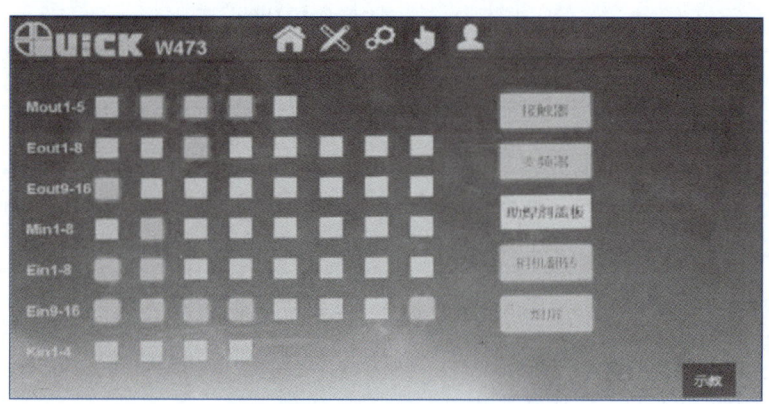

图4-22 点检界面

表4-10 点检界面部分功能

序号	名称	功能说明	序号	名称	功能说明
1	Mout1	助焊剂盖板打开/关闭	12	Min3	安全门（预留）
2	Mout2	监控相机翻转	13	Min4	开始
3	Mout3	氮气长通	14	Ein5	波峰检测
4	Mout4	温控接触器上电	15	Ein9	变频器报警
5	Eout3	相机光源（预留）	16	Ein10	变频器运行中
6	Eout9	打开变频器（锡缸喷锡）	17	Ein11	加热接触器通断信号
7	Eout10	清除变频器报警	18	Ein13	锡缸液位检测
8	Eout15	运行指示	19	Ein14	氮气流量
9	Eout16	复位指示	20	Ein15	助焊剂桶氮气压力
10	Min1	复位	21	Ein16	助焊剂液位检测
11	Min2	急停			

（5）用户管理界面。单击标题栏中的 🧑 进入用户管理界面，主要用于用户登录和密码修改，如图4-23所示。

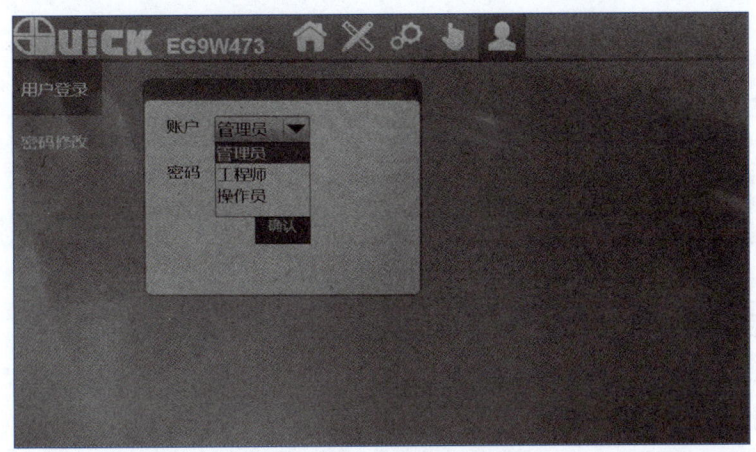

图4-23　用户管理界面

任务一
选择性波峰焊接准备

📺 任务描述

在通过高热能锡焊机器人进行选择性波峰焊接之前，做好安全防护措施，根据需要添加锡料和助焊剂，选择并安装合适的喷嘴，清理锡渣和助焊剂托盘，清洁喷射阀和相机盖板，试喷助焊剂，开启变频器，其中，助焊剂添加步骤应由受过培训的专业人员操作。

📖 任务分析

（1）安全防护：在给设备通电和通气及操作前，一定要做好相关安全检查，根据车间安全作业标准，做好人员和设备的安全防护。

（2）添加锡料：若锡缸现存锡量无法满足下一选择性波峰焊接任务所需锡量，按操作步骤向锡缸添加锡料。

（3）清理锡渣：根据需要清理电磁泵锡缸里的残余锡渣。

（4）安装喷嘴：根据任务要求，选择SN6-10型喷嘴，其内径为6 mm、外径为10 mm。在焊接前，需完成喷嘴的更换和清洁。

（5）清理助焊剂模块：运用清洁工具清洁、清理助焊剂模块相关部件，主要包括清洁喷射阀、相机盖板，清理助焊剂托盘。

任务实施

一、安全防护

给设备通电和通气操作前，一定要做好下列安全检查：

（1）检查电源供给是否为额定电压，总电源开关是否处于OFF状态。

（2）确定没有无关物件留在设备的可移动部件上。

（3）检查运动部位未被固定或卡死。

（4）检查急停按键是否被按下。

（5）检查各接线插头和气管是否接插良好。

（6）检查相机表面是否有污物，如有，用酒精轻轻擦拭。

（7）检查助焊剂模块的喷射阀是否堵塞。

作业前，要做好安全防护准备，穿戴好劳保鞋、耐高温围裙、护目镜、口罩、高温手套，如图4-24所示，同时准备尖嘴钳，注意高温危险，防止烫伤。

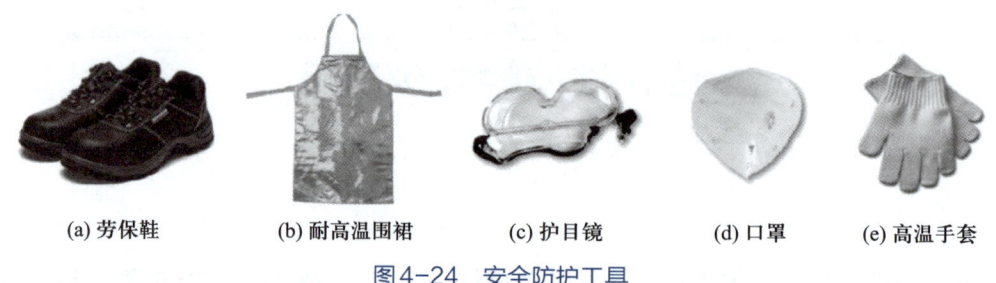

(a) 劳保鞋　　　(b) 耐高温围裙　　　(c) 护目镜　　　(d) 口罩　　　(e) 高温手套

图4-24　安全防护工具

二、添加锡料

添加锡料的步骤如表4-11所示。

表4-11　添加锡料步骤

步骤	操作	图示
1	按照图示向上取出前装饰板	

步骤	操作	图示
2	按照图示取出前面板	
3	逆时针旋转松开小型直杆型手柄，抽出锡缸	
4	拆下氮气整流罩	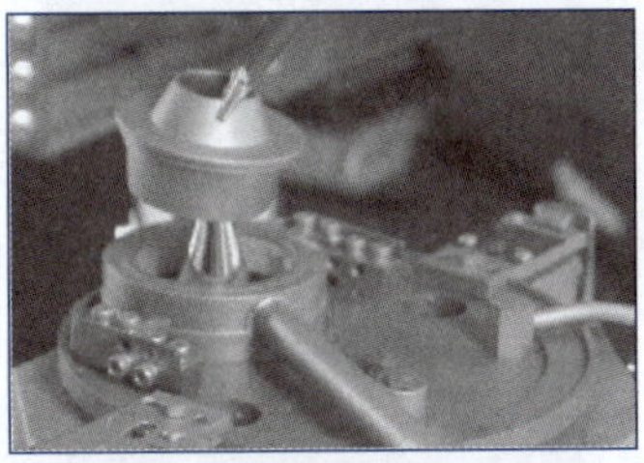
5	用尖嘴钳取下喷嘴	
6	通过点检界面的"变频器"按钮（Eout9）关闭波峰	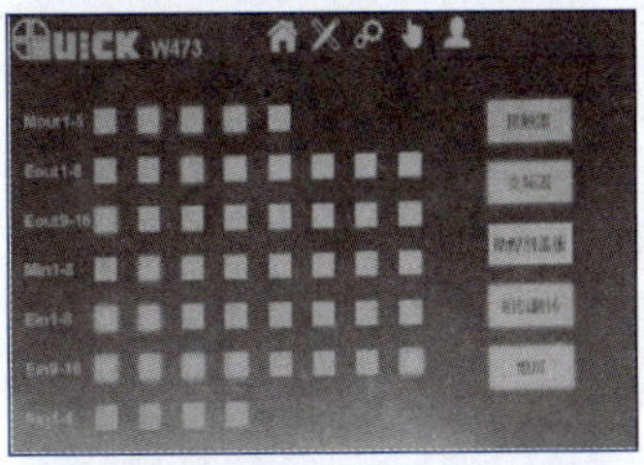
7	拔出氮气1接头	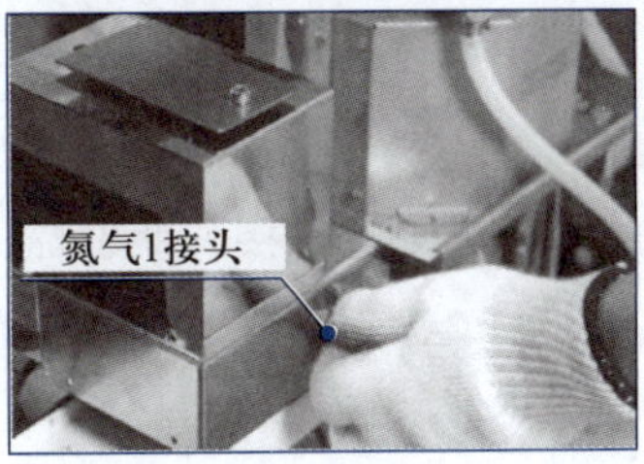

步骤	操作	图示
8	拔出锡缸液位检测氮气（氮气2）接头	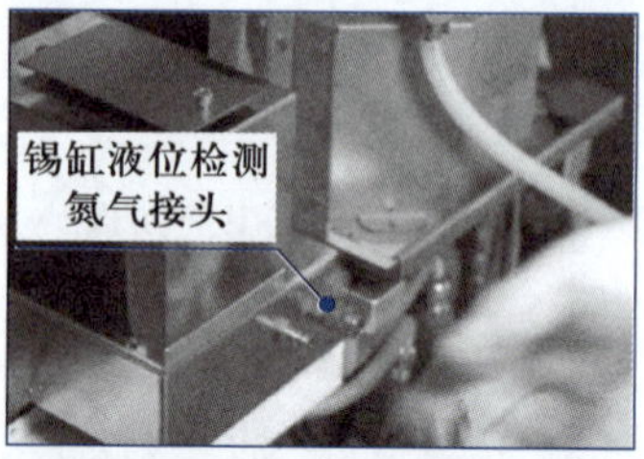 锡缸液位检测氮气接头
9	打开两侧锁扣，双手向上垂直移除锡泵上盖组件	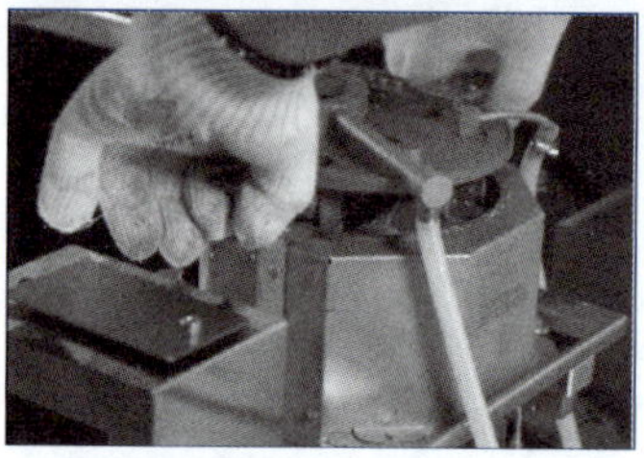
10	将取出的氮气整流罩与上盖组件放置在安全托盘区域，避免人员烫伤	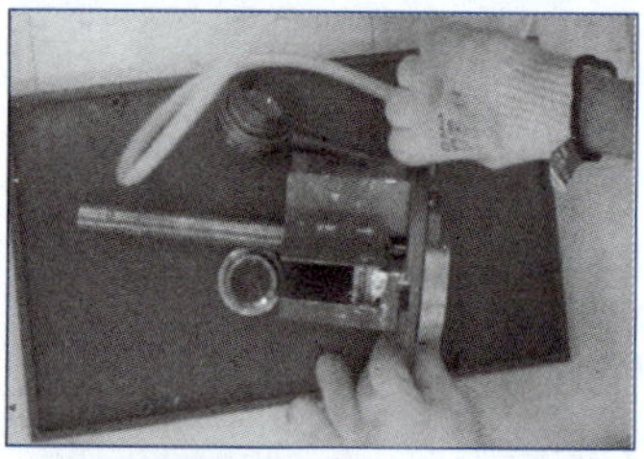
11	向锡缸内添加锡料	
12	安装锡泵上盖组件	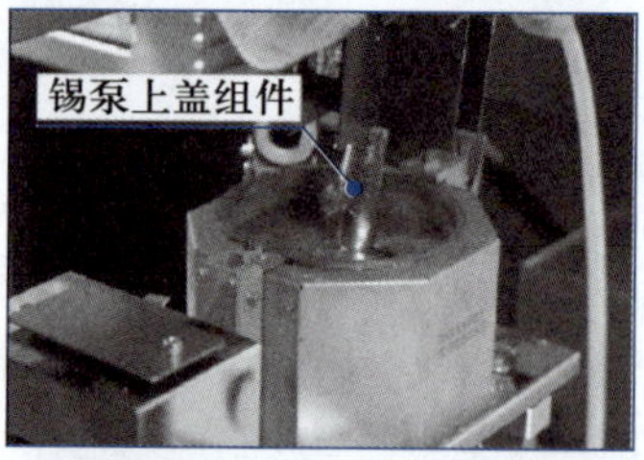 锡泵上盖组件
13	插入氮气1接头和锡缸液位检测氮气（氮气2）接头	

步骤	操作	图示
14	通过点检界面的"变频器"按钮触发Eout9打开变频器信号,打开波峰	
15	喷嘴预热30 s左右并安装	
16	安装氮气整流罩	

三、清理锡渣

清理锅内、锡泵上盖组件及锅体表面的残锡时,需要先拆卸锅体组件,步骤见表4-11中步骤1～10。锅体组件拆卸后,用耐高温长勺和毛刷对锅内、锡泵上盖组件及锅体表面(包括氮气整流罩和操纵控制杆组件)的锡渣和残锡进行清理,如图4-25所示。还可以用刮板清除顽固残留焊料。清洁完毕,按电磁泵、操纵控制杆组件、氮气整流罩的顺序依次进行安装。

(a) 清理锅内锡渣

(b) 清理锡泵上盖组件残锡

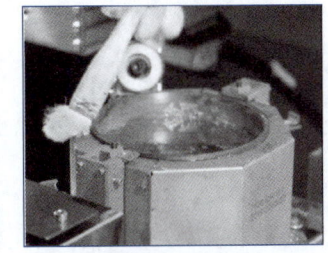
(c) 清理锅体表面残锡

图4-25　清理锡渣

四、安装喷嘴

1. 润湿喷嘴

喷嘴在首次使用后、多次使用后或者长时间不使用时，都要进行润湿。润湿喷嘴是指将喷嘴放入锡锅中（在浸入锡锅前，先清理锡锅内部的锡渣、锡灰，防止污染喷嘴表面）加热2 min，随后取出喷嘴，观察喷嘴表面润锡程度，润锡程度好的喷嘴可直接安装，然后焊接。若喷嘴使用时间达到45天，应观察喷嘴的电镀情况，有露底或者脏污无法去除时，需要更换新喷嘴。

2. 清洁喷嘴

喷嘴在使用过程中要每日保养，首先关闭波峰，使用毛刷蘸取专用助焊剂或者氧化还原剂，对润湿不佳的区域进行均匀涂抹，如图4-26所示，以增强喷嘴表面润湿性，对于顽固的氧化物需要用金属刷进行清理；再打开波峰，若可以自然形成稳定波峰则保养结束，否则，循环以上作业。

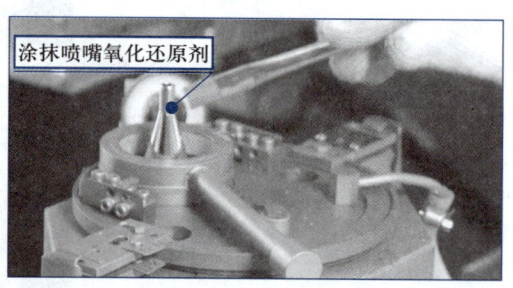

图4-26　清洁喷嘴

视频
喷嘴安装

3. 喷嘴安装

安装好锡锅盖，待锡缸内锡料熔化，当温度上升到设定值，波峰起来后，安装喷嘴。喷嘴的安装具体可分为五个步骤，如表4-12所示。

表4-12　喷嘴安装步骤

步骤	操作	图示
1	热头：用尖嘴钳轻轻夹住喷嘴底部，用锡预热喷嘴头部	
2	热底：用尖嘴钳轻轻夹住喷嘴头部以下约5 mm的位置，用锡预热喷嘴底部	

步骤	操作	图示
3	装嘴：用尖嘴钳轻轻夹住喷嘴头部以下5 mm的位置，用锡一边预热喷嘴底部，一边往喷嘴底座上安装	
4	锡淌：喷嘴完全放在底座上，锡能在喷嘴上流淌，即表示顺利完成	
5	装罩：安装氮气保护罩	

五、清理助焊剂模块

清理助焊剂模块所需工具主要有纱布、无水工业酒精和橡胶手套，如图4-27所示。

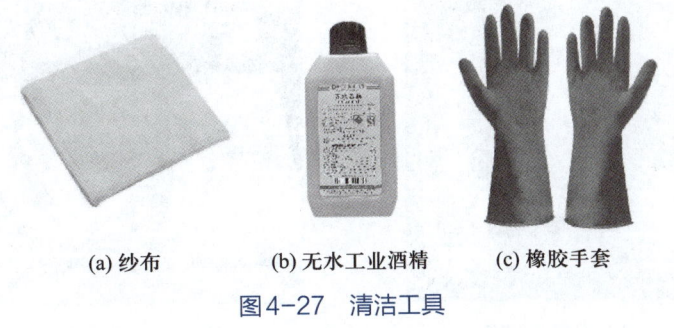

(a) 纱布　　　　(b) 无水工业酒精　　　　(c) 橡胶手套

图4-27　清洁工具

1. 清洁喷射阀

喷射阀如图4-28所示。清洁前检查喷射阀口是否有残留的助焊剂，长期不清理会形成助焊剂堆积，影响轴系运动，严重时容易堵塞喷射阀口，影响助焊剂喷涂。清洁步骤如下：

（1）戴上橡胶手套用蘸过酒精的纱布轻轻擦拭助焊剂喷射阀口的残留物。

（2）定时更换试喷海绵（图4-29），建议周期为1个月。

图4-28 喷射阀

图4-29 试喷海绵

2. 清洁相机盖板

相机盖板即相机玻璃板，如图4-30所示。清洁前检查相机玻璃板上是否有助焊剂残留，长期不清理会形成助焊剂堆积，影响相机扫图及视觉定位。清洁步骤如下：

（1）戴上橡胶手套用无尘布蘸酒精擦拭相机玻璃板上的助焊剂残留及脏污。

（2）等待2 min，用干的无尘布擦拭酒精等的残留物。

（3）检查相机玻璃板是否已清洁。

如果玻璃上出现划伤或者破损，需及时更换玻璃，防止视觉检测错误。

3. 清理助焊剂托盘

助焊剂托盘如图4-31所示，长时间不清理会堆积助焊剂残留，存在安全隐患。清洁步骤如下：

（1）戴上橡胶手套用纱布蘸酒精清洁助焊剂托盘上的助焊剂残留及脏污。

（2）检查托盘是否已清洁。

图4-30 相机玻璃板

图4-31 助焊剂托盘

六、试喷助焊剂

试喷助焊剂步骤如表4-13所示。

表 4-13　试喷助焊剂步骤

步骤	操作	图示
1	确认助焊剂盖板及阀口是否干净整洁	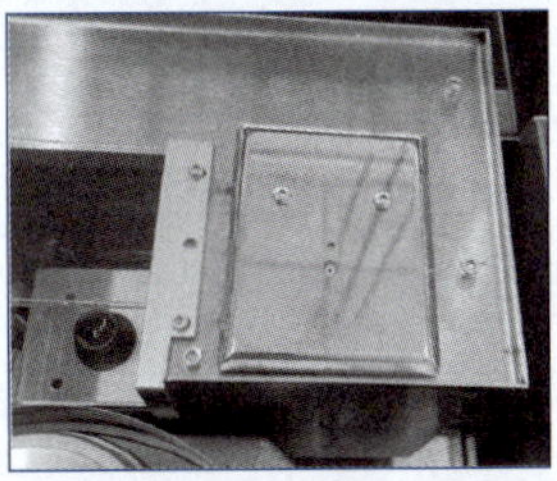
2	检查试喷海绵是否润湿不滴水	
3	按照图示打开压力桶的总进气阀门，以及喷涂助焊阀门	
4	在设置界面中，单击"喷锡"指令按钮	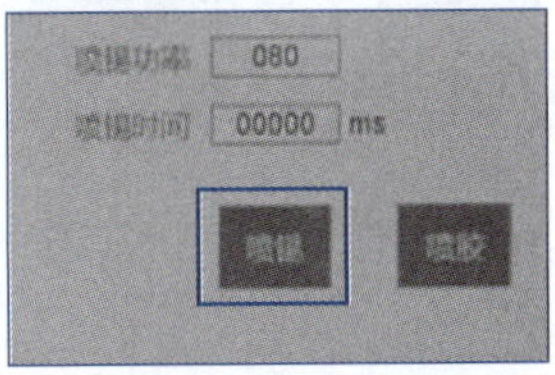

七、开启变频器

开启变频器步骤如表4-14所示。

表 4-14　开启变频器步骤

步骤	操作	图示
1	在设置界面的料头管理窗口中设定空闲功率	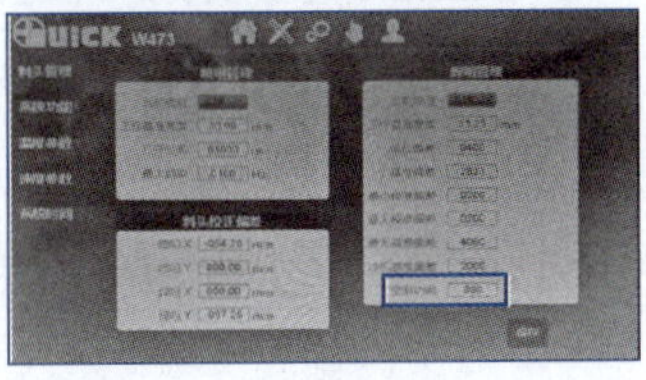

步骤	操作	图示
2	在点检界面触发Eout9，打开变频器信号，触发喷锡	
3	触发喷锡后需要等待一定时间才能喷锡	
4	若不喷锡，确认变频器功率是否为零	

任务评价

按照表4-15所示的评价内容完成任务评价。

表4-15　选择性波峰焊接准备任务评价表

序号	评价内容	分值	评价情况		
			自我评价	小组评价	教师评价
1	正确做好安全防护准备	10			
2	正确执行加锡操作	10			
3	正确进行锡渣清理、喷嘴清洁及助焊剂模块清洁	10			
4	会选择合适喷嘴，并进行安装	10			
5	会操作试喷助焊剂，开启变频器	10			
6	遵守车间工作纪律，安全规范操作	20			
7	团队协作，保质保量完成工作	20			
8	任务实施态度端正，具有敬业精神	10			

任务二
选择性波峰焊接操作

任务描述

以图4-1所示的实训基板为例，运用EG9W473X型高热能锡焊机器人完成对插件IC U1、电源插座J1进行选择性波峰焊接的工艺过程。工艺实践包括编制高热能锡焊机器人焊接程序，以及根据首件焊接状况，调整高热能锡焊机器人焊接参数，直到满足焊接标准。

任务分析

（1）胶点编辑：在制程界面的胶点编辑窗口中创建助焊剂点喷和线喷轨迹，编辑助焊剂及轨迹参数，包括助焊剂喷射强度、平移速度、喷射时间、喷射高度、空移高度。插件IC U1、电源插座J1分别采用直线、孤立点喷涂方式。

（2）焊点编辑：在制程界面的焊点编辑窗口中编辑点焊接和直线焊接轨迹，编辑焊点及轨迹参数，包括焊接高度、波峰强度、平移速度、停留时间、空移高度、收峰强度、收峰时间等。插件IC U1、电源插座J1分别采用直线、孤立点焊接方式。

（3）系统参数设置：在设置界面设置料头管理、温度参数、速度参数等。

（4）生产作业：启动EG9W473X型高热能锡焊机器人对电源插座J1、插件IC U1进行点焊接和直线焊接，目视检查焊接品质，调整高热能锡焊机器人焊接参数。

视频
选择性波峰焊
接胶点编辑

视频
选择性波峰焊
接焊点编辑

任务实施

一、制作选择性波峰焊接程序

选择性波峰焊接编程步骤如表4-16所示。

表4-16　选择性波峰焊接编程步骤

步骤	操作	图示
1.用户登录	单击主界面标题栏中的，在弹出的用户登录窗口中选择账户名称，输入相应密码	

步骤	操作	图示
2. 新建名为"1.fsm"的加工文件	单击"当前文件"输入框，弹出"加工文件"对话框	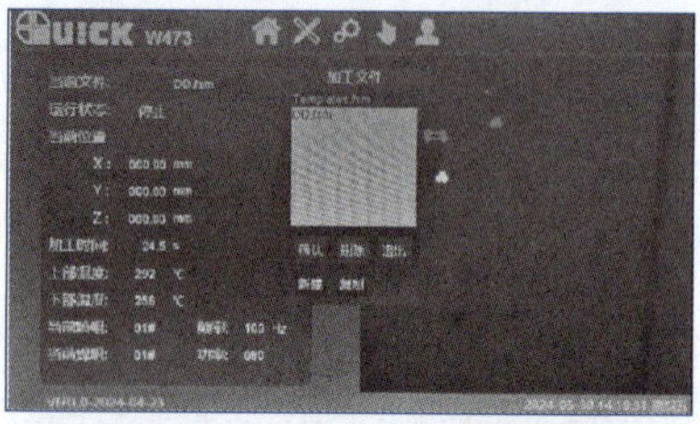
	单击"加工文件"对话框中的"新建"按钮，通过键盘输入文件名"1"，单击"Enter"键确认输入	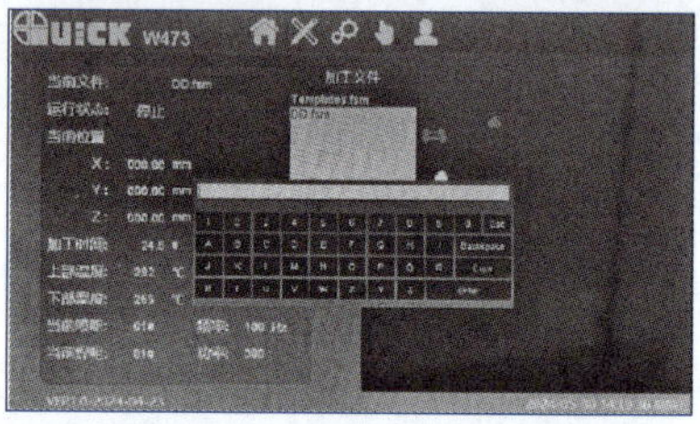
	在"加工文件"对话框中选择"1.fsm"，单击"确认"按钮	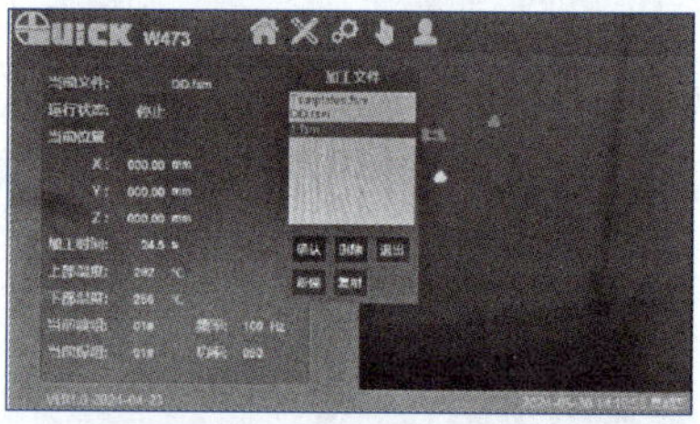
3. 料头管理	单击主界面标题栏中的 ![] 进入设置界面，单击"料头管理"进入料头管理窗口。按图示设置"01#"喷嘴、"01#"焊嘴的相关参数。单击"保存"按钮	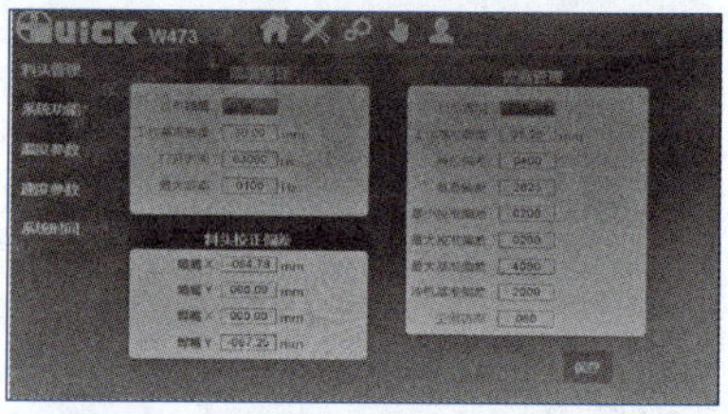
	单击"系统功能"进入系统功能窗口。单击"波峰校正"下的"校正"按钮，等待系统自动校正。波峰校正完成后，"01#"焊嘴的"基准偏差"将根据实际锡量自动更改	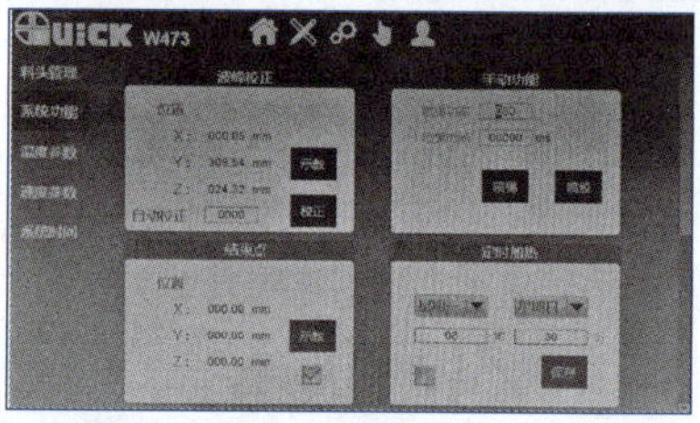
4. 胶点编辑	单击主界面标题栏中的 ![] 进入制程界面。单击"文件参数"进入文件参数窗口。"料头管理"下的"当前喷嘴"和"当前焊嘴"均选择"01#"。单击"料头管理"下的"保存"按钮	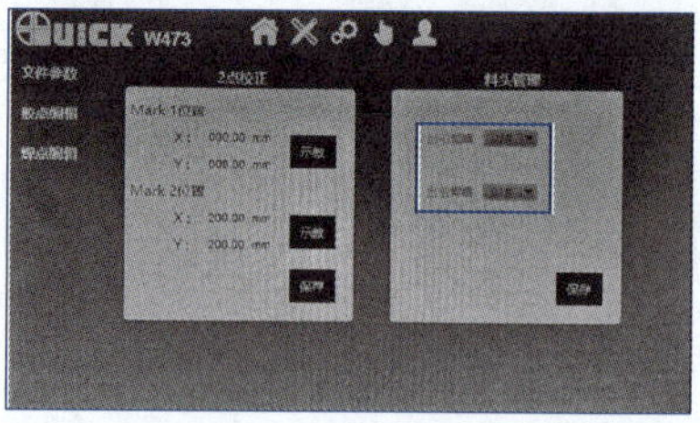

步骤	操作	图示
4. 胶点编辑	单击"胶点编辑"进入胶点编辑窗口。选择"直线" ，单击"插入"按钮，弹出"直线起点"示教窗口	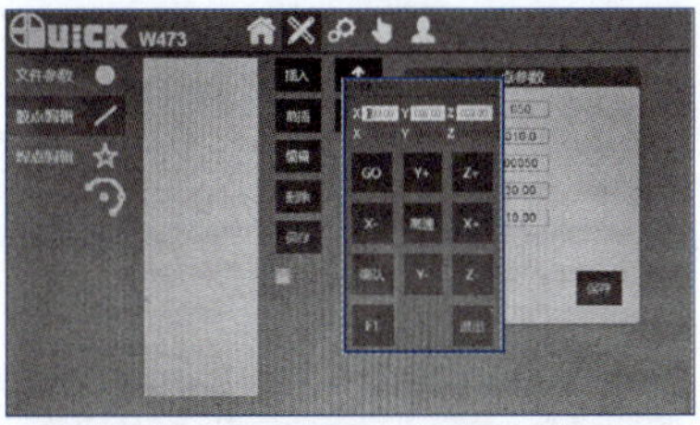
	通过"直线起点"示教窗口中的方向移动键（X−、X+、Y−、Y+）点动调整直线起点坐标至U1的1号引脚	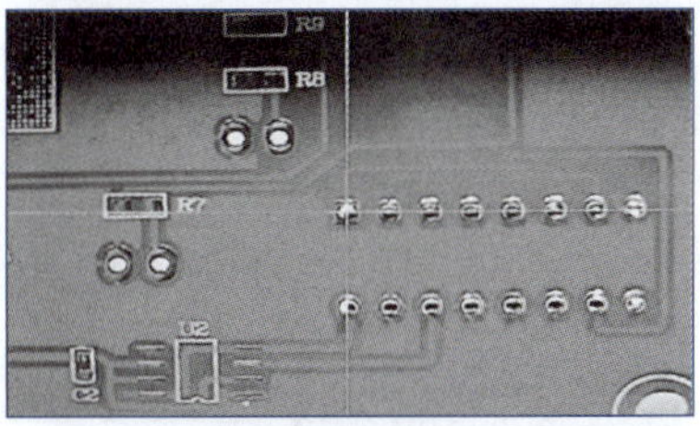
	单击"直线起点"示教窗口中的"确认"按钮，弹出"直线终点"示教窗口	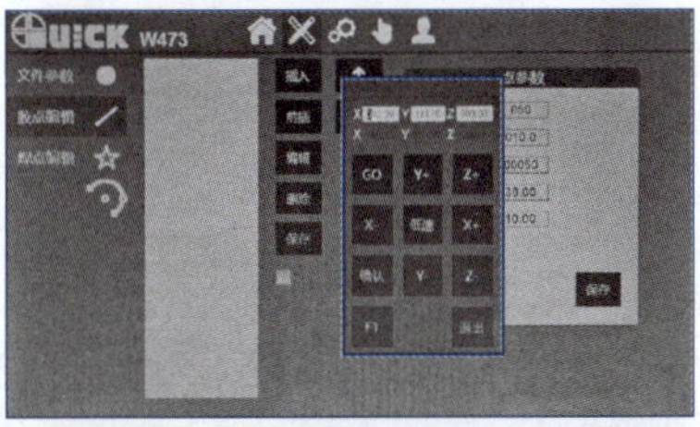
	通过"直线终点"示教窗口中的方向移动键（X−、X+、Y−、Y+）点动调整直线终点坐标至U1的8号引脚	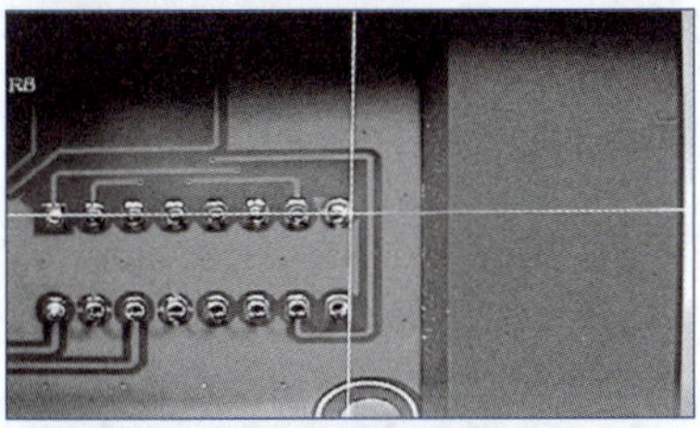
	单击"直线终点"示教界面中的"确认"按钮。在点列表显示区出现"001"和"002"两个轨迹点，其点参数设定如图示。单击"点参数"下的"保存"按钮	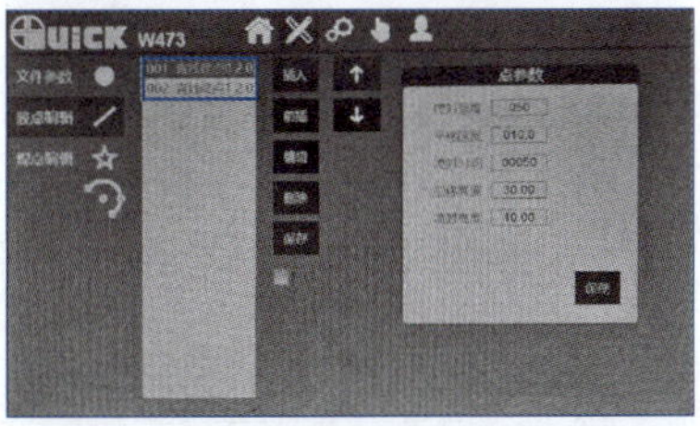
	在点列表显示区选中"001直线起点020"，勾选"群组"，单击 ↓ 按钮，同时选中"002直线终点120"	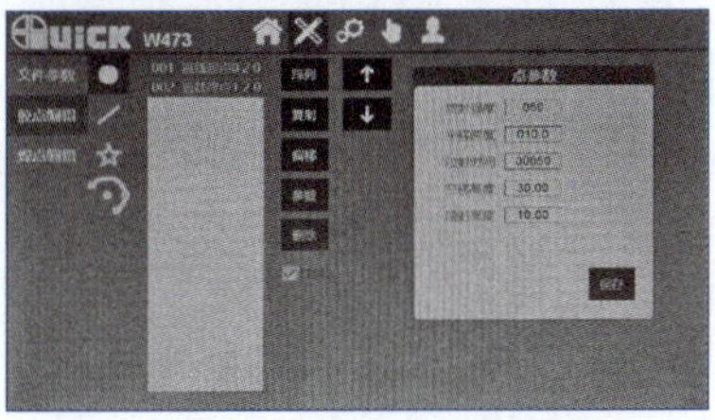

步骤	操作	图示
4. 胶点编辑	单击"复制"按钮，在弹窗中单击"确认"按钮，生成"003"和"004"两个轨迹点	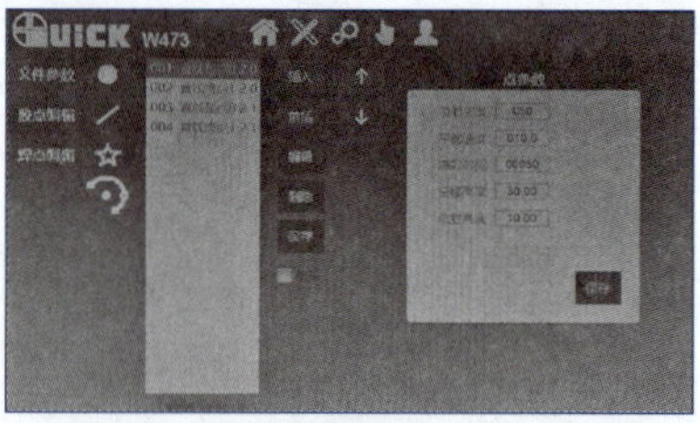
	在点列表显示区选中"003直线起点021"，单击"编辑"按钮，弹出"直线起点"示教窗口	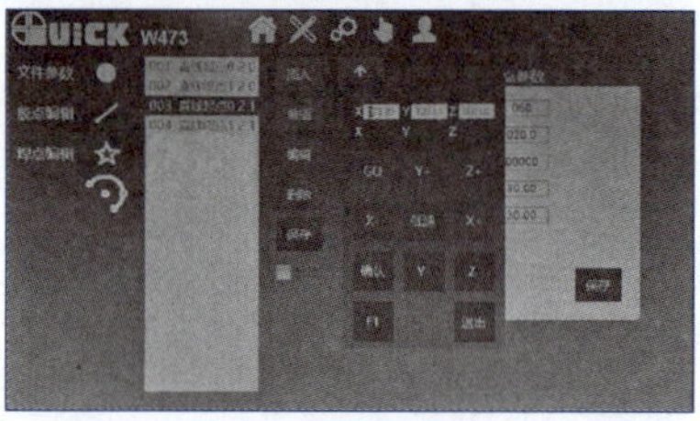
	通过"直线起点"示教窗口中的方向移动键（X–、X+、Y–、Y+）点动调整直线起点坐标至U1的9号引脚	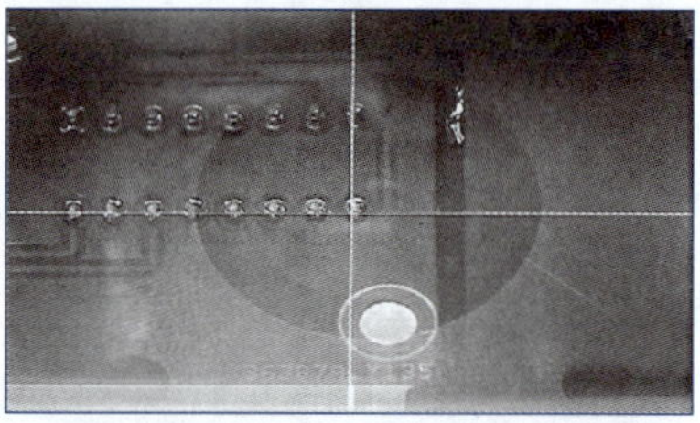
	在点列表显示区选中"004直线终点121"，单击"编辑"按钮，弹出"直线终点"示教窗口	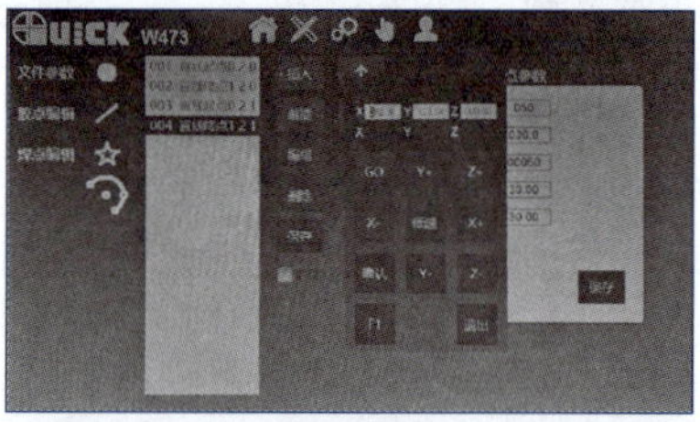
	通过"直线终点"示教窗口的方向移动键（X–、X+、Y–、Y+）点动调整直线终点坐标至U1的16号引脚	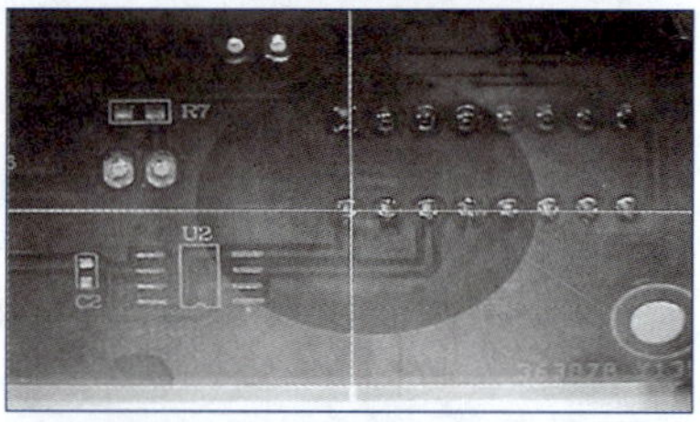
	在胶点编辑窗口中选择"孤立点" ■，弹出"孤立点"示教窗口	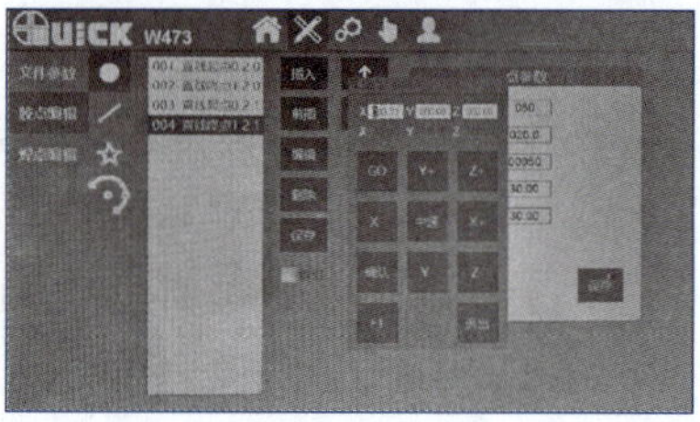

步骤	操作	图示
	通过方向移动键（X−、X+、Y−、Y+）点动调整孤立点坐标至J1的一个引脚，单击"确认"按钮，点列表显示区显示生成"005 孤立点012"	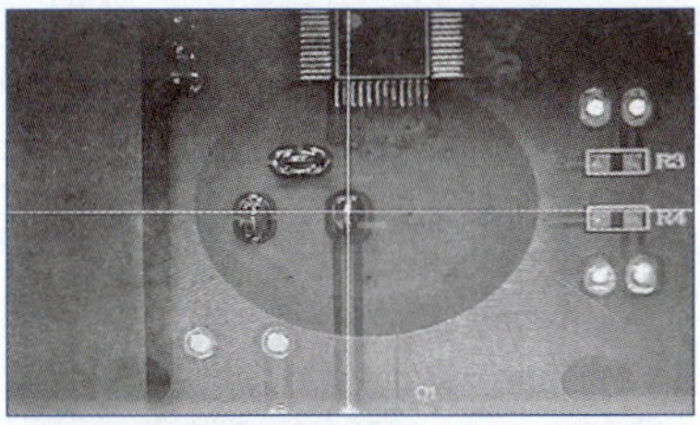
	用上一步的方法生成"006 孤立点013""007 孤立点014"，其坐标分别对应J1的第二、第三个引脚	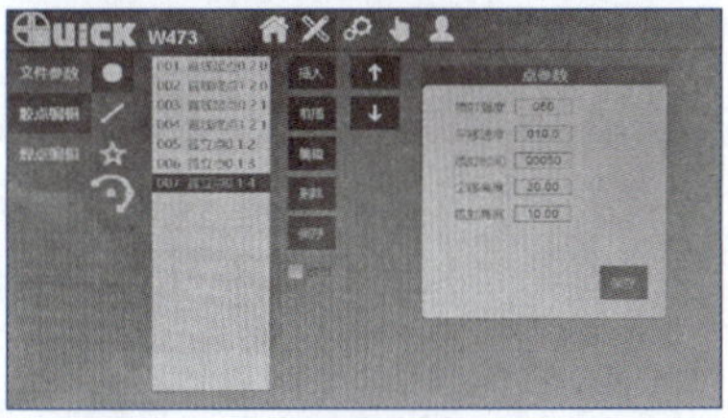
4. 胶点编辑	选中"007 孤立点014"，其点参数设定如图示。单击"点参数"下的"保存"按钮	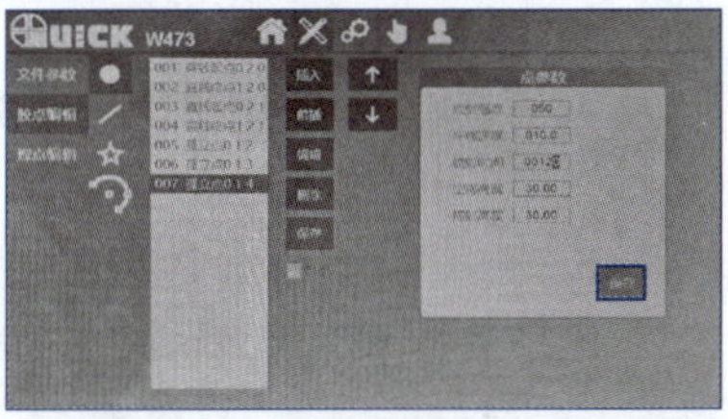
	勾选"群组"，单击↑按钮，同时选中"005 孤立点012"和"006 孤立点013"，单击"参数"按钮，在弹窗中单击"确认"按钮	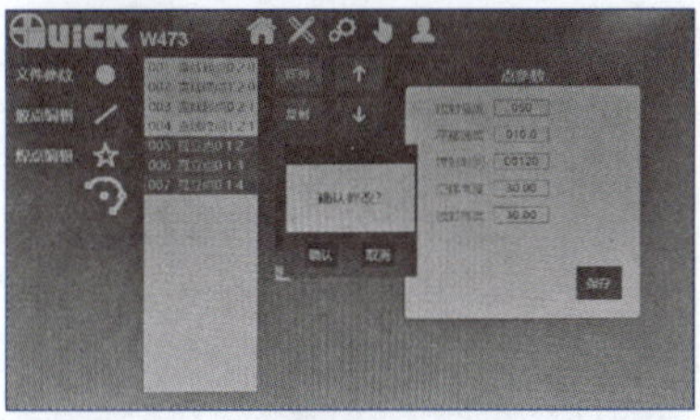
	查看"005 孤立点012"和"006 孤立点013"的点参数，单击"保存"按钮	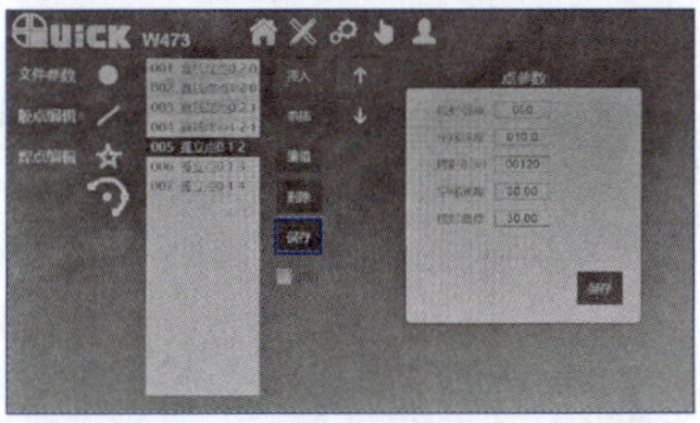
5. 焊点编辑	单击"焊点编辑"进入焊点编辑窗口，单击"导入"按钮，弹出"确认导入"对话框，单击"确认"按钮	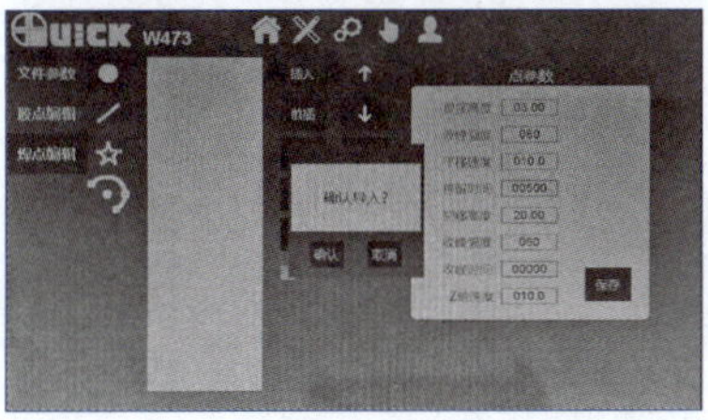

步骤	操作	图示
5. 焊点编辑	上一步"胶点编辑"中生成的单点都被导入焊点编辑窗口中	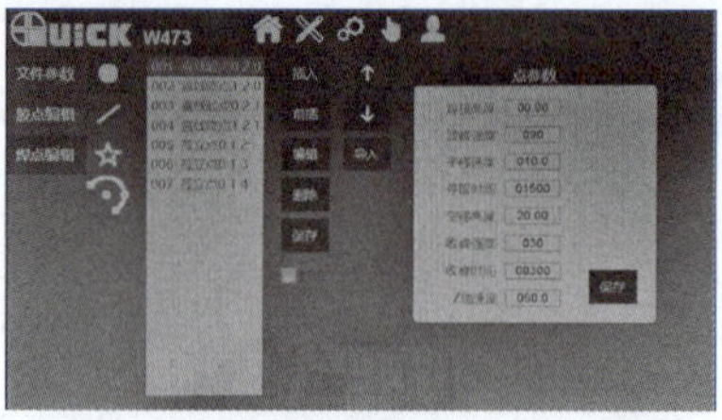
	在点列表显示区选中"001直线起点020",其点参数设定如图示。单击"点参数"下的"保存"按钮	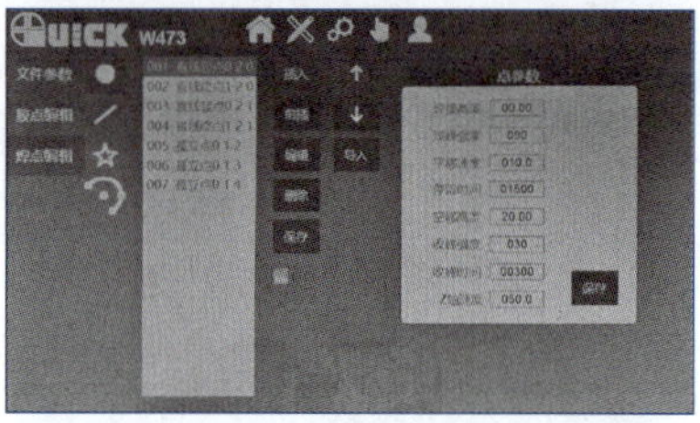
	勾选"群组",单击↓按钮,同时选中轨迹点002～004,单击"参数"按钮,在弹窗中单击"确认"按钮,将003的点参数设定为与001的点参数相同	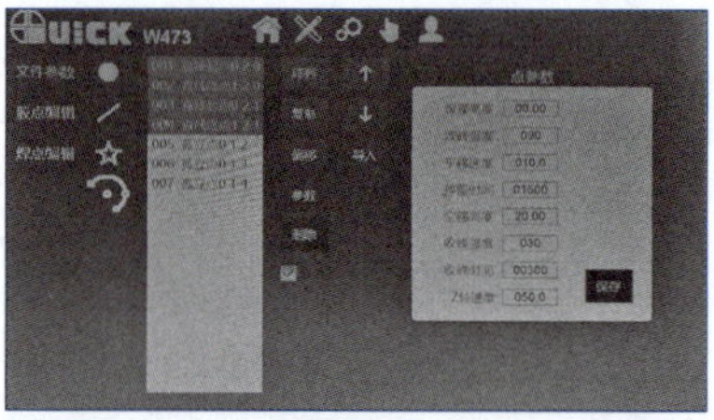
	在点列表显示区选中"004直线终点121",其点参数设定如图示。单击"点参数"下的"保存"按钮	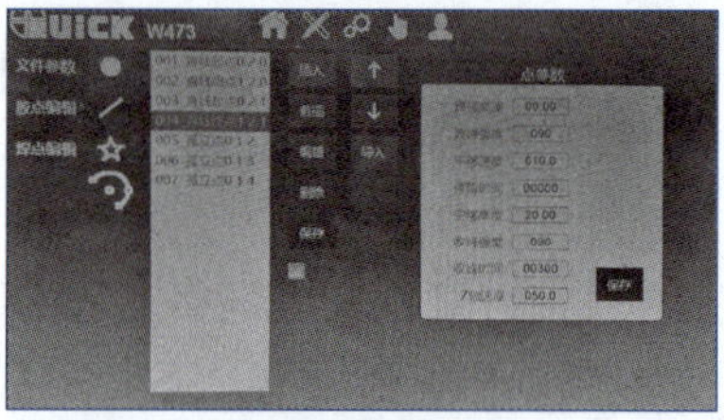
	勾选"群组",单击↑按钮,同时选中轨迹点001～003,单击"参数"按钮,在弹窗中单击"确认"按钮,将002的点参数设定为与004的点参数相同	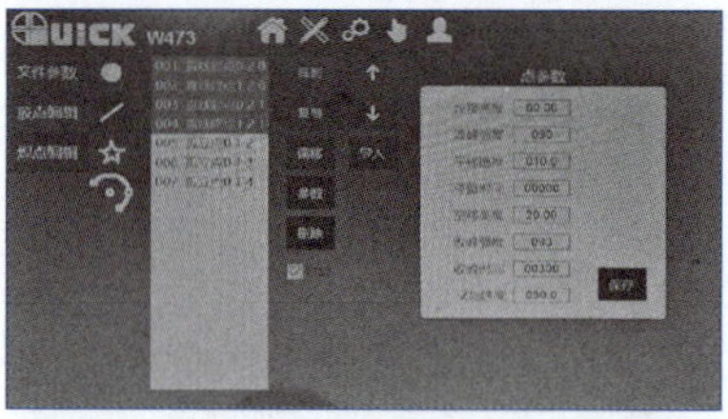
	在点列表显示区选中"005孤立点012",其点参数设定如图示。单击"点参数"下的"保存"按钮	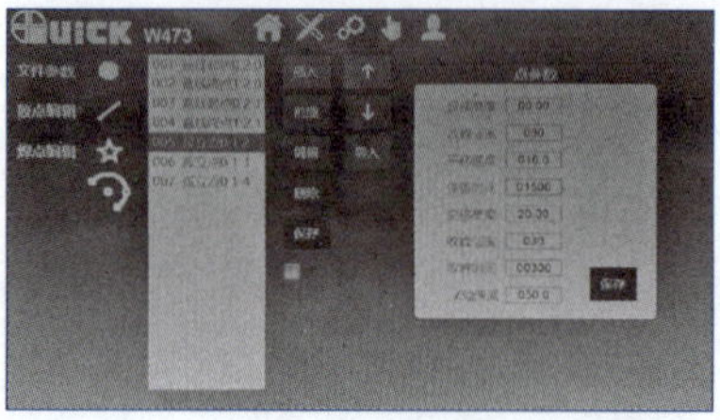

步骤	操作	图示
5. 焊点编辑	勾选"群组"，单击■按钮，同时选中轨迹点006、007，单击"参数"按钮，在弹窗中单击"确认"按钮，将006、007两点的点参数设定为与005的点参数相同	
	单击焊点编辑窗口中的"保存"按钮	

二、选择性波峰焊接

按下EG9W473X型高热能锡焊机器人前操作面板上的开始按键（START），机器人对基板上的插件IC U1、电源插座J1进行选择性波峰焊接。

拓展阅读
选择性波峰焊
接工艺缺陷

三、焊点目视检查

目视检查焊点状态，判定是否存在桥连、元器件浮起、少锡、多锡、锡珠、掉件、拉尖、扰动焊点等缺陷。

四、优化选择性波峰焊接程序

根据焊接质量要求，通过调整高热能锡焊机器人的焊接轨迹和焊接参数，优化焊接程序，以满足客户要求。

任务评价

按照表4-17所示的评价内容完成任务评价。

表4-17　选择性波峰焊接操作任务评价表

序号	评价内容	分值	评价情况		
			自我评价	小组评价	教师评价
1	正确选用并安装焊嘴	10			
2	正确编辑胶点坐标及参数	20			
3	正确编辑焊点坐标及参数，完成焊接	20			
4	遵守车间工作纪律，安全规范操作	20			
5	团队协作，保质保量完成工作	20			
6	任务实施态度端正，具有敬业精神	10			

▋项目小结

通过本项目的学习，读者可以了解选择性波峰焊接设备、材料和工艺要求，掌握选择性波峰焊接的基本步骤和方法，合理设置焊接参数，如焊接温度、焊接时间、波峰强度、停留时间、平移速度等，并能对焊接结果进行分析，不断优化焊接方案。

▋思考题

1. 选择性波峰焊接的焊接工序有哪些方式？分别应用于什么场合？
2. 高热能锡焊机器人的主要组成部分有哪些？
3. 如何选择喷嘴？
4. 高热能锡焊机器人为什么需要进行波峰校正？如何进行波峰校正？
5. 当焊点出现拉尖、少锡缺陷时，应该如何改进？

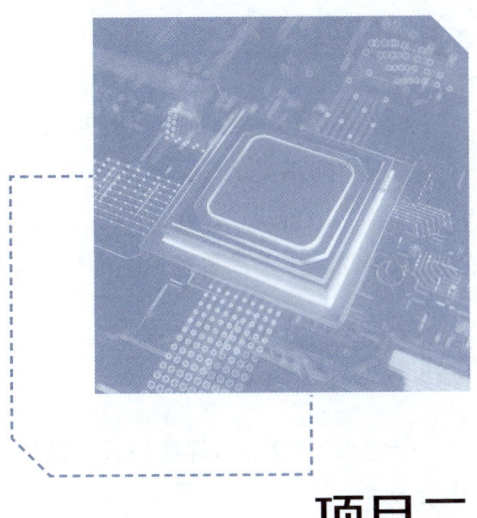

项目二
机器人焊接

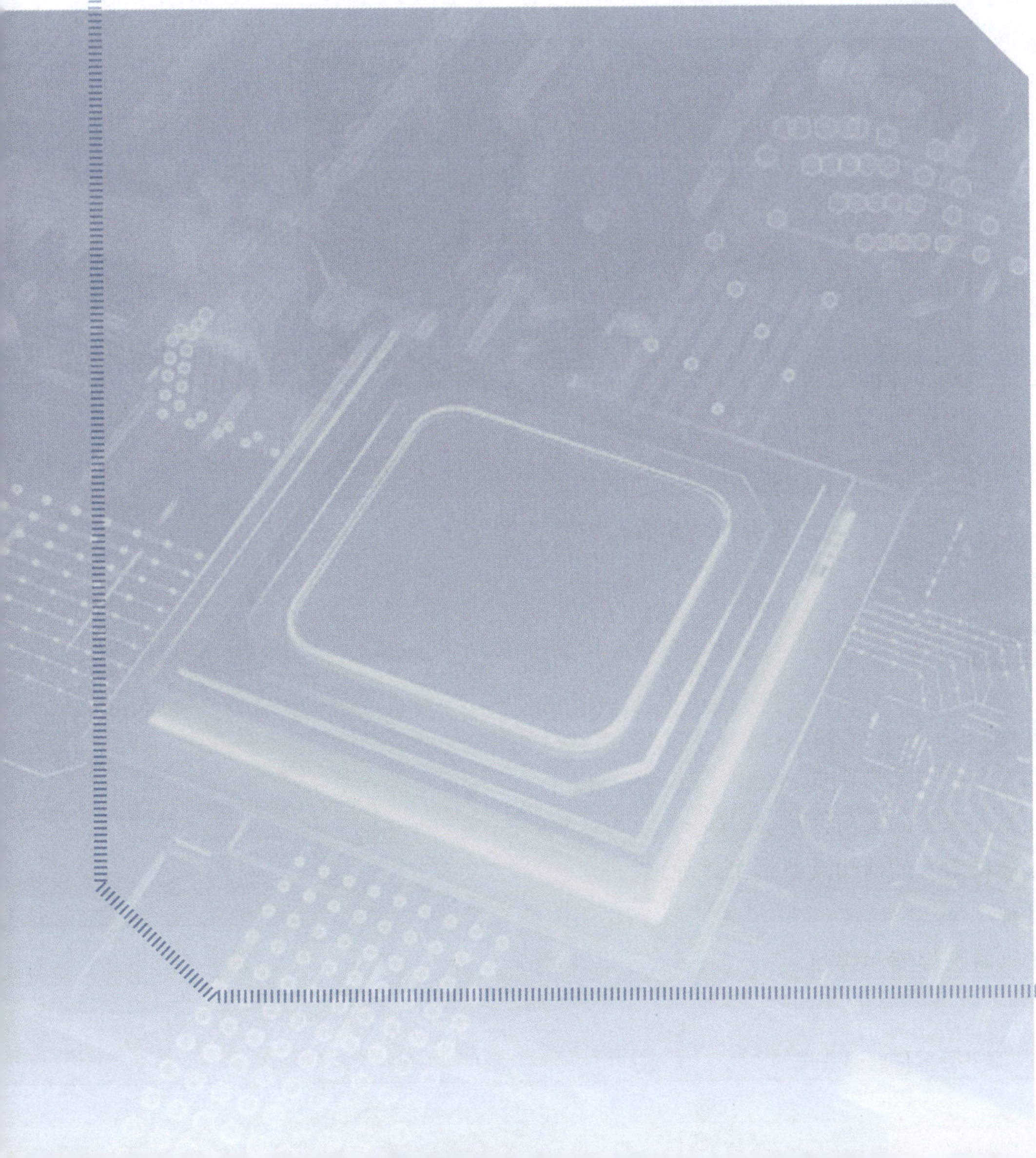

项目引入

机器人焊接，也叫自动焊接，主要应用于人工焊锡难达到场景的工艺制程，如SMT后段锡焊工艺中对温度敏感，而无法通过再流焊炉焊接的元器件、细间距直插式（PTH）封装元器件、连接器、排线、细小的线缆、喇叭和电动机等。机器人具有生产柔性好、质量一致性好、生产效率高、生产品质可控、运行成本低等特点，因此会是未来电子焊接的一个必然选择。

项目描述

针对图4-32所示焊接基板，按照客户要求，完成五芯插座J4的机器人焊接任务，具体要求如下：

（1）采用无铅焊接工艺；

（2）焊接温度要求为（360±20）℃；

（3）焊点要求牢靠、平滑，无连锡、拉尖、露铜、虚焊等不良现象。

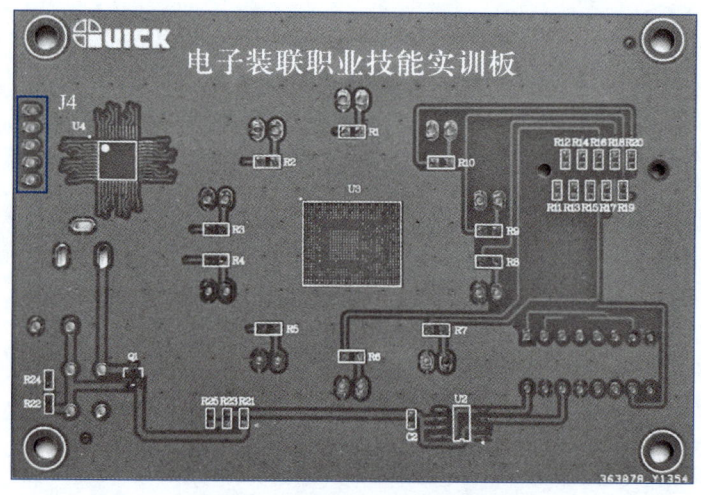

图4-32　机器人焊接示意图

项目目标

➢ **知识目标**

1. 了解机器人焊接工艺要求。

2. 了解机器人焊嘴的选用方法。

3. 了解焊接机器人的结构及基本工作原理。

➢ **能力目标**

1. 会选装机器人焊嘴和焊丝。

2. 会操作焊接机器人，定位焊接位置，设定焊接温度、送锡量、送锡速度、焊接延时等焊接参数。

3. 能目视判断焊接品质缺陷。

4. 能独立完成机器人焊接生产作业任务。

▷ **素养目标**

1. 能通过查阅资料学习焊嘴与焊丝的选型。

2. 通过焊接机器人的操作训练培养一丝不苟的工作作风。

项目分析

根据工作项目的描述，分析如下：

（1）产品特征分析：根据所需焊接元器件引脚形状、尺寸及相邻元器件布局等，选用合适的焊嘴与锡丝。

（2）焊接工艺要求分析：依据焊接工艺要求，结合生产效率要求，设定与校准锡焊机器人的焊嘴温度，设定送锡量、送锡速度、焊接延时等焊接参数。

（3）焊锡质量控制分析：依据焊接质量标准，精准定位焊接位置，设定焊接温度、焊接延时，编制焊接运动程序，目检焊接缺陷，调整焊接参数，消除连锡、少锡、拉尖、虚焊等焊接不良。

知识链接

一、机器人焊接工艺

机器人焊接主要用于改善手工焊接环境，其工艺流程和手工焊接基本相似，但也略有不同，如图4-33所示。

1. 评估任务要求

通过观察，评估焊接母材，即基板和元器件特性，从而了解焊接时所需的温度。基板镀层的不同，覆铜、接地面积的大小导致的散热性不同对于焊接效果影响较大。出于安全设计的考虑，元器件本体散热性越来越大，并且有的元器件需通过与基板铜箔接触来散热，故需增加基板接地焊盘面积，其焊接难度也持续增大。

2. 选择焊接方式

自动焊接方式包括常见的点焊、拖焊、点动拖焊，以及抖动焊、多点焊接、压焊等。机器人焊接要根据母材、焊接所需条件及焊点周边元器件分布状况，选择最佳的焊接方式。如果

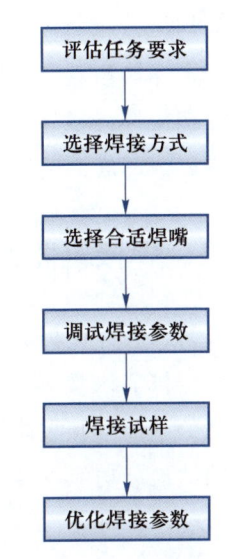

图4-33 机器人焊接工艺流程

有本体较高元器件靠近焊点，在焊接过程中必须进行规避，避免碰撞高元器件；如果有小的表面贴装元器件，也需要进行规避，避免烫伤损坏表面贴装元器件。

3. 选择合适焊嘴

焊嘴选取主要从形状和尺寸两个方面来考虑，其原则如下：

（1）在焊接空间足够的情况下，能选大头不选小头；

（2）焊接空间周边不能有干扰；

（3）对于散热大的焊点，选择热容量大的头型。

4. 调试焊接参数

机器人焊接过程中的主要参数有焊接角度、送锡角度和焊接温度。

机器人焊接工艺通过设定焊接角度来调节烙铁头与焊盘的接触面积，从而调整焊接时间；通过设定送锡角度来调节送锡和烙铁头的角度，从而更好地下锡。

焊接温度设定主要与焊嘴温度、焊接时间、焊嘴尺寸及被焊物的散热情况等因素有关。

（1）焊嘴温度。在能满足焊接要求的前提下，焊嘴温度不宜设置过高。过高的温度会加速助焊剂的挥发，不利于焊接，也容易损坏被焊物，同时还会加速焊嘴氧化，缩短使用寿命。温度也不宜过低，否则会造成虚焊现象。

（2）焊接时间。焊接时间越长，被焊接元器件的温度越高，焊点氧化越严重，同时IMC（金属间化合物）会急剧增厚。

（3）焊嘴尺寸。在不影响焊接的前提下，应尽量选择尺寸略小于焊盘直径的、头型大的焊嘴。头型大的焊嘴拥有更大的热容量，在焊接过程中温度跌落较少、回温速度快，有利于提高焊接效率。同时，可以选择更低的焊接温度，减少助焊剂挥发，不仅有利于焊接，还能降低焊嘴的氧化程度，延长焊嘴的使用寿命。

（4）被焊物的散热情况。焊盘通常会与更多导体相连接，如果所连接的导体散热量大（如接地层），则焊嘴的升温速度会降低。

5. 焊接试样

设定焊接参数，单批次焊接产品。

6. 优化焊接程序

完成试焊后，通过调整焊接角度、焊接温度和焊接时间等，优化焊接程序。

二、焊接机器人

市面上的焊接机器人主要有桌面式、分体离线式与一体离线式，如图4-34所示。

焊接机器人按其动作方式，分为三轴、四轴、五轴等，四轴焊接机器人能基本满足一般产品的平面焊接要求。本项目以四轴焊接机器人ET9384EX（图4-35）为例，学习焊接机器人的结构与功能，其主要装置及功能如表4-18所示。

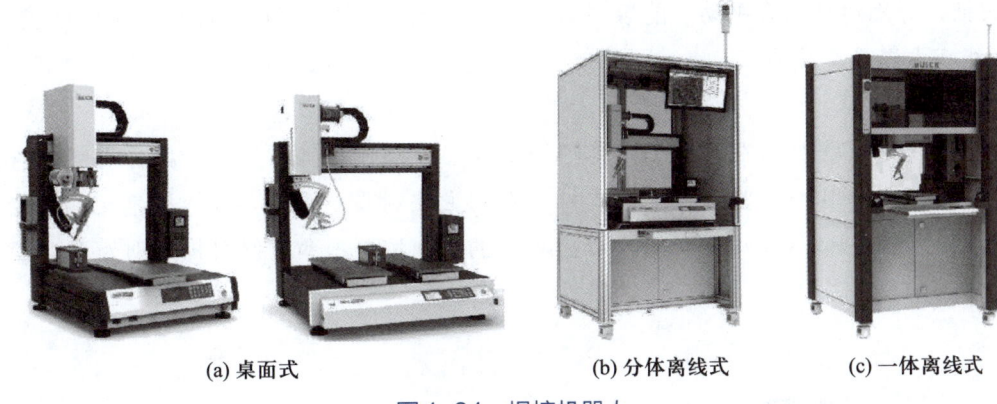

(a) 桌面式　　　　　　　(b) 分体离线式　　　(c) 一体离线式

图4-34　焊接机器人

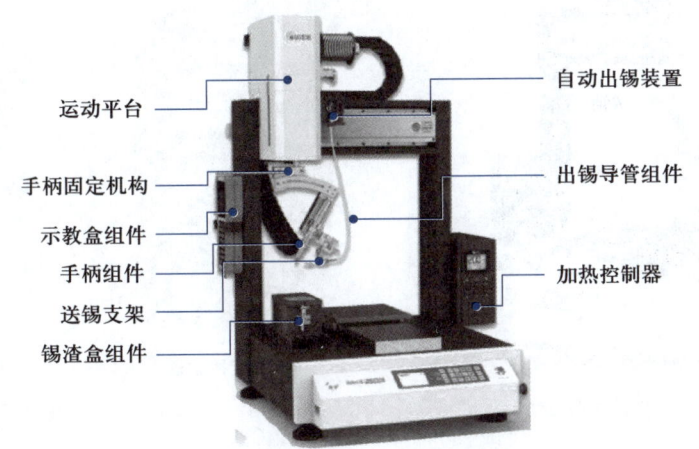

图4-35　ET9384EX型焊接机器人

表 4-18　ET9384EX 型焊接机器人主要装置及功能

序号	名称	功能
1	运动平台	4个自由度可基本满足一般产品的平面焊接要求
2	手柄固定机构	可自由调整焊接方向
3	示教盒组件	编程示教器
4	手柄组件	高频加热使烙铁头升温
5	送锡支架	调整送锡方向
6	锡渣盒组件	清洗、收集烙铁头上残留的锡渣
7	自动出锡装置	控制锡丝出锡，控制精度（±0.1 mm）
8	出锡导管组件	引导锡丝送出至烙铁头
9	加热控制器	控制烙铁头温度，控制精度（±3℃）

ET9384EX 型焊接机器人主要包含运动模块、焊接单元、人机交互界面三个模块。

1. 运动模块

如图 4-36 所示，ET9384EX 型焊接机器人的运动模块采用四轴操作臂，包括 X 轴、Y 轴、

Z轴、R轴，分别对应左右平动、前后平动、上下平动、旋转。一般产品都为平面焊接，4个自由度能基本满足焊接要求。

2. 焊接单元

焊接单元是焊接机器人的核心，其焊接手柄装在操作手柄末端，被操作臂带到焊接位置进行焊接操作，其控制器受控于焊接机器人的主控制器，主要负责焊接单元的温度控制及锡丝供给。ET9384EX型焊接机器人焊接单元的温度控制器和出锡机构分别如图4-37（a）和图4-37（b）所示。

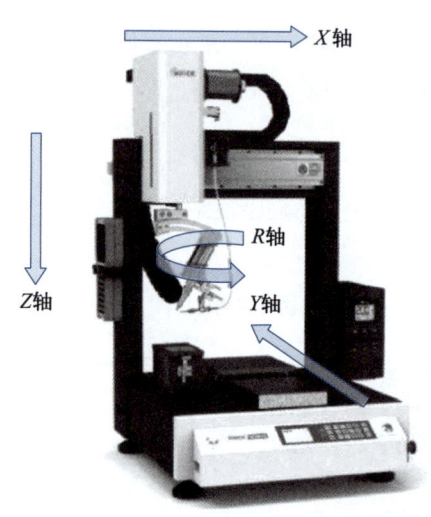

图4-36　四轴操作臂

(a) 温度控制器

(b) 出锡机构

图4-37　焊接单元

3. 人机交互界面

人机交互界面主要实现示教、焊接程序编辑、焊接参数编辑、程序选择等人机交互功能，主要有示教编程器和计算机两种方式，如图4-38所示。

手持示教编程器（以下简称示教盒）提供了一种现场快速编程的界面，用户可直观地通过定义关键点的方式对工件进行示教编程、下载加工。

（1）示教盒按键。示教盒按键分布如图4-39所示，各按键功能如表4-19所示。

(a) 示教编程器

(b) 计算机

图4-38　人机交互界面

图4-39　示教盒按键分布

表 4-19　示教盒按键功能

按键	名称	功能
F1、F2、F3、F4	功能键	F1：新建文件、插入、开始/暂停加工等 F2：文件编辑、停止加工、阵列偏移等 F3：数据检查、复制等 F4：矩阵、文件参数设置、文件名更改等
X、Y、Z、R	方向键	控制四轴的左右、前后、上下、旋转运动；输入时的光标控制
SHF	切换键	切换点动速度，共有低速、中速、高速三种；进行参数之间的切换
0～9和.	输入键	数字、字母和小数点输入，用于输入参数、文件名等
#	选择键	进入群组编辑；进入参数设置等
+/−	前插键	前插按键，用于插入点或图形
GO	进入键	在点坐标编辑界面按此键才能点动调整点的坐标
RESET	复位键	按此键返回到零点
CLR	删除键	删除文件或文件中的点/图形
ENT	确定键	选择当前文件进行下载或加工；对编辑操作的结果进行确定保存、单步演示等
ESC	取消键	取消当前操作，并退出当前界面

（2）示教盒主界面。示教盒主界面是一组功能菜单，其中每一个菜单项都表示了示教盒的一类功能，可通过菜单项前面的按键提示，按相应的按键选择进入该项功能。示教盒主界面如图4-40所示。

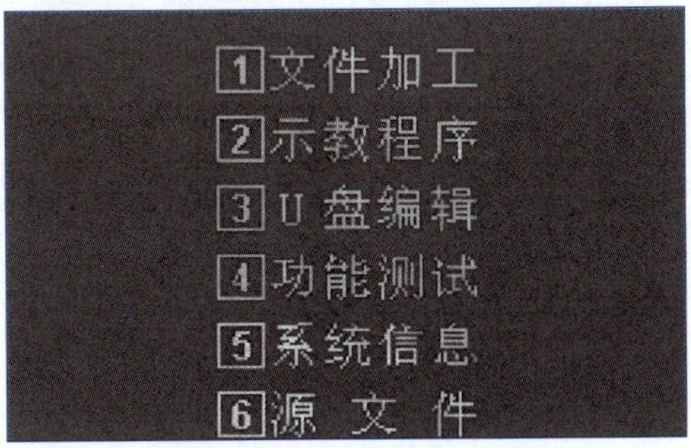

各菜单项功能说明如下：

① 文件加工：对已经下载的加工文件进行操作，包括配置文件。

② 示教程序：可进行示教编辑、参数设置，并对示教文件进行下载等操作。

③ U盘编辑：可进行U盘下载示教文件、上传示教文件、程序更新等。

④ 功能测试：可对设备各运动轴、输出口信号等进行测试。

图4-40　示教盒主界面

⑤ 系统信息：可查看系统信息、编辑系统默认参数。

⑥ 源文件：可将存储在机台中的示教文件上传到示教器或删除。

三、焊嘴

焊嘴主要由无氧铜、镀铁层、镀铬层、镀锡层构成。焊嘴材料的主要成分是铜，铜的导热性较高，可更快地传导温度。为防止铜高温氧化或腐蚀，在铜焊嘴头部镀上一层镀铁层，隔离铜材，起耐磨作用；为防止不必要的爬锡，保证焊嘴上锡尺寸不变化，在焊嘴中部镀上一层镀铬层；为保证焊嘴可靠熔锡，在焊嘴镀铁层表面镀上一层锡，称为镀锡层。镀锡层又可分为上锡面和工作面，上锡面为送锡处，工作面为焊嘴与焊盘接触的部位。对于普通焊嘴而言，其上锡部位既是工作面又是上锡面。三种机器人焊接焊嘴的镀锡层如图4-41所示。

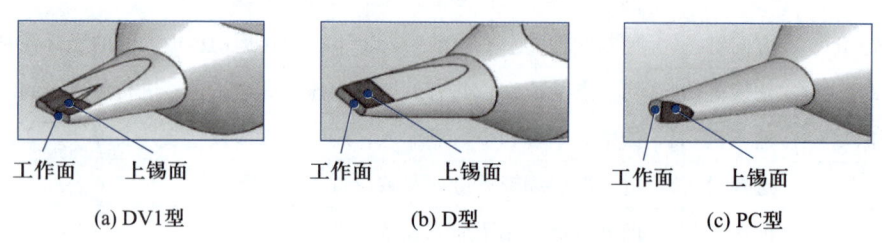

(a) DV1型　　　　　　　(b) D型　　　　　　　(c) PC型

图4-41　机器人焊接焊嘴镀锡层

焊嘴尺寸是指焊嘴端的直径或宽度。焊嘴尺寸的表示方法是去掉小数点，用数字直接表示其规格，默认单位为毫米（mm）。例如，08表示0.8 mm，24表示2.4 mm，118表示11.8 mm。行业内没有统一的焊嘴命名方法，但一般企业有企业标准。以某工厂的N型焊嘴为例，其命名规则如图4-42所示。

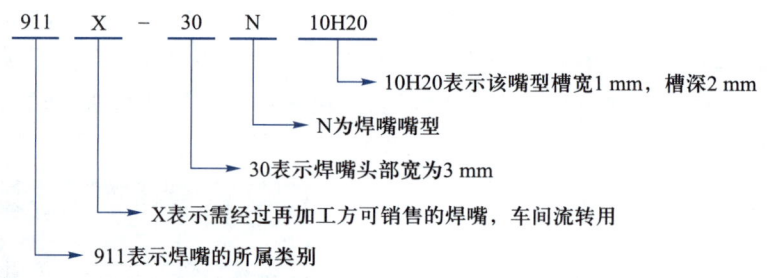

911　　X　-　30　　N　　10H20

→ 10H20表示该嘴型槽宽1 mm，槽深2 mm

→ N为焊嘴嘴型

→ 30表示焊嘴头部宽为3 mm

→ X表示需经过再加工方可销售的焊嘴，车间流转用

→ 911表示焊嘴的所属类别

图4-42　焊嘴命名规则

在实际生产过程中，焊嘴头型是多样化的，可分为D型、DV1型、DV2型、P型、PC型、PCV型、PCQ型、R型、L型、N型、M型、I型、B型等。在实际生产过程中，常用的焊嘴有四种类型，分别是D型、DV1型、DV2型、PC型，如图4-43所示。

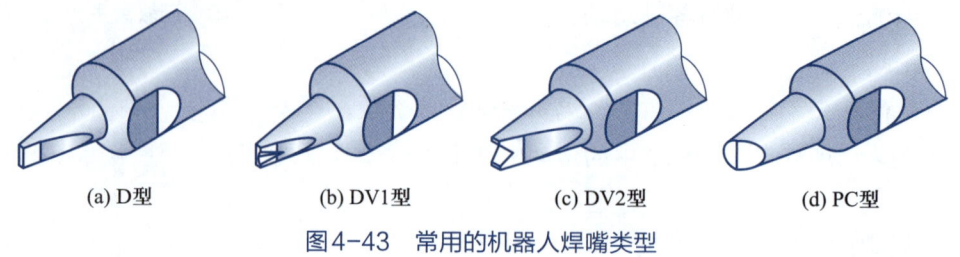

(a) D型　　　(b) DV1型　　　(c) DV2型　　　(d) PC型

图4-43　常用的机器人焊嘴类型

1. D型焊嘴

D型焊嘴如图4-43（a）所示，适用于侧面拖焊、扁平针脚点焊。用于侧面拖焊时，可

以实时观测锡的流淌。用于扁平针脚点焊时，可以用D型头的平面（上锡面）紧贴针脚，增大受热面积。

2. DV1型焊嘴

DV1型焊嘴在D型焊嘴的基础上增加V形槽（不穿透），如图4-43（b）所示，适用于过孔插针的焊接。编辑焊点位置时，焊嘴V形槽可将针脚包裹在其中，加快热传导的速度，完成焊接。V形槽对熔化锡的流淌起引导作用，可使熔化锡快速地从焊嘴流入焊盘。

3. DV2型焊嘴

DV2型焊嘴在D型焊嘴的基础上增加V形槽（穿透），如图4-43（c）所示，多用于焊接线材，其优势在于焊接线材时，焊嘴可以同时对线头和焊盘加热，满足工件同时受热的需求。

4. PC型焊嘴

PC型焊嘴底部工作面较大，外形粗壮，如图4-43（d）所示，其热容量充足，常用于平面焊盘的加锡，导热迅速，下锡性能优良，焊接更快、更稳定。

四、焊接程序编制

自动焊接方式可分为点焊、拖焊、点动拖焊等，还有一些特殊的焊接方式，如抖动焊接、多点焊接、压焊等。点焊通常是指完成单个焊点的焊接，程序编辑对应为"孤立点"，完成一个孤立点的焊接之后焊嘴上抬，再执行下一焊点的焊接。拖焊则是针对一排焊点的焊接，程序编辑对应为"直线"，适用于多个且规则排列的焊点。

对于焊接机器人的行动路线，一般是在人为设定好一个路径后，将其输入焊接机器人的程序存储器，以控制各轴电动机精确动作。机器人每执行一个动作都是从头到尾地执行相应的一段程序代码。机器人焊接程序编写流程如图4-44所示。

在机器人焊接程序编写流程中，编制加工参数尤为重要，其中的出料参数包括高度、送料、延时三个参数，以下对相应参数做详细介绍。

"一次高度"和"一次送料"表示在离焊点一定高度的地方送一定量的锡丝，即为预上锡。预上锡的作用是通过锡作为一个导热媒介，避免焊嘴下行时与产品接触不充分，焊接元器件没有完全加热，导致锡丝送至焊接元器件时不熔化，从而卡锡。设定"一次高度"和"一次送料"时，应根据产品做调整，一般"一次高度"的范围是0~5 mm。"一次高度"和"一次送料"的设定值不宜过高，否则会导致锡丝里的助焊剂在焊嘴上损耗过多，助焊剂无法润湿焊盘。

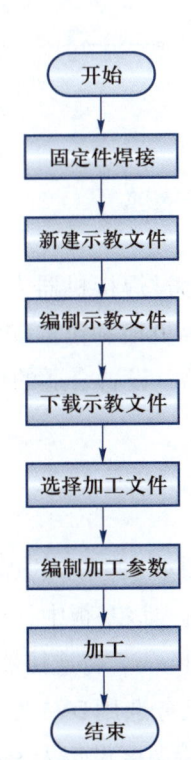

图4-44　机器人焊接程序编写流程

"一次延时"表示焊嘴第一次对焊盘加热的时间,"一次延时"应根据焊盘的散热量及选择的焊嘴大小来设定,保证被焊元器件的温度达到熔锡状态。

"二次送料"表示在"一次延时"后再送点锡丝,避免在"一次延时"后焊点上的助焊剂挥发过多,通过再送点锡丝可以补充锡量和助焊剂,避免在焊嘴离开焊点时产生拉尖的现象。

"二次延时""三次送料""三次延时"则主要针对散热很大,需要多次送料、延时,多次润湿的焊点。

"四次高度""四次送料""四次延时"的设定有利于避免拉尖,分别表示上抬高度、补料的送料长度及加热时间。

五、机器人焊接缺陷

拓展阅读
机器人焊接缺陷

机器人焊接缺陷主要有虚焊、针孔、气泡/空洞、冷焊、多锡、少锡、毛刺、锡珠、锡裂、焊盘损伤等。这些焊接缺陷在电子产品中会严重影响电子产品的使用寿命,或者直接导致电子产品生产不合格,轻则造成经济损失,重则造成使用安全隐患。

任务一
机器人焊接准备

📋 任务描述

在通过焊接机器人进行焊接之前,根据项目描述的要求,选择合适的焊嘴与焊锡,并完成焊嘴更换和锡丝安装;通过调整出锡支架,设定合适的焊接角度和出锡角度;操作温度控制器,设置合适的焊接温度。

📊 任务分析

以图4-32所示的焊接基板为例,选用ET9384EX型焊接机器人,具体讨论机器人焊接工艺流程。该基板中,需要使用机器人焊接的元器件为J4,其为5个引脚的连接器,引脚节距为2.54 mm。将连接器按正确方向插装到对应位置后,将基板放置在治具上,如图4-45所示。本任务选用DV1型焊嘴和0.8 mm直径无铅锡丝,焊嘴充分接触焊盘,送锡角度设定为80°,焊接温度设定为380 ℃。

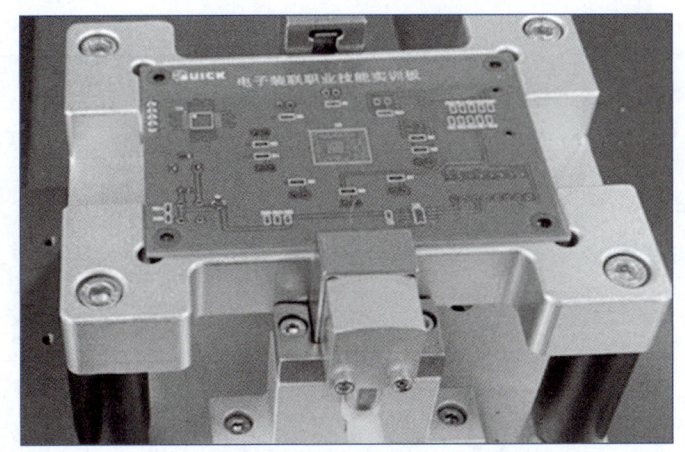

图4-45　机器人焊接基板治具固定

任务实施

一、焊嘴更换

选好合适的焊嘴后，更换焊嘴。更换焊嘴时，温度控制器电源切记不能打开，防止出现安全事故。

视频
焊接机器人焊
嘴更换与锡丝
安装

二、锡丝安装

选取合适的锡丝后，需要将锡丝圈套入固定杆，再将锡丝经缺料传感器穿入，穿到手动送锡旋钮处。

三、焊接角度设定

焊接角度设定原则是在不影响送锡的前提下，焊嘴和焊盘的接触面越大越好，这样能让焊盘更快地受热，缩短焊接时间。具体设定调试原理如表4-20所示。

表4-20　焊接角度设定调试原理

调试原理	图示
当前焊接角度，照片放大后可以看出，焊嘴底部已偏离焊盘，达不到工件同时受热效果，焊接时间会延长	

调试原理	图示
当前焊接角度，照片放大后可以看出，焊嘴底部充分接触焊盘，达到工件同时受热效果，焊接时间会大大缩短，良率提升	
根据焊嘴底部倾斜角度，如底部倾斜15%，则弯架调整到15%的位置	

四、送锡角度设定

送锡角度设定原则是在运行过程中不碰到被焊物的情况下，送锡的角度和焊嘴的角度尽量保持在80°或略大于80°，这样是为了更好地下锡，减少不良品（特别是带针脚的产品），如图4-46所示。

出锡支架结构调节如图4-47所示。调节操作有4个步骤：

（1）更换出锡针嘴。将调节螺钉2向上扳起，出锡针嘴可以离开焊头一定距离，避免针嘴撞到焊嘴。

（2）调节出锡针嘴的前后位置。旋动调节螺钉1，微调出锡针嘴相对焊头的前后位置。顺时针旋转，出锡针嘴向前移；逆时针旋转，出锡针嘴向后移。

（3）调节出锡针嘴的左右位置。旋动调节螺钉2，微调出锡针嘴相对焊头的左右位置。顺时针旋转，出锡针嘴向右移；逆时针旋转，出锡针嘴向左移。

（4）固定出锡针嘴。出锡针嘴调节到适当的位置，旋紧螺母3，出锡针嘴固定。

图4-46　送锡角度

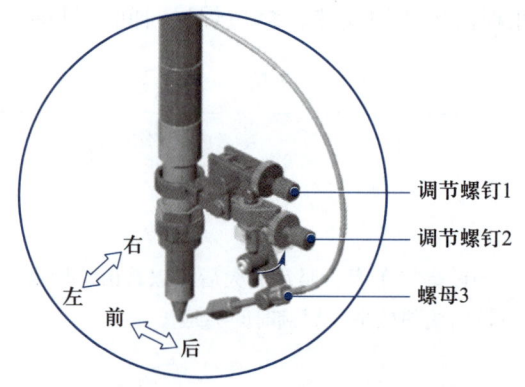

图4-47　出锡支架结构调节

五、焊接温度设定

ET9384EX型焊接机器人使用温度控制器实现焊接温度的设定和调试。如图4-48所示，温度控制器除了参数显示窗口外，还有6个功能按钮，用于焊嘴温度设定校准。

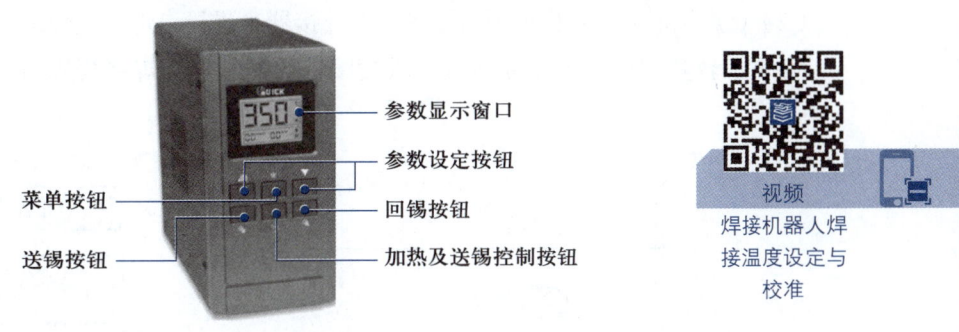

图4-48 温度控制器正面

任务评价

按照表4-21所示的评价内容完成任务评价。

表4-21 机器人焊接准备任务评价表

序号	评价内容	分值	评价情况		
			自我评价	小组评价	教师评价
1	正确完成焊嘴更换及锡丝安装	20			
2	正确设定焊接角度及送锡角度	20			
3	正确设定焊接温度	10			
4	遵守车间工作纪律，安全规范操作	20			
5	团队协作，保质保量完成工作	20			
6	任务实施态度端正，具有敬业精神	10			

任务二
机器人焊接操作

任务描述

在任务一的基础上，通过示教盒编辑机器人焊接程序，并设置出料参数，正确操作焊接机器人实现连接器J4的5个引脚焊接，焊接完成后目视检查焊接品质。

（1）焊接方式：本任务焊接对象为连接器J4的5个引脚，引脚节距为2.54 mm，机器人采用点焊方式进行焊接。

（2）点焊图形编辑：根据项目要求，对连接器J4进行点焊。点焊编辑图形如图4-49所示。

（3）示教盒编程：本任务通过示教盒编辑焊接程序，焊接程序流程如图4-50所示。

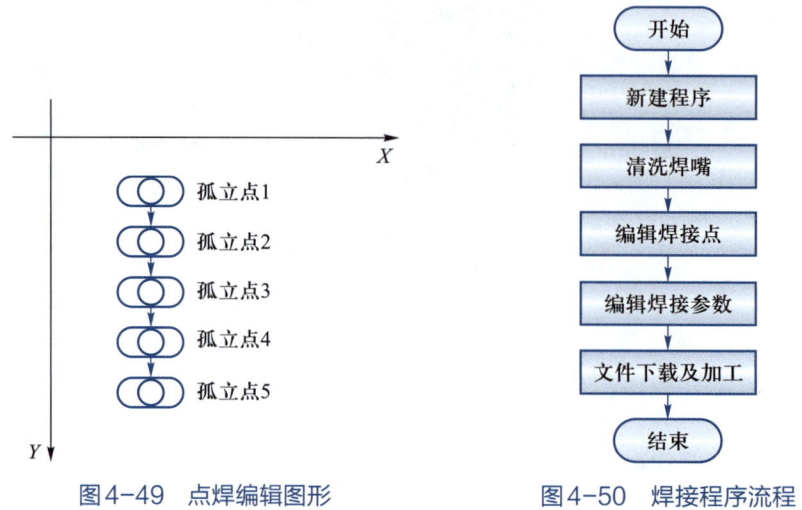

图4-49　点焊编辑图形　　　　　　图4-50　焊接程序流程

任务实施

一、示教盒编程

通过示教盒编辑焊接轨迹及焊接参数，具体步骤如表4-22所示。

表4-22　示教盒编辑焊接程序具体步骤

步骤	操作	图示
1. 新建示教程序，并命名为"1"	开机进入示教盒主界面。焊嘴默认处于X、Y、Z坐标均为0的原点位置，即焊嘴（X轴和Z轴）处于最左侧、最高点，工件（Y轴）处于最前方；如果焊嘴不在坐标原点，可按示教盒上的"RESET"键进行复位	1文件加工 2示教程序 3U盘编辑 4功能测试 5系统信息 6源文件
	在主界面，按示教盒上的"2"键进入"示教程序列表"界面，按"F1"键新建一个示教文件	示教程序列表 文件数:051 CH050 08 CH051 755 F1新建 F2编辑 F3复制 F4改名 删除 返回

步骤	操作	图示
1. 新建示教程序，并命名为"1"	窗口显示新建文件的文件名输入界面，输入文件名"1"后，按"ENT"键，返回"示教程序列表"界面	
	在"示教程序列表"界面，显示新建的示教程序"CH052 1"	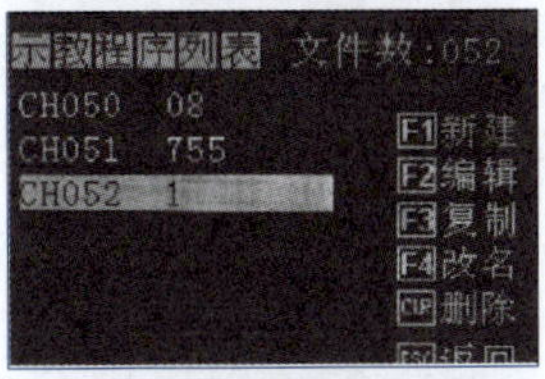
2. 清洗焊嘴	在"示教程序列表"界面，按"F2"键进入"示教文件管理"界面，界面显示"文件名：1"，按"F1"键即可设定清洗点	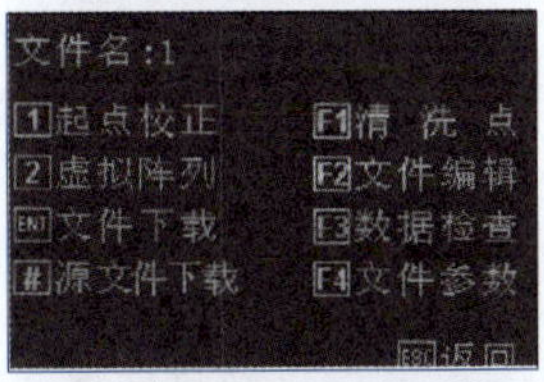
	在"清洗点"界面，按数字键可以设置清洗点的坐标，或按方向键点动调整清洗点的坐标。坐标设置完毕后，按"ENT"键确定设置的清洗点，返回"示教文件管理"界面	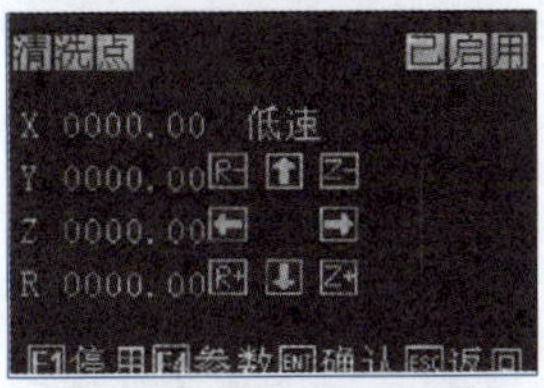
3. 编辑焊点 视频 示教盒焊点轨迹编辑	在"示教文件管理"界面，按"F2"键进入"示教编辑"界面	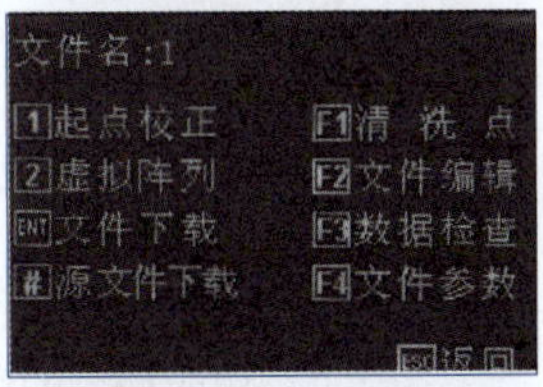
	在"示教编辑"界面，按"F1"键进入"示教插入"界面（即点类型选择界面）	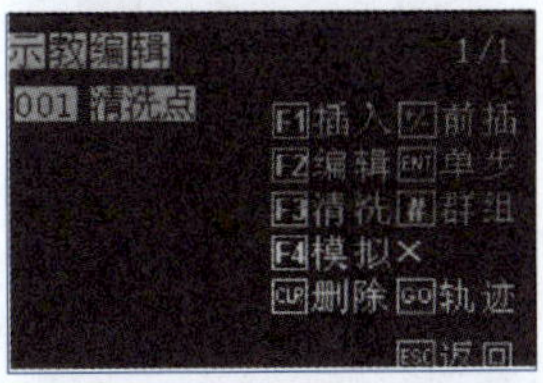
	在"示教插入"界面，按"1"键选择插入孤立点，进入"孤立点"编辑界面	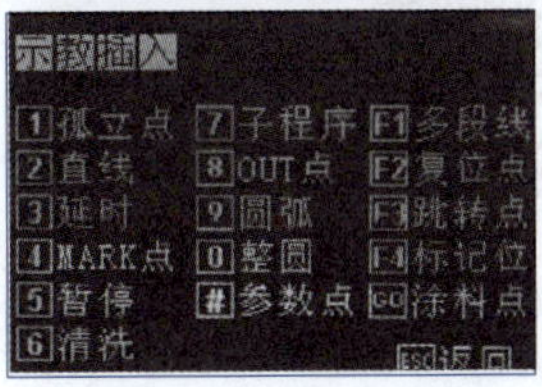

续表

步骤	操作	图示
	在"孤立点"编辑界面，操作示教盒上的方向键，移动坐标至焊接点位，坐标设置完毕后，按"ENT"键确定设置的孤立点，并返回"示教编辑"界面	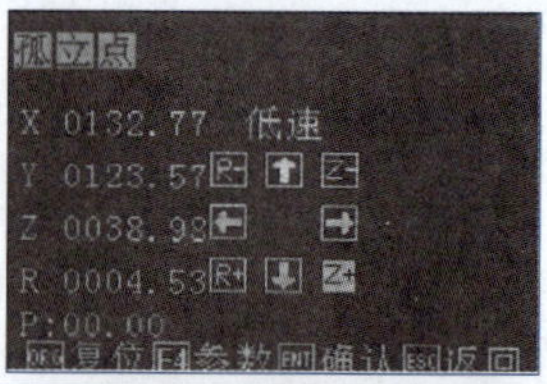
	在"示教编辑"界面，按"#"键，进入"群组编辑"界面	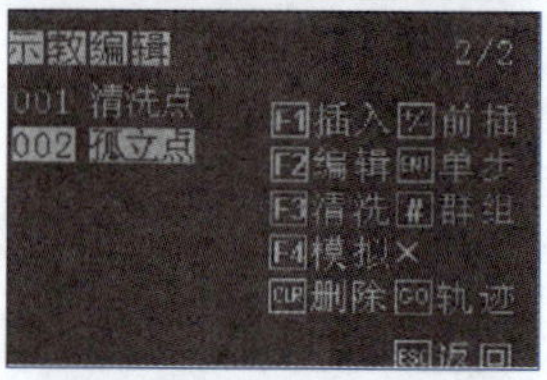
3. 编辑焊点	在"群组编辑"界面，按"F1"键，进入"阵列参数设置"界面	
	在"阵列参数设置"界面，操作方向键分别选择"列数""行数"，并通过数字键设置"列数""行数"的数值分别为01、05，即1列5行，按"F2"键进入"列01行05"界面	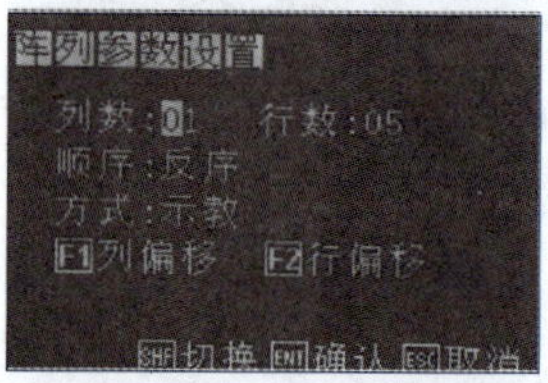
	在"列01行05"界面，按"GO"键，取消移动锁定。操作方向键移动坐标到第1列、第5行位置。按"ENT"键确认，返回"示教编辑"界面	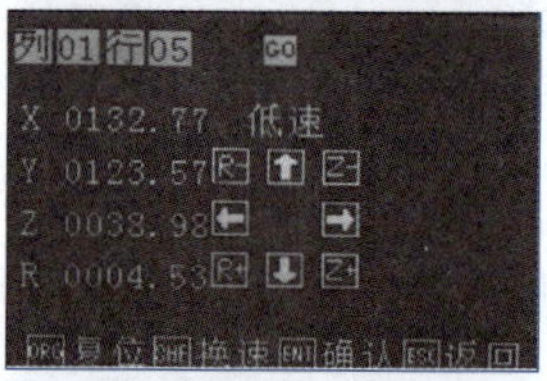
	在"示教编辑"界面，显示通过"阵列"功能插入的编号为"003"至"006"的4个孤立点	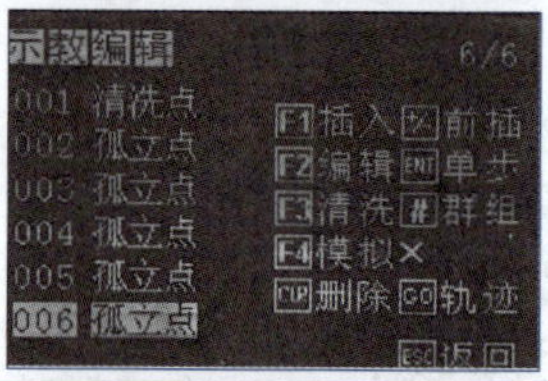
4. 编辑焊接参数 视频 示教盒焊点参数编辑	在"示教编辑"界面，操作示教盒上的方向键，选择希望编辑的点，如"002 孤立点"，然后按"F2"键即可对该点进行编辑	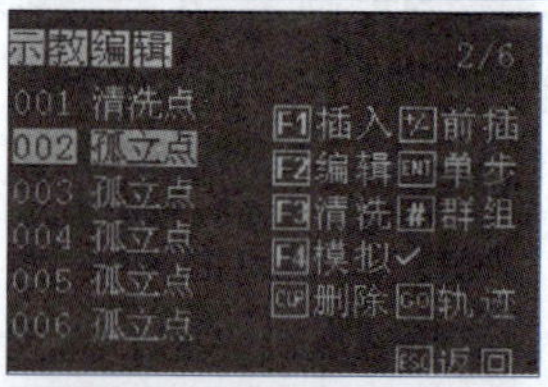
	在"孤立点"编辑界面，按"F4"键进入"点参数设置"界面	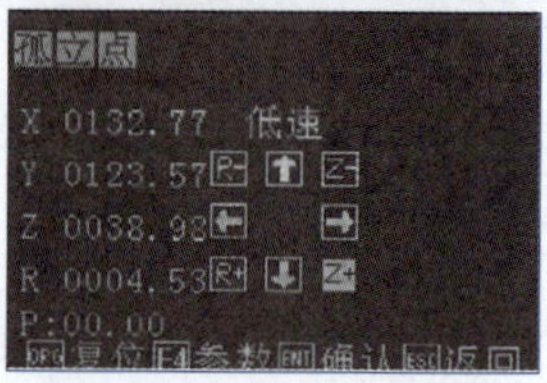

模块四　通孔元器件自动装联

232

步骤	操作	图示
	在"点参数设置"界面，按"3"键，进入"点参数--侧点参数"界面	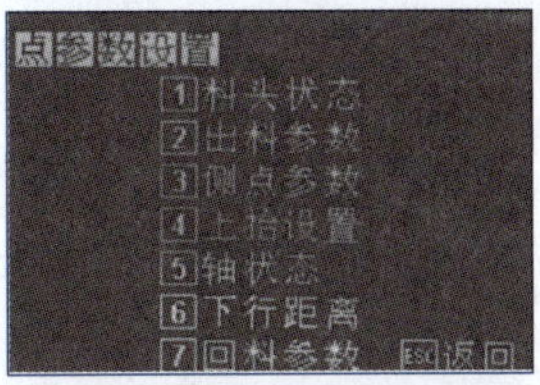
	在"点参数--测点参数"界面，按"F2"键，然后按"1"键选择一组参数，按"#"键进入"侧点参数--默认1"界面	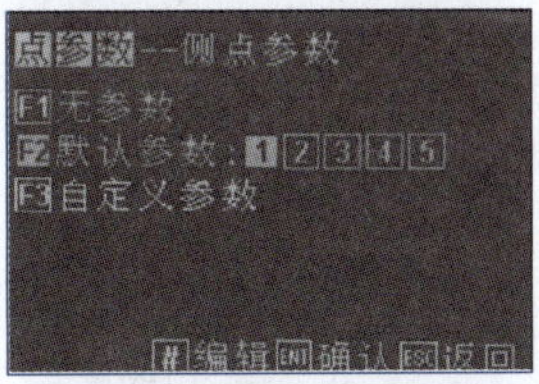
	在"侧点参数--默认1"界面，按"#"键进入"侧点终点"界面	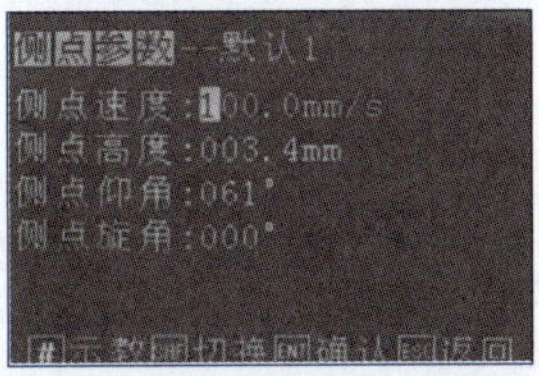
4．编辑焊接参数	在"侧点终点"界面，操作示教盒上的方向键，移动坐标至侧点终点，按"ENT"键确认侧点终点坐标，进入"侧点起点"界面	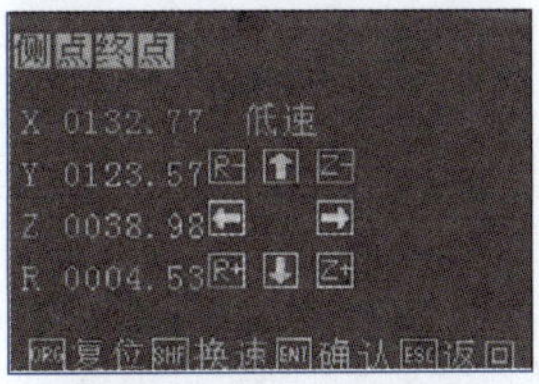
	在"侧点起点"界面，操作示教盒上的方向键，移动坐标至侧点起点。侧点起点坐标设置完毕后，按"ENT"键确认侧点起点坐标，进入"侧点参数--默认1"界面	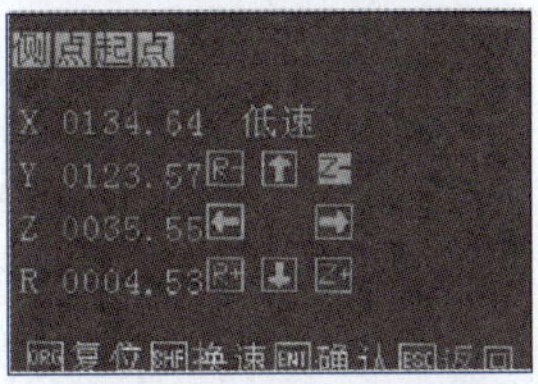
	在"侧点参数--默认1"界面，自动显示相应侧点参数。连续按"ENT"键直至返回"点参数设置"界面	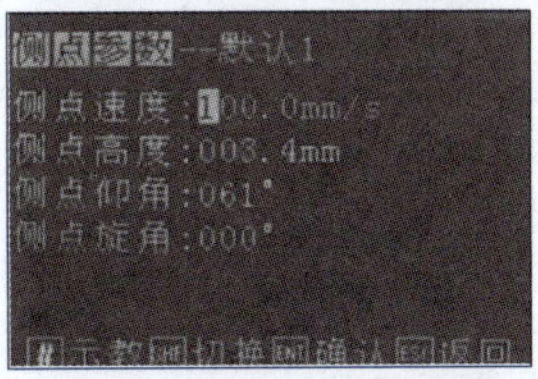
	在"点参数设置"界面，按"2"键，进入"点参数--出料参数"界面	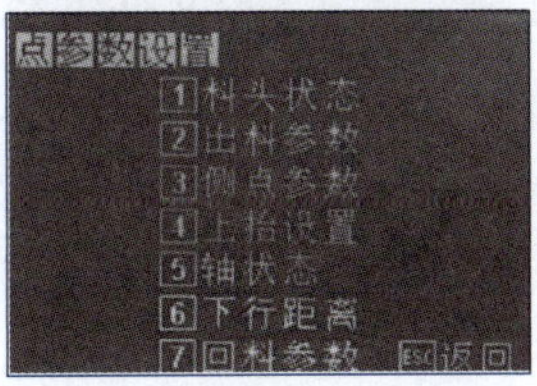

步骤	操作	图示
4. 编辑焊接参数	在"点参数——出料参数"界面，按"F2"键，然后按"1"键选择一组参数，按"#"键进入"出料参数——默认1"界面	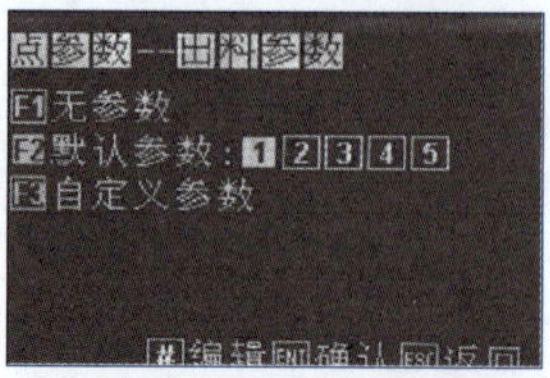
	在"出料参数——默认1"界面，按方向键选择要设置的出料参数，按数字键输入相应参数数值，按"ENT"键确认，按"ESC"键返回"示教文件管理"界面。本任务采用先送锡再加热的焊接方式，出料参数如图示	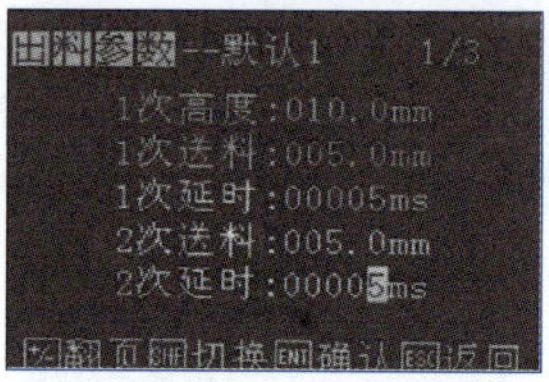
	在"示教文件管理"界面，按"F4"键进入"文件参数"界面	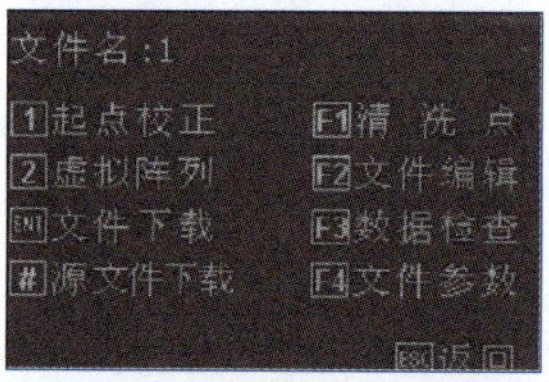
	在"文件参数"界面，按"4"键进入"加工结束后"界面	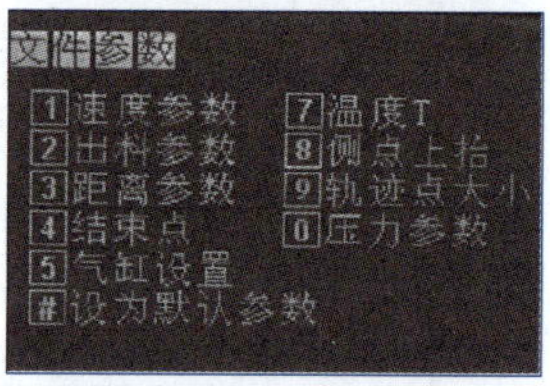
	在"加工结束后"界面，按"3"键设置加工结束后回到原点。按"ENT"键确认，返回"文件参数"界面。 在"文件参数"界面，按"ENT"键，返回"示教文件管理"界面	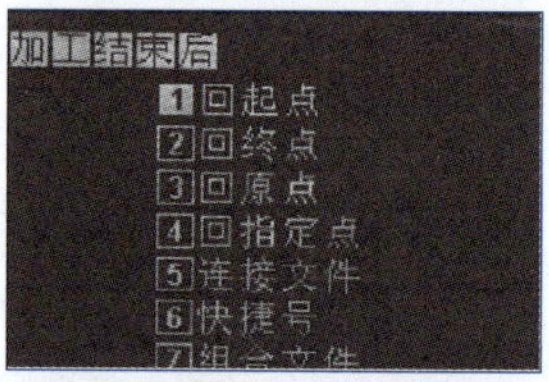
5. 文件下载及加工	在"示教文件管理"界面，按"ENT"键下载文件，即可下载已编写完成的示教文件，窗口将显示"文件下载中"及下载进度	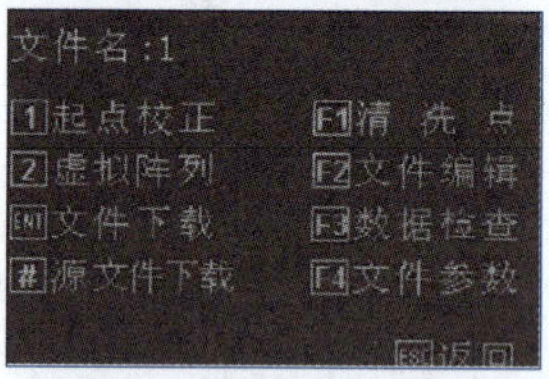
	文件下载完毕后，示教盒主界面显示"数据正常！"，示教盒将自动跳转到"文件加工"界面进行文件加工，程序启动。 在"文件加工"界面，按"F1"键开始运行程序，或者按下设备面板上的启动按钮运行程序	

二、焊点目视检查

目视检查焊点状态，判定是否存在虚焊、针孔、气泡/空洞、冷焊、多锡、少锡、毛刺、锡珠、锡裂、焊盘损伤等缺陷。

任务评价

按照表4-23所示的评价内容完成任务评价。

表4-23　机器人焊接操作任务评价表

序号	评价内容	分值	评价情况		
			自我评价	小组评价	教师评价
1	正确新建程序及清洗焊嘴	10			
2	正确编辑焊点	20			
3	正确编辑焊接参数及完成加工	20			
4	遵守车间工作纪律，安全规范操作	20			
5	团队协作，保质保量完成工作	20			
6	任务实施态度端正，具有敬业精神	10			

项目小结

通过本项目的学习，读者可以了解机器人焊接的设备、材料和工艺要求，会选择合适的焊嘴和焊丝，设定焊接参数，编程设置焊接程序，启动焊接机器人完成自动焊接作业，并会分析焊接缺陷，优化焊接参数，改进焊接品质。

思考题

1. 常见的焊接机器人有哪些？如何进行分类？
2. 焊接机器人的主要组成部分有哪些？
3. 如何选择焊接机器人的焊嘴？
4. 机器人焊接步骤中的焊接温度应怎样设定及校准？
5. 当焊点出现多锡、毛刺缺陷，应该如何改进？

模块五
基板装联

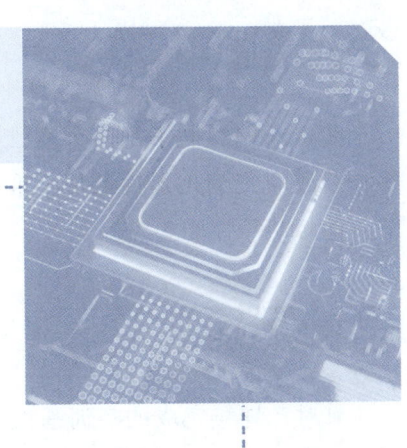

项目一

基板胶联

随着人们对电子产品可靠性要求的提高，在电子装联过程中、贴片或插件作业后，可将补强胶填充到元器件的底部和侧边，从而加固元器件与基板的黏结，增强电路板的抗跌落、防振动等性能。

项目描述

针对已焊接完成的实训基板，要求采用自动点胶工艺，对电容C1及电源插座J1进行点胶补强，以增强产品工作的可靠性。基板上待点胶的元器件如图5-1所示。

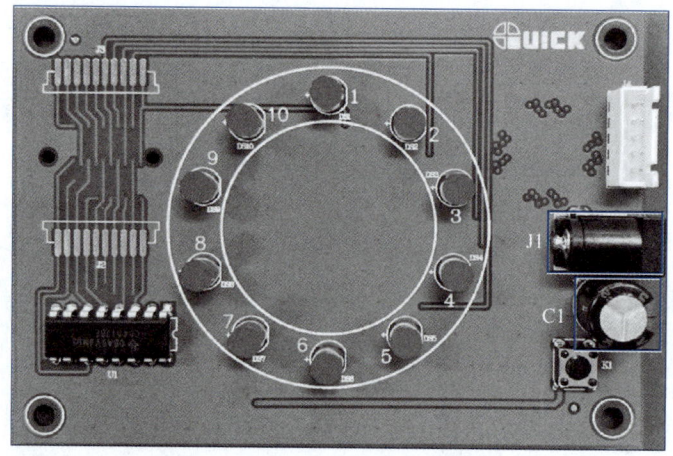

图5-1 基板上待点胶的元器件

项目目标

➤ 知识目标

1. 了解胶水的分类、特性及其应用。

2. 了解针头、针筒、适配器的选用方法。

3. 了解点胶机器人的结构及基本工作原理。

➤ 能力目标

1. 会选用胶水、胶嘴、点胶配件等治具。

2. 会操作点胶机器人，设定点胶工艺参数，编制点胶程序。

3. 能目视判断点胶品质。

4. 能独立完成点胶工艺生产。

➤ 素养目标

1. 通过点胶工艺过程的实施培养精益求精的工匠精神。

2. 通过点胶机器人的操作训练培养一丝不苟的工作作风。

项目分析

依据所需点胶元器件的形状和大小，选择合适的点胶路径，选用合适的胶水及对应的针头、针筒等配件；依据点胶工艺要求，合理设置点胶控制器参数，正确编写点胶运动程序；目视检查时重点关注出胶量，消除胶点偏移、拉丝、胶少、胶多等缺陷的产生。

知识链接

一、胶水

常见的胶水有瞬干胶、厌氧胶、硅胶、UV胶、环氧胶等，常见胶水的特性及其典型应用如表5-1所示。

表5-1　常见胶水的特性及其典型应用

胶水	定义	固化特性	常见胶水型号	典型应用
瞬干胶	亦称氰基丙烯酸酯，可在粘接表面快速固化，粘接表面的湿气引发胶水的固化反应。应用于有快速固定要求的小部件粘接	固化速度受酸性稳定剂、空气湿度、基材表面活性、单体、温度、基材间隙等因素影响	502 乐泰 Loctite 380 乐泰 Loctite 4305	机械自动化行业 医疗行业 消费电子行业 消费品行业
厌氧胶	又称螺纹胶，仅在无空气的条件下方可固化的单组分黏合剂/密封剂。所谓"厌氧"是指这种胶使用时需要隔绝氧气	固化速度受基材性质、基材间隙、环境温度、促进剂、表面清洁程度等因素影响	乐泰 Loctite 577 乐泰 Loctite 222	螺纹紧固 管螺纹密封 圆柱固持
硅胶	一种具有固体特性的胶体物质，其基本成分是二氧化硅。硅胶具有对水蒸气或其他有极性物质的强吸附作用及选择性吸附分离能力	遇湿固化；硅胶有很强的吸附能力，对人的皮肤能产生干燥作用，因此操作时应穿戴好工作服。若硅胶进入眼中，需用大量的水冲洗，并尽快找医生治疗	陶熙 DOWSIL 736 陶熙 DOWSIL 7091 陶熙 DOWSIL 748	导热 黏着 密封保护 线路板保护 绝缘

胶水	定义	固化特性	常见胶水型号	典型应用
UV胶	必须通过紫外线照射才能固化的一类胶黏剂，可以作为黏结剂使用，也可以作为油漆、涂料、油墨等的胶料使用	紫外线固化	乐泰 Loctite EA 9211 乐泰 Loctite EA 9212 乐泰 Loctite EA 3921	接线柱/继电器/电容器和微开关的涂装和密封；PCB 粘贴表面元器件；PCB 上集成电路块的粘接；线圈导线端子的固定和零部件的粘接；微型电动机的固定，导线电路板的粘接固定
环氧胶	一般指以环氧树脂为主体所制得的胶黏剂，环氧胶一般还应包括环氧树脂固化剂，否则环氧胶就不会固化	随固化剂而定	乐泰 Loctite 9514 乐泰 Loctite EA M-31CL	灌封，强化电子元器件的整体性，提高对外来冲击、振动的抵抗力；提高内部元器件间绝缘，有利于产品小型化、轻量化；避免元器件、线路直接暴露，改善元器件的防水、防潮性能

二、针头

影响点胶质量的重要参数包括针头的结构、针头的内外径大小、针头离板高度等。

针头的内部结构要保证胶水能在针头内部顺利流动，同时为了减小表面张力，保证良好的胶点形状，针头的外形往往要进行削边处理。

常见针头有塑料座不锈钢针头、全塑料TT针头、挠性PP针头、铁氟龙针头等，如图5-2所示。

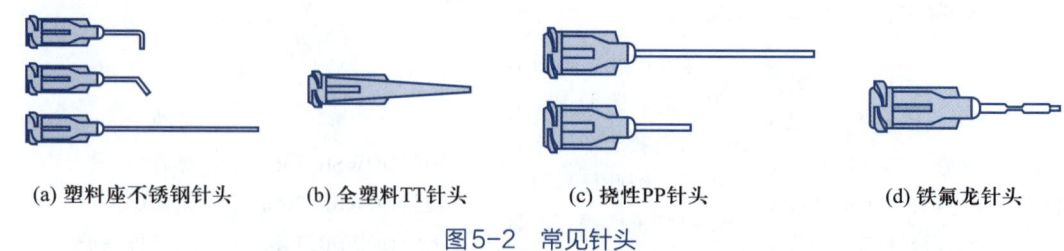

(a) 塑料座不锈钢针头　　(b) 全塑料TT针头　　(c) 挠性PP针头　　(d) 铁氟龙针头

图5-2　常见针头

不同的针头有不同的应用场景。

（1）塑料座不锈钢针头：出胶精确，不会出现拉丝现象。

（2）全塑料TT针头：适用于为黏度偏高的流体提供快速平滑的应用，尤其是黏度高的物质或颗粒填充物质，如环氧树脂、RTV 硅树脂及钎焊软膏。

（3）挠性PP针头：适用于复杂工作面，便于在边角处点胶，可防止刮擦，使点胶作业更容易，针管长度可按需要剪切。

（4）铁氟龙针头：特别适合低黏度流体和CA（氰基丙烯酸酯），可以防止氰基丙烯酸酯阻塞及损坏基底。

三、针筒

常见针筒有透明针筒、黑色针筒及琥珀色针筒等，如图5-3所示。透明针筒一般用于常规普通胶水；黑色针筒和琥珀色针筒常用于UV胶，具备一定的遮光作用。

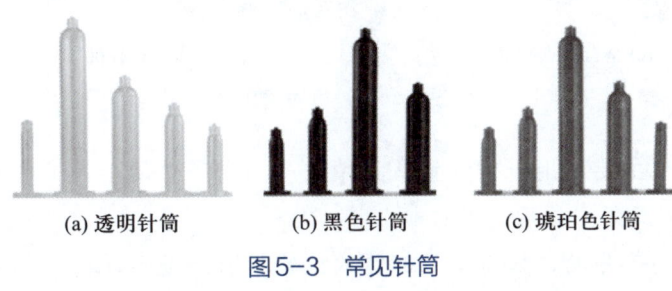

(a) 透明针筒　　　　　　(b) 黑色针筒　　　　　　(c) 琥珀色针筒

图5-3　常见针筒

四、点胶适配器

点胶适配器是连接控制器和针筒之间的气路连接组件。点胶适配器的选择与胶水类型无关，主要考虑针筒的类型与尺寸。常见的点胶适配器有美式和日式之分，如图5-4所示。例如，同为5cc针筒，美式尺寸的内径为 12.6 mm，外径为 14.8 mm，长度为 70.3 mm；日式尺寸的内径为 13 mm，外径为 15.3 mm，长度为 76.5 mm。

(a) 美式点胶适配器　　　　　　(b) 日式点胶适配器

图5-4　常用点胶适配器

五、点胶机器人

1. 点胶机发展及分类

根据发展历程，点胶机可分为人工手动点胶机、半自动点胶机、全自动点胶机、在线式点胶机，如图5-5所示。

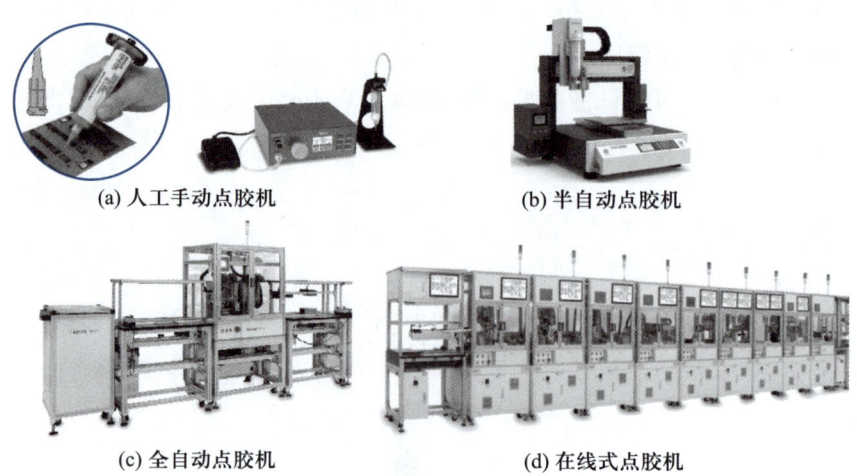

(a) 人工手动点胶机   (b) 半自动点胶机

(c) 全自动点胶机   (d) 在线式点胶机

图5-5　点胶机发展历程

人工手动点胶机主要应用于小批量多品种的产品生产，便于人工作业，能精准地控制出胶时间，配合适当的外力作用，可立即点胶。

半自动点胶机的部分动作如待加工部件的放置与取出是手动进行的，部件的定位靠工装保证，而不是靠光学定位系统来保证，一般只适用于时间-压力点胶阀且位置精度要求不高的加工场合。

全自动点胶机可为使用者提供精准、快速及稳定的点胶质量，让点胶制程能以机械取代人力，是能为用户降低成本、提高效率与质量的自动化设备。

在线式点胶机在全自动点胶机的基础上，增加了MES数据读取的功能，可以自动储存设备运行数据及工艺数据，方便设备维护保养及质量追溯。

2. ET8383型半自动点胶机器人

ET8383型半自动点胶机器人主要由点胶组件（针筒、针筒固定装置等）、三轴运动控制平台（X、Y、Z轴组件）、点胶控制器、示教盒等部分组成，如图5-6所示。

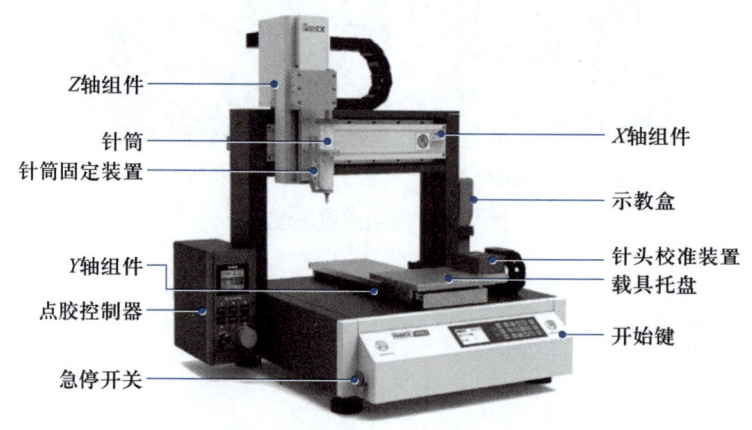

图5-6　ET8383型半自动点胶机器人

3. 点胶控制器

点胶机器人配置的点胶控制器主要用于控制气压、时间、点胶起点延时、点胶末点延时等参数。其可通过控制气压及时间调整胶量，通过控制点胶起点延时和点胶末点延时改善点胶品质。点胶控制器面板如图5-7所示。

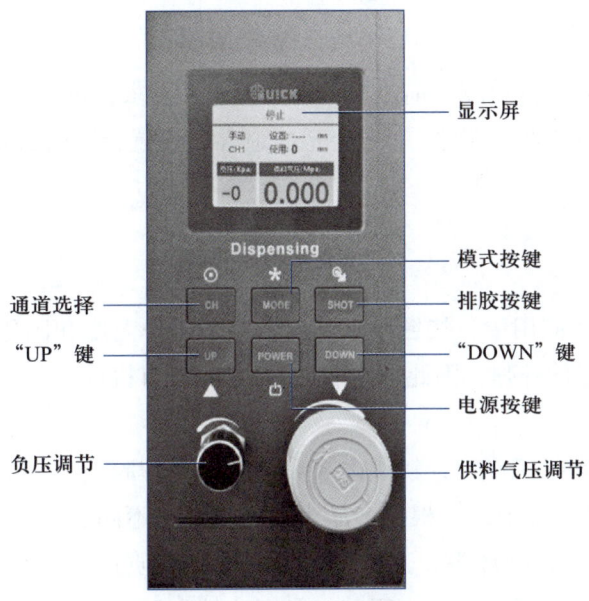

图5-7　点胶控制器面板

六、点胶缺陷

合格的点胶补强工艺，胶水围绕元器件呈对称分布，胶量大小合适，能起到元器件固定的作用。常见的点胶缺陷如图5-8所示。

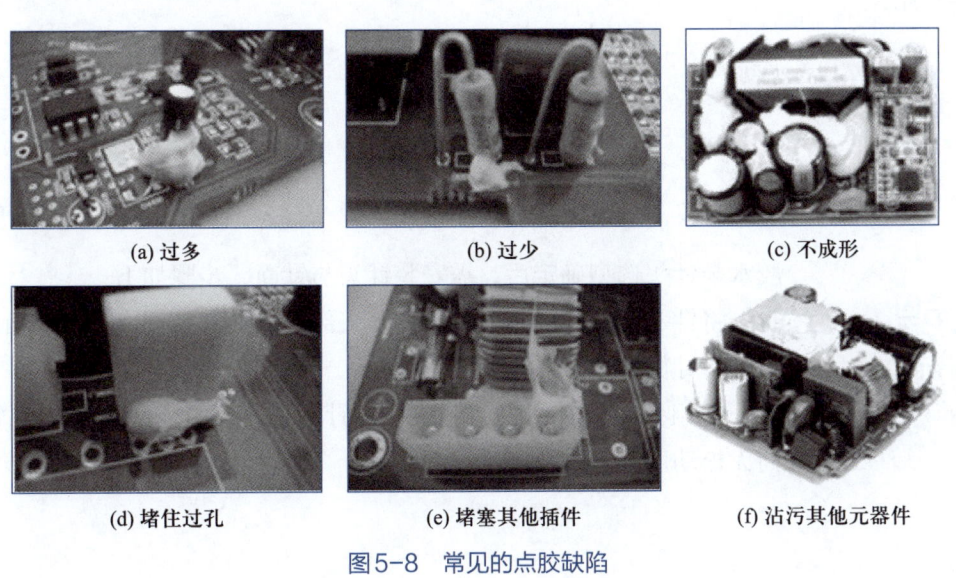

图5-8　常见的点胶缺陷

任务一
胶 联 准 备

任务描述

在通过点胶机器人进行点胶之前，根据项目描述的要求，选择合适的胶水，以及针头、针筒等配件，更换及组装点胶配件；操作点胶控制器，设置合适的点胶参数。

任务分析

（1）胶水选型：在应用中，按照胶水黏度、胶水工作温度和固化曲线来选择胶水。本任务中，胶水用于元器件补强，因此选用卡夫特K-704N有机硅密封胶。

（2）针头选型：实际工作中，针头内径大小应为点胶胶点直径的1/2左右。点胶过程中，应根据产品大小、胶水的不同、点胶工艺的要求来选取点胶针头，这样既可以保证胶点质量，又可以提高生产效率。本任务中，由于胶水黏度比较大，胶量需求大，针头可选用适合黏度大、出胶量大的14G TT斜式针头。

（3）针筒选型：本任务中使用的胶水为硅胶，故采用透明针筒。

（4）点胶控制器设置：本任务中主要设置点胶供料气压和负压，其他参数一般保持出厂设置即可。点胶控制器设置流程如图5-9所示。

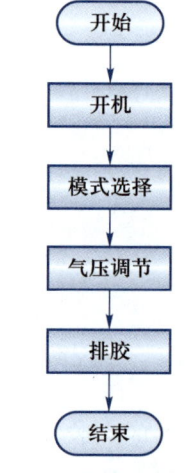

图5-9　点胶控制器设置流程

任务实施

一、针筒安装

胶水与针头选型确定后，需安装针头与针筒，步骤如下：

（1）将针头顺时针旋转安装到针筒头部，保证安装到位、无松动。

（2）将针筒和适配器安装到一起。

（3）将组装好的针筒安装到机器的针筒固定组件上，并锁紧螺钉，保证针筒无松动。

视频
针筒安装

二、点胶控制器设置

（1）开机：长按点胶控制器面板上的"POWER"（电源按键）完成开机。

（2）模式选择：长按"MODE"（模式按键）进入设置界面，按"UP/DOWN"键将点胶控制器模式调整为"手动"模式，如图5-10所示，长按"MODE"（模式按键）保存并返回工作界面。

（3）气压调节：调节点胶控制器面板上的"供料气压调节"旋钮，将供料气压调节到0.3 MPa，调节"负压调节"旋钮，将负压调节为0 kPa，如图5-11所示。如果胶水黏度低，可以适当调整负压，避免针头胶水滴漏。

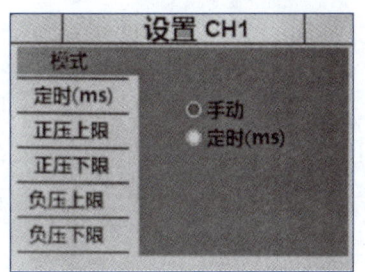

图5-10　设置手动模式

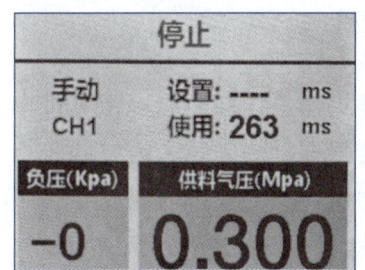

图5-11　设置供料气压及负压

（4）排胶：完成以上点胶控制器的参数设置后，按住"SHOT"（排胶按键）即可排胶。

✎任务评价

按照表5-2所示的评价内容完成任务评价。

表5-2　胶联准备任务评价表

序号	评价内容	分值	评价情况		
			自我评价	小组评价	教师评价
1	正确选择胶水、针头、针筒	10			
2	正确安装针头、针筒及适配器	10			
3	正确设置点胶控制器参数	30			
4	遵守车间工作纪律，安全规范操作	20			
5	团队协作，保质保量完成工作	20			
6	任务实施态度端正，具有敬业精神	10			

点 胶 操 作

 **任务描述**

在任务一的基础上，通过示教盒编辑点胶图形程序，并设置点胶控制器参数，正确操作点胶机器人实现电容C1和电源插座J1的点胶补强，点胶完成后目视检查点胶品质，通过胶量称重判断是否满足项目要求并进行调整。

任务分析

（1）针头与工作面距离：距离过小会沾污针头，过大会出现拉丝现象。一般针头与基板的距离应根据针头内径、需要的胶点大小和所用胶水的物理特性调节，调节范围通常为针头内径的0.3~1倍。本任务选用的14G TT斜式针头的内径约为1.52 mm，故针头与基板间的距离设置为1 mm左右。

（2）点胶图形编程：根据项目要求，首先对电源插座J1进行"L"形直线点胶补强，然后对电容C1进行圆弧与孤立点点胶补强。点胶补强编程图形如图5-12所示。

（3）示教盒编程：本任务通过示教盒编辑点胶程序。点胶程序流程如图5-13所示。

图5-12 点胶补强编程图形

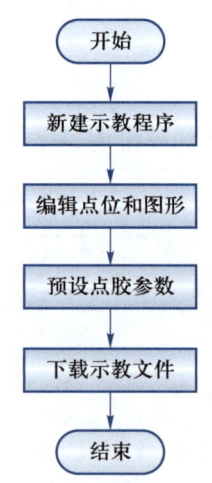

图5-13 点胶程序流程

（4）胶量称重：在实际生产过程中，有些电子产品对胶量的要求特别严格，如智能穿戴设备、声学器件及微型摄像组件等。对以上产品进行点胶作业时，SOP会明确规定对胶量进行称重检测。胶量称重检测所需设备、工具有点胶设备、载玻片、天平电子秤、无尘布。

任务实施

一、示教盒编程

点胶机器人通过示教盒编辑点胶轨迹及点胶参数，具体步骤如表5-3所示。

表5-3　示教盒编辑点胶程序步骤

步骤	操作	图示
1. 新建示教程序，并命名为"TEST1"	开机进入示教盒主界面。胶头默认处于 X、Y、Z 坐标均为0的原点位置，即胶头（X轴和Z轴）处于最左侧、最高点，工件（Y轴）处于最前方；如果胶头不在坐标原点，可按"RESET"键复位	
	按"2"键打开示教程序列表，按"F1"键新建一个程序并命名为"TEST1"。输入文件名时，按数字键循环切换数字和字母，按X方向键移动光标位置	
2. 编辑电源插座J1的"L"形点胶轨迹	按"F2"键进入文件界面，再按"F2"键进入示教编辑界面，再按"F1"键进入图形编辑界面	
	按"2"键选择"直线"指令；按"SHF"键切换移动速度，操作方向键移动胶头到直线起点，起点在电源插座J1的右后方，注意胶头移动过程中需避开J1的引脚；按"ENT"键确认后继续设置直线终点坐标	
	移动胶头到直线终点，终点在电源插座J1的左前方；按"ENT"键确认后会自动返回示教编辑界面	
	在示教编辑界面将光标向上移动到"直线起点"，按"F1"键插入直线中点，移动胶头设置直线中点，中点在电源插座J1的左后方，注意避开胶头移动路径上的电源插座引脚，设置完成后按"ENT"键确认	

视频
示教盒编辑J1
的"L"形轨迹

步骤	操作	图示
2. 编辑电源插座J1的"L"形点胶轨迹 视频 示教盒编辑J1的回拉直线	通过以上步骤即完成了"L"形点胶轨迹的编辑	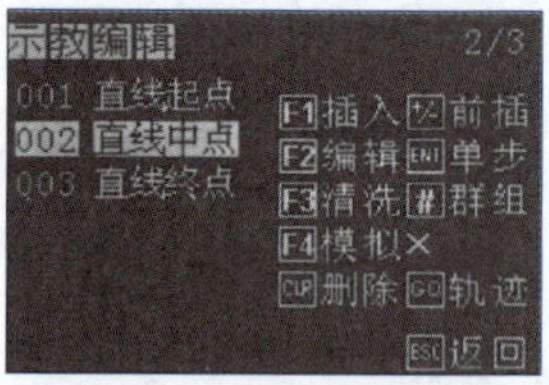
	编辑回拉直线,用来解决胶水拉丝问题。将光标移动到"直线终点",按"F2"键进入点位编辑界面,按"GO"键将胶头移动到当前点位坐标,按"ESC"键退回示教编辑界面	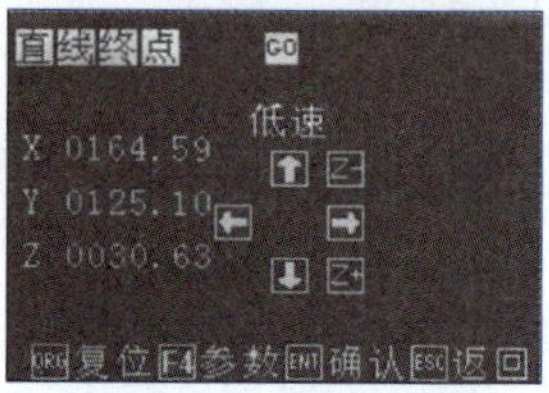
	按"F1"键插入直线,并在当前坐标设置胶头起点并按"ENT"键确认	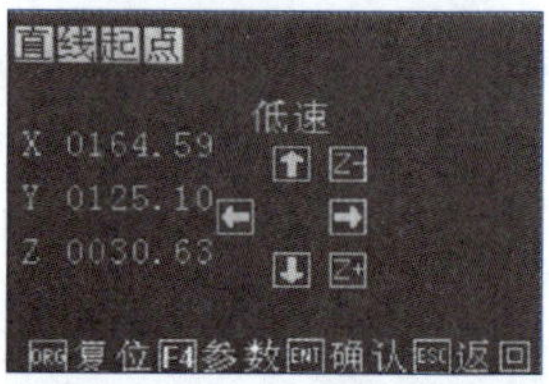
	向点胶轨迹反方向移动胶头并设置直线终点,终点在"L"形点胶直线的中点附近,按"ENT"键确认,回拉直线编辑完成	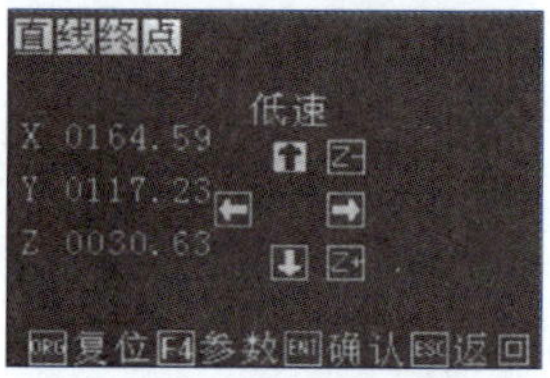
3. 编辑电容C1的圆弧点胶轨迹与孤立点位置 视频 示教盒编辑C1的点胶轨迹	在示教编辑界面按"F1"键进入图形编辑界面,按"9"键选择"圆弧"指令,移动胶头到电容C1的左后方,设置圆弧起点并确认	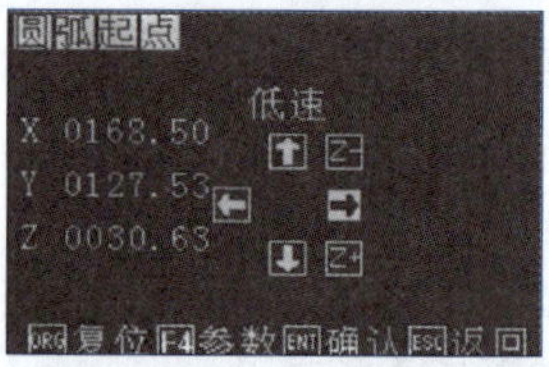
	继续沿着电容外侧移动胶头到圆弧中点、圆弧终点,坐标设置完成按"ENT"键返回	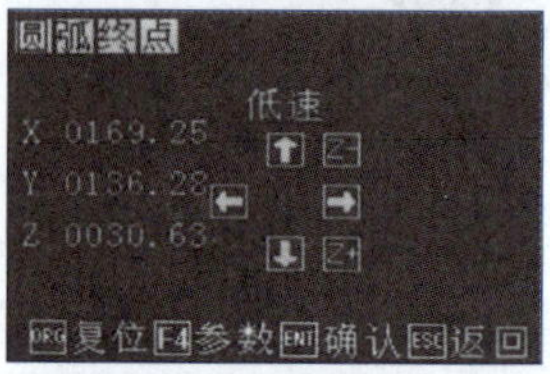
	在示教编辑界面按"F1"键进入图形编辑界面,按"1"键选择"孤立点"指令,坐标设置在电容C1的右前方,设置完成按"ENT"键返回	

步骤	操作	图示
3. 编辑电容C1的圆弧点胶轨迹与孤立点位置	电源插座J1与电容C1的点胶图形及点位编辑完成	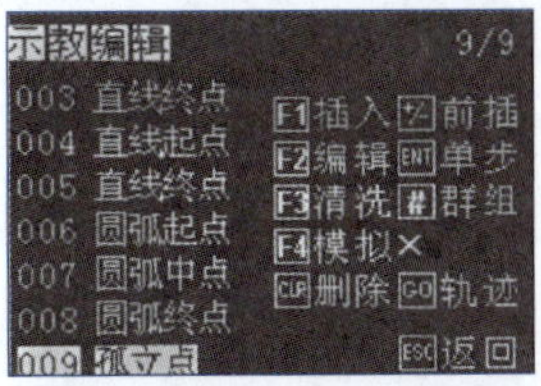
4. 预设点胶参数，需设置的点位有001、003、004、005、006、008、009 视频 示教盒编程－参数设置（1）	光标移动到"001直线起点"，按"F2"键进入点位坐标设置界面，再按"F4"键进入点参数设置界面	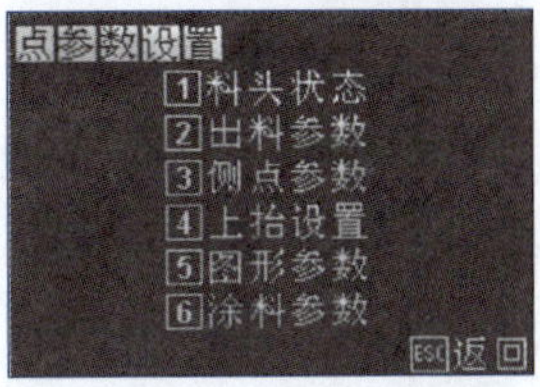
	按"1"键进入料头设置界面，料头状态通道数字"1"点亮为胶头开胶，按"1"键切换状态，实框为关闭胶头，虚框为胶头状态保持不变，将"001直线起点"设置为胶头开胶，设置完成按"ENT"键返回点参数设置界面	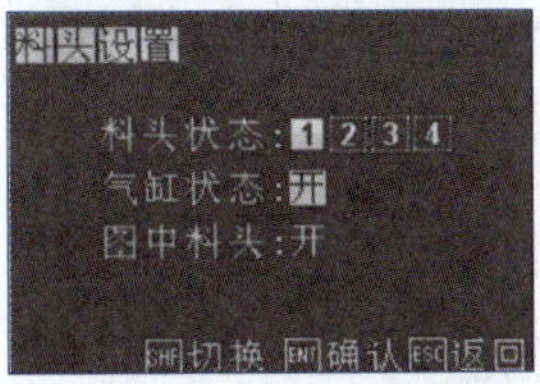
	按"2"键进入出料参数设置界面，按"F2"键设置默认参数"1"，按"#"键编辑，将开料延时设置为100 ms，按两次"ENT"键返回点参数设置界面	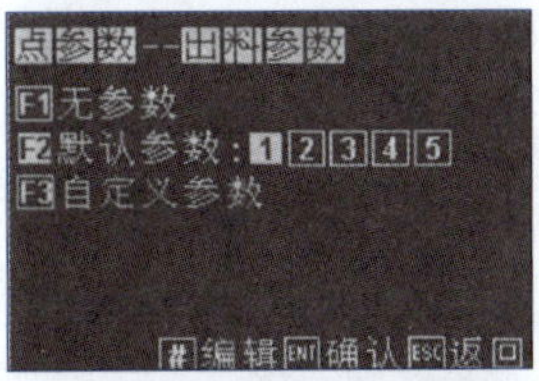 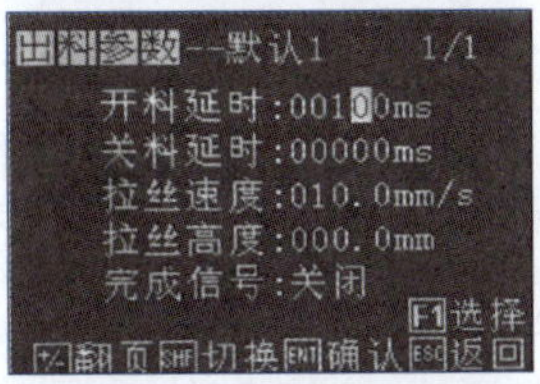
	按"5"键进入图形参数设置界面，将图形速度设置为20 mm/s，按三次"ENT"键返回示教编辑界面，完成"001直线起点"参数设置	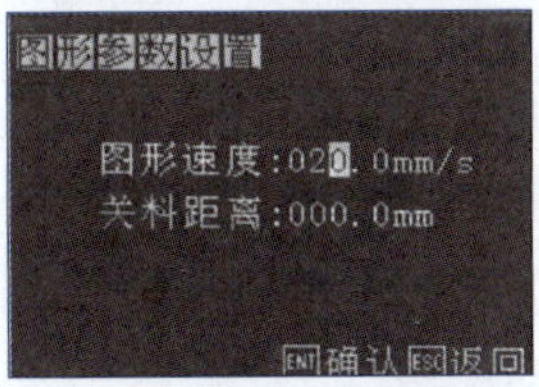
	光标移动到"003直线终点"，按"F2"键和"F4"键进入点参数设置界面，将上抬高度设置为1 mm	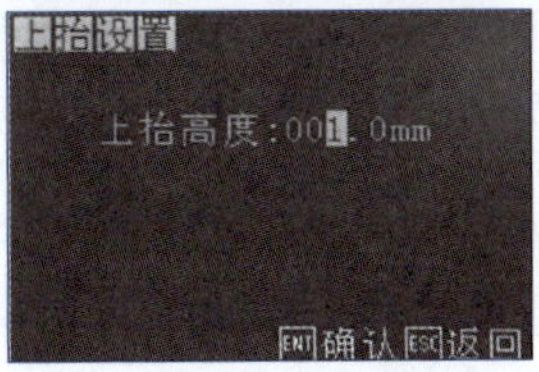

步骤	操作	图示
4. 预设点胶参数，需设置的点位有001、003、004、005、006、008、009 视频 示教盒编程– 参数设置（2）	光标移动到"004直线起点"，将料头状态"1"关闭，回拉直线不出胶	料头设置 料头状态:①②③④ 气缸状态:开 图中科头:开 圞切换 圗确认 圙返回
	在"5图形参数"中，设置图形速度为20 mm/s	图形参数设置 图形速度:020.0mm/s 关料距离:000.0mm 圗确认 圙返回
	光标移动到"005直线终点"，将"4上抬设置"中的上抬高度设置为20 mm，避让基板上的元器件	上抬设置 上抬高度:020.0mm 圗确认 圙返回
	"006圆弧起点"仿照"001直线起点"设置参数；"008圆弧终点"设置出料参数为默认参数"2"，拉丝速度为10 mm/s，拉丝高度为30 mm，确认后返回示教编辑界面	出料参数--默认2 1/1 开料延时:00000ms 关料延时:00000ms 拉丝速度:010.0mm/s 拉丝高度:030.0mm 完成信号:关闭 圂选择 圙翻页 圞切换 圗确认 圙返回
	"009孤立点"设置出料参数为默认参数"3"，开料延时为500 ms，拉丝速度为10 mm/s，拉丝高度为30 mm，并返回示教编辑界面	出料参数--默认3 1/1 开料延时:00500ms 关料延时:00000ms 拉丝速度:010.0mm/s 拉丝高度:030.0mm 完成信号:关闭 圂选择 圙翻页 圞切换 圗确认 圙返回
5. 文件下载	示教编辑完成后，按"ESC"键返回文件界面，按"ENT"键下载文件，将程序下载至加工文件列表，并进入加工界面，此时按"F1"键开始点胶作业	文件名:TEST1 0000.0s 状态:停止 X 0000.00 运行次数:00000 Y 0000.00 圂开始 圄停止 Z 0000.00 圆清洗 圀循环 圙复位 圙清零 P:00.00 圙出料 圙返回

二、点胶目视检查

目视检查点胶状态，判定点胶是否均匀，以及是否存在断胶等缺陷。

三、胶量称重

（1）取出载玻片，放在天平电子秤上，称重并清零。

（2）将载玻片放到点胶设备上，运行点胶程序，将胶水再次点在载玻片上，称重得出点胶量。

（3）通过调整气压、开料延时、图形速度等参数，调整胶量，直到满足要求。

📝 任务评价

按照表5-4所示的评价内容完成任务评价。

表5-4　点胶操作任务评价表

序号	评价内容	分值	评价情况		
			自我评价	小组评价	教师评价
1	正确设置点胶控制器参数	10			
2	正确执行点胶操作	10			
3	正确进行胶量称重	10			
4	会分析点胶品质，并能提出改进措施	20			
5	遵守车间工作纪律，安全规范操作	20			
6	团队协作，保质保量完成工作	20			
7	任务实施态度端正，具有敬业精神	10			

📝 项目小结

通过本项目的学习，读者可以了解点胶的作用，了解胶水、点胶配件的选择与安装，掌握点胶机器人实施点胶的基本步骤和方法，并能对点胶结果进行分析，不断优化点胶方案。

💭 思考题

1.电子装联中使用的胶水有哪些？用于补强的胶水有哪些？

2. 选定胶水后，如何选择针头、针筒？

3. 点胶机器人的示教盒有什么作用？

4. 点胶机器人的点胶控制器用来控制什么？

5. 如何控制点胶量的大小？

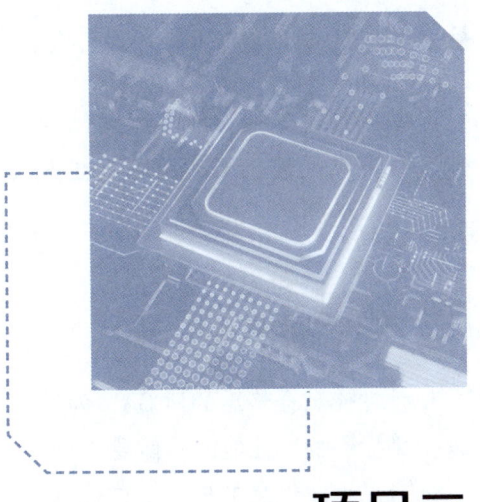

项目二
基板锁付

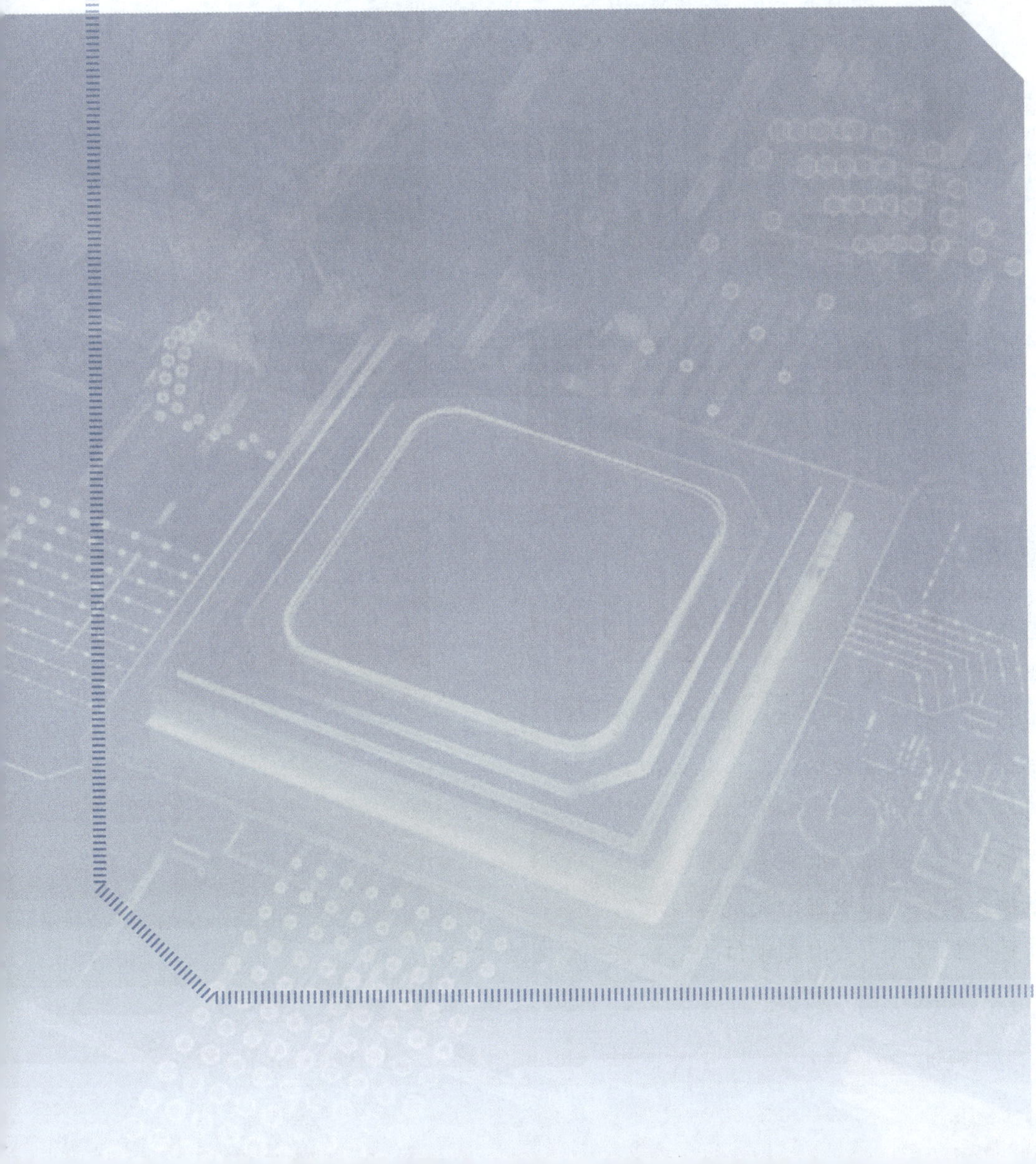

基板锁付是指利用螺钉锁付机器人实现螺钉的自动送料、锁付、检测等装配工序，可以简化产品的装配工序，达到减少人工数量、降低成本、提高效率的目的，同时可减少人工失误，提高产品品质。

项目描述

针对检测合格后的PCBA，如图5-14所示，将其锁付到金属背板上，避免基板上元器件遭受碰撞影响其性能，具体要求如下：

（1）生产组装工艺采用自动化锁付工艺。

（2）锁付良率不低于99.5%，同时提交锁付品质检验报告。

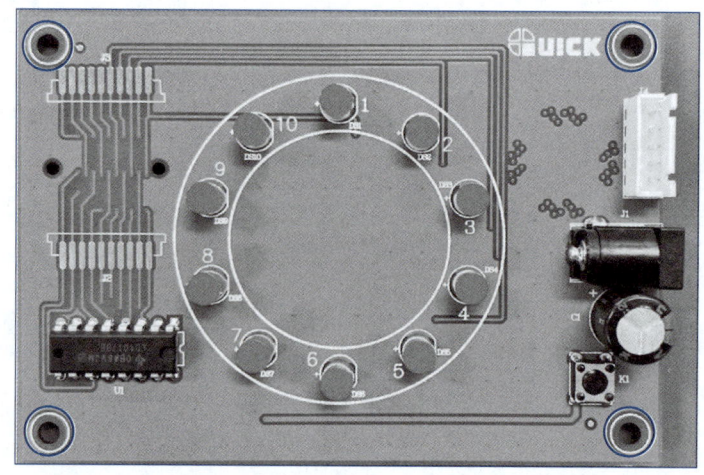

图5-14　待锁付电路板

项目目标

> **知识目标**

1. 掌握螺钉锁付工艺原理。

2. 了解供料机、吸嘴、批头等配件的结构及工作原理。

3. 了解锁付机器人的基本结构及工作原理。

> **能力目标**

1. 会选用供料机、吸嘴、批头等配件。

2. 能对电批控制器的扭矩进行设定与校准。

3. 会操作锁付机器人，会设定锁付工艺参数、编制锁付程序。

4. 能对锁付品质进行检查和判断。

5. 具备独立完成锁付工艺生产的专业能力。

➢ **素养目标**

1. 通过对锁付原理的学习培养积极进取的学习精神。

2. 通过锁付机器人的操作训练培养一丝不苟的工匠精神。

项目分析

通过观察样品，结合螺钉尺寸及螺钉孔的位置特点，选择供料机、批头、吸嘴、吸嘴组件；依据样品SOP要求，正确设定智能电批控制器，编辑扭矩、角度、时间、曲线等锁付参数，避免出现滑锁、浮牙等缺陷；根据锁付点位编辑螺钉锁付程序。

知识链接

一、螺钉

螺钉（俗称螺丝），是一种常见的机械连接紧固件，常见的螺钉按头型分类有盘头、沉头、平头、圆头、外六角头等，如图5-15所示；按螺钉帽槽型分类有十字、内六角、梅花、梅花凸点、三角形、一字等，如图5-16所示。

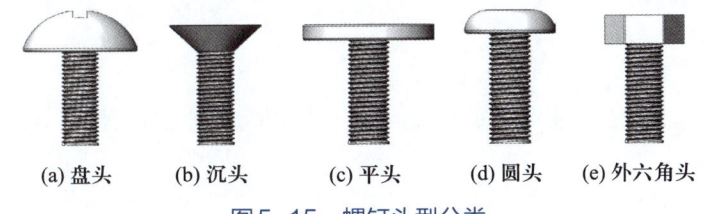

(a) 盘头　(b) 沉头　(c) 平头　(d) 圆头　(e) 外六角头

图5-15　螺钉头型分类

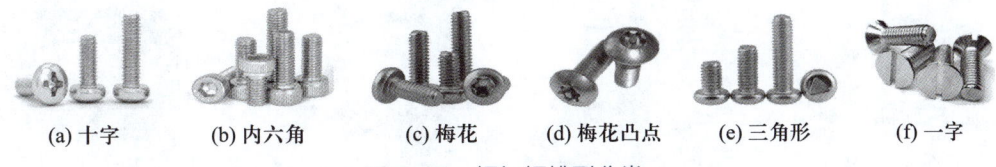

(a) 十字　(b) 内六角　(c) 梅花　(d) 梅花凸点　(e) 三角形　(f) 一字

图5-16　螺钉帽槽型分类

本项目使用的十字槽盘头螺钉，其螺纹规格通常采用公制螺纹，常见的有M2、M2.5、M3、M4、M5等，其中"M"代表公制，后面的数字表示螺纹直径（单位是mm）。头部直径通常与螺纹直径相对应，例如M2十字槽盘头螺钉的头部直径约为4 mm，M3螺钉的头部直径约为5.5 mm；头部高度通常为螺纹长度的一半左右。

二、螺钉锁付基本概念

螺钉锁付工艺是指采用螺钉、螺栓、螺母等带有螺纹的紧固件，将结构件连接紧固的装配工艺。其中为了获得一定的夹紧力，需在工件上施加一定的扭力。

扭矩是力与力臂的乘积，转动的力矩称为扭矩。

夹紧力是指螺纹紧固件在扭矩的作用下发生形变，继而把结构件压在一起的力。夹紧力大小要适当，过大会使结构件变形甚至损坏，过小则结构件会松动甚至发生事故。最终获得的夹紧力和螺钉螺纹直径、螺距、螺纹摩擦系数、螺钉头部直径、螺钉头部摩擦系数都有关系。通常情况下只有剩余10%的扭矩转换为夹紧力，螺钉顺滑的情况下约为20%，如果螺纹中有杂质或者磕碰，那就只剩5%了。夹紧力示意图如图5-17所示。

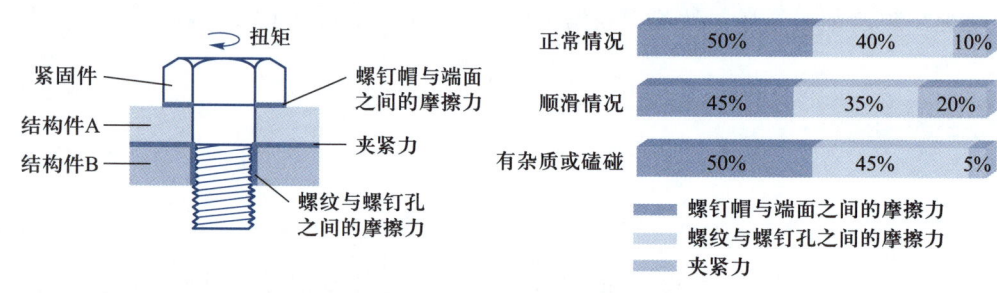

图5-17　夹紧力示意图

三、锁付机器人

1. 桌面型锁付机器人分类

（1）桌面型锁付机器人根据轴的数量可分为三轴、四轴、五轴及六轴锁付机器人，如图5-18所示。

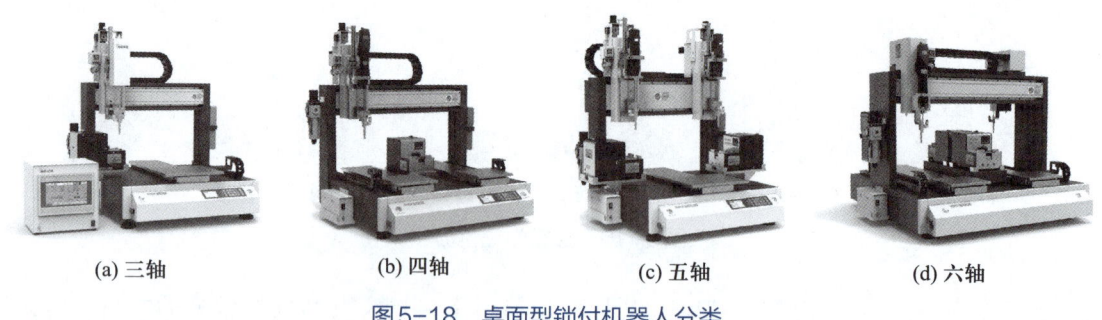

(a) 三轴　　(b) 四轴　　(c) 五轴　　(d) 六轴

图5-18　桌面型锁付机器人分类

三轴锁付机器人：只有X、Y、Z各一个轴，一次只能锁一种螺钉，按照"放置产品—开始锁付—取下产品"的步骤工作，供料机放置在工作平台的一边。

四轴锁付机器人：在三轴的基础上增加了一个Y轴工作平台，当一边Y轴在进行自动锁付时，另一边可以人工上下料，供料机放置在工作平台中间。

五轴锁付机器人：比三轴多了一个锁付电批（即多了一个 X 轴和一个 Z 轴），可以在一个产品上锁付两种螺钉，可以同步锁付，也可以交替锁付，工作平台两边各放置一个供料机。

六轴锁付机器人：有两个锁付电批、两个 Y 轴工作平台、两个供料机，相当于将两个三轴锁付机器人合二为一，可以锁付两种不同的螺钉，并能节约取放产品时间。

（2）桌面型锁付机器人根据螺钉供料方式可分为气吸式、气吹式和磁吸式。常用的气吸式和气吹式锁付机器人分别如图5-19和图5-20所示。

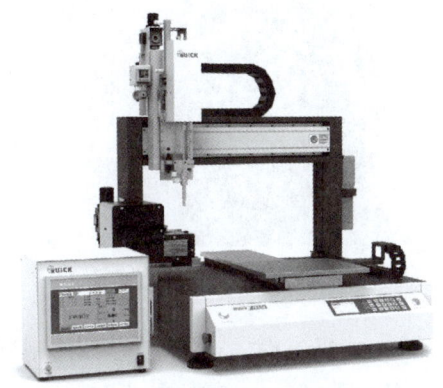

图5-19　气吸式锁付机器人

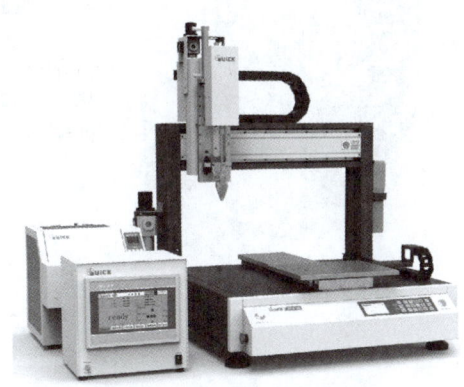

图5-20　气吹式锁付机器人

气吸式锁付机器人：用吸嘴吸取螺钉，运动到指定位置后进行锁付，锁付完成后回到取螺钉点上方。

气吹式锁付机器人：螺钉会吹到夹嘴里，运动到指定位置后进行锁付；锁付完成之后螺钉会继续吹到夹嘴里，运动到下一个锁付点进行锁付。气吹式的锁付速度要快一些，但是对于螺钉的要求更高，螺钉总长与螺帽直径的比值必须达到1.5，否则螺钉会在管道里翻身。

2. ET7483K型三轴锁付机器人

本项目使用的ET7483K型三轴锁付机器人主要由三轴运动控制平台、自动供料机构（简称供料机）、智能电批控制器、示教盒等部分组成，如图5-21所示。图5-21中的设备是在常见的三轴锁付机器人的基础上选装了Mark点示教功能，能够有效提升定位精度。

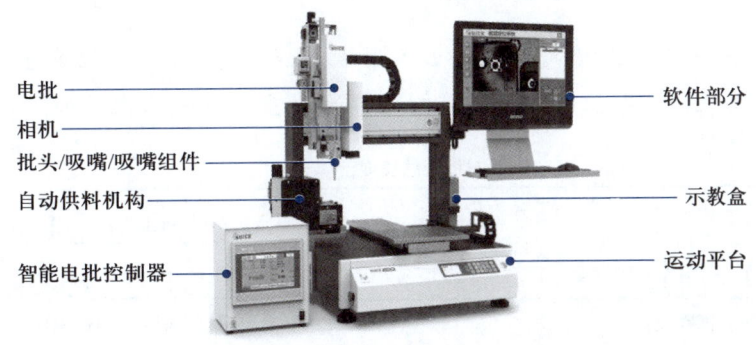

电批
相机
批头/吸嘴/吸嘴组件
自动供料机构
智能电批控制器

软件部分
示教盒
运动平台

图5-21　ET7483K型三轴锁付机器人（选装视觉定位系统）

四、供料机

本项目使用的ET7483K型三轴锁付机器人配置的是气吸供料机，一般由电源开关、参数设置界面、调节压板、缺料传感器、供料转盘、毛刷、上料滚筒等部分组成。供料机如图5-22所示，供料机俯视图如图5-23所示。

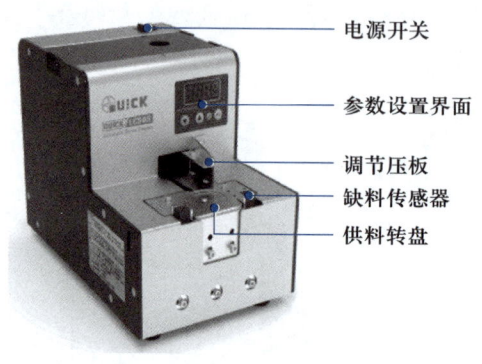

图5-22 供料机

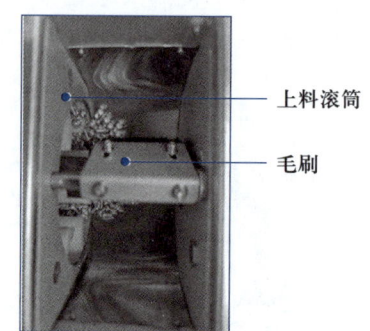

图5-23 供料机俯视图

供料机的基本工作原理是当供料转盘最外侧的螺钉被吸走时，缺料传感器检测到缺少螺钉就会开启转盘转动，将导轨上靠近转盘内侧缺口的螺钉转入，同时启动上料滚筒旋转，将供料盒内的螺钉卷入导轨，未能正确进入导轨的螺钉则被毛刷刷掉。

在供料机选型前，首先需要测量螺钉尺寸。一般选择8～10颗螺钉，用卡尺分别测量其尺寸。最终，根据测量数值，选择对应规格的供料机。一般来说，根据所测螺钉尺寸中的最大数值来选择供料机尺寸。螺杆直径决定了供料机的规格，供料机是以0.1 mm为挡距制作的。

针对不同大小类型的螺钉，可选择两款供料机，其工作原理基本一样。

ECS65型：适用于M1～M4的螺钉且螺钉长度不大于15 mm。

ECS66型：适用于M2～M6.5的螺钉且螺钉长度不大于18 mm。

五、锁付配件

1. 批头

批头一般命名方式为$D \times L \times D_1 \times L_1 \times S$，其中，$D$表示装机直径，$L$表示批头总长度，$D_1$表示拆装螺钉的直径，$L_1$表示有效工作深度，$S$表示头型。批头示意图如图5-24所示。

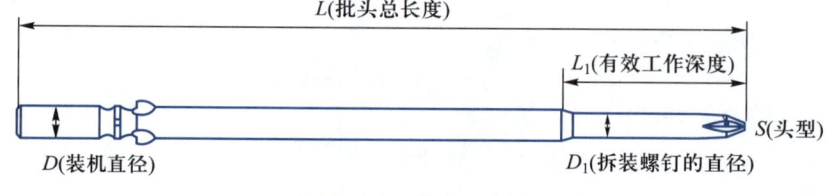

图5-24 批头示意图

（1）装机直径D：与电批安装批头的方式有关。根据锁付电批的品牌型号不同，电批安装夹头也不同，市面上通常有φ4、φ5、SH5、SH6.35四种安装夹头，继而衍生出四种批头尾部形状。四种安装夹头的尾部形状示意图如图5-25所示。

（2）批头总长度L：由机头的缓冲结构和有效工作深度决定，行业里通常使用总长度为120 mm、150 mm的批头。

（3）拆装螺钉的直径D_1：由螺钉帽十字花纹路的尺寸决定，行业里通常有2 mm、2.5 mm、3 mm、4 mm四种十字花纹路，如图5-26所示。

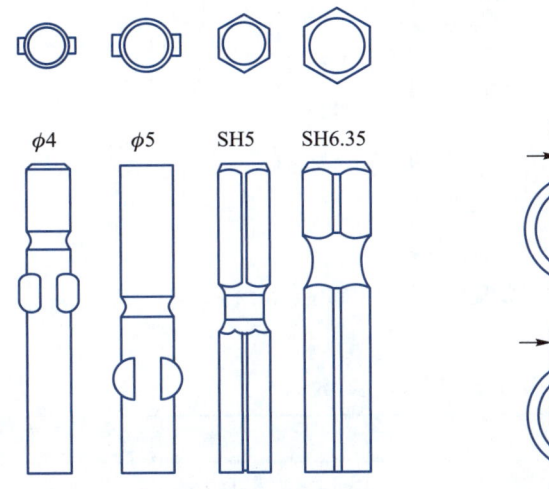

图5-25　安装夹头尾部形状示意图

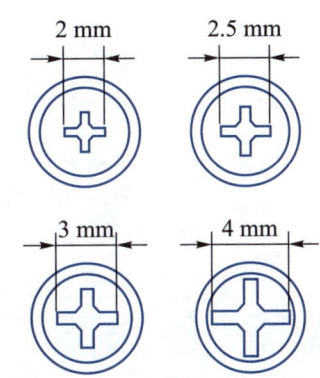

图5-26　常见的1#十字螺钉批头

（4）有效工作深度L_1：由产品的螺钉孔深度和螺钉长度决定，除非螺钉很长或者锁付深度很深才会定制。供料机通常使用15 mm以下的螺钉，所以批头伸出的长度是15 mm，且吸嘴限位批头和吸入深度的部分总长也是15 mm，所以使用常规批头尺寸。

（5）头型S：根据不同的螺钉槽型来选择对应头型的批头。如十字螺钉的头型有00#、0#、1#、2#四种，如图5-27所示。其中，00#最尖，2#最钝，选择时应保证批头插入螺钉槽内不紧也不晃动。批头实物如图5-28所示。

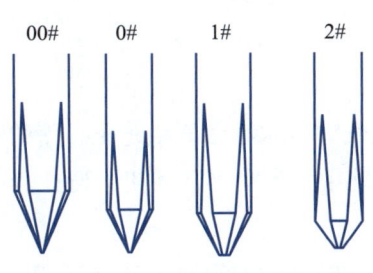

图5-27　十字螺钉的常见头型

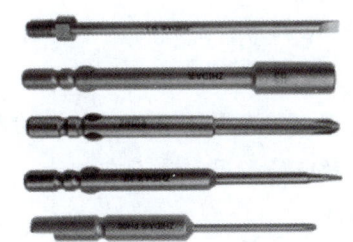

图5-28　批头实物

2. 吸嘴

吸嘴是气吸式锁付机器人的关键配件，由螺纹反牙、真空腔、批头过孔组成，其参数包括φA、φB、C、D、F、φH、φI，如图5-29和表5-5所示。

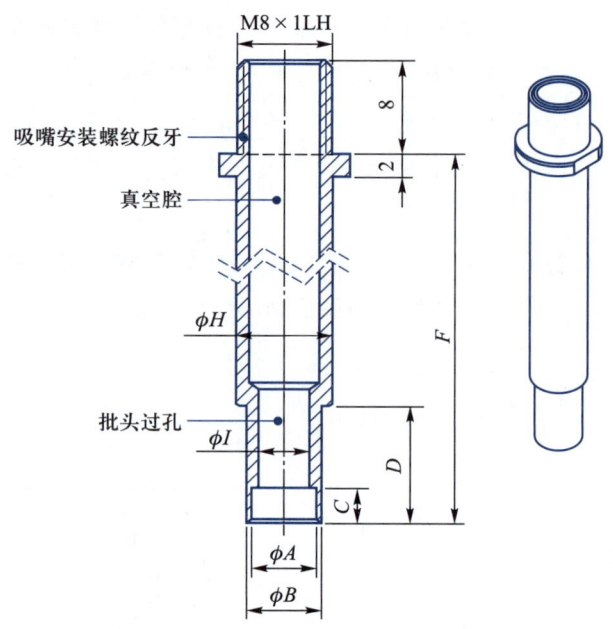

图5-29　吸嘴及其参数（单位：mm）

表5-5　吸　嘴　参　数

尺寸	数据	详细表述
吸取内径ϕA	螺钉帽尺寸 +0.1 mm	用于吸取螺钉帽头
吸取外径ϕB	A+1 mm ≤ B ≤ A+4 mm	吸嘴前部外径，常做缩小处理，用于锁付避障
吸取深度C	螺钉长度的一半	螺钉吸入吸嘴头的深度
前端长度D	10 mm	吸嘴头前端长度，用于避障
吸嘴总长F	50 mm	吸嘴头总长
吸嘴外径ϕH	8 mm	吸嘴头外径
吸嘴内径ϕI	批头拆装螺钉直径 +0.3 mm	吸嘴头内部通孔尺寸，批头从此孔内穿过

吸嘴选型流程如下：

（1）取8～10颗螺钉，旋转测量螺钉帽尺寸。

（2）吸嘴型号等于测得的螺钉帽直径 +0.1 mm。

（3）长度不一样但螺钉帽直径一样的螺钉，根据实际螺钉长度选择吸嘴的吸取深度。

（4）最后考虑产品周围是否有干涉，可适当缩小吸嘴前部尺寸用于避让。

3. 吸嘴组件

吸嘴组件示意图如图5-30所示，它是由轴承、铜套、气接头及吸嘴组件主体构成的。它的作用，一是配合不同直径的批头，选用不同型号的轴承，保证批头同心度；二是配合不同直径的批头，选用不同规格的铜套，防止漏气，保证吸嘴负压值。

根据使用的批头不同，可以换装不同的轴承和铜套。在实际生产过程中，如果没有使用与批头相对应的吸嘴组件，打开真空时，批头和铜套之间会漏气，不能产生足够的负压去吸取螺钉。

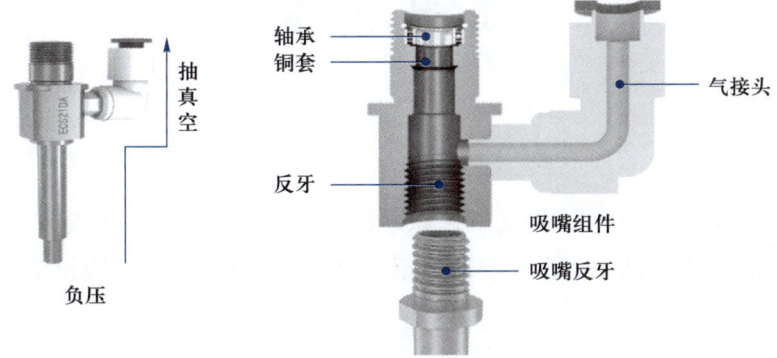

图 5-30　吸嘴组件示意图

六、锁付工艺缺陷

常见的锁付工艺缺陷包括螺纹滑牙、螺钉头花、螺钉歪斜、螺钉浮锁等，产生这些缺陷的可能原因及应对方法如表 5-6 所示。

表 5-6　常见锁付缺陷及应对方法

缺陷名称	现象描述	可能原因	应对方法
螺纹滑牙	螺钉孔螺纹被破坏	扭矩太大	按 SOP 设置电批扭矩数，并做每日点检
		螺钉和螺钉孔、螺纹尺寸不匹配	检查螺钉是否和产品匹配，螺钉螺距和螺纹孔螺纹是否匹配，螺钉本身质量是否合格
螺钉头花	螺钉头十字槽被破坏	批头打滑，卡不住螺钉槽或者批头选型错误	选择合适的批头或者检查批头是否磨损
		锁付过程中 Z 轴坐标偏小或者向下压力小	调整 Z 轴坐标或提高气缸向下压力
		螺钉材质偏软或者螺钉槽偏浅	选择合适的螺钉
螺钉歪斜	螺钉锁付时未和螺纹孔同心	螺钉没有垂直锁付	垂直装配电批或者检查治具产品是否水平
		批头晃动或者批头头型和螺钉不匹配	选择合适的吸嘴/批头/吸嘴组件
		螺钉寻帽入牙速度太快	按 SOP 设置电批控制器的寻帽速度和寻帽角度
螺钉浮锁	螺钉锁付到一半就自动达到扭矩停止	扭矩设置太小	按 SOP 设置电批扭矩
		锁付时间设置太短	按 SOP 设置锁付时间
		螺纹孔螺纹不合格，可能有杂质，摩擦力太大	用牙规检查螺纹孔并用丝锥重新攻牙

锁 付 准 备

▣ 任务描述

　　熟悉并理解锁付机器人的结构及工作原理，完成锁付配件的选用与安装、供料机选型与调试、锁付机器人的测试及电批控制器扭矩设定与校准等工作，为螺钉锁付做好准备。

▣ 任务分析

　　根据产品要求，锁付螺钉为 M3 十字槽盘头螺钉，使用 ET7483K 型三轴气吸式锁付机器人进行锁付，因此选用配套的 ECS65 型气吸式供料机；选用 $\phi5 \times 150 \times \phi4 \times 30 \times 2\#$ 批头，配套使用 $\phi5$ 吸嘴组件。安装好锁付配件后，需对供料机及锁付设备进行测试，以保证设备运行正常，并通过电批控制器进行扭矩设定与校准，防止锁付出现异常。

▣ 任务实施

一、锁付配件安装

视频
锁付配件安装
（1）

视频
锁付配件安装
（2）

　　锁付配件确定后，需将批头、吸嘴、吸嘴组件安装至锁付机器人。根据锁付机器人结构，配件必须按照一定顺序安装，首先摆放好固定吸嘴组件的螺母，再固定批头，接着安装吸嘴组件，最后旋入吸嘴。具体步骤如下：

　　（1）摆放螺母。将固定吸嘴组件的螺母摆放于吸嘴支架上。

　　（2）安装批头。向上拨动夹头，旋转批头，把批头的耳朵安装到夹头里。松开夹头，用手握住批头上下晃动，批头不会脱落即安装到位。

　　（3）安装吸嘴组件。把吸嘴组件安装到抱箍内，拧紧 M4 螺钉，并将气管插入管接头内。

　　（4）安装吸嘴。用手把吸嘴反向旋入吸嘴组件内，并用活动扳手拧紧。

　　在安装过程中需要注意以下事项：

　　（1）批头装机直径的部分一定要进入吸嘴组件的轴承和铜套处，起到批头定位作用，并防止吸嘴漏气。

　　（2）批头头部不能超出吸嘴螺钉定位台阶，不然螺钉无法吸直。如果批头头部超出吸嘴螺钉定位台阶，用内六角扳手调节夹紧环。

　　（3）批头上下动作和吸嘴组件间应无卡顿。如上下动作有卡顿，调节吸嘴安装滑块处螺钉。

（4）电批气缸下压后，批头露出吸嘴端面的尺寸一定要比螺钉长。如果电批气缸下压后，批头露出吸嘴端面的尺寸比螺钉短，用扳手调节油压缓冲器高度。

二、供料机调试

视频
供料机调试

为了保证螺钉能快速排列到螺钉吸附点，通常需要调节毛刷、压板、转盘与直振接驳处、对射传感器及振动参数，从而确保螺钉能稳定、不重叠、不间断、快速地排列到吸附点。

供料机调试操作流程如图5-31所示。

1.装载螺钉

放入料仓中的螺钉数量不宜过多，不要超过螺钉输送轨道高度，否则会影响螺钉的移动方向和传送速度。

2.调整毛刷位置

将手持式螺钉机刷子安装在与轨道平行的位置，确保刷子的边缘可以刷到螺钉的头部。刷子位置过高或者过低都会影响螺钉输送速度。为了避免损坏机器，调整前必须拔出电源。

3.调整压板位置

确保螺钉头部和压板之间的距离在0.2～1 mm之间。如果间距过小，螺钉不能正常输送；如果间距过大，螺钉容易堆叠。如果需要调整，松开压板上的螺钉上下调整即可。

```
开始
  ↓
装载螺钉
  ↓
调整毛刷位置
  ↓
调整压板位置
  ↓
调整参数
  ↓
结束
```

图5-31　供料机调试操作流程

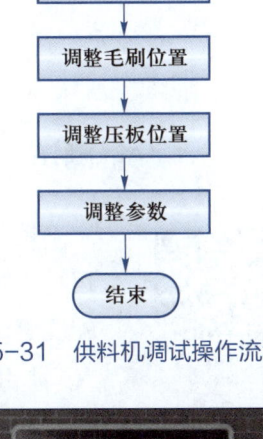

图5-32　供料机调试界面

4.调整螺钉供料机参数

螺钉的传送速度因螺钉规格不同而有所不同，所以需要调整相关参数。

下面以ECS65型供料机为例，其调试界面如图5-32所示。面板上显示的数值表示已取螺钉个数，每次开机显示为"0000"。

供料机参数调整步骤如下：

（1）按下"SET"键3 s，进入"走料速度调节"设置，面板显示数值"A-22"，如图5-33（a）所示，按"▼""▲"键可以调整该参数。

（2）再次按下"SET"键，进入"振动电动机延时停止时间"设置，如图5-33（b）所示（0.0～6.0 s显示为"b-00～60"），按"▼""▲"键可以调整该参数以每0.5 s为单位跳变，持续按住"▼""▲"键可以快速调整数值。

（3）再次按下"SET"键，进入"延时停止上料电动机时间"设置，如图5-33（c）所示（0.0～8.0 s显示为"C-00～80"），按"▼""▲"键可以调整该参数以每0.5 s为单位跳变，持续按住"▼""▲"键可以快速调整数值。

（4）再次按下"SET"键，进入"转盘分料速度调节"设置，如图5-33（d）所示（1~20显示为"d-01~20"），按"▼""▲"键可以调整该参数，默认值为"d-13"。

（5）再次按下"SET"键，进入工作模式选择，面板显示"E-1"，如图5-33（e）所示，按"▼""▲"键可以切换不同模式。"E-0"表示选择模式0（不计数模式），"E-1"表示选择模式1（计数模式）。

（6）再次按下"SET"键，返回工作模式。

(a) 走料速度调节　　(b) 振动电动机延时　　(c) 延时停止上料　　(d) 转盘分料速度调节　　(e) 计数模式
　　　　　　　　　　　　停止时间　　　　　　电动机时间

图5-33　供料机参数调整

三、设备测试

视频
设备测试

锁付机器人编程前，首先需要进行设备开机自检，确定设备是否正常运行。自检内容包括电气测试、供料机出料测试、I/O口功能测试、治具匹配度测试。

1. 电气测试

打开油水分离器的手滑阀，设备通气；调整进气气压至0.5~0.7 MPa；打开设备开关、电批控制器的开关，设备正常复位。

2. 供料机出料测试

将螺钉加入供料器，若连续出料20颗以上，则表示供料机供料稳定。

3. I/O口功能测试

（1）检查输出端口是否正常。在示教盒开机界面按"4"键，进入功能测试界面，然后按"F1"键进入I/O测试界面，如图5-34所示。

开/关"F1-1"：检查真空发生器是否工作。

开/关"F1-2"：检查缓冲气缸是否带动批头上下运动。

开/关"F3-5"：检查治具气缸是否带动压扣运动。

开/关"F2-1"：检查电批是否正转。

开/关"F2-4"：检查电批是否反转。

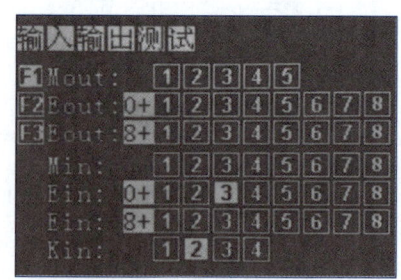

图5-34　I/O测试界面

（2）检查输入端口是否正常。在示教盒I/O测试界面，在打开"F1-1"的同时，手动放一颗螺钉到吸嘴里，观察是否有Ein2真空信号。开启供料机，观察是否有Ein3螺钉准备信号。

4.治具匹配度测试

将产品放入治具中，在治具气缸压紧的情况下，观察产品有无明显变形或晃动。

四、电批控制器扭矩设定与校准

视频
电批控制器扭
矩设定

电批控制器需经过扭矩设定与校准才能开始作业。

1.电批控制器扭矩设定

电批控制器开机后，主界面即为工作界面，界面显示螺钉参数、机台状态、锁付情况及操作按钮等信息，如图5-35所示。

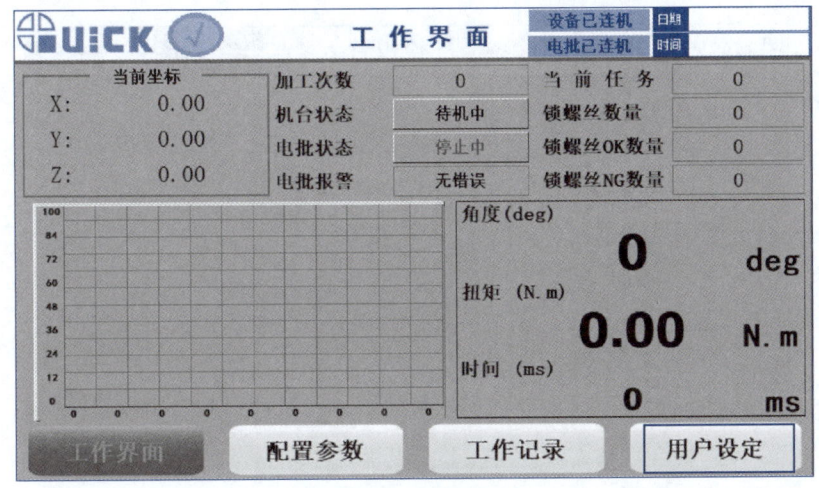

图5-35　电批控制器工作界面

在图5-35中，单击"用户设定"按钮，选择"用户登入"，选择"用户身份"并输入密码后，单击"配置参数"按钮，再单击"程序设置"进入参数设置界面。参数设置界面包括寻帽步骤、角度步骤、扭矩步骤、拧松设置等部分，如图5-36所示。

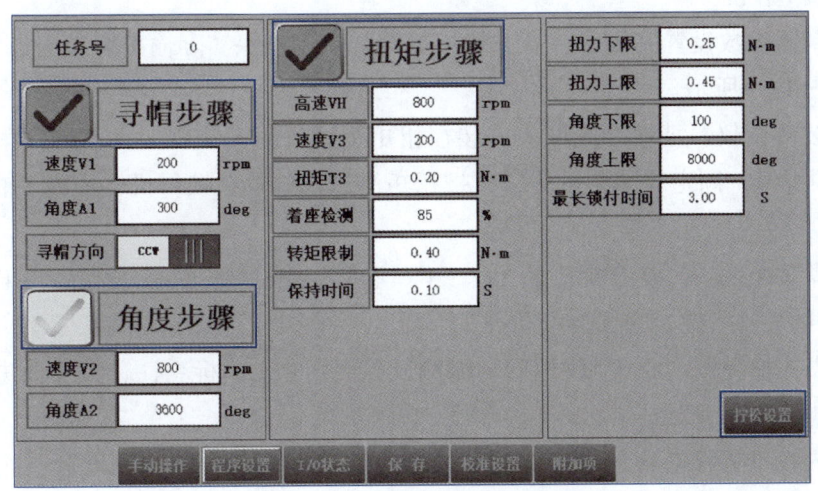

图5-36　电批参数设置界面

（1）"寻帽步骤"中显示的速度和角度意味着批头以200 r/min的速度转300°。"寻帽方向"中显示的CW/CCW表示正/反转。此步骤中可将角度设为360°。

（2）"角度步骤"中显示的速度和角度意味着批头以800 r/min的速度转3 600°（约10转）。

（3）"扭矩步骤"中速度V_H为800 r/min，速度V_3为200 r/min，扭矩T_3为0.2 N·m，着座检测为85%，转矩限制为0.4 N·m，保持时间为0.1 s，意味着批头先以800 r/min的速度旋转，等转矩达到设置扭矩T_3的85%时，转速降低到200 r/min，直到扭矩达到设置扭矩T_3，再保持0.1 s停止。此步骤中应将扭矩T_3设为0.4 N·m。

（4）"拧松设置"主要用于拆卸螺钉及扭矩检查测试，包括寻帽步骤和扭矩步骤相关参数的设置，设置界面如图5-37所示。

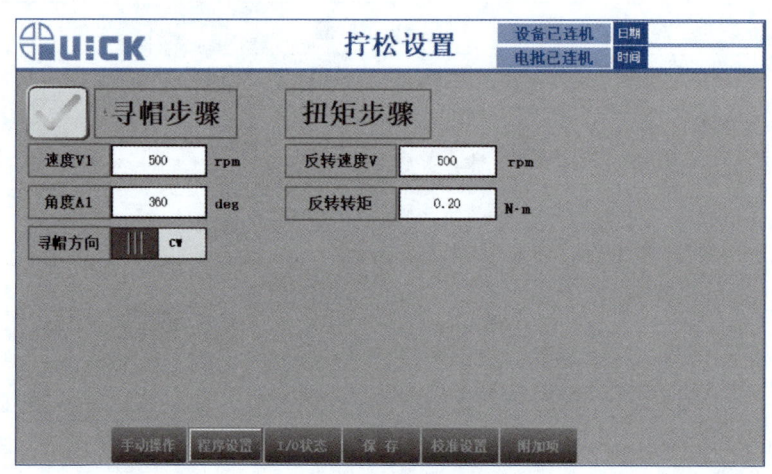

图5-37　拧松设置界面

需要说明的是，锁付机器人在作业过程中，超过扭矩、角度上下限时，均会报警；此外，可以设置最长锁付时间，用于保护电动机，防止电动机长时间空转。同时，在锁付步骤中，最好是低速寻帽、快速旋入、低速拧紧，如图5-38所示。

2. 电批扭矩校准

电批控制器参数设置完成后，需进行扭矩校准，以确保实际输出扭矩与设定扭矩相符。操作流程如图5-39所示。

（1）安装测试仪。把缓冲测试头安装在扭矩测试仪的安装座上，用内六角扳手拧紧安装座上的4颗螺钉，固定缓冲测试头，再把扭矩测试仪放置在锁付机器人的Y轴托盘上，如图5-40所示。

（2）下降缓冲批头。取出示教盒，按"4"键进入功能测试界面，再按"F1"键进入I/O测试界面，再按"2"键，气缸会带动批头下降。

（3）批头入槽。按"ESC"键返回功能测试界面，移动坐标系，让批头插进缓冲测试头十字槽内，如图5-41所示。

（4）进入校准界面。在电批控制器的参数设置界面，单击"校准设置"按钮，进入校准设置界面，如图5-42所示。

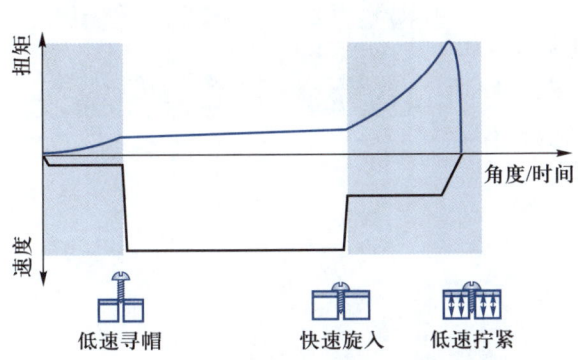

图5-38 锁付步骤中扭矩和速度曲线

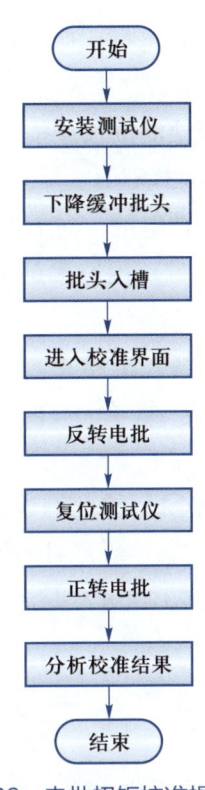

图5-39 电批扭矩校准操作流程

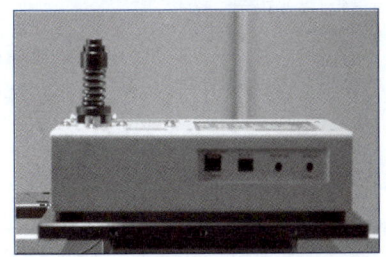

图5-40 安装测试仪

图5-41 批头入槽

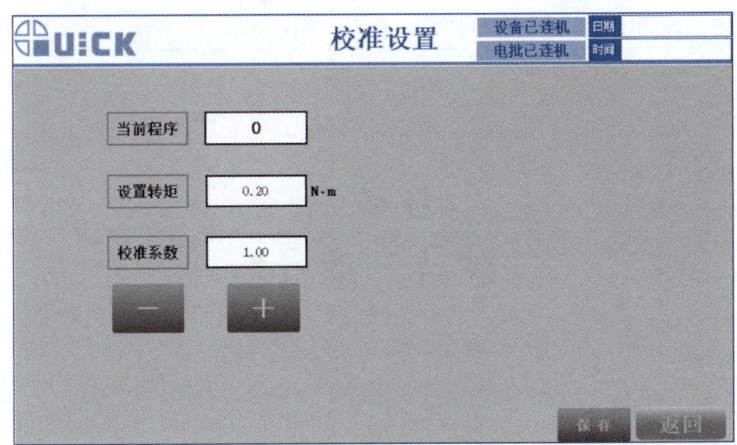

图5-42 校准设置界面

（5）反转电批。向下拨动电批控制器拨动开关，电批反转，带动缓冲测试头拧松，大概反转3圈左右。

（6）复位测试仪。按"POWER"键打开测试仪，按测试仪上的"RESET"键，进行复位，如图5-43所示。

（7）正转电批。向上拨动电批控制器拨动开关，电批正转，带动缓冲测试头拧紧，直到电批拧紧动作结束。

（8）分析校准结果。电批停止后，测试仪会显示扭矩峰值。如显示数值在电批控制器的允许误差范围内（$T_3 \pm T_3 \times 5\%$），则校准成功。如显示数值超出电批控制器的允许误差范围，则在图5-42所示界面中单击"+""-"按钮修改校准系数，保存后重复第（5）~（8）步。

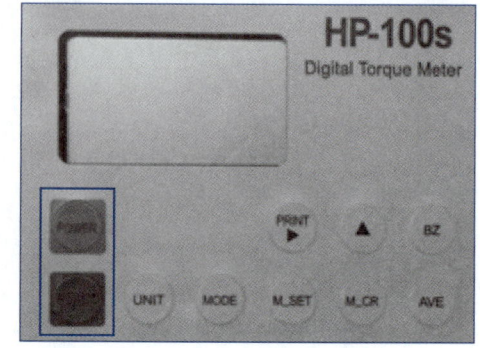

图5-43　复位测试仪

📝**任务评价**

按照表5-7所示的评价内容完成任务评价。

表5-7　锁付准备任务评价表

序号	评价内容	分值	评价情况		
			自我评价	小组评价	教师评价
1	正确选择并安装锁付配件	10			
2	正确调试供料机	10			
3	正确测试螺钉锁付机器人设备	10			
4	正确设定与校准电批控制器扭矩	20			
5	遵守车间工作纪律，安全规范操作	20			
6	团队协作，保质保量完成工作	20			
7	任务实施态度端正，具有敬业精神	10			

任务二

螺 钉 锁 付

💻**任务描述**

在任务一的基础上，进行螺钉锁付编程工作，最终完成基板的螺钉锁付；目视检查是否有浮锁、歪斜，或通过扭矩扳手检测扭矩，如有异常，则重新调整电批控制器及锁付机器人编程参数，直至达到预期效果。

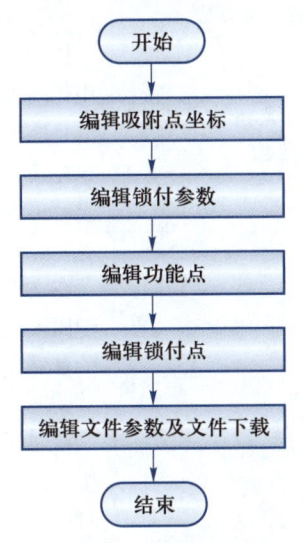

图5-44　锁付机器人编程流程

任务分析

设备开机自检完成后，进入编程环节。首先编辑螺钉吸附点坐标，即装料机螺钉吸取点，接下来编辑锁付参数，然后进行功能点与锁付点编辑，最后完成文件参数编辑及文件下载，执行螺钉锁付功能。编程流程如图5-44所示。锁付完成后，根据常见螺钉缺陷现象，分析可能出现的原因并改进锁付结果。

任务实施

一、锁付编程

锁付编程操作步骤如表5-8所示。

视频
示教盒锁付编程

表5-8　锁付编程操作步骤

步骤	操作	图示
1. 编辑吸附点坐标	在示教盒主界面，按"2"键进入示教程序列表，按"F1"键新建一个程序并命名为"TEST1"	
	按"F2"键进入文件界面，按"F1"键进入锁付螺钉参数设置界面。按"7"键选择"左边取料"位置，按"GO"键后移动吸嘴到供料机上方，吸嘴盖住螺钉帽，但不接触转盘，留0.5 mm左右的缝隙。调整好吸附点位后按"ENT"键确认	
2. 编辑锁付参数	在参数设置界面按"2"键进入时间参数设置界面。本任务的"吸附延时"可以设置为300 ms，"最短锁付时间"设置为200 ms，"最长锁付时间"设置为2 000 ms。参数设置完成，按"ENT"键保存	
	按"3"键进入距离参数设置界面。本任务的"上抬高度"和"取螺丝上抬"均可以设置为100 mm。参数设置完成，按"ENT"键保存	

步骤	操作	图示
2. 编辑锁付参数	按"4"键进入动作与报警设置界面。本任务的"使用螺丝准备信号""使用真空检测信号""检测螺批OK信号"都需要设置为"是",其他设置为"否"。参数设置完成,按"ENT"键保存并返回锁付螺钉参数设置界面,再按"ENT"键返回文件界面	动作与报警设置 1/3 取螺丝时电批旋转:否 使用螺丝准备信号:是 使用真空检测信号:是 检测螺批OK信号:是 使用气缸到位信号:否 翻页 确认 取消
3. 编辑功能点及锁付点	在文件界面按"F2"键进入文件编辑界面,按"F1"键插入,选择"5 OUT点",按"F3"键,再按"5"键,治具气缸锁紧,按"ENT"键确认	OUT点设置 Mout: 1 2 3 4 5 Eout:0+ 1 2 3 4 5 6 7 8 Eout:8+ 1 2 3 4 5 6 7 8 延时时间:00000ms 输出编码:--- 快捷指定
	在文件编辑界面按"F1"键插入,按"1"键锁左边,按"ENT"键确认。光标停留在"002锁左边"上,此时按"F3"键吸附,吸取一颗螺钉。按"F2"键编辑,再按"GO"键移动坐标系至锁付点位,保证螺钉入孔即可,螺钉不用接触产品	锁左边 X 0173.97 低速 Y 0193.10 Z 0048.08 H:00.0 换速 参数 确认 返回
	本任务一共4颗螺钉,按"F1"键继续再插入3个"锁左边",按图示对角线锁付轨迹进行,完成后返回示教编辑界面	
	按"F1"键插入,选择"5 OUT点",按"ENT"键确定,按"F3"键,再按"5"键,则数字"5"变为实框,表示气缸锁紧取消	OUT点设置 Mout: 1 2 3 4 5 Eout:0+ 1 2 3 4 5 6 7 8 Eout:8+ 1 2 3 4 5 6 7 8 延时时间:00000ms 输出编码:--- 快捷指定
	功能点及锁付点编辑完成	示教编辑 6/6 001 OUT点 插入 前插 002 锁左边 编辑 单步 003 锁左边 吸附 群组 004 锁左边 模拟× 005 锁左边 删除 轨迹 006 OUT点 返回
4. 编辑文件参数并下载文件	在文件编辑界面按"F4"键进入文件参数设置界面,按"1"键进入速度参数设置界面。按作业指导书设置相应的运行速度和加速度,设置完成按"ENT"键确认	速度参数—图形与空移 1/3 图形:0100.0mm/s X 轴:0200.0mm/s Y 轴:0200.0mm/s Z 轴:0100.0mm/s 切换 确认 返回
	在文件参数设置界面按"3"键,选择加工结束点,通常选择"3回原点";设置完成,按"ENT"键,返回文件编辑界面,再按"ENT"键,返回文件界面。按"F3"键进行数据检查,检查程序有无超出限位的错误,如果显示"数据正常!",可按"ENT"键进行文件下载	加工结束后 1 回起点 2 回终点 3 回原点 4 回指定点 5 连接文件 确认 返回

二、锁付品质检查

锁付异常可通过目视观察、扭矩扳手检测、锁付机器人自检三种方法予以判断。

1.目视观察

浮锁是可以通过目视判断的，如果螺钉帽没有与产品贴合即认为浮锁。

2.扭矩扳手检测

滑牙需要借助扭矩扳手来检测，步骤如下：

（1）选择对应螺钉的测试头。

（2）扭矩扳手选择峰值，预置扭矩设置成相应的锁付扭矩。

（3）测试头插入螺钉帽内，顺时针旋转扭矩扳手，此时扭矩扳手上的数值会逐渐增大。

（4）若扭矩可以达到预置扭矩，扭矩扳手会有红灯闪烁提示并伴随有警报声，则认为锁付完成。

（5）若顺时针旋转半圈都不能达到预置扭矩，则认为锁付滑牙。

3.锁付机器人自检

锁付机器人可以设置对应的参数来判断锁付结果是否异常，可设置参数有锁付时间的范围、电批角度的范围、电批扭矩的范围。机器人自检设置如图5-45所示。

（1）正常锁螺钉，电批转速恒定，每一颗螺钉的长度大致相同，所以锁付时间和电批旋转的角度大致相同。可以通过设置锁付时间的范围和电批角度的范围来判断该螺钉是否拧紧。如果锁付时间小于最短锁付时间或者电批角度低于设置的角度下限，即认为浮锁；如果锁付时间超过最长锁付时间或者电批角度高于设置的角度上限，即认为滑牙。

（2）如果螺钉锁付过程中，最终显示的拧紧扭矩低于扭矩下限，则认为浮锁；超出扭矩上限，则认为滑牙。

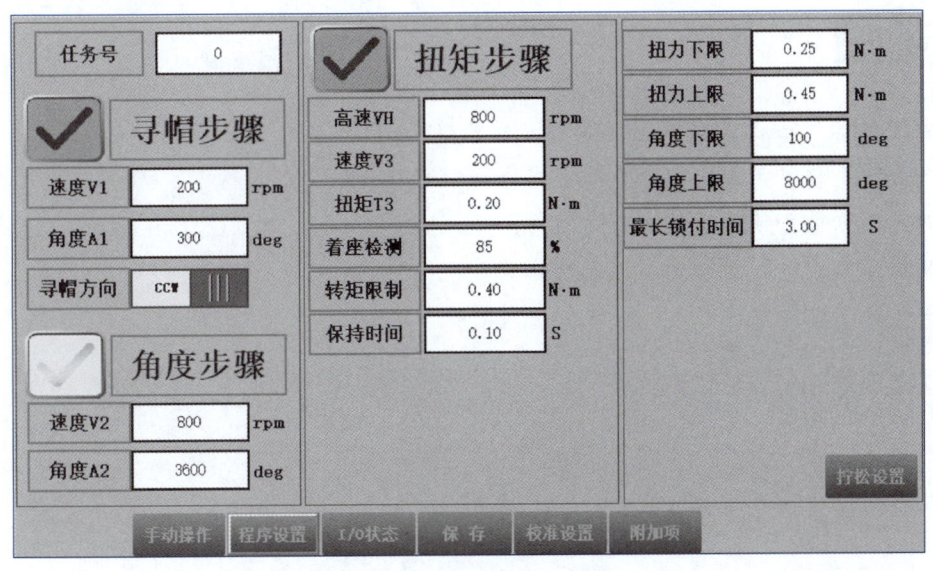

图5-45 机器人自检设置

任务评价

按照表5-9所示的评价内容完成任务评价。

表5-9　螺钉锁付任务评价表

序号	评价内容	分值	评价情况		
			自我评价	小组评价	教师评价
1	正确编辑螺钉锁付程序	10			
2	能目视检查锁付品质	10			
3	会使用工具检测锁付缺陷	10			
4	能根据锁付缺陷类型调整锁付参数	20			
5	遵守车间工作纪律，安全规范操作	20			
6	团队协作，保质保量完成工作	20			
7	任务实施态度端正，具有敬业精神	10			

项目小结

通过本项目的学习，读者可以了解锁付设备及配件功能，会正确选用、安装、调试锁付配件、供料机及锁付设备，正确设置锁付参数、编辑锁付程序，并能根据锁付缺陷分析原因，改进锁付品质。

思考题

1. 常见的锁付机器人有哪些？如何进行分类？

2. 批头的参数包含哪些内容？如何根据螺钉选择批头？

3. 如何根据批头选择吸嘴和吸嘴组件？

4. 锁付步骤中的扭矩和速度应怎样设置？

5. 当螺钉出现浮锁缺陷时，应该如何改进？

模块六
先进装联技术

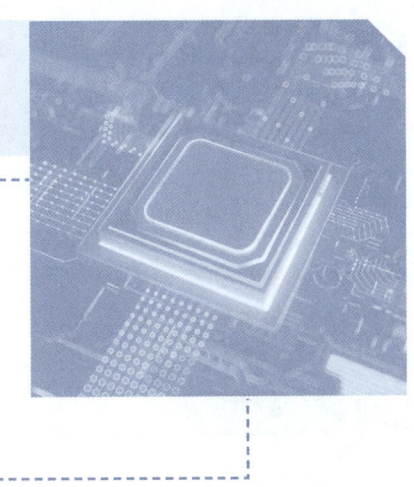

项目一
热压焊接技术

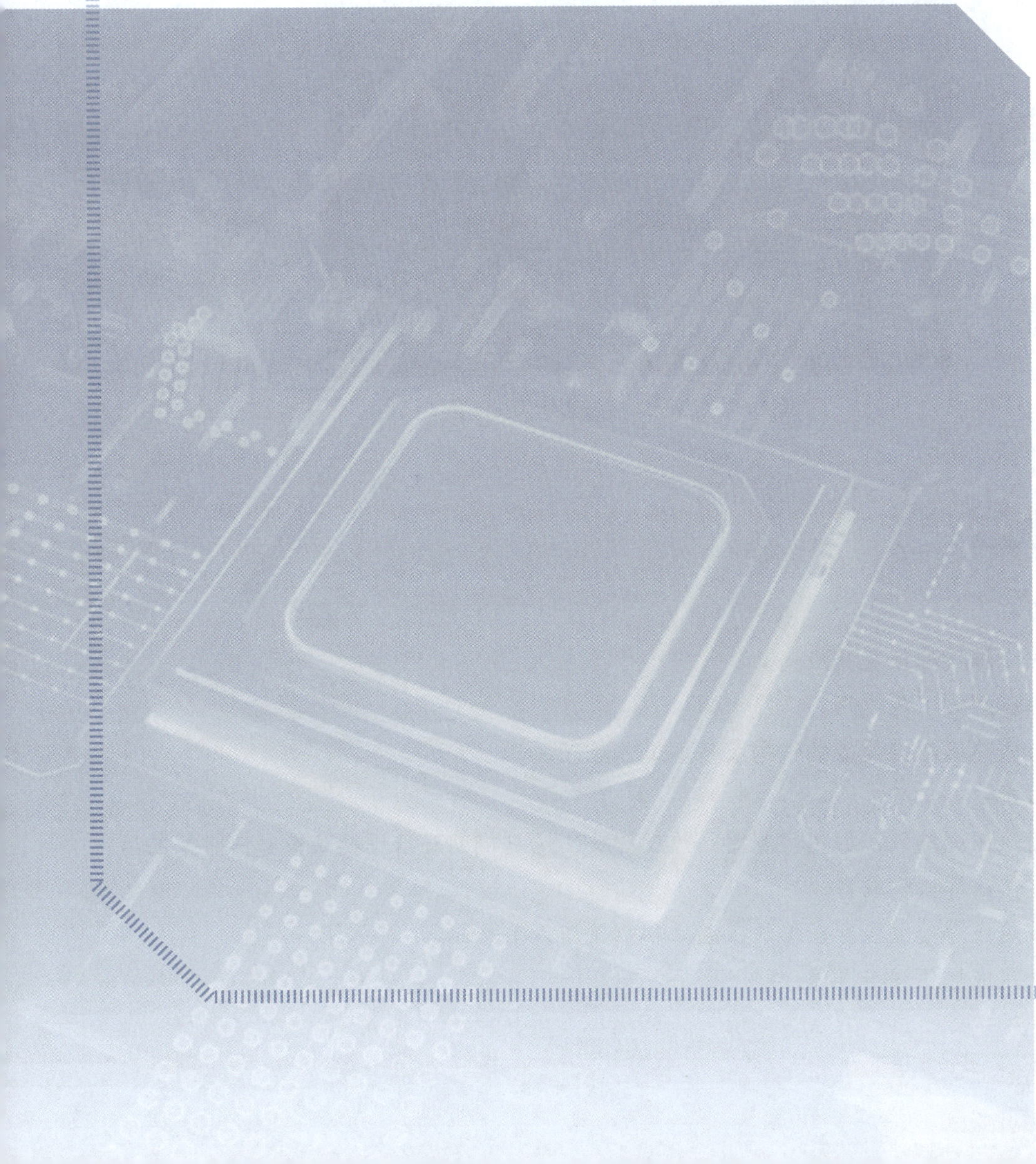

电子装联过程中的热压焊接技术，又称为脉冲热压焊接，俗称"哈巴焊"（HotBar），是加热并加压到足以使工件产生宏观变形的一种固态焊。流程中，先把锡膏印刷于基板的焊盘上，经再流焊炉后将锡膏熔化并预先焊于基板上，随后将待焊物柔性电路板（FPC）放置于已经焊有焊锡的基板上，再利用脉冲电流流过钼、钛等具有高电阻特性材料时所产生的巨大焦耳热加热热压焊头，将焊锡熔化并连接导通两个需要连接的电子元器件。

项目描述

针对图6-1所示的连接 J_2、J_3 的FPC热压焊接位置，设计热压焊接工艺流程，调试焊接温度，分析并管控热压焊接工艺缺陷。

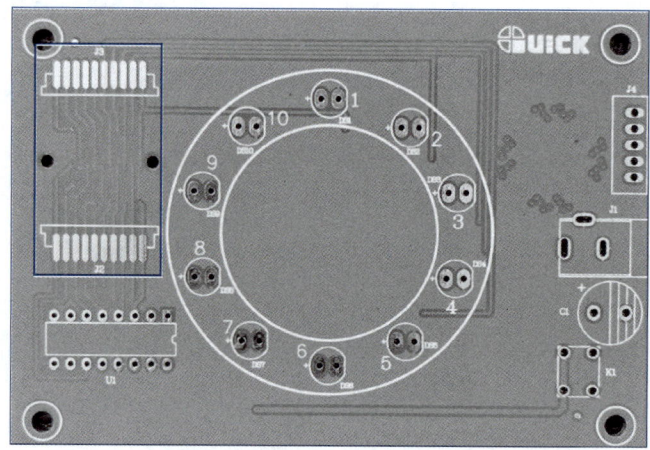

图6-1　热压焊接位置示意图

项目目标

> ### 知识目标

1. 了解热压焊接原理及其应用。
2. 了解热压焊接工艺流程。
3. 了解台式热压焊接设备的结构及基本工作原理。

> ### 能力目标

1. 会选用热压焊接机、加热控制器、热压焊头、治具钢网及待焊接基板和FPC等工具。
2. 会完成热压焊接机准备。
3. 能调节热压焊接主要参数（热压温度和热压压力）。
4. 能独立完成热压焊接操作。

> **素养目标**
1. 通过热压焊接的实施培养工匠精神。
2. 通过热压焊接操作训练培养一丝不苟的工作作风。

项目分析

热压焊接是连接柔性电路板和刚性电路板的一种焊接工艺。首先，要了解热压焊接工艺流程；其次，准备热压焊接设备材料；最后，调试热压焊接参数。

知识链接

一、热压焊接机

热压焊接机是利用加热和加压力，使焊接区金属发生塑性变形，同时破坏压焊界面上的氧化层，使压焊的金属丝与金属接触面间达到原子的引力范围，从而使原子间产生吸引力，达到键合目的的焊接设备。图6-2所示为ET9H939X型热压焊接机，该设备主要由X/Y/Z轴运动组件、收膜组件、放膜组件、热压焊头组件等组成，平台提供X-Y轴方向运动，机头提供Z轴方向运动，这样可以为需要热压焊接的产品提供定制化焊接。

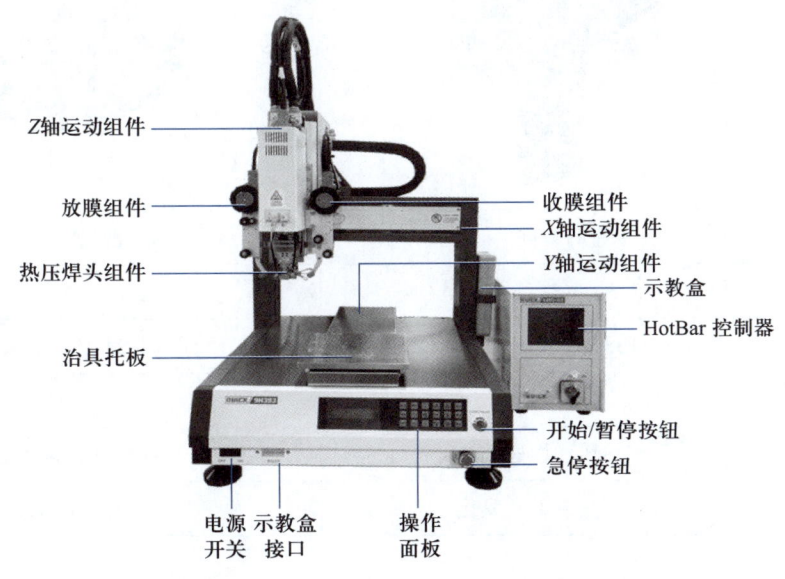

图6-2　ET9H939X型热压焊接机

二、卷膜机构

热压焊接机中的卷膜机构是焊接设备的重要组成部分，主要用于提供和管理焊接过程中所需的膜材料，主要包括放膜组件和收膜组件两部分。

卷膜机构的功能是：

（1）防止焊锡内助焊剂对热压焊头的腐蚀，保持热压头清洁。

（2）具有一定的减振、缓冲作用。

（3）使焊头与焊接产品间绝缘。

为了确保卷膜机构正常运作，对其进行维护和管理至关重要。

（1）定期检查：定期检查卷膜机构的各个部件，确保其正常运作。

（2）清洁维护：保持卷膜机构的清洁，避免灰尘和杂质影响焊接质量。

（3）张力校准：定期校准张力调节装置，以确保膜材料的最佳拉伸状态。

三、热压焊头

热压焊头主要有钼热压焊头和钛热压焊头两种，二者特性如表6-1所示。钛合金质地较软，通常为双层热压焊头；相比钛合金，钼合金质地更硬，通常为单层热压焊头。

表6-1　钼、钛热压焊头特性

热压焊头	钼热压焊头	钛热压焊头
热压焊头		
电流走向	左右方向	前后方向
电阻率	5.3×10^{-8} Ω·m	42.0×10^{-8} Ω·m
导热系数	138 W/（m·K）	15.24 W/（m·K）
硬度	HB160	HB115
优点	热传递性好	韧性好，易加工
缺点	较脆，高温下易氧化	热传递慢

四、FPC

追溯历史，FPC是20世纪70年代为发展航天火箭技术发展而来的技术，是以聚酰亚胺（PI）为基材制成的一种具有高可靠性、绝佳挠曲性的印制电路板。其通过在可弯曲的轻剂薄塑料片上嵌入设计电路，使得窄小和有限空间中可堆嵌大量精密元器件，从而形成可弯曲的挠性电路。此种电路可随意弯曲、折叠，质量轻，体积小，散热性好，安装方便，冲破了传统的互连技术，在智能手机、笔记本计算机等产品中得到广泛的应用。FPC组成的材料包含绝缘薄膜、导体和黏结剂等。

因为热压焊接不同于再流焊接和波峰焊接，在焊接的同时需要在待焊物表面增加压力，所以软硬结合板焊盘的设计与其他基板焊盘的设计有所不同。

五、钢网

提供焊接所需焊料，通常为锡膏，作为SMT的后端组装制程，最为便捷的方法为在SMT段就进行预上锡。因为焊接过程中，焊锡位于两个母材中间，要注意锡膏量的计算，还要注意留出足够的焊盘空间，让热压焊头下压时挤压出来的多余熔锡有地方可以释放缓冲，避免熔锡溢出焊盘而与邻边的焊盘形成短路。SMT所用锡膏基本上为SAC305，其中金属混合物体积占比为50%。

六、热压焊接工艺流程

热压焊接可以应用于轻、薄、短、小的元器件，一般热压焊接的工艺流程如图6-3所示。

图6-3　热压焊接的工艺流程

1. 评估任务要求

通过观察，评估焊接母材即软硬结合板特性。通常情况下，硬板已经经过SMT组装成为半成品。在进行热压焊接前，确认焊接区域附近是否有其他元器件，是否需要制作治具支撑。如果硬板厚度较大，或基板内部铜箔较多，为减小热压焊头散热，可以在支撑治具上进行加热。

2. 选择热压焊头

根据硬板焊盘尺寸及软板材质，选择适当的热压焊头。也可以根据焊接的特殊要求定制相应材质的热压焊头。

3. 调整热压焊头水平

将所选的热压焊头安装到固定架，通过压敏纸调整热压焊头水平。压敏纸，也叫感压纸、测量胶片、感压膜等，常用于测量机械压力、压力分布和压力平衡。当不同的压力施加在压敏纸上时，压敏纸会显示不同的颜色，目视观察压敏纸颜色的深浅，调整热压焊头水平，直至压敏纸颜色分布均匀。

4. 设定热压焊头压力

使用压力测试仪校正热压焊头压力，通过在测试仪上施加压力，对比压力计和示教盒的压力。如果显示压力一致，则校准成功；如果不一致，则需重新校准。

5. 设定热压焊头温度

将热压焊头上的温度传感器线插入测温仪，设定高低温，将测温仪上的数据与设置温度进行比对，温差不超过2 ℃，则不需要调整；超过2 ℃，则将测温仪上的数据填写到高低温校准值内进行温度校准。

6. 热压焊接试样

将软硬结合板按照要求放置在热压焊头位置，根据热压焊接程序，进行热压焊接试样。

7. 检验

将焊接好的基板取出，观察焊接是否符合标准作业指导书。FPC无烫伤，金手指爬锡饱满；电缆线焊接牢固，线皮无烫伤；蘑菇头饱满、光滑，无划痕。

七、加热控制器

加热控制器提供定制的加热，模仿再流焊接的预热、保温、热压焊接和冷却四大阶段。

1. 预热阶段

该阶段在基板及FPC不因过热而造成基体损坏且助焊剂不挥发的前提下，迅速将焊盘从常温加热至助焊剂的活化温度，这里活化温度一般为120 ~ 170 ℃。热压焊接可在短时间内快速加热，使焊头接触面温度分布均匀，通常可在数秒内将温度加热至活化温度。

2. 保温阶段

该阶段可以充分发挥助焊剂的作用，温度一般为170 ~ 200 ℃，保温时间为200 ~ 300 ms，确保整个焊件受热区域温度均匀。同时，助焊剂能在焊盘表面快速扩散、流动，除去焊料表面覆盖的氧化物层，为后续焊料铺展做准备。延长保温时间可能会蒸发太多的助焊剂，导致焊料与焊盘无法充分润湿，引起焊盘的氧化。而过短的保温时间又无法充分有效发挥助焊剂的功效。单次试验产品较少，较短的保温时间可使焊头接触面温度均匀，故热压焊接的保温时间通常为几百毫秒。

3. 热压焊接阶段

该阶段焊接温度通常高于焊料熔点的30 ~ 50 ℃，此时液态焊料与焊盘表面充分发生润湿行为。较高的焊接温度会降低熔融液态焊料的黏度和表面张力，促使焊料在母材基板更快更好地润湿。但温度过高可能会造成焊盘热损伤，并可能引起焊料的再氧化、残留物烧焦、元器件失效等诸多问题；温度过低则可能难以发挥助焊剂作用，导致焊料因存在非焊接状态而产生未焊接或虚焊等焊接缺陷。因此，该阶段必须掌控好适当的焊接温度，以获得更好的焊接质量效果。热压焊接过程中操作空间通常是非密闭的，且吸热与散热较快，焊接时间较短，因此温度设置范围可控制在240 ~ 350 ℃。

4. 冷却阶段

该阶段焊料已经完全熔化并与焊件表面充分润湿，当焊接温度下降至焊头接触面传入的电阻热量不足以弥补热量散失时，焊点组织开始凝固结晶。冷却速度过快，可能会造成焊盘与焊料的热收缩不匹配现象，甚至焊盘表面因应力变形与焊点产生分离。缓慢冷却可能会使助焊剂完全挥发且焊接过度，会减弱焊点的结合能力。

八、热压焊头选择

对于一般的软板，选择底部平整的热压焊头，如图6-4（a）所示；对于线材焊接，根据线材直径，定制相应的热压焊头，如图6-4（b）所示。

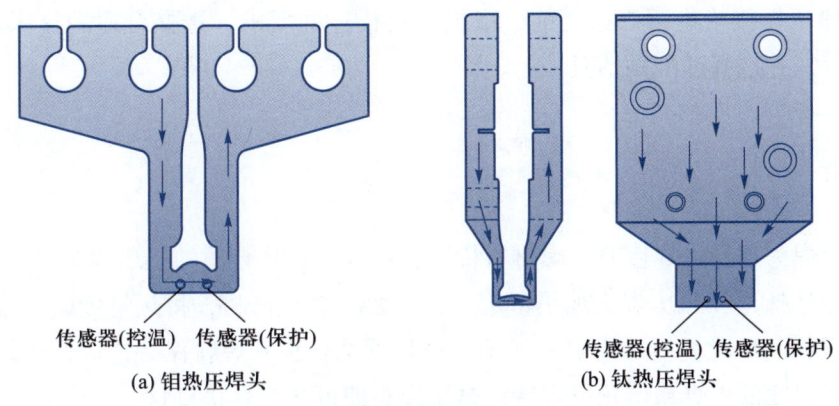

(a) 钼热压焊头   (b) 钛热压焊头

图6-4　热压焊头选择

九、压力选择

一般可以按照表6-2设定初步压力，在产品试产阶段，通过DOE（试验设计）的方式得到最合适的压力值。

表6-2　焊接面积与压力对应关系

焊接面积/mm^2	设定压力/（kg/cm^2）
$<15 \times 1.5$	1
$15 \times 1.5 \sim 40 \times 2$	$1 \sim 1.5$
$40 \times 2 \sim 70 \times 2.5$	$1.5 \sim 2$
$>70 \times 2.5$	2

十、温度选择

热压焊头、母材、制程治具的不同，均会导致设定温度和实际焊接温度的差值不同。为了减少不良品发生概率，有必要在生产前进行焊接温度设定。

十一、时间选择

如果焊接时间过长，会导致生成的IMC由Cu_6Sn_5转变为Cu_3Sn，使焊点变脆，故温度达到熔融状态的时间不能太长，一般设定为$2 \sim 5s$。

任务一
热压焊接准备

 **任务描述**

　　在通过热压焊接机进行焊接之前，根据项目描述的要求，选择合适的热压焊头，以及压力、温度等，并选择匹配的治具。

任务分析

　　（1）热压焊头选择：焊接时考虑材料特性和要求，选择合适的热压焊头。

　　（2）压力选择：在热压焊头加热恒定后，需要接触到母材，将热量传递给母材和焊料，待温度达到焊料的熔化温度，需要施加压力将软硬结合板和焊料保持连接，待焊接完成后，迅速降温，待温度低于焊料熔化温度后，热压焊头即可离开焊接母材。

　　（3）温度选择：与SMT再流焊炉的炉温设定相同，每次生产前，都要使用热压焊接测温板进行焊接处温度设定，确保焊接温度在制程能力范围之内。

　　（4）时间设定：热压焊接采用的是脉冲大电流加热，热压焊头使用的是大电阻、导热性好的钼合金或钛合金，所以产生的热量能够很快传递到被焊物。

　　（5）治具匹配：焊接过程中，需要将基板固定在治具中，支撑被焊接部位，一般采用合成石，因为合成石的热传递系数较低，且适合加工，所以应用非常广泛。

任务实施

一、热压温度设定

　　SMT段预上的焊料为SAC305，熔点为217 ℃，初步设定温度如表6-3所示。

表6-3　热压温度设定

参数	升温1	恒温1	升温2	热压	冷却
温度/℃	180～250	250	250～280	280	—
时间/s	1.2	2	0.8	4.6	2

二、热压焊头水平调整及压力校准

如图6-5所示,安装热压焊头后,利用压敏纸测试热压焊头水平。通过进行热压焊头水平微调,使得其在压敏纸上留下的按压痕迹颜色相同,则表示热压焊头水平调试完成。

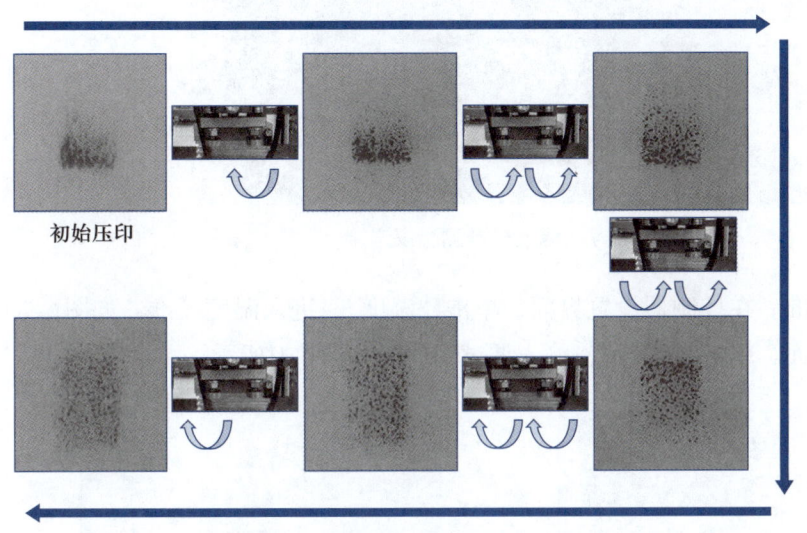

初始压印

视频
热压焊头水平
调整

图6-5　压敏纸测试热压焊头水平

水平调整完成后,进行压力校准,进入参数设定界面,单击"#设定"输入密码后选择"系统设定1",进入"系统设定1"后单击"6料头校正",选择"Z压力",使用压力计分别进行低压和高压校正。示教盒显示压力为($6 \pm 6 \times 10\%$)N时,读取压力计上的参数写入校准值(低压校准);示教盒显示压力为($10 \pm 10 \times 10\%$)N时,读取压力计上的参数写入校准值(高压校准),如图6-6所示。

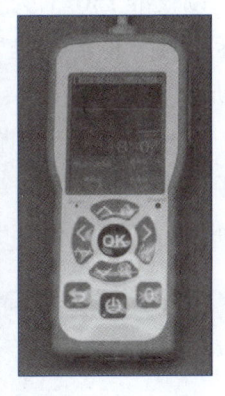

视频
热压焊头压力
校准

图6-6　热压焊头压力校准

三、温度校准

对环境温度、低温校准温度、高温校准温度进行校准。将温度显示液晶屏与传感器相连的插头2拔下，连接到温度测试仪上，如图6-7所示。

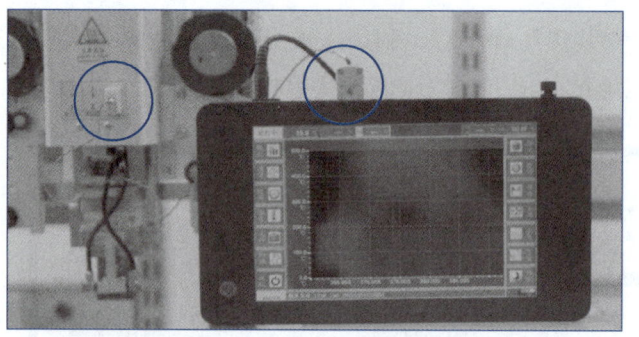

图6-7　温度校准测温仪连接

（1）进入温度校准。在控制器设置界面，单击"温度"，进入温度校准，如图6-8所示。

（2）进入登录界面。单击"编辑"，输入调试密码，如图6-9所示。

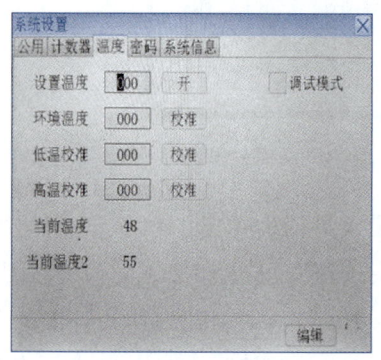

图6-8　进入温度校准

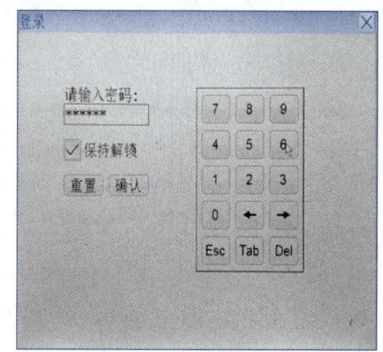

图6-9　进入登录界面

（3）低温校准。以校准150 ℃为例，单击"低温校准"后面的值，待温度测试仪上显示的数值稳定后，手动在"低温校准"值中输入温度测试仪显示的相对稳定的数值，单击"校准"，如图6-10所示。

（4）高温校准。以校准300 ℃为例，单击"高温校准"后面的值，待温度测试仪上显示的数值稳定后，手动在"高温校准"值中输入温度测试仪显示的相对稳定的数值，单击"校准"，如图6-11所示，单击"保存"，完成温度校准。

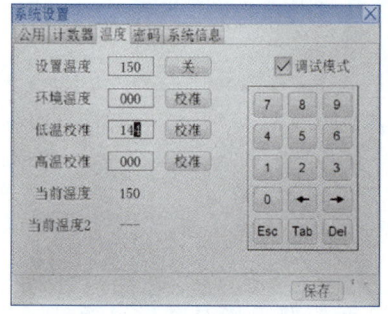

图6-10　低温校准

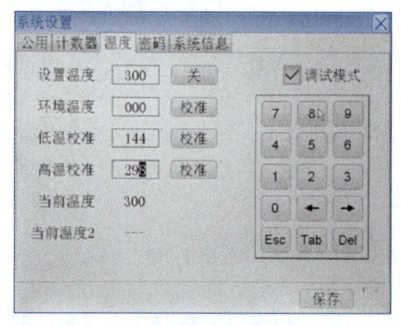

图6-11　高温校准

**任务评价**

按照表6-4所示的评价内容完成任务评价。

表6-4　热压焊接准备任务评价表

序号	评价内容	分值	评价情况		
			自我评价	小组评价	教师评价
1	正确画出热压焊接工艺流程	10			
2	正确调节加热控制器	10			
3	正确选择热压焊头	10			
4	正确选择压力值	10			
5	正确选择温度值与时间	10			
6	遵守车间工作纪律，安全规范操作	20			
7	团队协作，保质保量完成工作	20			
8	任务实施态度端正，具有敬业精神	10			

任务二

热压焊接操作

任务描述

在任务一的基础上，通过示教盒编程，实现FPC的热压焊接。

任务分析

示教盒操作步骤与前述模块中的焊接机器人、点胶机器人及螺钉锁付机器人的操作步骤相似。

任务实施

通过示教盒编程完成热压焊接操作过程，具体步骤如表6-5所示。

表 6-5　示教盒编辑热压焊接程序步骤

步骤	操作	图示
1. 新建或编辑示教程序 视频 热压焊接示教盒编程（1）	连接示教盒，在示教盒主界面选择"2示教程序"	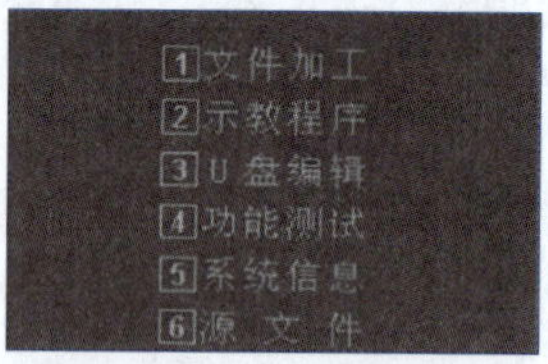
	进入示教程序列表，按"F1"键新建文件，或者按"F2"键在已有程序上进行修改	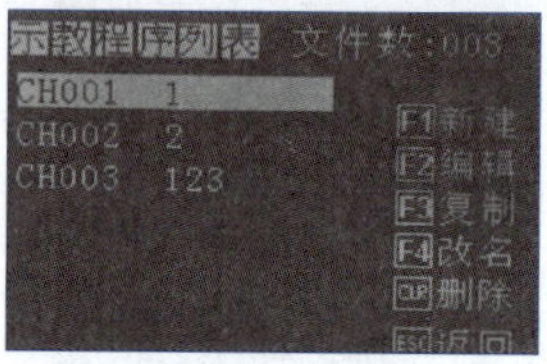
	这里按"F1"键新建文件，在"请输入文件名"后输入文件名，按"ENT"键确认	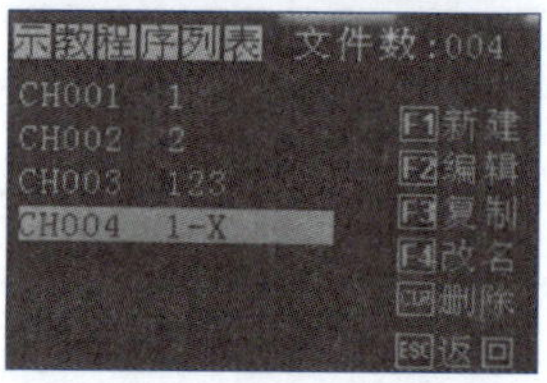
	按"F2"键进入示教编辑界面	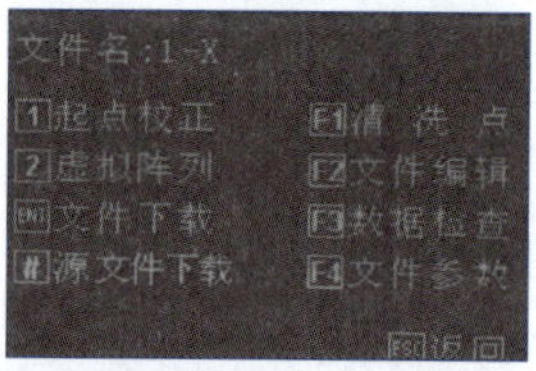
	按"F1"键进入图形编辑界面	
2. 设置OUT点	选择"8 OUT点"，进入OUT点设置界面	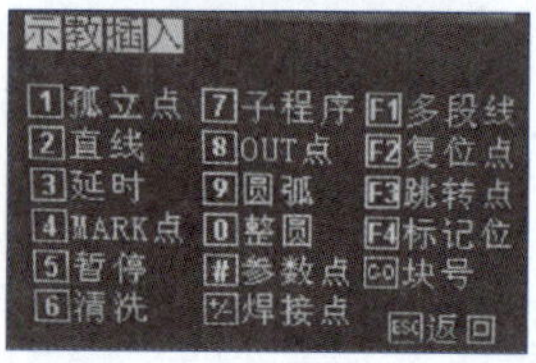

步骤	操作	图示
2. 设置OUT点	打开Eout 12端口（准备信号）后按"ENT"键保存	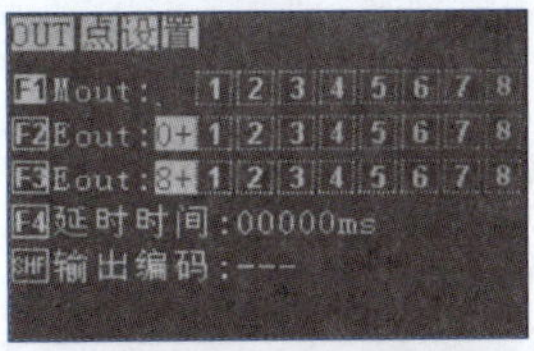 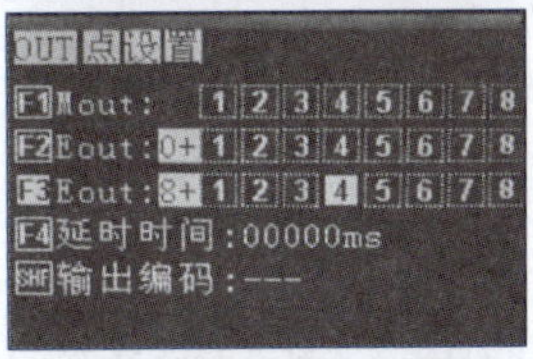
3. 选择焊接点位 视频 热压焊接示教盒编程（2）	与插入OUT点方式相同，再继续插入一个焊接点。按"F1"键插入	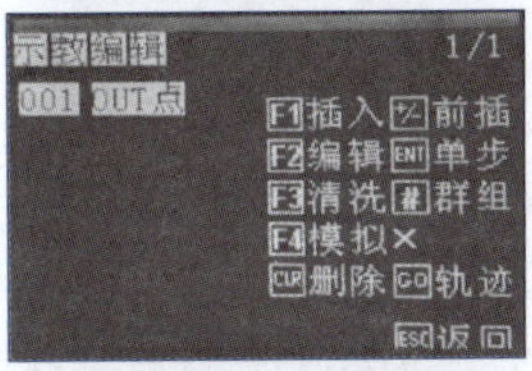
	进入点位编辑界面后，按示教盒上的方向键，机器会随着控制做出相应的移动，按"SHF"键可调整移动速度（低、中、高三种）。按"F4"键可以对点位参数进行修改	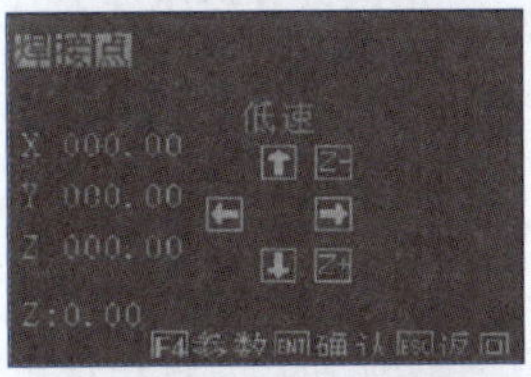 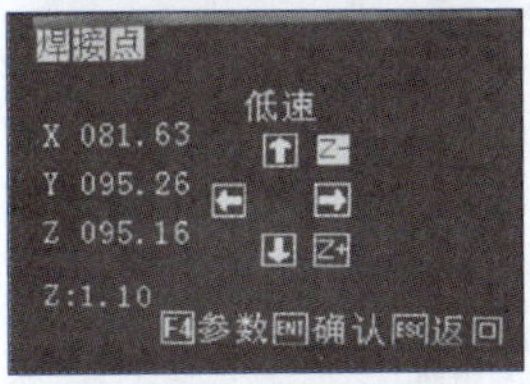
	修改点参数	 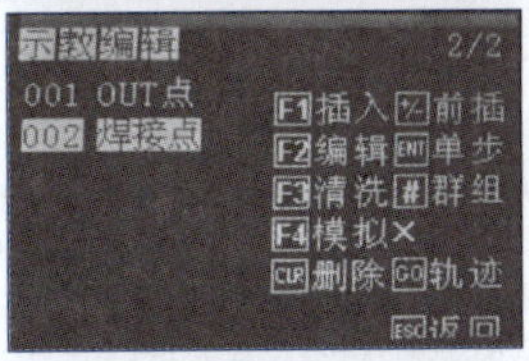
4. 设置结束点	进入文件参数界面，选择"4结束点"	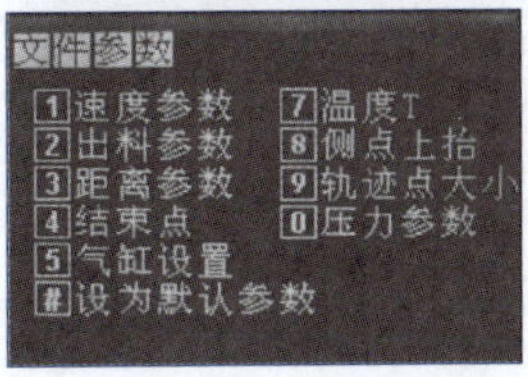

步骤	操作	图示
4.设置结束点	为热压焊头组件选择"1回起点"和"3回原点"	

任务评价

按照表6-6所示的评价内容完成任务评价。

表6-6　热压焊接操作任务评价表

序号	评价内容	分值	评价情况		
			自我评价	小组评价	教师评价
1	正确设置热压焊头	20			
2	正确执行结束点设置	20			
3	正确设置程序	30			
4	遵守车间工作纪律，安全规范操作	10			
5	团队协作，保质保量完成工作	10			
6	任务实施态度端正，具有敬业精神	10			

项目小结

通过本项目的学习，读者可以了解热压焊接的作用，了解热压焊接的工艺流程，掌握热压焊头的选择及加热控制器的选择，正确调节压力、温度及时间参数，不断优化热压焊接方案；了解热压焊接的操作步骤，掌握热压焊接的基本步骤和方法，并能对热压焊接缺陷进行管控，不断优化热压焊接方案。

思考题

1.热压焊接的原理是什么？热压焊接的工作过程是怎样的？

2.热压焊接机中的卷膜机构有什么作用？

3.热压焊接的工艺流程是什么样的？

4.如何设置焊接点位？

5.热压焊接如何进行温度校准？

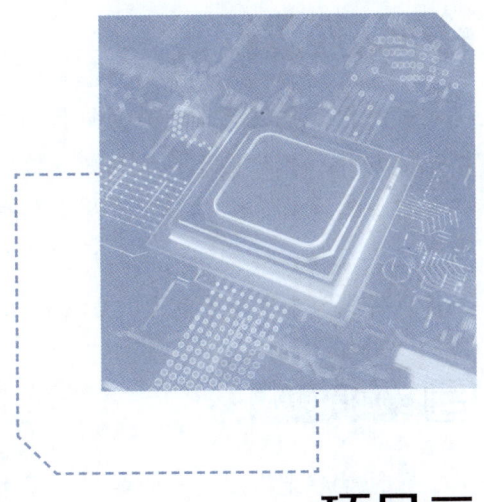

项目二
激光锡焊技术

激光锡焊是以聚焦的激光束作为热源熔化焊料从而进行焊接的方法。激光锡焊具备非接触式加热、热扩散小、加热效率高、良率高，可实现避障焊接、焊料定量供给、密间距产品焊接等特点，在5G通信及光通信模块、5G通信环形器、CMM摄像头模组、3C智能手机、穿戴设备等精密焊接领域得到广泛应用。在电子元器件小型化、精密化的发展趋势下，激光锡焊将成为未来电子制造的重要技术之一。

📋 项目描述

通过对激光锡焊技术的学习，了解激光锡焊的基本原理，并了解常用的激光锡焊设备结构、工作原理及应用场合。

✂️ 项目目标

➤ 知识目标

1.了解激光锡焊的特点及工作原理。

2.了解激光锡焊设备的分类及其工艺流程。

3.了解激光锡焊设备的典型应用。

➤ 能力目标

1.会分析焊接任务要求，并能提出合理的焊接工艺方案。

2.会根据应用场合选择合适的激光锡焊设备。

➤ 素养目标

1.能通过对激光锡焊的学习培养积极进取的精神。

2.能通过对激光锡焊工作原理的理解培养创新精神。

📊 项目分析

激光锡焊是以聚焦的激光束作为热源的焊接方法，在精密焊接领域得到了广泛应用。激光锡焊主要包括激光喷锡焊、激光锡膏焊、激光锡丝焊、激光锡环焊、激光热压焊等，在了解各种工艺流程的基础之上，能根据应用场合选择合适的激光锡焊设备。

📎 知识链接

一、激光锡焊定义

激光锡焊是一种先进的焊接技术，它通过激光作为热源，精确控制并快速加热低熔点焊料，使之熔化后流入并填充待焊接金属部件间的微小间隙，形成牢固的焊接接头。与传统的烙铁焊接、波峰焊接、再流焊接等焊接技术相比，激光锡焊采用非接触式加工方式，利用激光的高强度能量集中作用于很小的区域，实现高效、精准的焊接效果。

二、激光锡焊优势

激光锡焊特别适合于高密度封装和微电子组件的焊接，与传统锡焊如再流焊接工艺相比，主要有以下优势：

1. 精确度高

激光锡焊的非接触式作业方式避免了物理接触造成的损伤，对精密元器件周围的热影响极小，确保了焊接过程的精确性和可靠性。

2. 热影响区域小

激光锡焊的局部快速加热和冷却显著降低了热应力，减少了PCB弯曲、元器件损坏和焊点裂纹的风险。而再流焊接则需要整个PCB经历高温循环，热影响区较大，可能对热敏感元器件造成损伤。

3. 焊材适应性高

激光锡焊能够焊接包括难以焊接的金属在内的多种材料，且对表面状态要求较低，能穿透氧化层进行焊接。而再流焊接主要针对使用锡膏的SMT组件，适应性不如激光锡焊灵活。

4. 环境影响小

激光锡焊技术产生的废弃物和污染较少，是一种更为环保的焊接方式。而再流焊接在焊接过程中可能产生挥发性有机化合物（VOC），需要配备适当的通风和净化系统以减少环境污染。

5. 焊点一致性好

激光锡焊技术加热速度快、热量输入少，焊接过程自动化，焊接位置和焊锡量可精确控制，焊点一致性好。而再流焊接在某些工艺中可能产生焊点桥连的风险。

三、激光锡焊分类

1. 激光喷锡焊

激光喷锡焊设备如图6-12所示。

激光喷锡焊是通过锡球分离模组定量分离出锡球，当锡球到达喷嘴位置时，利用激光束将锡球颗粒迅速熔化，并通过一定的压力（如氮气）将熔化的锡精确喷射到焊接部位进行熔合的一种焊接技术。激光束的能量密度非常高，能够快速熔化锡球，同时焊接过程中可以通过调节激光束的功率和喷射速度来控制焊接质量，特别适合对温度敏感或需要高焊接精度的应用场合。激光喷

图6-12　激光喷锡焊设备

锡焊的喷射速度可以达到每秒数米，比传统焊接方法快得多，而且冷却固化后表面光亮整洁，省去了后续助焊剂清洗和表面处理的烦琐工序。激光喷锡焊工艺流程如图6-13所示。

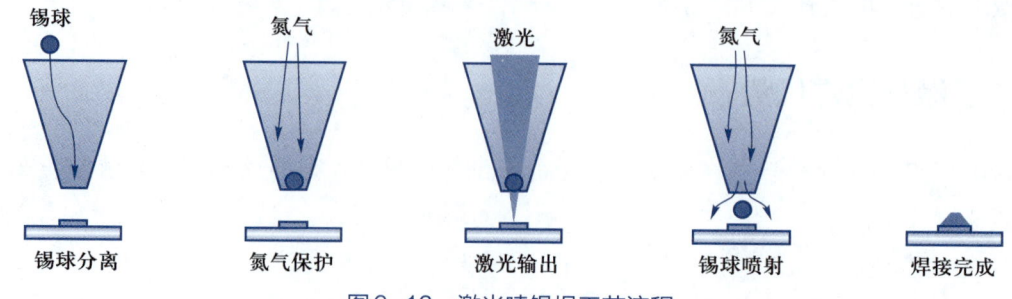

图6-13　激光喷锡焊工艺流程

2. 激光锡膏焊

激光锡膏焊工艺流程如图6-14所示。

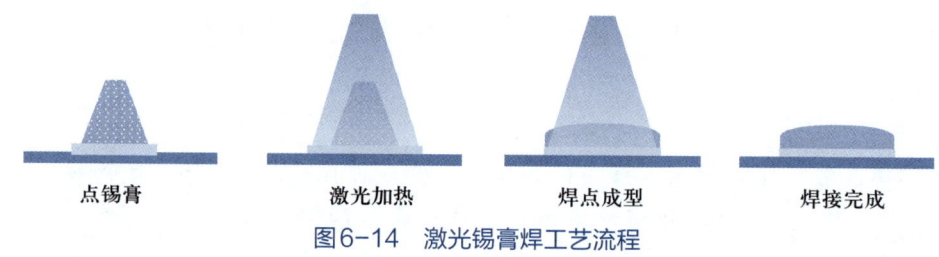

图6-14　激光锡膏焊工艺流程

激光锡膏焊首先通过点胶机器人在指定焊盘位置点上锡膏，再利用激光束照射到锡膏表面，锡膏中的金属粉末吸收激光能量，迅速升温，锡膏迅速熔化成为液态锡，并通过表面张力填充焊点部位，最终激光束停止照射，温度降低，焊接完成。激光锡膏焊通过精确的激光加热控制，搭配高精度点胶技术，实现高精度的焊接过程。这种技术特别适用于狭小空间的小焊点或精密焊点，以及对质量要求高的产品。激光锡膏焊只对焊点部位局部加热，对焊盘和元器件本体基本没有热影响，从而保证了焊接的准确性和可靠性。

3. 激光锡丝焊

激光锡丝焊工艺流程如图6-15所示。

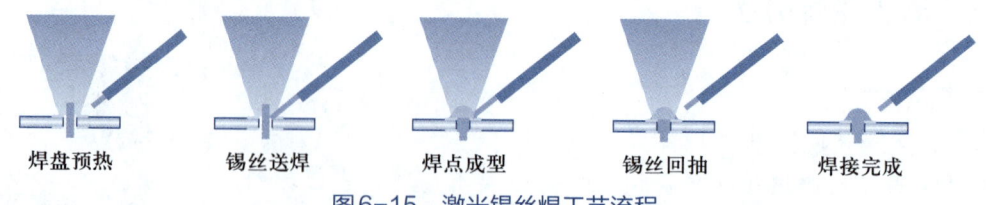

图6-15　激光锡丝焊工艺流程

（1）焊盘预热：激光束聚焦于待焊接的金属焊盘上，通过激光辐射对焊盘位置进行预热，使焊点升温。

（2）锡丝送焊：在焊盘预热的同时，送锡设备将锡丝送至焊盘位置。送丝速度需要精确控制，以确保焊接过程的顺利进行。

（3）焊点成型：当焊盘温度足够高时，激光继续照射，使锡丝迅速熔化，并流入焊盘和被焊接件之间的通孔及间隙中。激光的高能量密度确保了锡丝能够快速而均匀地熔化，使焊点成型。

（4）锡丝回抽：锡丝回抽与焊点脱离。

（5）焊接完成：激光束关闭，焊点温度迅速降低，此时，熔化的锡丝重新凝固，与被焊接件牢固地结合在一起，形成可靠焊点。

在整个焊接过程中，温度控制、送丝速度和激光束的精确控制是实现高质量焊接的关键。激光锡丝焊具有焊缝狭窄、深度大、焊接速度快、热影响区小等优点，因此广泛应用于电子、汽车、航空航天等领域。

4. 激光锡环焊

激光锡环焊是一种先进的焊接技术，它结合了激光加热的高效性和锡环焊料的稳定性，特别适用于对焊接精度和质量要求较高的场合。激光锡环焊工艺流程如图6-16所示。

图6-16　激光锡环焊工艺流程

（1）锡环制备及套锡环：利用专用的模具针及绕环模组将锡丝根据产品特点围绕成一截环状锡丝，引导套放在待焊插针引脚上。

（2）套环检测：通过激光软件，视觉检测所套锡环的有无及状态。

（3）激光加热：启动激光焊接部分，激光束照射锡环，锡环迅速升温至熔化状态。

（4）焊点成型：液态锡在焊接间隙中流动并填充，与相邻的金属表面形成冶金结合。

（5）焊接完成：激光束停止照射后，液态锡迅速冷却固化，形成牢固的焊点。

激光锡环焊采用非接触式加工方式，避免了机械应力对焊接部位的影响，减少了热影响区域，保护了周围敏感元器件。焊料以锡环形式进行定量投送，保证焊点大小一致，避免无送料角度的尴尬情况出现，焊接品质的稳定性好，焊点美观且一致性高。激光锡环焊特别适用于引针式连接器、密集的通孔焊盘产品等传统焊接工艺难以实现的场合。

5. 激光热压焊

激光热压焊的原理主要涉及激光束的高能量密度加热与机械压力的结合，其工艺流程如图6-17所示。

（1）装载：将待焊接的工件（PCB、FPC）放置在相应的载具上，确保待焊接工件的焊盘对齐无误。

（2）"0"压力贴合：将准备好的透明热压焊头轻轻贴放在待焊接区域的工件上方，确保贴合到位，无浮高的现象。

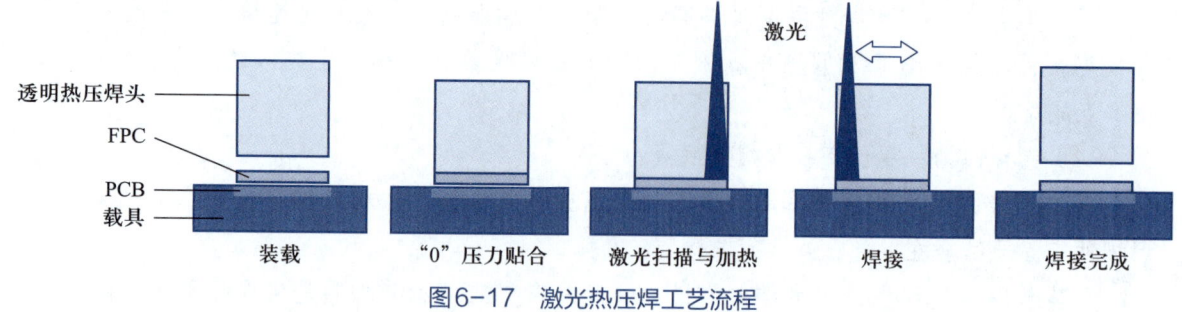

激光

透明热压焊头
FPC
PCB
载具

装载　　　　"0"压力贴合　　　激光扫描与加热　　　　焊接　　　　　焊接完成

图6-17　激光热压焊工艺流程

（3）激光扫描与加热：通过调整激光焊接设备的参数，使激光束精确聚焦在焊接区域，并启动激光加热过程。

（4）焊接：通过激光来回扫描加热的同时，焊锡的趋热特性会促使金属间的接触和熔合。

（5）焊接完成：随着激光的持续照射和热压焊头的定型作用，焊接区域的锡逐渐与待焊对象形成牢固的金属连接。激光束停止照射后，焊锡迅速冷却固化，完成焊接过程后热压焊头脱离焊点。

激光束作为热源，照射到焊接材料上时，能够迅速将焊接区域的焊料加热至熔化状态。同时，在激光加热的过程中，对焊接材料施加微小的机械压力，这种压力有助于促进金属间的接触和扩散，使熔化的金属能够更紧密地结合在一起。激光热压焊主要针对PCB与FPC之间的焊接，能满足锡量不可溢出焊盘、焊接强度可靠、焊接拉力强、焊接透锡性好等要求。

图片
激光锡焊的典型应用

四、激光锡焊的典型应用

随着电子装联技术的发展，对锡焊的要求也越来越高，因此激光锡焊的应用范围会越来越广，从民用消费电子、5G通信、汽车电子、医疗电子，到仪器仪表、航空科工等领域，激光锡焊大有取代传统焊接技术的趋势。

项目小结

通过本项目的学习，读者可以了解激光锡焊的基本工作原理及其优势，了解激光焊接的应用领域，以及常用激光锡焊的工艺流程。

思考题

1. 什么是激光锡焊技术？
2. 激光锡焊的优势有哪些？
3. 不同种类激光锡焊的工艺流程分别是怎样的？
4. 激光锡焊的应用领域有哪些？

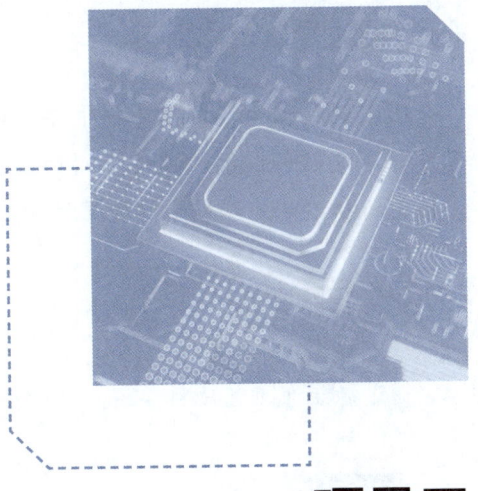

项目三
微组装技术

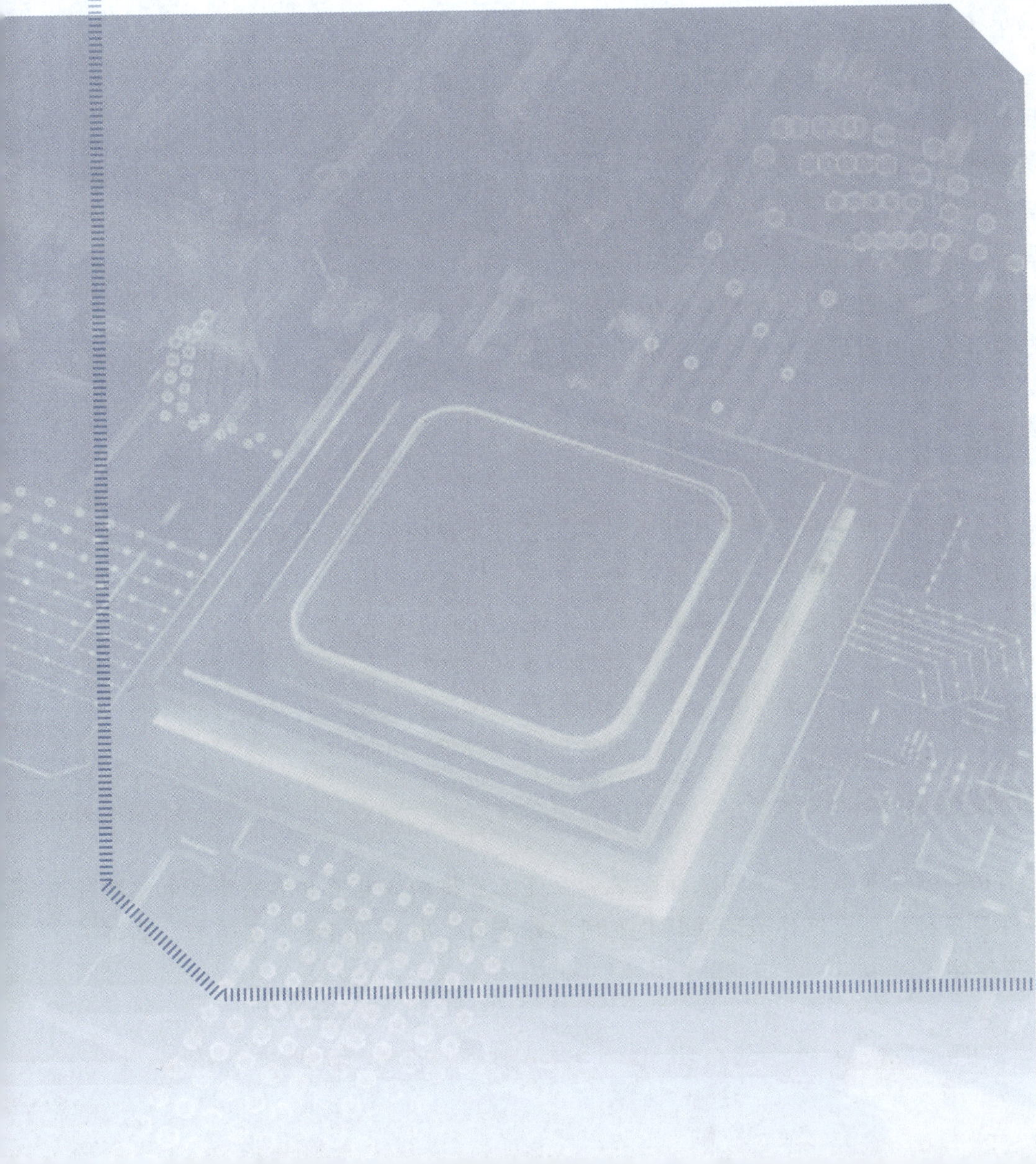

微组装技术主要应用于微电子器件的制造、光电子设备的组装以及生物医学传感器的开发等。这些领域的快速发展对微组装技术提出了更高的要求，促使研究者不断探索新的焊接材料和方法，以提高焊接质量和效率，从而推动技术的进一步创新与应用。

项目描述

通过微组装工艺项目学习，了解微组装技术的基本概念、标准及应用现状。

项目目标

➤ 知识目标
1. 了解微组装技术的基本概念及工作原理。
2. 了解微组装技术的应用标准。
3. 了解微组装的结构特征与工艺特征。

➤ 能力目标
1. 能理解各种微组装技术的结构特征。
2. 会分析和比较微组装技术与传统电子装联技术的区别。

➤ 素养目标
1. 通过对微组装技术的学习培养精益求精的工匠精神。
2. 通过对微组装技术的了解培养孜孜以求的学习精神。

项目分析

微组装技术是第五代电子组装和互连技术，其工艺技术基础是混合电路工艺，是近年来研究和应用的热点和关注的焦点。微组装技术主要有多芯片组件技术、芯片级3D组装技术、微波多芯片组件技术、微波组件3D组装技术、系统级组装技术等。

知识链接

一、微组装定义

微组装是指在高密度基板上，采用表面贴装和互连工艺将构成电子电路的集成电路芯片、片式元器件及各种微型元器件组装并封装在同一外壳内，形成高密度、高速度、高可靠的高级微电子组件。

微组装的作用就是把基础功能元器件安装在规定尺寸的封装体内，保证其内部的电气连接，从而实现产品设计的功能。各种微组装技术可实现产品内部芯片间互连、芯片与外壳基板的互连、1级封装与2级封装的互连，并同时满足产品散热、机械固定和防潮等方面的要求。微组装技术是实现电子装备小型化、轻量化、高密度3D互连结构、宽工作频带、高工作频率和高可靠性等目标的重要技术途径。

图片
电子装联等级
示意图

二、微组装技术应用标准现状

微组装技术在国内属于20世纪90年代到21世纪初期军用电子装备的先进制造技术。近10年微组装技术的发展很快，尤其是十大军工集团的一些重点研究所都相继投入巨额资金开展微组装技术研究。已有的相关标准如下：

（1）《半导体分立元器件试验方法》（GJB 128A—1997）。

（2）《微电路模块总规范》（SJ 2068—1998）。

（3）《微电子元器件试验方法和程序》（GJB 548B—2005）。

（4）《半导体集成电路通用规范》（GJB 597B—2012）。

（5）《混合集成电路通用规范》（GJB 2438A—2002）。

（6）《混合集成电路外壳通用规范》（GJB 2440A—2006）。

关于微组装技术的电路设计，可以参考以下国际标准：

（1）《厚膜多层混合电路设计标准》（IPC-D-859）。

（2）《多层混合电路规范》（IPC-HM-860）。

（3）《多芯片组件技术应用导则》（IPC-MC-790）。

（4）《芯片直装技术实施导则》（IPC-SM-784）。

（5）《有机多芯片模块（MCM-L）安装及互连结构的鉴定与性能规范》（IPC-6015）。

三、微组装结构特征

1. 多芯片组件（MCM）技术

多芯片组件技术是实现板级电路1.5级电子组装的模式之一，如图6-18所示。多芯片组件技术通过芯片键合技术、丝焊技术和SMT技术把集成电路和SMD/SMC焊接到高密度多层互连电路基板上，构成多芯片组件，是系统级封装技术的组成之一。

2. 芯片级3D组装技术

芯片级3D组装技术是把2D平面电路（包括裸芯片、单片、MCM、晶圆级封装、大圆片规模集成片等）在垂直方向叠装起来，利用平面电路的底面或侧面在垂直方向进行互连，形成埋置型、有源基板型和叠层型3D-MCM（图6-19）等高密度3D立体组装电路。

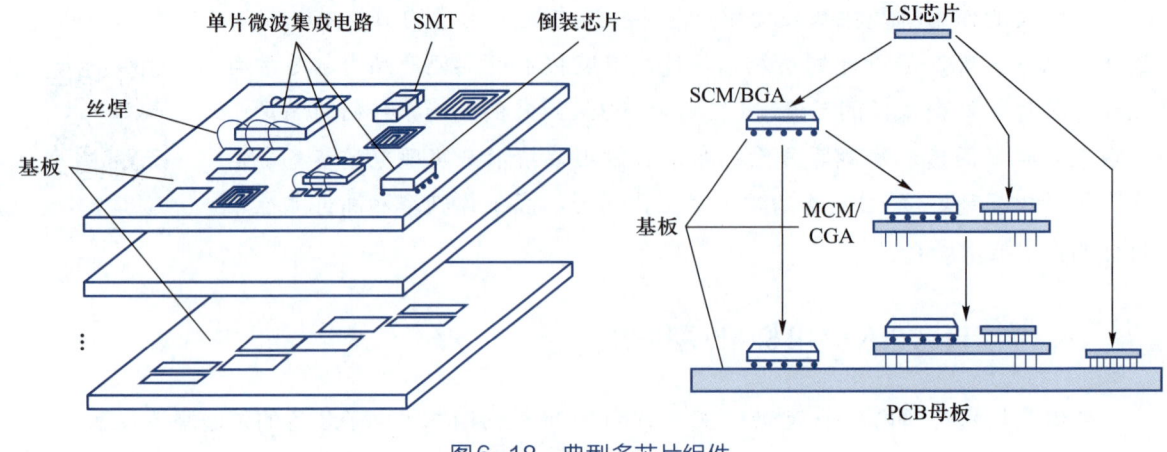

图6-18　典型多芯片组件

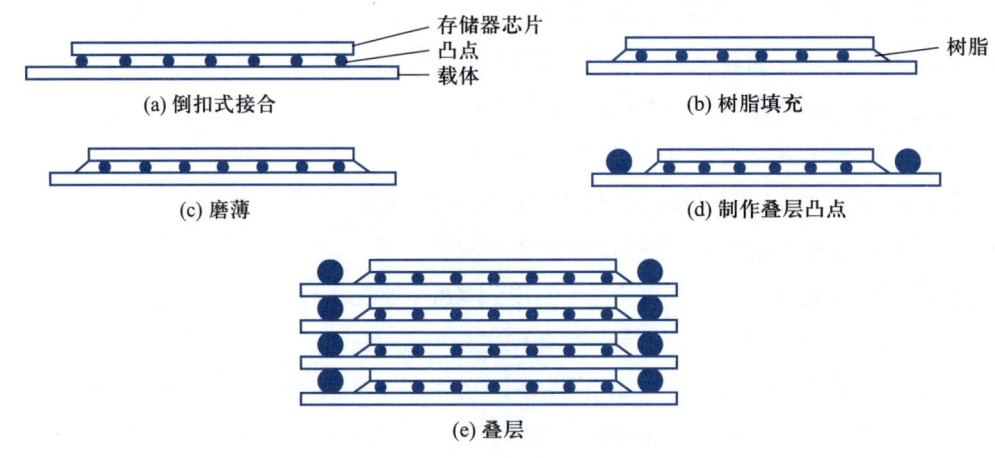

图6-19　叠层型3D-MCM

3. 微波多芯片组件（MMCM）技术

　　MMCM技术是在HMIC（混合微波集成电路）技术基础上发展起来的新一代微波电路封装和互连技术，它是在采用多层微波电路互连基板的基础上，将多个MMIC（单片微波集成电路）芯片、ASIC（专用集成电路）芯片和其他元器件高密度组装在微波电路互连基板上，形成高密度、高可靠和多功能的微波电路组件。由于采用了高密度互连基板和裸芯片组装，MMCM技术有利于实现组件或子系统的高集成化、高频化和高速化，以及实现电子组装的高密度化、小型化和轻量化。在传统的MMCM中，采用金丝键合来实现MMIC、集总式电阻和电容等元器件与基板上的微波传输线的互连，以及微波传输线之间或与RF接地面的互连。金丝键合互连的微波特性是影响MMCM电气性能的一个主要因素，其焊丝长度、拱高和跨距、焊点位置、金丝根数和键合一致性及重复性等参数均对微波传输具有很大影响。目前新一代MMCM技术大量采用MMIC芯片倒装焊接技术，与常规的引线键合（WB）互连技术相比，倒装芯片焊接（FCB）技术利用凸点直接与微波电路基板焊接。倒装芯片焊接具有三方面优点：一是互连线短，互连产生的杂散电容、互连电阻及互连电感均比引线键合小得多，更利于高频高速电子产品的应用；二是芯片安装所占基板面积小，安装密度高；三是芯片安装与互连同时完成，简化了安装工艺。

4. 微波组件3D组装技术

微波组件3D组装技术是把多块2D-MMCM在垂直方向（Z方向）叠装起来，利用垂直互连技术实现微波和直流信号的互连，从而实现完整的电路功能，构成3D-MMCM。该技术可进一步提高组装密度、缩小体积、减轻质量，具有如下四个特点：一是采用3D微波多层LTCC（低温共烧陶瓷）基板技术，埋入阻容等无源元器件、微波传输线、逻辑控制线和电源线，将其混合设计在同一个LTCC 3D微波传输结构中。二是充分利用层间耦合形成特有的电路元器件，实现所需功能，因此在电路形式上有很大的灵活性。三是采用垂直微波互连技术，减小了微波电路的平面面积，元器件面积与电路基板面积之比可大于1。四是采用垂直微波互连技术缩短了微波元器件之间的互连长度，减小了寄生效应，提高了电性能。

5. 系统级组装（SiP）技术

系统级组装技术是在一块多功能电路基板（壳体）上集成包含微波电路、低频控制电路、数字电路和电源等的系统组装技术。SiP技术在组装中大量采用系统/子系统级多芯片组装等新技术，使微波组件向着具有完整的系统或子系统功能、小型化、高密度、宽工作频带、高速度、较少的外互连线等方向发展。一个完整的SiP方案应当是功能与高密度封装微小型化的整合结果。这个方案中包括超高密度的细线排布和全局互连、新组分基板材料，在一个基板中埋植射频无源元器件、SoC及高密度组装。SiP技术是先进、新颖的系统级微组装技术，几乎包含了当今全部的先进组装工艺，是"最好"的芯片集成技术和"最先进"的封装技术的合成。采用SiP的数字化接收/发射子系统组件可以将由混频器、滤波器、放大器和级联在两级功率放大器前的驱动放大器组成的微波接收/发射部分，与由FPGA/ASIC实现的并串转换、串并转换、数模转换发射阵列和接收机模数转换器等数字接收/发射部分集成在一起，使其控制和数据输入/输出都是数列式的。数字化接收/发射子系统组件是实现下一代数字阵列雷达（digital array radar，DAR）的关键，对于大幅度提高雷达的技术性能和可靠性发挥了重要作用。由于SiP组件应用平台的扩展和可靠性要求的提高，对其气密性要求日益迫切，采用的封装形式也呈多样化，如局部气密封装等。

图片
SiP组件封装
形式

四、微组装工艺特征

从微组装的组成结构来看，其构成要素有四个方面：基础功能元器件（有源电子器件和无源电子元器件）、集成元器件的电路基板（PCB、陶瓷基板等）、元器件与电路基板间的互连组装材料（内引线键合、焊料、黏结料等）、外部封装材料（金属外壳、有机包封料和外引脚）。微组装涉及的产品包括分立电子元器件（discrete electronic component，DEC）、混合集成电路（hybrid integrated circuit，HIC）、多芯片组件（multi-chip module，MCM）、板级组件（PCBA）、微波组件（microwave assembly，MA）、微系统（micro-system，MS）、SiP或板级微系统（system on package，SoP）模块、真空电子器件（vacuum electronic device，VED）等。

微组装技术的工艺技术基础是混合电路工艺，可以发现其与SMT工艺的主要区别如下：SMT工艺是以一般电子元器件及普通印制电路板为基础的组装技术，而微组装则是以芯片（载体、载带、小型封装元器件等）和高密度多层基板（陶瓷基板、表面安装的细线印制电路板、被釉钢基板等）及微焊接为基础的综合性组装技术。微组装组件的组成形式可分为载体型微组装组件和多芯片组件两种。

　　还可发现其有别于传统的混合集成电路，具体特征如下：

　　（1）电路功能不同。不再是功能单一的电路，而是复杂的混合集成多功能微电子组件，具有部件、子系统甚至系统级功能。

　　（2）结构特征不同。采用高密度多层布线基板，微焊、键合和组装有高集成度裸芯片IC及其他微型元器件构成的高密度微电子组件。

　　（3）集成规模不同。属于混合大规模集成电路（HLSI）或混合甚大规模集成电路（HVLSI）范畴。多芯片组件是一种典型的微组装技术，也是一种典型的高级混合集成电路技术。

　　（4）组装密度不同。电路组装密度每提高10%，电路模块的体积可减少40%～50%，质量减少20%～30%。微组装技术对减小微波组件的体积和质量，满足现代电子装备小型化、轻量化、数字化、低功耗的要求具有重要意义。

项目小结

　　通过本项目的学习，读者可以了解微组装技术的工作原理、类型及特征，了解微组装技术的标准。

思考题

1.微组装技术的概念是什么？
2.微组装技术的标准有哪些？

[1] 快克智能装备股份有限公司. 电子装联职业技能等级标准（2021年1.0版）[S], 2021.

[2] 戚国强, 王毅, 陈霞. 电子装联职业技能等级证书教程（初级）[M]. 北京：中国铁道出版社, 2023.

[3] 戚国强, 李朝林, 徐建丽. 电子装联职业技能等级证书教程（中级）[M]. 北京：中国铁道出版社, 2023.

[4] 王东, 王上衡, 吴猛雄, 等. 电感器漆包线热压焊界面可靠性分析[J]. 磁性材料及器件, 2019, 50（5）：18-22.

[5] 燕来荣. 汽车工业中的激光焊接技术[J]. 世界制造技术与装备市场, 2010（4）：64-68.

[6] 张清明. Trumpf生产线加上固体激光器[J]. 激光与光电子学进展, 1993（1）：39.

[7] 张为民, 郑红宇, 严伟. 电子封装与微组装密封的特点及发展趋势[J]. 国防制造技术, 2010（1）：60-62.

[8] 陈正浩. 高可靠性电子装备PCBA设计缺陷案例分析及可制造性设计[M]. 北京：电子工业出版社, 2019.

读者意见反馈

为收集对教材的意见建议，进一步完善教材编写并做好服务工作，读者可将对本教材的意见建议通过如下渠道反馈至我社。

咨询电话　400-810-0598

反馈邮箱　gjdzfwb@pub.hep.cn

通信地址　北京市朝阳区惠新东街4号富盛大厦1座
　　　　　高等教育出版社总编辑办公室

邮政编码　100029

资源服务提示

授课教师如需本书配套教辅资源，请登录"高等教育出版社产品信息检索系统"（https://xuanshu.hep.com.cn/）搜索下载，首次使用本系统的用户，请先进行注册并完成教师资格认证。

高教社高职工科分社电板块教材服务中心：gzdz@pub.hep.cn